高等职业教育（本科）机电类专业系列教材

液压与气压传动技术

主　编　单淑梅　顾佳超
副主编　孟凡荣　谢洪君
参　编　孙力伟　张雪瑶

机 械 工 业 出 版 社

本书是为适应新时期人才培养目标和课程改革的需要编写而成的，由长春汽车职业技术大学“液压与气动”国家级在线精品课程建设团队精心打造，将传统的课程内容以能级递进的方式划分为初、中、高三个层级，教师可根据教学安排自由选取并跨层级组合教学内容。本书在重要知识点处嵌入了“小问题”“小结论”“小提示”等板块，方便读者加深对知识的理解。

本书内容包括液压与气动基础知识及液压流体力学基础知识的认知、液压与气动元件的认知与应用、液压与气动基本回路的认知与构建、液压与气动典型系统的分析、液压与气动系统的安装、调试、维护保养及故障诊断共14个项目，每个项目包含多个子任务。

本书在附录中配备了任务工单，方便实践教学的安排。使用本书的教师可获取电子版的习题答案及配套电子课件；扫描书中二维码可观看动画等多媒体教学资源，也可登录国家职业教育智慧教育平台国家级在线精品课程网站（http://www.xueyinonline.com/detail/227045094）即可观看微课，还可利用作者开发的与本书相关的更多课程资源辅助开展教学活动。

本书可作为职业本科、应用型本科相关专业的教材，也可作为高等职业院校教学、企业中从事机电设备维护维修岗位的技术人员培训用书。

图书在版编目（CIP）数据

液压与气压传动技术 / 单淑梅，顾佳超主编．
北京：机械工业出版社，2024.9．--（高等职业教育（本科）机电类专业系列教材）．-- ISBN 978-7-111-76544-8

Ⅰ．TH137；TH138

中国国家版本馆CIP数据核字第20246EY865号

机械工业出版社（北京市百万庄大街22号　邮政编码100037）
策划编辑：王英杰　　责任编辑：王英杰　赵文婕
责任校对：潘　蕊　宋　安　　封面设计：张　静
责任印制：常天培
北京机工印刷厂有限公司印刷
2024年10月第1版第1次印刷
184mm×260mm · 16.75印张 · 412千字
标准书号：ISBN 978-7-111-76544-8
定价：53.50元

电话服务
客服电话：010-88361066
010-88379833
010-68326294

网络服务
机　工　官　网：www.cmpbook.com
机　工　官　博：weibo.com/cmp1952
金　　书　　网：www.golden-book.com
机工教育服务网：www.cmpedu.com

前言

为了满足新形势下对高素质技术应用型人才的需求，编者依据教育部职业本科和普通本科的教学改革精神，本着理论研究与综合素质培养相结合的理念，结合多年的教学改革与企业培训经验编写了此书。作者在进行大量的企业调研并汲取企业案例工作要点、与企业现场技术人员精心研磨、反复梳理并进行教学内容的实践改革等一系列实践活动的基础上，打破传统教材模式，对传统教学内容的结构进行“解构”与“重构”，采用校企双元开发的模式确定了本书的内容。全书采用了现行的国家标准。

本书内容构架分初级——职业零基础入门篇、中级——通用技能篇和高级——技能拓展篇，主要特点如下：

（1）初、中、高递进式内容层次　本书初、中、高三个篇章内容既彼此独立又相互关联，即使是初级内容，也能做到项目内容的相对完整与独立，教师可根据学时的多少及培养目标的需要自由选取项目进行教学，也可以将同一内容不同层级的项目组合起来统一实施教学活动。分层次内容的安排符合学生的认知规律，有利于学生学习自信和学习兴趣的建立。

（2）能级递进的教学任务　三个篇章内容相对独立且完整，方便设计与实施能级递进式的从简至繁的教学任务，有利于学习目标的建立，有利于在不同阶段开展递进式的教学活动，使用本书的教师还可结合实际情况利用附录中的任务工单自行设计任务内容。

（3）重点突出的内容层次　本书项目内容由浅入深，任务安排层层递进，项目下设任务，任务下给出工单。书中在重点内容、疑难问题及关键技能等处嵌入了“小问题”“小结论”“小提示”等板块，有利于加深学生对相关知识点和技能点的理解。

（4）注重能力与素养并进　本书的每个项目内容在突出理论知识的应用、强化学生工程实践能力培养的同时，注重培养学生的职业道德。

（5）丰富的配套教学资源　书中嵌入大量的二维码扫描后即可观看动画及部分实物图资源，同时配有全部习题答案及电子课件，登录相关网站还可观看微课，利用线上随堂测验等资源还可方便教师组织线上教学活动，以及方便学生对学习内容的理解。

本书由长春汽车职业技术大学单淑梅、顾佳超任主编，单淑梅统稿。具体编写分工如下：单淑梅编写项目一、二、三、五（任务一、二、三、四）、八、九、十二（任务一）、十四（任务一、三），顾佳超编写项目四、十三，孟凡荣编写项目五（任务五）、十、十一（任务二）、十二（任务二、任务三），谢洪君编写项目七（任务二、三）、十一（任务一）、十四（任务二），孙力伟编写项目六，张雪瑶编写项目七（任务一）；附录A由孟凡荣整理，附录B由单淑梅、孟凡荣、谢洪君共同编写。

由于编者水平有限，书中难免存在疏忽和欠妥之处，恳请广大读者批评指正。

编　者

二维码清单

名称	图形	名称	图形	名称	图形
01-01 液压千斤顶的工作原理		04-03 单杆活塞缸的三种工作状态		05-11 尾座套筒的伸缩	
01-02 磨床工作台液压系统工作原理		05-01 单向阀的工作原理		06-01 蓄能器短期大量供油的作用	
01-03 磨床工作台液压系统的演示		05-02 液控单向阀的工作原理		06-02 网式过滤器工作原理	
02-01 液压油		05-03 手动换向阀的结构		06-03 压力表的工作原理	
02-02 污染的液压油		05-04 换向阀的换向原理		07-01 气动往复动作回路	
03-01 单柱塞式液压泵的工作原理		05-05 直动式溢流阀的工作原理		08-01 齿轮泵的结构和工作原理	
03-02 外啮合齿轮泵的工作原理		05-06 直动式顺序阀的工作原理		08-02 双作用式叶片泵的工作原理	
03-03 双作用式定量叶片泵的工作原理		05-07 压力开关的工作原理		08-03 限压式变量叶片泵的工作原理	
03-04 单作用式叶片泵的工作原理		05-08 节流阀的工作原理		08-04 叶片泵的拆装	
04-01 双作用双杆活塞缸的工作原理		05-09 卡盘的夹紧与松开		08-05 斜盘式轴向柱塞泵的工作原理	
04-02 双作用单杆活塞缸的工作原理		05-10 刀架的回转与夹紧		09-01 板式集成块的连接	

（续）

名称	图形	名称	图形	名称	图形
09-02 双液控单向阀的锁紧回路		09-12 采用顺序阀的平衡回路的工作原理		09-22 采用行程开关控制的顺序动作回路	
09-03 三位四通手动换向阀的工作原理		09-13 液控顺序阀做卸荷阀		10-01 动力滑台液压系统的工作原理	
09-04 二位二通机动换向阀的工作原理		09-14 采用压力开关的顺序动作回路		11-01 气动钻床的顺序动作	
09-05 二位三通电磁换向阀的工作原理		09-15 调速阀的工作原理		11-02 气动机械手的工作原理	
09-06 三位四通电磁换向阀的工作原理		09-16 进油路节流调速回路的工作原理		12-01 叠加阀的连接	
09-07 三位四通电液动换向阀的工作原理		09-17 回油路节流调速回路		12-02 叠加阀组	
09-08 几种三位换向阀的中位机能		09-18 差动快进与慢进的速度换接回路的工作原理		12-03 插装阀集成块及插件	
09-09 二位二通卸荷回路的工作原理		09-19 采用蓄能器的快速运动回路的工作原理		12-04 比例阀的结构	
09-10 先导式溢流阀的工作原理		09-20 压力控制式顺序动作回路		12-05 压力机液压系统的工作原理	
09-11 先导式减压阀的工作原理		09-21 采用行程阀控制的顺序动作回路			

目录

中级篇　液压与气动系统的通用技能

高级篇　液压与气动系统的技能拓展

初级篇

液压与气动系统的零基础入门

本篇主要对液压传动系统各组成部分进行简要介绍，以使读者对液压系统的组成及各部分的功能有一个初步的认知，能够根据液压传动原理对液压系统进行简单的应用。

项目一

液压传动及液压流体力学基础知识的认知

技能及素养目标

1）认识相关液压设备，培养运用液压传动基本知识理解和分析简单问题的能力。

2）能借助液体的相关力学知识分析液压系统的工作性能及故障。

3）能按照岗位操作规程操作相关设备，培养自觉遵守职业道德准则和行为规范的意识。

4）提升团队合作意识和沟通协作能力。

重点知识

1）液压传动的概念、液压千斤顶的工作原理及特点。

2）液压传动的工作原理及能量转换过程。

3）液压传动系统的组成及各部分作用。

4）液压系统的特点、应用及发展概况。

5）压力与流量的概念，压力与负载、流量与速度的关系。

6）液体的静力学及动力学基本方程的物理意义。

任务一　液压传动的工作原理、组成及特点认知

什么是液压传动？液压传动是以密闭的液压系统内的液体为工作介质，进行能量传递和转换的一种传动方式。液压挖掘机、维修汽车用的液压千斤顶等都是通过液压传动原理进行力与速度传递的。液压传动在汽车制造业、工程机械等领域有着非常广泛的应用。

一、液压传动的工作原理认知

1. 液压千斤顶的工作原理认知

图 1-1 所示为液压千斤顶的工作原理。提起手柄 1 使小活塞 3 上移，小油缸 2 下腔密封容积增大，形成局部真空，在大气压力作用下，油液顶开吸油单向阀 4、通过吸油管 5 使油液从油箱中被吸入小油缸 2 的下腔；压下手柄，小活塞下移，小油缸下腔压力升高，吸油单向阀 4 关闭，排油单向阀 7 被顶开，小油缸下腔的油液经管道 6 输入大油缸 8 的下腔，迫使

其大活塞 9 向上移动，顶起重物。再次提起手柄吸油时，排油单向阀 7 自动关闭，大油缸下腔的油液不能倒流，从而保证了重物不会自行下落。往复扳动手柄，就能不断地把油液压入大油缸的下腔，使重物逐渐被升起。如果打开截止阀 11，大油缸下腔的油液通过管道 10 和截止阀流回油箱，重物就向下移动。这就是液压千斤顶的工作原理。

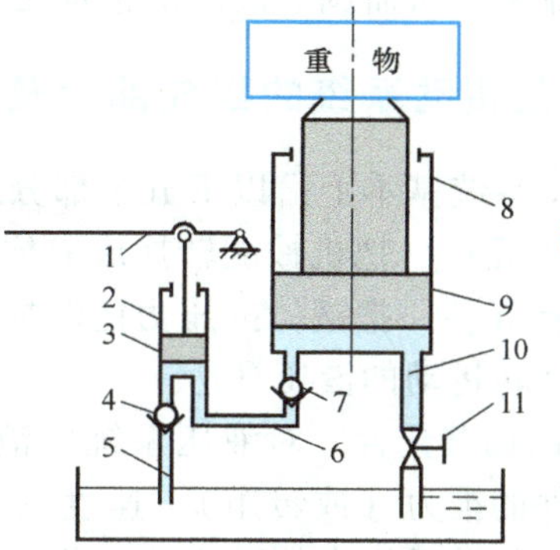

图 1-1　液压千斤顶的工作原理

1—手柄　2—液压缸（小油缸）　3—小活塞　4、7—单向阀　5—吸油管　6、10—管道　8—液压缸（大油缸）　9—大活塞　11—截止阀

液压千斤顶的工作原理

2. 磨床工作台液压系统的工作原理认知

图 1-2 所示为磨床工作台液压传动系统的工作原理。液压泵 4 由电动机驱动后，油液从油箱 1 经过滤器 2 及液压泵的吸油口被吸入液压泵，然后经液压泵排油口排出，在图 1-2a 所示状态下，液压泵排出的油液通过节流阀 7、换向阀 8 进入液压缸 9 的左腔，推动活塞使工作台 10 向右移动。这时，液压缸右腔的油液经换向阀和回油管 3 排回油箱。如果将换向阀手柄转换成图 1-2b 所示状态，则使液压缸活塞反向运动，就实现了工作台的换向。

小结论： 液压传动系统的能量转换过程是原动机带动液压泵旋转，输出液压油，先将机械能转换为液压能；液压油驱动执行机构运动，再将液压能转换为机械能对负载做功，实现了能量的传递和转换。

图 1-2 中的溢流阀 6 用于控制液压系统的压力，通过溢出液压泵输出的多余油液，溢流阀可使磨床液压系统工作台在低速运动时保持系统压力稳定，不会因负载过大而造成压力过高；节流阀 7 用于调节液压缸的运动速度，调节节流阀使其阀口增大或减小，可调节进入液

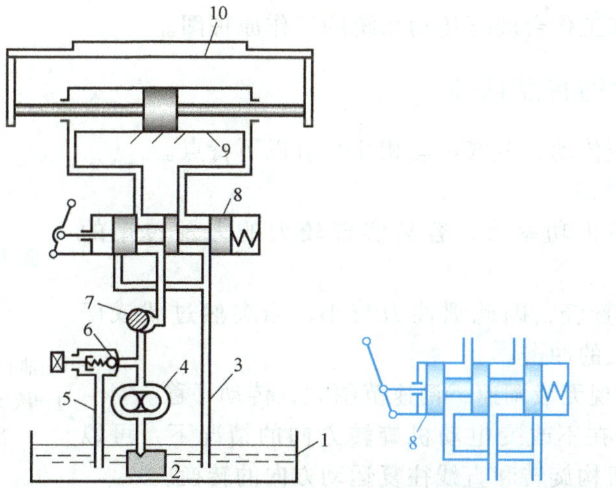

a) 磨床工作台液压传动系统半结构式原理图　b) 换向阀8阀芯位置变化图

图 1-2　磨床工作台液压传动系统的工作原理

1—油箱　2—过滤器　3、5—回油管　4—液压泵　6—溢流阀　7—节流阀　8—换向阀　9—液压缸　10—工作台

磨床工作台液压系统工作原理

磨床工作台液压系统的演示

压缸的油液流量，从而调节液压缸推动工作台的移动速度。

二、液压传动系统的组成部分及其作用认知

液压传动系统基本上由以下五个部分组成：

(1) 动力元件 把机械能转换成液体压力能的装置，主要指液压泵。

(2) 执行元件 把液体的压力能转换成机械能的装置。它可以是做直线运动的液压缸，也可以是做回转运动的液压马达。

(3) 控制调节元件 对液压系统中液体压力、流量和流动方向进行控制和调节，从而控制执行元件的推力（或转矩）、速度（或转速）和运动方向（或转向）的装置。例如磨床工作台液压传动系统中的溢流阀、节流阀和换向阀等。

(4) 辅助元件 保证系统正常工作所需的上述三种以外的装置，例如油箱、过滤器、蓄能器、压力表和管件等。

(5) 工作介质 用于传递能量和信息的介质，主要指液压油。

在液压设备运转的过程中，液压传动系统各组成部分相辅相成、缺一不可。我们在工作岗位中要树立社会责任感，拥有担当精神，通过密切配合，将工作任务完成好。

三、液压传动系统的图形符号认知

图 1-2 所示为半结构式液压传动系统的工作原理图，它有直观性强、容易理解的优点，当液压系统发生故障时，根据传动原理图对照实物检查十分方便，但图形比较复杂，绘制过程比较麻烦，因此通常使用国家标准（GB/T 786.1—2021）规定的图形符号，即液压系统图形符号来表示液压原理图中的各元件和连接管路。使用这些图形符号可使液压系统图简单明了，且便于绘图。图 1-3 所示为用图形符号表示的磨床工作台液压传动系统的工作原理图。

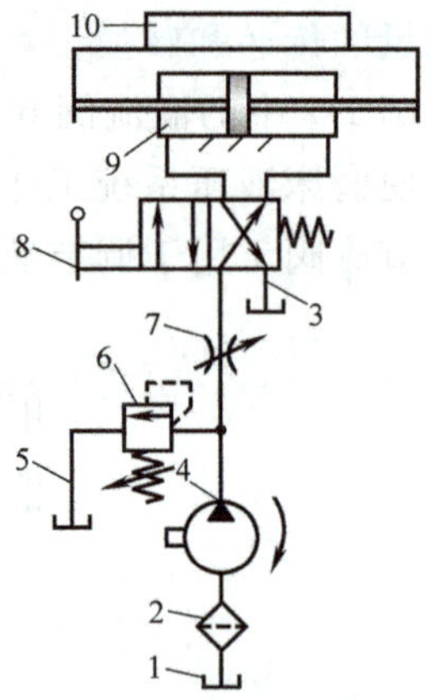

图 1-3 用图形符号表示的磨床工作台液压传动系统的工作原理图

1—油箱 2—过滤器 3、5—回油管 4—液压泵 6—溢流阀 7—节流阀 8—换向阀 9—液压缸 10—工作台

四、液压传动的特点认知

液压传动与机械传动、电气传动相比具有以下特点。

1. 液压传动的优点

1）单位体积输出功率大，容易实现较大的力及转矩的传递。

2）体积小、重量轻，因此惯性力较小，当突然过载或停机时，不会发生较大的冲击。

3）可方便地实现无级调速，调速范围大，传动平稳。

4）换向容易，在不改变电动机旋转方向的情况下，可以较方便地实现工作机构旋转和直线往复运动方向的转换。

5）由于采用油液作为工作介质，元件相对运动的表面间能够自行润滑，故磨损小、寿命长。

6）与微电子技术结合，易于实现自动控制。

7）可灵活、方便地布置传动机构，易于实现复杂动作。

8）容易实现过载保护。

2. 液压传动的缺点

1）液压传动对污染敏感，对维护的要求高，液压油液要始终保持清洁。

2）液压元件制造精度要求高，工艺复杂，成本较高。

3）液压元件维修较复杂，故障原因不易查找。

4）因液压油液泄漏和可压缩性会影响执行元件运动的准确性，故无法保证严格的传动比。

5）传动效率低，不适合远距离传动。

6）液压传动系统在工作时受温度变化的影响大，油温过高或过低都不宜。

7）随着高压、高速和大流量的日趋发展，液压元件和系统的噪声会增大，需要降噪技术的发展。

五、液压传动的应用和发展

液压技术起源于18世纪90年代中期，英国科学家用水作为工作介质，以水压机的形式将其应用于工业上，诞生了世界上第一台水压机。目前，液压传动技术普遍应用在工业领域各部门，例如机床自动生产线、工程机械、农业机械、汽车等行业都采用了液压传动技术。随着科学技术的迅猛发展，液压传动技术正朝着高压、高速、高集成化、大功率、高效率、低噪声、低能耗、高寿命等方向发展；与伺服控制的结合，使得液压技术在高精度、高响应性方面也有了很大的用武之地。

经过数十年的发展，中国液压工业形成了较为完善的体系，在液压系统的运用上越来越广泛，对技术的掌握也越来越成熟，已经拥有了独特的行业经验和技术。液压技术在我国“大国重器”中发挥着重要的作用，我国自主研制的C919大型客机、运-20军用大型运输机、大直径泥水平衡盾构机“春风号”等，都离不开液压技术。据统计，目前国内液压企业超过1000家，其中规模以上企业300多家，主要企业100多家。江苏恒立液压股份有限公司、烟台艾迪精密机械股份有限公司等骨干企业正快速缩短与全球领先技术的差距，其国际市场占有率日益提升。

总之，国内液压产业目前正处于快速发展的黄金期，对于现代信息化及机械自动化的时代，国内液压系统的发展还有很大的空间。在学习中我们要打好基础，为祖国液压行业的发展做出贡献。

讨论：从绿色发展的角度出发，探讨未来液压传动介质的发展方向。举例说明我国液压行业为体现中华民族自豪感的C919（COMAC919）飞机的成功研制做出了哪些贡献？

小任务：液压千斤顶的功能认知与操作（任务工单见表B-1）。

任务二　液压传动系统力与速度的传递

液压传动系统中，起传递能量和信息作用的液体通常就是液压油，那么液压系统的力与速度是如何靠液压油传递的呢？

一、液体的重要参数认知

1. 液体的压力

（1）压力的定义　这里所说的压力通常是指液体静压力。液体的静压力是指液体静止时单位面积上（某点处）所受到的法向作用力。它包括其他物体（如固体）作用在物体上的力。也包括一部分液体作用在另一部分液体上的力。静压力通常简称为压力，用 p 表示。在分析液压系统某点压力时，为简化问题，通常不考虑其是处于静止状态还是流动状态。

$$p=\frac{F}{A} \tag{1-1}$$

(2) 压力的单位 压力的单位为 N/m^2 或 Pa（帕，$1Pa=1N/m^2$），使用时常用 MPa（兆帕，$1MPa=1\times10^6Pa$）。

2. 液体的流量

(1) 流量的定义 单位时间流过通流截面的液体体积，称为流量。

(2) 流量的单位 流量的常用单位为 L/min（升/分）。忽略液体流动时的黏性影响，假设通流截面积 A 上各点的流速均相等，其平均流速用 v 表示，流过通流截面的流量用 q 表示，则

$$v=\frac{q}{A} \tag{1-2}$$

二、液压传动系统力与速度的传递认知

1. 力的传递

(1) 压力的形成与力的传递 对于液压千斤顶，往复扳动手柄，通过液压油将小活塞上的力传递给大活塞，大活塞上要克服的阻力越大，油液产生的压力就越高，反之压力就越低。

小知识：在密闭容器中的静止液体，当一处受到外力作用而产生压力时，这个压力将通过液体等值传递到液体内部的所有点（图 1-4），这就是静压传递原理，又称帕斯卡原理。

小问题：在图 1-5 所示的密闭连通器中充满油液，已知大活塞缸内径 $D=100mm$，小活塞缸内径 $d=20mm$，站在大活塞上的大象质量是 5000kg，试问站在小活塞上的猴子体重是多少才可以平衡大象的重量？如果把大象放下来，小活塞上的猴子还能保持在原来的高处位置吗？想一下，液压系统不同负载时的工作压力是相同的吗？如果负载为零，液压油的压力能不能建立起来？试述液压千斤顶为什么能省力。

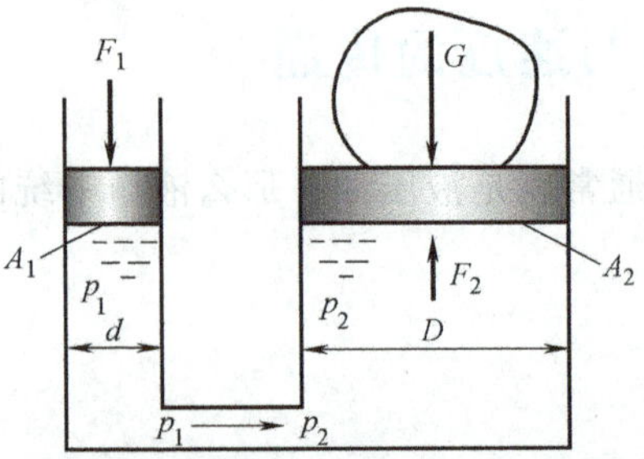

图 1-4 液体内的静压力等值传递

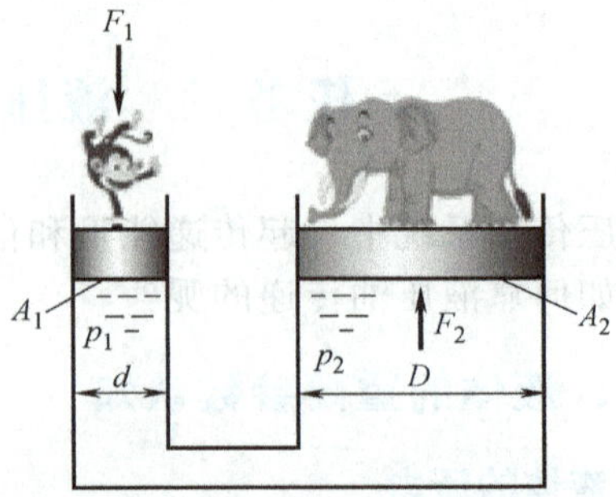

图 1-5 压力与负载的关系

小提示：$p_1=\frac{F_1}{A_1}$，$p_2=\frac{F_2}{A_2}$，$p_1=p_2=p$。

小结论：液压系统的工作装置必须是密封的；压力是靠负载建立起来的；力是靠压力来传递的；液压千斤顶具有省力的功能。

（2）压力的测量与表示方法　压力的表示方法有两种：一种是以绝对真空作为基准测得的压力，称为绝对压力；另一种是以大气压力作为基准测得的压力，称为相对压力。相对压力等于绝对压力减大气压力，由于大多数测压仪表测得的压力都是正的相对压力，因此相对压力为正值时也称表压力；而相对压力为负值时，其绝对值称为真空度。绝对压力、相对压力和真空度的相互关系如图 1-6 所示。

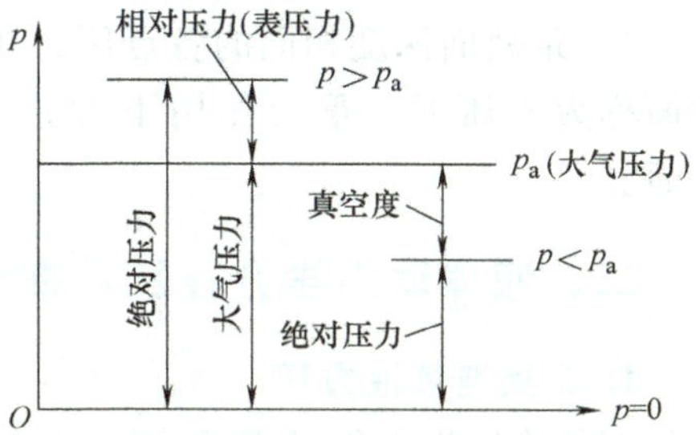

图 1-6　绝对压力、相对压力和真空度的关系

2. 运动速度的传递

通过观察液压千斤顶的工作过程可以看出，液压千斤顶密封容积的变化引起液体的流动，而液体的流动又传递了运动。同一时间内，图 1-4 所示的左腔容积减小多少，其右腔容积就增大多少，因此重物上升的速度取决于单位时间密封容积变化的快慢。由此可以得出这样的结论：液压系统中运动速度的传递是靠密封容积变化相等的原则进行的，即运动速度的大小与通过的流量大小成正比。在图 1-2 所示磨床工作台液压传动系统中，因节流阀可以调节通过的流量，故工作速度可以由节流阀来调节。

小问题：如图 1-5 所示，如果使小活塞以 v_1 的速度下降，则大活塞的上升速度 v_2 是多少？

小提示：同一时间内小活塞缸和大活塞缸密封容积变化相等。

小结论：压力与流量是两个重要参数。压力取决于负载，速度与流量成正比，压力的大小与流量无关。

小任务：磨床工作台液压传动系统的组成及工作过程认知（任务工单见表 B-1）。

任务三　液压流体力学基础知识及应用

液压油在密闭的液压系统中流动，其运动机理非常复杂，要想提升液压系统性能或提升分析液压系统复杂故障的能力，常常要用到液体的力学知识来做支撑。

一、液体静力学基本方程及其物理意义

液体静力学基本方程是用于分析和研究静止液体内部压力变化规律的方程。如图 1-7 所示，重力场中静止液体内部某点 A 的压力 p 可由式（1-3）计算：

$$p=p_0+\rho gh \tag{1-3}$$

式中　p_0——作用在液面上的压力；

ρ——液体的密度；

h——点 A 距离液面的深度。

式（1-3）即为静力学基本方程，它的物理意义包括以下内容。

1）静止液体内任一点处的压力由两部分组成，一部分是液面上的压力，另一部分是液柱的重力所产生的压力。

2）静止液体内部的压力随液体深度的增加而线性地增加。

3）距液面深度相同的各点压力相等。由压力相等的点组成的面称为等压面。重力作用下静止液体中的等压面是一个水平面。

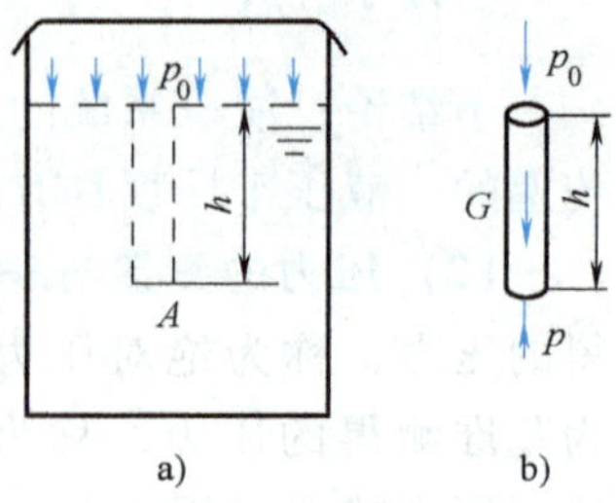

图 1-7　液体内部压力的计算

二、液体动力学方程及其物理意义

1. 流量连续性方程

流量连续性方程是用于分析和研究流动液体内流速、通流面积以及流量三者之间关系的方程。假设图 1-8 所示两连接管道的通流截面 1 与 2 的流速及通流面积分别为 v_1、A_1 和 v_2、A_2。因液体的可压缩性很小，在一般情况下，认为是不可压缩的，即将密度视为常量，根据质量守恒定律，则流过截面 1 和截面 2 的流量 q_1 和 q_2 关系为

$$q_1=q_2 \text{ 或 } v_1A_1=v_2A_2 \tag{1-4}$$

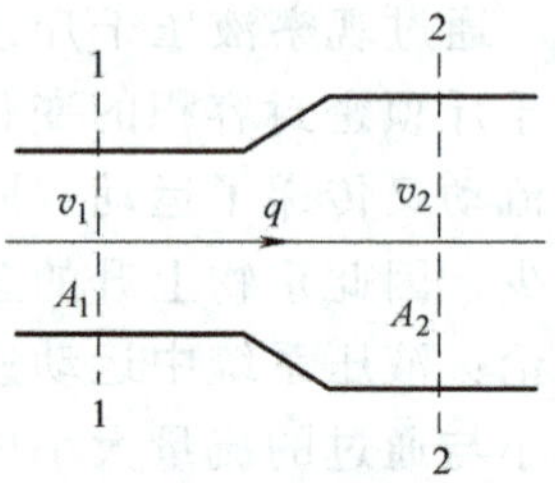

图 1-8　液体的连续性原理

式（1-4）称为流量连续性方程，它的物理意义是液体在单位时间内流过各通流截面的液体体积（质量）是相等的。它表明液体在管路内做稳定流动时，单位时间内流过任何通流截面的液体体积都是相等的。流量一定时，液体的流速与通流面积成反比，孔径小则流速快；而通流面积一定时，流量大则流速就快。这就是调节输入液压缸的流量可以调节液压缸运动速度的原因。

2. 液体的伯努利方程

（1）理想液体的伯努利方程　伯努利方程是根据能量守恒定律推导出的流体力学的一种表达形式，它是用于分析和研究液体流动过程中压力与流速之间转换规律的方程。为研究方便，一般将液体视为没有黏性摩擦力和可压缩性的理想液体。图 1-9 所示管路中流动的液体，任意截取两截面 1 和 2，截面的位置高度分别设为 h_1 和 h_2，压力分别为 p_1 和 p_2，平均流速分别为 v_1 和 v_2，则理想液体的伯努利方程为

$$p_1+\rho gh_1+\frac{\rho v_1^2}{2}=p_2+\rho gh_2+\frac{\rho v_2^2}{2} \tag{1-5}$$

或

$$p+\rho gh+\frac{\rho v^2}{2}=\text{常量} \tag{1-6}$$

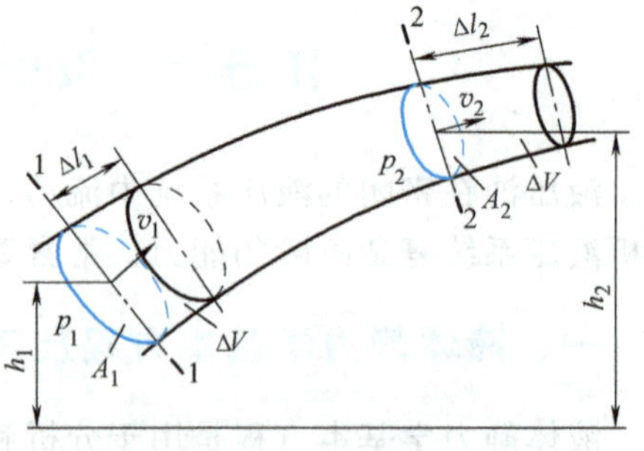

图 1-9　理想液体伯努利方程推导

理想液体伯努利方程的物理意义是：在密闭管道内做恒定流动的理想液体具有三种形式的能量（压力能、位能和动能），在沿管道流动过程中三种能量之间可以互相转化，但在任一截面处，三种能量的总和为一常量。式（1-6）

是单位体积液体的能量守恒方程。

（2）实际液体的伯努利方程　由于液体存在着黏性，其黏性力会产生内摩擦力，造成能量消耗，以及黏性会产生在通流截面上的流速分布不均匀等因素，当液体流动时，液流的总能量是减少的。因此，实际液体的伯努利方程为

$$p_1+\rho g h_1+\frac{\rho\alpha_1 v_1^2}{2}=p_2+\rho g h_2+\frac{\rho\alpha_2 v_2^2}{2}+p_w \tag{1-7}$$

式中　α——动能修正系数，它是个实验数据，用于修正速度误差；

p_w——单位体积的液体由截面 1 流到截面 2 的能量损失。

液压系统中，为便于观察与维修，机床液压系统大部分液压泵都安装在油箱外，常见的是经常安装于油箱上盖处，靠液压泵进油口处形成真空度来吸油。靠真空度吸油时，液压泵进油口处的真空度不能太大，否则易产生气穴现象，使油液不连续及噪声过大。通过伯努利方程可以计算液压泵吸油口处的真空度，分析液压泵的工作性能。

一般情况下，由于液体的密度较小，液体位能在总能量中占据很小的比重，在利用伯努利方程定性分析时，为简化分析和计算过程，即使管道不是水平放置的，也往往忽略液体的位置高度变化所产生的能量变化，而只考虑压力能和动能的变化。

小拓展：如图 1-10 所示，思考液压泵吸油高度是如何影响液压泵工作性能的？

小提示：设油箱的液面为 1—1 截面（该处的压力为 $p_1=p_a$（大气压力），高度 $h_1=0$，流速 $v_1=0$）；泵进油口处为 2—2 截面（该处的压力为 p_2，高度 $h_2=h$，流速为 v_2），则液压泵吸油过程中的能量变化服从实际液体的伯努利方程：

$$p_1+\rho g h_1+\frac{\rho\alpha_1 v_1^2}{2}=p_2+\rho g h_2+\frac{\rho\alpha_2 v_2^2}{2}+p_w$$

$$p_a+0+0=p_2+\rho g h+\frac{\rho\alpha_2 v_2^2}{2}+p_w$$

$$p_a-p_2=\rho g h+\frac{\rho\alpha_2 v_2^2}{2}+p_w \tag{1-8}$$

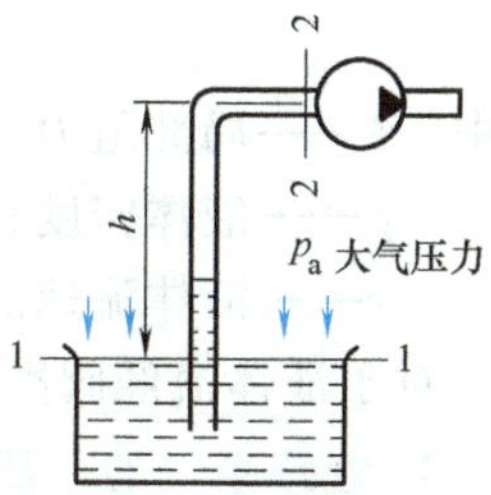

图 1-10　液压泵吸油高度相关计算

由式（1-8）可知，当泵的安装高度 $h>0$ 时，等式右边的值均大于零，因此 $p_a-p_2>0$，即 $p_2<p_a$。这时，泵进油口处的绝对压力低于大气压力，形成真空，产生吸力，油箱中的油液在其液面大气压力的作用下被吸入液压系统。

由于 p_2 不能太小（若其低于空气分离压，溶于油中的空气就会析出，形成大量气泡，产生噪声和振动），等式右边的三项之和就不能太大，即每一项的值都会受到限制。由上述分析可知，泵的吸油高度 h 越小，泵越容易吸油；h 越大，吸油管径越细（或流速越快），则液压泵进油口处真空度就越大，液压泵进油口处压力如果低于空气分离压时就会产生大量气泡引起振动和噪声。由此可见，必须限制真空度。同时为了减小液体的流动速度 v_2 和油管的压力损失 p_w，液压泵一般应采用直径较大的吸油管，且管路尽可能短、直，或采用立式安装降低吸油高度为负值。

小结论：限制真空度的方法除了加大吸油管直径，缩短吸油管长度和减少局部阻力，使 $\rho v^2/2$ 和 p_w 两项的数值减小外，一般对泵的安装高度 h 也有所限制。通过验证，液压泵的吸油高度一般应控制在不大于 0.5m 的范围内。

有些液压系统的液压泵采用立式安装，液压泵浸入油箱液面以下，这样可以大大改善吸油条件。当泵安装于液面以下时，$h<0$，而当 ρgh 的绝对值大于$\frac{\rho\alpha_2 v_2^2}{2}+p_w$ 情况下，$p_2>p_a$，泵的进油口处不形成真空，油液自行倒灌进入泵内。也有将液压泵置于油箱侧面或采用油箱液面加压的密封油箱等方法来改善吸油条件的。

三、液体流动时的压力损失

液体在管路系统中流动时，因黏性等原因会产生能量损耗，表现为压力降低，把这种损失称为压力损失。压力损失进一步说明实际液体在流动过程中的能量并不是一成不变的。

1. 沿程压力损失

液体流经直径不变的直管时，因黏性摩擦而产生的压力损失称为沿程压力损失。它主要取决于液体流速 v、动力黏度 μ、管路的长度 l 以及内径 d 等。其计算公式为

$$\Delta p_\lambda = 32\mu lv/d^2 \tag{1-9}$$

2. 局部压力损失

液体流经局部阻力（阀口、管路分支、弯头、突变截面等）时，因流速和流向突变而产生的压力损失称为局部压力损失。局部压力损失主要是因形成旋涡，液体质点相互撞击造成能量损失，局部压力损失的计算公式为

$$\Delta p_\xi = \xi\rho v^2/2 \tag{1-10}$$

式中 ξ——局部阻力系数，它是一个实验数据，其值可查相关手册；

ρ——液体密度；

v——液体流速。

对于液体流经阀类元件的压力损失为 Δp_n，一般直接从产品样本中查得。

3. 管路系统的总压力损失

管路系统的总压力损失为所有沿程压力损失和所有局部压力损失之和，即

$$\sum\Delta p = \sum\Delta p_\lambda + \sum\Delta p_\xi \tag{1-11}$$

压力损失会影响液压系统的工作性能，它会使传动效率降低，且绝大部分压力损失转变为热能，造成油温升高、油液泄漏增多，影响系统的工作性能，因此应尽量减少压力损失。压力损失的产生与多方面因素有关，管道直径越小、管道越长、管道内壁越粗糙、液体流速越快以及液体黏性越大时，压力损失就越大。为了减少压力损失，还应尽量减少弯管、分支或管路通流面积的突然变化。

压力损失是对液压系统进行设计及分析必须考虑的因素，设计和安装液压泵时，要考虑吸油管路的阻力以确定方案。一般情况下，为便于安装与维修，液压泵大多安装在油箱液面以上，依靠泵进油口处形成的真空度来吸油。为使真空度不致过大，应尽可能减少吸油管压力损失，减小液压泵安装高度、增大吸油管直径、减少吸油管路长度和弯头都可以减少吸油管路的压力损失，使液压泵容易吸油。通常遵循液压泵吸油口距油箱液面的吸油高度不超过0.5m 的原则。如果将液压泵安装在油箱液面以下或浸入油箱液压油内，则吸油高度为负值，对降低液压泵吸油口的真空度更为有利，但安装和维修不太方便。

小提示：由于压力损失的必然存在性，因此选择液压泵的额定压力要略大于系统工作时所需的最大工作压力，一般可用系统工作所需的最大工作压力乘以一个 1.3~1.5 的系数来

估算。

小拓展：液体流经小孔和缝隙的流量计算。

1. 液体流经小孔的流量

小孔的结构型式按长径比的不同可分为薄壁孔（$L/d \leqslant 0.5$）、细长孔（$L/d>4$）和短孔（$0.5<L/d \leqslant 4$）三种。

下面给出几种小孔流量的具体表达式，供使用时参考。

（1）液体流经薄壁小孔的流量　如图 1-11 所示，根据伯努利方程和连续性方程可以推得通过薄壁小孔的流量为

$$q=C_q A_T \sqrt{\frac{2\Delta p_T}{\rho}} \tag{1-12}$$

式中　C_q——流量系数，一般由实验确定。在某些情况下，C_q 的变化很小，可视为常数，计算时一般取 $C_q=0.6 \sim 0.62$。

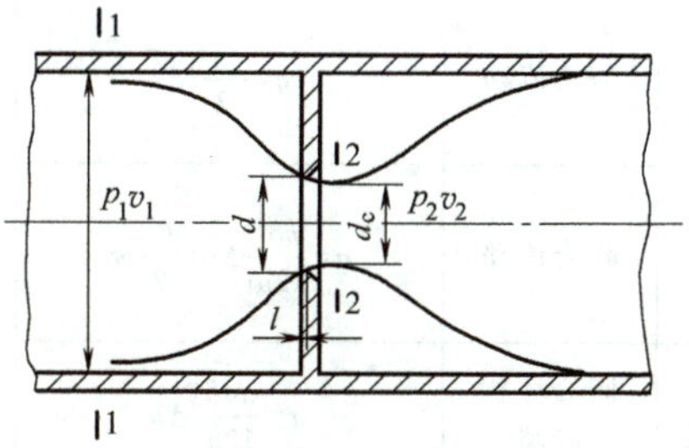

图 1-11　流经薄壁小孔的流量计算

（2）液体流经细长孔的流量　液体流经细长孔时的流量常用下式计算：

$$q=\frac{\pi d^4}{128\mu l}\Delta p_T \tag{1-13}$$

（3）液体流经短孔的流量　短孔是介于细长小孔和薄壁孔之间的孔，短孔的流量也可用薄壁孔的流量公式计算，但流量系数 C_q 不同，一般取 $C_q=0.82$。

综上所述，流经薄壁小孔的流量只与小孔前后的压差 Δp_T 的平方根以及小孔的面积 A_T 成正比，与黏度无关，因此流经薄壁小孔的流量受温度和黏度的影响小，不易堵塞，流量稳定，节流阀的节流口常采用薄壁小孔类型；细长小孔的流量与动力黏度 μ 成反比，流量受油温变化的影响较大，细长小孔常用作控制阀的阻尼孔；短孔制造要比薄壁小孔容易得多，因此常用作固定节流器。

2. 液体流经缝隙（间隙）的流量

在液压系统中，液压元件端面存在平行平板间隙，液压缸缸体与活塞、阀体与阀芯之间存在环形间隙，间隙都可能产生泄漏。产生泄漏的原因有两种，一种是间隙两端的压力差引起的压差流动，另一种是间隙的两个配合面有相对运动引起的剪切流动。这两种流动同时存在时称为联合流动。

（1）压差流动产生的泄漏　当间隙的一侧为高压油，另一侧为低压油时，高压油就会经间隙从高压区流向低压区，从而造成泄漏；液压元件密封不好时，内部压力油向外部泄漏或液压油液由元件内部间隙的一端流向另一端的内泄漏都是这种泄漏。

（2）剪切流动产生的泄漏　液体在无压差作用下，构成间隙的两固体壁面产生相对运动时，由于液体的黏性使得液体被带动，而引起的流动。

流体力学相关研究表明，在压差作用下通过间隙的流量与间隙值的三次方成正比，这说明元件内间隙的大小对泄漏量的影响是非常大的。另外，流经环形间隙的流量与偏心距有关，最大偏心时的泄漏量是同心时泄漏量的 2.5 倍之多。液体流经间隙的流量计算公式见表 1-1。

表 1-1 常见间隙流量计算公式

缝隙类型		计算公式	说明
平行平板间隙	压差流动	$q=\dfrac{b\delta^3}{12\mu l}\Delta p$	压差流动是液体在两平板相对静止的间隙中由间隙两端的压差引起的流动 式中，μ 为液体的动力黏度，l、b、δ 分别为间隙长、宽、高，Δp 为间隙两端的压力差
	剪切流动	$q=\dfrac{v_a}{2}b\delta$	剪切流动是液体在无压差作用下，两平板相对运动时，由间隙处液体的黏度引起的流动。 联合流动是压差流动和剪切流动同时存在的流动 式中，v_0 是两平板的相对运动速度，它的方向与压差方向相同时，等式右边第二项取"+"，反之取"-"
	联合流动	$q=\dfrac{b\delta^3}{12\mu l}\Delta p\pm\dfrac{v_a}{2}b\delta$	
环状间隙	同心环状间隙	$q=\dfrac{\pi d\delta^3}{12\mu l}\Delta p$	将上述公式中的 b 换成 πd 即得
	偏心环状间隙	$q=\dfrac{\pi d\delta^3}{12\mu l}\Delta p(1+1.5\varepsilon^2)$	式中，$\varepsilon=\dfrac{e}{\delta}$ 称为偏心率，e 为偏心量，δ 为无偏心时的环状间隙值

小提示： 为了减少间隙处的泄漏量，应使间隙适当，间隙过小易使零件卡滞，但间隙也不能过大，否则易造成泄漏过多；存在环形间隙时，安装时应尽量使间隙处的零件配合处于同轴状态。

小拓展： 液压系统的泄漏是不能绝对避免的，泄漏不但会污染环境，还会造成功率损失，使执行机构的运动速度受到影响。因此，为了避免因泄漏导致流量不足，液压系统中泵的额定流量的选取要略大于系统工作时所需的最大流量。通常也可以用系统工作所需的最大流量乘以一个 1.1~1.3 的系数来估算。

四、液压冲击和气穴现象的危害与预防措施

1. 液压冲击的危害及预防措施

在液压系统中，因某种原因而引起油液的压力在瞬间急剧增大到某一峰值的现象，称为液压冲击。

（1）造成液压冲击的主要原因 油路突然关闭或换向时液流速度的急剧变化，高速运动的工作部件突然停止时的惯性力和某些液压元件的反应动作不灵敏等，都是造成液压冲击的原因。高压、大流量的系统更易出现液压冲击。

（2）液压冲击的危害 产生液压冲击时，系统中的压力瞬间达到正常压力的好几倍，会导致系统的振动与噪声、管路或液压元件的损坏，甚至还会引起某些接收压力信号而动作的液压元件（如压力开关）产生误动作，影响系统的正常工作、缩短系统的寿命。

（3）预防液压冲击的措施 根据液压冲击产生的机理，运用伯努利方程可知，避免液流速度急剧变化，延缓速度变化的时间，通过防止动能在瞬间转化成压力能，可以有效地防止液压冲击。常采用的办法有：适当加大管道直径以限制管道内液体的流速，限制执行元件运动速度不宜过快、延缓阀门动作时间，采用橡胶软管或在阀门前设置蓄能器吸收压力冲击。

2. 气穴现象的危害及预防措施

在液压系统中，如果某处压力低于空气分离压时（如液压泵的吸油区域），原来溶解于油液中的空气就会游离出来形成气泡，这些气泡夹杂在油液中形成气穴，当压力进一步减小直至低于液体的饱和蒸气压时，液体就会迅速汽化形成大量气泡，这种现象称为气穴现象，也称空穴现象。气穴现象使液流呈不连续状态。

(1) 造成气穴现象的主要原因　造成气穴现象的主要原因是液压泵吸油口真空度过大和油液流经狭窄的阀口及缝隙引起压力降过大。

(2) 气穴现象的危害　液体中的气泡随着液流运动到压力较高的区域时，气泡在较高压力作用下迅速破裂，从而引起局部液压冲击，造成噪声和振动；另外，由于气泡破坏了液流的连续性，造成流量和压力的波动，使液压元件承受冲击载荷，因此影响了其寿命，甚至还会出现液压元件的气蚀和液压缸低速爬行等现象。

气泡中的高温氧气腐蚀金属元件表面，这种因气穴现象而造成的腐蚀称为气蚀。气蚀现象是液压系统产生各种故障的原因之一，特别在高速、高压的液压设备中更应注意这一点。

(3) 减小气穴现象的措施　由于气穴现象主要发生在液压泵的吸油口，因此应注意液压泵的吸油口真空度不能过大。需要控制液压泵的吸油高度不能过大，吸油管径不能过小，泵轴转速不能太高，管路密封要好，防止吸气，还有流经节流小孔的压力降不能过大，小孔前后压力比应小于3.5。

预防液压系统的故障发生率，其中很重要的一点就是系统污染的防控。在使用液压油时，应了解液压油的选择是否合理，液压系统是否经过严格的清洗，油液污染指数是否在正常范围内，液压油的相关问题会直接影响到整个液压系统是否能够正常工作。液压油使用中应遵守如下规范：

1）加强粉尘治理，减少工作现场粉尘，减少液压系统的污染源，改善设备运转环境。

2）为防止液面波动时空气进入系统，吸油管应浸入油箱液面下足够深度，且吸油管接头应严格密封；为防止油箱底部沉积物被吸入或被搅动，吸、回油管与油箱底部距离应适当。

3）油箱内壁一般不要涂油漆，以免油漆剥落造成污染。油箱通大气处要加空气过滤器。

4）维修时，拆卸元件应在无尘区进行，注意避免配合面沾染杂质。

5）液压缸活塞杆及液压泵轴伸出端防尘密封圈应密封可靠。

6）禁止使用变质油和清洁度超标油，定期检查及更换液压油，换油及补油时应通过过滤器加油。

7）定期检查过滤器滤网有无破裂、是否堵塞，及时清洗或更换过滤器。

小结

液压传动系统的组成：
- 动力元件：液压泵
- 执行元件：液压缸、液压马达
- 控制调节元件：液压控制阀
- 辅助元件：其他元件
- 工作介质：液压油

思考题和习题

一、填空题

1. 液压传动是以________为传动介质，利用液体的________能来实现运动和动力传递的一种传动方式。

2. 液压传动系统由________、________、________、________和________五部分组成。

3. 在液压传动中，液压泵是________元件，它将输入的________能转换成________能，向系统提供动力。

4. 在液压传动中，液压缸是________元件，它将输入的________能转换成________能。

5. 液压系统的工作压力决定于________。

6. ________和________是液压系统的两个重要参数。

7. 液压系统中压力的常用单位是________，流量的常用单位是________。

8. 液压泵的吸油高度一般应控制在不大于________的范围内。

9. 根据连续性原理，无分支管路中，管子细的地方流速________，管子粗的地方流速________。

10. 液压管路中的压力损失可分为两种，一种是________，一种是________。

11. 液压系统由于某些原因使液体压力急剧上升，形成很高的压力峰值现象，称为________。

12. 在液压流动中，因某处的压力低于空气分离压而产生大量气泡的现象，称为________。

二、判断题

1. 液压系统故障诊断方便、容易。(　　)
2. 液压传动必须在密闭容器内进行。(　　)
3. 液压传动适宜于远距离传动。(　　)
4. 液压传动可在高温下运行。(　　)
5. 液压千斤顶能够省力。(　　)
6. 液压系统的故障绝大部分是因油液污染引起的。(　　)
7. 液压执行元件的运动速度取决于工作压力，工作压力越大，速度越快。(　　)
8. 连续性方程表明液体的平均流速与流通圆管的面积大小成反比。(　　)
9. 油液流经无分支管道时，横截面积越大通过的流量就越大。(　　)
10. 液压泵吸油口处真空度过大，会引起振动和噪声。(　　)
11. 液压冲击和空穴现象是液压系统产生振动和噪声的主要原因之一。(　　)
12. 管路只要有良好的密封性，液压系统就不会产生气穴现象。(　　)

三、选择题

1. 液压系统的执行元件是(　　)。

A. 电动机　　B. 液压泵　　C. 液压缸或液压马达　　D. 液压阀

2. 液压系统中，液压泵属于(　　)。

A. 动力部分　　B. 执行部分　　C. 控制部分　　D. 辅助部分

3. 液压传动不具备(　　)的特点。

A. 易于实现自动控制　　B. 可在较大速度范围内实现无级变速
C. 换向迅速、变速准确　　D. 诊断、维护、保养和排放方便

4. 液压系统的组成不包括（　　）。
A. 动力元件　　B. 执行元件
C. 控制调节元件　　D. 辅助元件
E. 压缩空气处理元件

四、简答题

1. 简述液压传动的工作原理。
2. 液压传动有哪些优缺点？
3. 理想流体伯努利方程的物理意义是什么？
4. 何为液压冲击？对液压系统有何危害？
5. 何为气穴现象？对液压系统有何危害？
6. 节流口最小稳定流量的物理意义是什么？

五、计算题

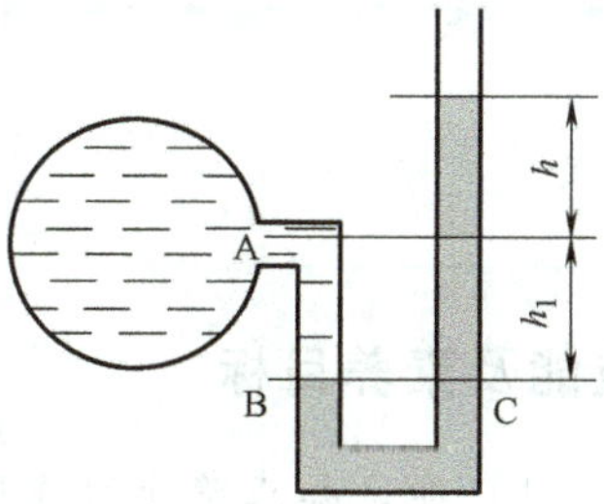

图 1-12　U 形管测压计测压原理

如图 1-12 所示，U 形管测压计内装有水银，其左端与装有水的容器相连，右端开口与大气相通。已知 $h=20\text{cm}$，$h_1=30\text{cm}$，水银密度 $\rho_{汞}=13.6\times10^3\text{kg/m}^3$，试计算点 A 的相对压力和绝对压力。

项目二

液压油的日常维护与污染的控制

技能及素养目标

1）能认知正确使用液压油的重要性，理解对待安全问题要防微杜渐的意义。
2）能认知正确选择液压油牌号的意义，能正确进行液压油的日常维护。
3）能认知液压油污染的原因、危害及防控措施。
4）能了解日常使用液压油的相关行业规定，按要求正确使用液压油。

重点知识

1）液压油的主要性质。
2）液压油牌号的含义。
3）液压油的日常维护内容。
4）液压油污染的原因、危害及污染的控制。

任务一　液压油的日常维护

液压油作为液压系统的工作介质，在液压系统中的作用是传递能量和信息。矿油型液压油是最常用的液压油，这类液压油就是加入了润滑和防锈添加剂的机械油，其润滑性能和防锈性能好，黏度等级范围广。目前有约85%以上的液压系统采用矿物油型液压油作为工作介质。液压油对液压系统的正常工作意义重大。

液压油

一、液压油的主要性质认知

1. 液体的密度

单位体积液体的质量，称为液体的密度。常用的矿物油型液压油的密度会随温度的上升而有所减小，随压力的增大而稍有增大，但数值变动范围很小，可认为是常数。

2. 液体的黏性

液体在外力作用下流动（或有流动趋势）时，分子间的内聚力（称为内摩擦力）要阻止分子间的相对运动，液体的这种性质称为黏性。液体只有在流动（或有流动趋势）时才会呈现出黏性，静止液体是不呈现黏性的。这就是液体看起来有“稀”和“稠”之分的原因。液体黏性的大小用黏度来表示。常用的黏度表示方法有三种，即动力黏度、运动黏度和相对黏度。

（1）动力黏度μ　它是表征液体黏性的内摩擦系数，单位为Pa·s（帕·秒），又称绝对黏度。

（2）运动黏度υ　它是动力黏度与其密度的比值，$\upsilon=\mu/\rho$，单位为m^2/s。运动黏度υ无明确的物理意义，但国际标准化组织规定统一采用运动黏度来表示液体黏度。

（3）相对黏度　由于测量仪器和条件不同，各国采用相对黏度的含义也不同，如美国采用赛氏黏度；英国采用雷氏黏度；我国和一些欧洲国家采用恩氏黏度。恩氏黏度用恩氏黏度计测定，又称条件黏度。

3. 液体的黏温特性

液压油黏度对温度的变化十分敏感，温度升高，黏度下降。这种油液黏度随温度变化的性质，称为黏温特性。温度对液压油黏度影响较大，黏度变化直接与液压系统动作、传递效率和传递精度等有关，必须引起重视。

4. 液体的可压缩性

液体受压力作用而使其体积发生变化的性质，称为液体的可压缩性。对于一般液压系统，压力不高时液体的可压缩性很小，因此可认为液体是不可压缩的。在压力变化很大的高压系统中，就必须考虑液体可压缩性的影响。当液体混入空气时，其可压缩性将显著增加，并将严重影响液压系统的工作性能。因此，应将液压系统油液中的空气含量减少到最低限度。

二、液压油的牌号认知

常用的液压油是矿物油型液压油。液压油的牌号是采用液压油在40℃时运动黏度（以m^2/s或cSt计，$1cSt=10^{-6}m^2/s$）的平均值来标号的，例如32号普通液压油（其型号为L-HL32）就是指在40℃时其运动黏度的平均值为$32m^2/s$。

三、对液压油的要求及液压油的维护内容认知

1. 对液压油的要求

在液压系统中，液压油除传递运动和动力外，还要起到润滑和散热的作用，液压油性能应满足上述使用要求。因此，要求液压油具有下述特点：

1）合适的黏度，较好的黏温特性，以确保在工作温度发生变化的条件下能准确、灵敏地传递动力。

2）良好的润滑性能，以减少液压元件间相对运动表面的磨损，降低液压系统故障率。

3）良好的热稳定性，使液压油在高温高压条件下不易变质，使用寿命长。

4）抗泡沫性好，抗乳化性好，使液压油在受机械不断搅拌的工作条件下，产生的泡沫易于消失，以使能量传递稳定、防止液压油乳化变酸和避免液压油的加速氧化。

5）腐蚀性小，防锈性好。防止液压油对密封件、橡胶软管、其他附件等造成腐蚀，可

避免这些元件的过早老化；防止金属部件生锈及污染液压油，可避免液压元件失效及延长液压油的使用周期。

6）良好的相容性，是指液压油对液压元件金属表面、各类油管及密封件等无溶解的有害影响。

7）凝点低、流动性好、闪点（明火能使油面上的油蒸气闪燃，但油本身不燃烧时的温度）和燃点高，以保证液压油在低温和高温环境中的工作可靠性和防火安全。

2. 对液压油的日常维护

为了充分发挥液压油的性能，要合理使用液压油，做好液压油的日常维护。日常维护主要是监控液压系统在正常工作条件下的运行情况、定期做油品检测等。日常维护要求如下：

1）及时检查油温，以保证液压油的油温正常。

2）及时检查油液的污染情况，根据换油指标和换油周期及时更换液压油。更换液压油时，必须彻底清洗液压系统，通常用同一品种液压油冲洗几次。

3）及时检查液压系统的密封性。液压系统必须保持严格的密封，防止泄漏，防止外界尘土、杂物、水分和空气等的混入。

4）及时检查油箱的油位及吸油管接口是否松动，液压系统维修后要及时排除空气，防止油中混气。

5）无论是新加还是更换变质的液压油，都必须按要求过滤新注入的液压油。

6）油箱吸油管应远离回油管，油箱中的冷却器不能漏水。

7）液压油不能随意混用。一种牌号的液压油，未经设备生产厂家同意和没有科学依据时，不能随意与不同牌号的液压油混用，更不得与其他品种的液压油混用。

小任务：液压油的日常维护（任务工单见表 B-2）。

任务二　液压油的选择与污染的控制

一、液压油的选择

1. 液压油类型的选择

在液压系统中，选择液压油类型时应考虑液压系统的特点、液压泵的类型及工作环境，根据手册或设备厂家技术要求来选择。各类液压泵推荐使用的液压油见表 2-1。

表 2-1　各类液压泵推荐使用的液压油

液压泵类型	黏度 [40℃时运动黏度/(mm^2/s)]		工作压力/MPa	推荐使用液压油的种类及代号
	液压系统工作温度 5~40℃	液压系统工作温度 40~80℃		
叶片泵	30~50	40~75	7 以下	L-HM32；L-HM46；L-HM68
	50~70	50~90	7 以上	L-HM46；L-HM68；L-HM100

（续）

液压泵类型	黏度 [40℃时运动黏度/(mm²/s)]		工作压力/MPa	推荐使用液压油的种类及代号
	液压系统工作温度 5~40℃	液压系统工作温度 40~80℃		
齿轮泵	30~70	95~165	12.5 以下	L-HL32;L-HL46;L-HL68
			10~20	L-HL46;L-HL68;L-HM46;L-HM68
			16~32	L-HM32;L-HM46;L-HM68
径向柱塞泵	30~50	65~240	14~35	L-HM32;L-HM46;L-HM68
			大于 35	L-HM32;L-HM68;L-HM100
轴向柱塞泵	30~70	70~150	14~35	L-HM32;L-HM46;L-HM68
			35 以上	L-HM32;L-HM68;L-HM100
螺杆泵	30~50	40~80	10.5 以上	L-HL32;L-HL46;L-HL68

2. 液压油牌号的选择

黏度是选择液压油牌号的主要依据，黏度过大或过小都不好。黏度过大会使运动阻力增加，造成传动效率降低，甚至产生液压泵吸油不足和噪声过大的现象（吸空现象、空穴现象）；黏度过小会使泄漏增加、润滑性能降低，产生执行机构速度降低及动力不足的问题。

选择液压油牌号时通常考虑以下几方面：

（1）工作压力　工作压力较高的系统宜选用黏度较大的液压油，以减少泄漏。

（2）运动速度　工作部件运动速度较快的系统，宜选用黏度较小的液压油，以减轻液流及移动部件的摩擦阻力。

（3）环境温度　环境温度较高的系统，宜选用黏度较大的液压油，以防止泄漏的影响过大。

二、液压油的污染与控制

液压油污染是指液压油中含有水分、空气、微小固体颗粒及胶质状生成物等杂质。液压系统故障的主要原因是液压油的污染。欲长时间地保持液压系统高效而可靠地工作，除了选好工作介质以外，还必须合理使用和正确维护工作介质，控制工作介质的污染。

1. 液压油污染的原因

液压油污染主要有以下三方面原因：

（1）残留物污染　主要指液压元件以及管道和油箱在制造、储存、运输、安装、维修过程中，带入砂粒、切屑、磨料、焊渣、锈片、油垢、棉纱、灰尘等，虽然经过清洗，但未清洗干净而残留下来的残留物所造成的液压油污染。

污染的液压油

（2）侵入物污染　主要指周围环境中的污染物，如空气、灰尘、水分等通过一切可能的侵入点侵入液压系统。例如通过外露的往复运动活塞杆、油箱的通气孔和注油孔等侵入系统，造成液压油的污染；在维修过程中不注意清洁，将环境周围的污染物带入系统；过滤器以粗代细，甚至不用过滤器，滤网不及时清洗，换油或补油时不注意油的过滤、脏的油桶未经过严格的清洗就拿来用，从而把污染物带入系统。这些都是造成侵入污染的因素。

（3）生成物污染　主要指液压系统在工作过程中所产生的金属微粒、密封材料磨损颗粒、涂料剥离片、水分、气泡、油液变质后的胶状物等所造成的液压油污染。

2. 液压油污染的危害

1）颗粒污染物类似于研磨金属加工面使用的研磨剂，当污染的液压油通过泵、缸、阀各液压元件遍布整个系统时，会加剧各液压元件运动时的磨损及擦伤密封件，使泄漏增加，还会堵塞液压元件的缝隙及节流小孔等，甚至使液压系统动作失灵，造成事故。

2）油液分解残余物及表面活性媒介物等，会腐蚀元件并使元件表面的污物分散到液压油中难以清除，堵塞过滤器滤网并降低滤网附着污物的能力，使液压泵吸油困难，造成吸油不充分和噪声严重等后果。

3）水分和空气降低液压油的润滑能力，加速其氧化变质，易产生金属元件表面的氧化腐蚀，产生气蚀，使液压系统出现振动和低速爬行现象。

小提示：污染的液压油会造成恶性循环，显著缩短液压系统元件的使用寿命，严重影响液压系统的正常工作，因此必须注意控制液压油的污染。

经年累月使用的液压油会积累污染物，导致设备性能降低，污染严重时会造成设备故障、导致设备无法工作。因此，液压油的日常维护与定期更换绝非小事，不容忽视。认真对待日常维护中的每项操作，按照要求正确维护并及时检查和更换液压油，才能保证设备的正常运转，避免故障或事故的发生。

3. 液压油污染的控制

由于液压油被污染的原因比较复杂，液压传动系统在工作过程中液压油又在不断地产生污染物，因此要彻底地防止污染是很困难的。为了延长液压元件的使用寿命，保证液压传动系统正常工作，应将液压油的污染程度控制在一定范围内。通常采取如下措施来控制污染。

（1）消除残留物污染　液压系统组装前后，必须对元件及系统进行严格的清洗。

（2）减少浸入物污染　控制工作环境的污染源，在液压系统必要位置设滤油装置过滤液压油，以减轻杂质的危害，并且定期检查、清洗或更换滤芯，尤其注意向油箱注油时应通过过滤器，维修和拆卸元件应在无尘区进行。

（3）减少生成物污染　提高液压系统的工作效率，降低液压油的温升，从而控制液压油的工作温度，延缓液压油变质周期。

小结论：日常维护时尤其要注意液压油的污染控制，因为液压系统的故障70%～80%是由工作介质污染造成的。

小任务：液压油的选择与污染的控制（任务工单见表B-2）。

小结

- 液压油
  - 液压油的日常维护
    - 液压油的性质
      - 密度
      - 黏性
      - 黏温特性
      - 可压缩性
    - 液压油牌号的含义
    - 液压油日常维护的内容
  - 液压油的选择
    - 类型的选择
    - 牌号的选择
  - 液压油的污染与控制
    - 污染的原因
    - 污染的危害
    - 污染的控制

思考题和习题

一、填空题

1. 液压油是液压系统的________。

2. 液压油温度升高，黏度会________，这种油液黏度随温度变化的性质称为________。

3. 液体黏性的大小用________来表示。

4. 液压油的牌号是以________时所测得的运动黏度的平均值来标定的。

二、判断题

1. 选择液压油的主要依据是黏度。(　　)

2. 液压油污染会显著缩短液压系统中元件的使用寿命，严重影响液压系统的正常工作。(　　)

3. 液压油温度过高或过低都会影响液压系统正常工作。(　　)

4. 液压系统的故障绝大部分是因油液污染而引起的。(　　)

三、选择题

1. 常用的黏度表示方法不包括（　　）。

A. 动力黏度　　B. 压力黏度　　C. 运动黏度　　D. 相对黏度

2. 液压油的牌号是指特定温度（　　）时测得的油液黏度。

A. 20℃　　B. 30℃　　C. 40℃　　D. 50℃

3. 通常采取（　　）措施来控制液压油的污染。

A. 消除残留物污染

B. 减少浸入物污染

C. 更换新油及工作时过滤以减轻杂质的危害

D. 减少生成物污染

E. 控制油液温度

项目三

液压泵和液压马达的基本功能及特点认知

技能及素养目标

1）能通过标牌区分液压泵和液压马达及其功能上的不同。

2）能叙述液压泵的工作原理及特点，提升沟通和交流能力。

3）能认真观察液压泵和液压马达图形符号及用途的不同之处，培养观察和思考能力。

4）能坚持底线思维，培养安全防护意识。

重点知识

1）液压泵和液压马达的符号、工作原理与功用。

2）液压泵和液压马达的主要性能参数。

3）液压泵和液压马达的类型特点及适用场合。

任务一　液压泵的基本知识认知

液压泵是液压系统的动力元件，其作用是将电动机（或其他原动机）输出的机械能转换为液体的压力能，为系统提供具有压力和流量的液压油。液压泵对液压系统的作用可以用心脏对人体供血的功用来比喻。

一、单柱塞泵的工作原理

图 3-1 所示为单柱塞式液压泵，它是一个简单的液压泵。柱塞 2 靠弹簧 4 压紧在偏心轮 1 上，偏心轮的转动使柱塞做往复运动。当柱塞向右移动时，密封容积 V 由小变大，形成局部真空，大气压力迫使油箱中的油液通过吸油管顶开吸油单向阀 6，油液进入密封容积 V 中，完成泵的吸油过程，吸油时排油单向阀 5 关闭。当柱塞向左移动时，密封容积 V 由大变小，迫使其中的油液顶开排油单向阀流入系统，以克服负载做功。这就是泵的压油过程，排油（也称压油）时吸油单向阀关闭。偏心轮不断地旋转，泵就不断地吸油和压油。

小结论：液压泵实现吸油和压油过程的条件有以下几点：

1）液压泵内部要形成密封的工作容积。

单柱塞式液压泵的工作原理

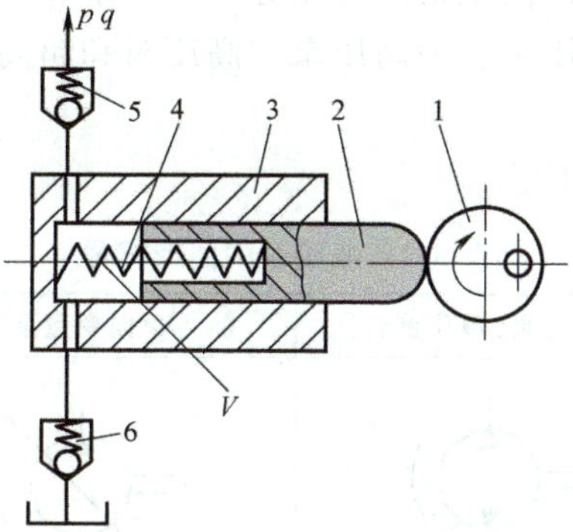

图 3-1　单柱塞式液压泵的工作原理

1—偏心轮　2—柱塞　3—泵体　4—弹簧　5—排油单向阀　6—吸油单向阀

2）密封容积交替变化实现吸油和压油（因此液压泵又称容积式泵）。

3）液压泵内部要有配流装置隔开高低压油（单柱塞泵靠吸油单向阀和排油单向阀来实现）。

4）液压泵外部油箱液面要通大气以保证能实现吸油（或在个别情况下附加一定的液面压力）。

小问题：单柱塞泵每转的排油量取决于什么？如果用此泵代替千斤顶中的手动泵，其供油压力的大小又取决于什么？

二、液压泵的分类及图形符号

1. 液压泵的分类

按结构分类，液压泵有下面几种类型，几种常见的液压泵如图 3-2 所示。

- 液压泵
  - 齿轮泵
    - 外啮合式
    - 内啮合式
  - 叶片泵
    - 单作用式
    - 双作用式
  - 柱塞泵
    - 径向柱塞泵
    - 轴向柱塞泵
      - 斜盘式
      - 斜轴式
  - 螺杆泵

a) 外啮合式齿轮泵　b) 双作用式叶片泵　c) 轴向柱塞泵　d) 三螺杆泵

图 3-2　常见的液压泵

按输出流量能否调节分类，液压泵还可以分为定量泵和变量泵；按额定压力的高低不同又可将液压泵分为低压泵、中压泵、中高压泵、高压泵和超高压泵等。

2. 液压泵的图形符号

液压泵的图形符号见表 3-1。

表 3-1 液压泵的图形符号

单向定量泵	双向定量泵(单位旋转)	单向变量泵	双向变量泵(单位旋转)
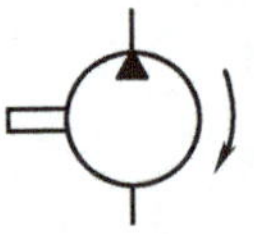	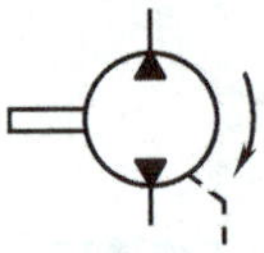	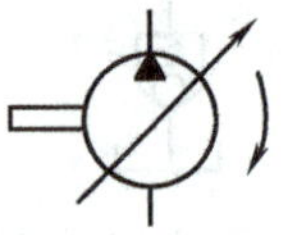	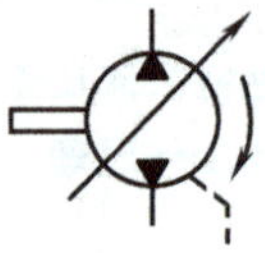

三、液压泵的主要性能参数

1. 液压泵的压力

(1) 工作压力 p 液压泵实际工作时输出的油液压力，称为工作压力，也称实际压力，其大小由工作负载决定。

(2) 额定压力 p_n 在正常工作条件下按试验标准规定，液压泵在连续运转中允许达到的最高工作压力，称为额定压力。额定压力是工作压力的“底线”，工作压力超过此值就是过载。额定压力的大小受液压泵本身的泄漏情况和结构强度等因素的限制，工作时要考虑其使用范围，不可超限。

(3) 最高压力 p_{max} 液压泵在短时间内过载时允许的极限压力，称为最高压力。

为满足各种液压系统所需的不同压力，一般将液压泵的额定压力分为几个等级，见表 3-2。

表 3-2 额定压力分级

压力分级	低压	中压	中高压	高压	超高压
压力范围/MPa	≤2.5	>2.5~8	>8~16	>16~32	>32

讨论：额定压力涉及液压系统的安全压力问题，简述液压泵额定压力的物理意义。讨论工作时坚持底线思维的重要性。

2. 液压泵的排量和流量

(1) 排量 V 液压泵每转一周，由其密封容积几何尺寸变化计算而得的输出液体的体积，称为排量。排量的常用单位为 cm^3/r（厘米^3/转）或 mL/r（毫升/转）。排量的大小取决于每转一周时泵的几何尺寸的变化量。

(2) 流量 q

1）理论流量 q_t。在不考虑泄漏的情况下，液压泵在单位时间内排出的液体体积，称为理论流量。若液压泵的排量为 V，其主轴转速为 n，则液压泵的理论流量 q_t 为

$$q_t = Vn \tag{3-1}$$

通常可以将液压泵空载时输出的流量近视为理论流量。流量的常用单位为 L/min（升/分钟）。

2）实际流量 q。液压泵工作时（某一具体工况下）单位时间内实际排出的液体体积，

称为实际流量。实际流量等于理论流量 q_t 减去泄漏流量 Δq，即

$$q=q_t-\Delta q \tag{3-2}$$

3）额定流量 q_n。液压泵在正常工作条件下，在额定压力和额定转速下必须保证的流量，称为额定流量。压力和流量是液压泵的两个重要参数。

3. 液压泵的功率和效率

（1）输入功率 P_i　驱动液压泵主动轴的机械功率，称为液压泵的输入功率，其常用单位为 kW（千瓦）。

（2）输出功率 P_o　液压泵的实际输出功率，称为液压泵的输出功率，即液压泵工作时实际输出的液压功率，为泵的工作压力和实际流量的乘积，即

$$P_o=pq \tag{3-3}$$

如果油箱液面附加压力且液压泵在工作中吸、排油口（或压油口）间的压力差为 Δp，则式（3-3）中的 p 用 Δp 来计算。当将工作压力 p 的单位为 MPa、实际输出流量的单位为 L/min 代入式（3-3）计算时，功率 P_o 的单位为 kW/60。

液压泵的实际功率受泄漏等容积损失和摩擦等机械损耗的影响。

（3）容积效率 η_V　由于液压泵在工作中存在泄漏和油液的可压缩性影响，输出的实际流量小于理论流量，密封容积的变化不能有效利用，使液压泵产生容积损失。液压泵的容积效率是衡量液压泵容积损失的性能参数，为实际输出流量与理论流量的比值，即

$$\eta_V=\frac{q}{q_t}=\frac{q}{vn} \tag{3-4}$$

（4）机械效率 η_m　由于液压泵在工作中存在机械损耗和液体黏性引起的摩擦损失，因此液压泵的实际输入转矩必须大于泵所需的理论转矩。液压泵的机械效率是衡量液压泵在工作过程中机械损失的性能参数，为理论转矩（T_t）与实际转矩（T_i）之比，即

$$\eta_m=\frac{T_t}{T_i} \tag{3-5}$$

（5）总效率 η　液压泵的总效率为泵的输出功率 P_o 与输入功率 P_i 之比，也等于泵的容积效率 η_V 与机械效率 η_m 的乘积，即

$$\eta=\frac{P_o}{P_i}=\eta_V\eta_m \tag{3-6}$$

小问题：液压泵的两个重要参数分别是什么？驱动电动机的功率如何计算？液压泵标牌上都有哪些参数？具体含义是什么？

小知识：根据齿轮泵的标牌标注可查得其类型、系列号-压力等级、排量或流量、转速、配套电动机的功率及转动方向等，例如某泵标牌信息：型号 CB-B10 中，CB 表示齿轮泵、B 表示额定压力等级是 B 级（2.5MPa），10 表示流量规格是 10L/min（目前液压泵多改为以排量来标注其规格大小），泵的标牌上还标有转速 1450r/min。CB 型齿轮泵的吸、压油口尺寸大小通常不一致，吸油口大、压油口小，安装齿轮泵时，两个油口不允许反接！该泵的驱动电动机控制电路也不允许反接，故该泵标牌上用箭头标有泵轴转向（箭头为从轴端看的方向）。

小任务：液压泵的基本知识认知（任务工单见表 B-3）。

我国为全球液压行业第二大市场，作为制造业中重要的基础零部件，液压件几乎涉及所有的装备制造行业，但因起步较晚，我国目前还无法实现液压件的完全自主保障，高端液压件受制于外资厂商。值得欣慰的是，我国制造业从自力更生、白手起家，到制造业大国，正在迈向制造业强国，制造业关键工艺的突破进一步促进了我国液压技术的发展，液压产品也取得了可喜的成果，部分国产液压件也达到了国际先进水平。

任务二　常见液压泵的功能及特点认知

一、齿轮泵的工作原理及特点认知

齿轮泵是液压系统中常用的液压泵，按其结构不同分为外啮合式齿轮泵和内啮合式齿轮泵两大类，其中外啮合式齿轮泵的应用较为广泛。

1. 外啮合式齿轮泵的工作原理

图 3-3 为外啮合式齿轮泵的工作原理。泵体内装有一对相互啮合的齿轮，齿轮的两端面靠泵盖密封。泵体、泵盖和两齿轮的齿廓组成了多个密封容积。当齿轮按图示箭头方向旋转时，右侧油腔由于轮齿逐渐脱开啮合，使密封容积逐渐增大而形成局部真空，油箱中的油液被吸进来，将齿槽充满，并随着齿轮旋转被带到左腔。左侧油腔，由于轮齿逐渐进入啮合，使密封容积逐渐减小，齿槽中的油液受到挤压，从压油口排出。当齿轮不断旋转时，吸油腔不断吸油，压油腔不断排油，这就是齿轮泵的工作原理。

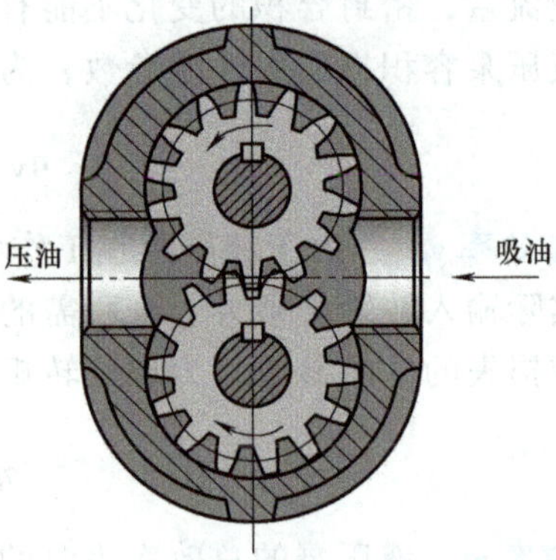

图 3-3　外啮合式齿轮泵的工作原理

外啮合齿轮泵的工作原理

2. 外啮合式齿轮泵的特点及用途

（1）外啮合式齿轮泵的特点　外啮合式齿轮泵结构简单，体积小，重量轻，制造方便，价格低廉，工作可靠，自吸能力强，抗油液污染能力强，维护容易。齿轮泵一些零件受不平衡径向力作用，磨损严重，内部泄漏较大，工作压力的提高受到限制。此外，由于齿轮泵的流量脉动大，因此压力脉动和噪声都较大。齿轮泵的排量不能调节，是定量泵。

（2）外啮合式齿轮泵的适用场合　外啮合式齿轮泵常用于低压或对噪声污染要求不高的一些小功率的工程机械场合。

小问题：外啮合式齿轮泵的吸、压油口是否可以互换？其驱动电动机的转动方向是否可以改变？

二、叶片泵的工作原理及特点认知

1. 双作用式叶片泵的工作原理

双作用式定量叶片泵的工作原理如图 3-4 所示，转子 2 和定子 1 同心安装，定子内表面近似椭圆形。当转子在驱动轴驱动下转动时，转子槽中的叶片 3 在离心力和根部压力油的作用下，紧贴定子的内表面转动，这样，在每两个相邻叶片之间和定子的内表面、转子的外表面及前后配油盘4间就形成了一个个密封容积。叶片随转子转动的同时，在转子槽内做伸缩，使得密封容积大小发生变化，容积增大时吸油、容积减小时排油。转子沿顺时针方向旋转时，密封容积在左上角和右下角区域逐渐增大，形成局部真空而吸油，为吸油区；在右上角和左下角区域逐渐减小而压油，为压油区。配油盘上有四个月牙形窗口即两个吸油窗口和两个压油窗口，吸、压油窗口分别与泵的吸油口和压油口相通，吸油区和压油区之间靠叶片隔开互不相通，从而能实现吸油和压油。泵的转子每转一周，每个密封工作容积完成吸油、压油各两次，故称为双作用式叶片泵。又因为泵的两个吸油区和压油区是径向对称的，使作用在转子上的径向液压力平衡，所以又称卸荷式叶片泵。

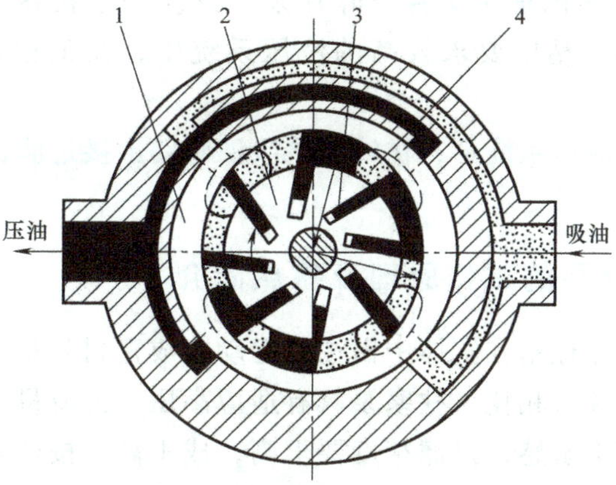

图 3-4　双作用式定量叶片泵的工作原理

1—定子　2—转子　3—叶片　4—配油盘

双作用式定量叶片泵的工作原理

2. 单作用式叶片泵的工作原理

单作用式叶片泵的工作原理如图3-5所示。单作用式叶片泵也是在定子、转子、叶片和两侧配油盘间形成若干个密封容积，在转子1回转时，叶片3靠离心力在槽内伸缩使相邻叶片之间的密封容积大小发生变化。当转子沿逆时针方向回转时，在右侧油腔，叶片逐渐伸出，叶片间的密封容积逐渐增大，从吸油口吸油。在左侧油腔，叶片被定子内壁逐渐压进槽内，密封容积逐渐缩小，将油液从压油口压出，在吸油腔和压油腔之间，有一段封油区，把吸油腔和压油腔隔开。这种在转子每转一周，每个工作空间完成一次吸油和压油的叶片泵称为单作用式叶片泵。由于转子单向承受压油腔油压的作用，径向力不平衡，因此又称非卸荷式叶片泵。单作用式叶片泵的最大特点是转子与定子的偏心距 t 是可调节的，因此它也是变量泵。

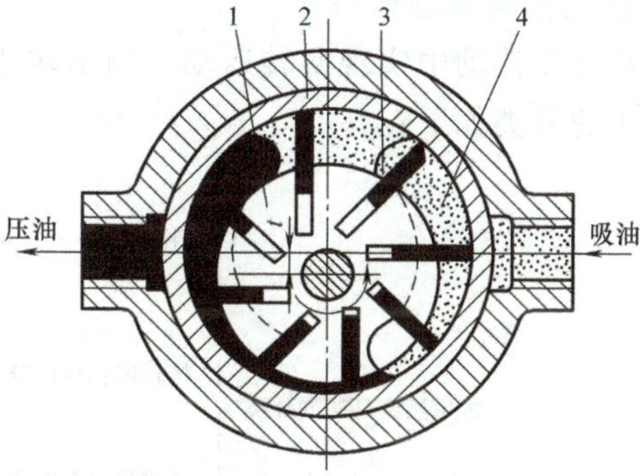

图 3-5　单作用式叶片泵的工作原理

1—转子　2—定子　3—叶片　4—配油盘

单作用式叶片泵的工作原理

3. 叶片泵的特点及用途

（1）叶片泵的特点　双作用式叶片泵结构紧凑，流量脉动小，工作平稳，噪声较小，容积效率较高，泄漏较少；单作用式叶片泵易于实现流量的调节。叶片泵的叶片易被杂质“咬死”，工作可靠性及抗油液污染能力较差，对工作环境的清洁度要求较高，油液要严格过滤；结构较复杂，零件制造精度要求高，维护和保养要求也较严格；自吸性能较齿轮泵差，对吸油条件要求较严。另外，由于单作用式叶片泵承受径向作用力，因此工作压力不宜过高。

(2) 叶片泵的适用场合 叶片泵广泛应用于机械制造行业中的专业机床、自动线等中低压、中速、精度要求较高的液压系统中，在工程机械中，因工作环境不清洁，故应用较少。

小问题： 液压系统中，在叶片泵吸油管路上接过滤器的目的是什么？请根据叶片泵的特点进行思考。

三、柱塞泵的工作原理及特点简介

柱塞泵是靠柱塞在缸体中做往复运动造成密封容积的变化来实现吸油与压油的液压泵。与齿轮泵和叶片泵相比，柱塞泵具有适应高压、大流量、需要变量的场合，但其自身结构复杂，对油液污染敏感，过滤精度要求高，成本高。按柱塞排列方向不同，可将柱塞泵分为径向柱塞泵和轴向柱塞泵两大类，柱塞泵的结构及工作原理将在中级篇项目八中介绍。常用的斜盘式轴向柱塞泵适合于大负载、高压的工况。

小任务： 常见液压泵的功能及特点认知（任务工单见表 B-4）。

任务三 常见液压马达的功能及特点认知

一、液压马达的基本知识认知

1. 液压马达的分类及图形符号

液压马达是液压传动中实现回转运动、输出转矩以驱动负载做功的执行元件，如图 3-6 所示。液压马达的分类如下：

常用液压马达的分类
- 按结构分
  - 齿轮马达
  - 叶片马达
  - 柱塞马达
- 按转速和转矩分
  - 低速大转矩
  - 高速小转矩
- 按排量可否调节分
  - 定量马达
  - 变量马达
- 按转向分
  - 单向
  - 双向

a) 齿轮马达　b) 叶片马达　c) 柱塞马达

图 3-6 液压马达

液压马达的图形符号见表 3-3。

表 3-3　液压马达的图形符号

单向定量马达	双向定量马达（双向流动、双向旋转）	单向变量马达	双向变量马达（双向流动、双向旋转）
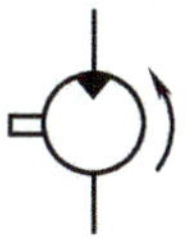	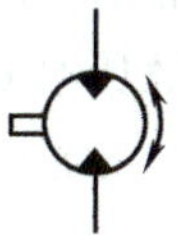		

小问题：观察液压马达（表 3-3）和液压泵（表 3-1）的符号有什么不同？

2. 液压马达的工作原理及功用

液压马达是将液体的压力能转换为机械能，输出转矩以驱动工作部件回转。它的结构与液压泵相近，而工作原理与液压泵是互逆的。由于液压泵和液压马达二者的功用和工作条件不同，在实际结构上是存在着一定差别的。

下面以叶片式液压马达为例讲解液压马达的工作原理。如图 3-7 所示，压力油经进油口 P 输入液压马达的进油腔，位于回油腔的油液则与液压马达的出油口 T 相通。压力油的压力作用在进油腔的叶片侧面，在叶片 1 与 3、5 与 7 面积差作用下产生力矩，推动转子和叶片沿顺时针方向旋转，从而在输出轴输出转矩驱动负载转动。液压马达能输出的转矩与其排量及进、出油口之间的压力差有关，输出转速则由输入液压马达的流量与马达的排量决定。

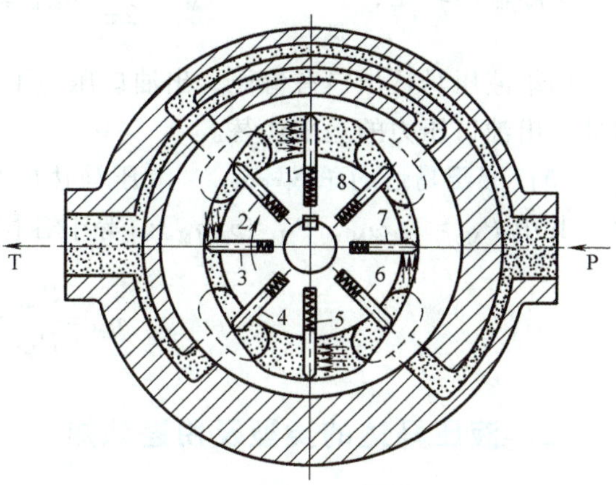

图 3-7　叶片式液压马达的工作原理

3. 液压马达的主要性能参数

(1) 液压马达的排量 V_M 和流量 q　液压马达的排量是液压马达每转一周时由其几何尺寸计算需要输入的液体体积（不考虑泄漏）。

液压马达的理论流量 q_{Mt} 是液压马达单位时间内由其几何尺寸计算所需要输入的液体体积（不考虑泄漏），$q_{Mt}=V_M n_M$。

液压马达的实际流量 q_M 是液压马达在某一工况下工作时，单位时间内实际输入的液体体积。

(2) 液压马达的容积效率 η_{MV}　由于液压马达存在泄漏，为满足转速 n_M 的需要，液压马达输入的实际流量 q_M 需要大于理论流量 q_{Mt}，因此液压马达的容积效率为

$$\eta_{MV}=\frac{q_{Mt}}{q_M} \tag{3-7}$$

(3) 液压马达的转速 n_M　将 $q_{Mt}=V_M n_M$ 代入式（3-7），可得液压马达的转速公式为

$$n_M=\frac{q_M}{V_M}\eta_{MV} \tag{3-8}$$

衡量液压马达转速性能的一个重要指标是额定负载下的最低稳定转速，它是指液压马达在额定负载下不出现爬行（抖动或时转时停）现象的最低转速。在实际工作中，一般都希望最低稳定转速越小越好，这样可以扩大液压马达的变速范围，以满足执行机构低速而稳定的转动工况需求。

（4）液压马达的机械效率 η_{Mm} 和转矩 T_M 由于液压马达工作时存在摩擦，产生机械损失，它的实际输出转矩 T_M 小于理论转矩 T_{Mt}，因此液压马达的机械效率为

$$\eta_{Mm}=\frac{T_M}{T_{Mt}} \tag{3-9}$$

如果液压马达的出油口压力为零，进油口压力为 p_M、进油流量为 q_M，则液压马达的转矩为

理论输出转矩：
$$T_{Mt}=\frac{p_M V_M}{2\pi} \tag{3-10}$$

实际输出转矩：
$$T_M=\frac{p_M V_M}{2\pi}\eta_{Mm} \text{ 或 } T_M=\frac{p_M q_M}{2\pi n_M}\eta_{Mm} \tag{3-11}$$

如果液压马达出口有背压，出油口压力不为零，则式（3-10）及式（3-11）里的 p 应当用进、出油口压力的差来代替。

（5）液压马达的总效率 η_M 液压马达的总效率 η_M 为输出功率 P_{Mo} 与输入功率 P_{Mi} 之比（其中 $P_{Mo}=T_M\omega_M$，$P_{Mi}=p_M q_M$），等于容积效率 η_{MV} 与机械效率 η_{Mm} 的乘积，即

$$\eta_M=\frac{P_{Mo}}{P_{Mi}}=\eta_{MV}\eta_{Mm} \tag{3-12}$$

二、液压马达的类型及用途认知

常见的液压马达结构有叶片式、柱塞式和齿轮式三大类。它们的特点及应用场合如下：

1. 叶片式液压马达的特点及应用

叶片式液压马达最大的特点是体积小、转动惯量小、动作灵敏，允许的换向频率高。但是，它在工作时泄漏较大，不适合在低速下工作，调速范围也不能太大，故主要适用于高转速、小转矩和须动作灵敏的场合，例如广泛地应用于磨床工作台、内（外）圆磨床的主轴、对力学性能要求不高及调速范围不大的夹紧装置，以及对较小惯性要求的各种随动系统的驱动中。

2. 柱塞式液压马达的特点及应用

柱塞式液压马达分为轴向和径向两种，径向柱塞马达是低速大转矩马达，高速液压马达一般都是轴向柱塞马达。这类马达应用于矿山机械、建筑机械、采矿机械、采煤机械、工程机械、起重运输机械和船舶等方面。

3. 齿轮式液压马达的特点及应用

齿轮式液压马达用于高转速、小转矩的场合，也用作笨重物体旋转的传动装置。由于笨重物体的惯性可起到飞轮作用，能够补偿旋转的波动性，因此在起重设备中应用比较多。值

得注意的是，齿轮式液压马达输出转矩和转速的脉动性大，径向力不平衡，在低速旋转及负载改变时运转的平稳性较差。

小任务：常见液压马达的功能及特点认知（任务工单见表 B-5）。

小结

常见液压泵和液压马达的使用场合见表 3-4。

表 3-4　常见液压泵和液压马达的使用场合

名称	应用领域	名称	应用领域
外啮合式齿轮泵	工程机械、机床、农业、一般机械，航空和船舶	齿轮马达	钻床、起重设备
双作用式叶片泵	机床、注射机、液压机、工程机械、起重运输机械	叶片马达	磨床回转工作台、机床操纵机构
限压式变量叶片泵	机床、注射机	轴向柱塞马达	起重机、绞车、铲车、叉车、数控机床、行走机械
轴向柱塞泵	锻压、起重、矿山、冶金机械，船舶和飞机	径向柱塞马达	塑料机械、行走机械等
径向柱塞泵	机床，液压机和船舶机械		

思考题和习题

一、填空题

1. 液压泵是液压系统的动力源装置，其作用是为系统提供________。

2. 容积式液压泵的工作原理是：容积增大时实现________，容积减小时实现________。

3. 液压泵常见的结构类型有________、________和________三种，液压泵按排量是否可调又分为________和________两种。

4. 液压泵的额定压力是指泵长时间运转所允许的________工作压力。

5. 双作用式叶片泵转子每转一周，完成吸、压油各________次，故称之为双作用式叶片泵。

6. 改变单作用式叶片泵________的大小，可以改变它的排量，因此又称________量泵。

7. 双作用叶片泵为________量泵。

8. 斜盘式轴向柱塞泵改变斜盘的________大小可改变________。

9. 液压马达每转一转时由其几何尺寸计算所需要输入的液体体积是液压马达的________。

10. 齿轮式液压马达是________速________转矩马达，径向柱塞马达是________速________转矩马达。

二、判断题

1. 液压泵的泄漏量影响液压泵的容积效率。（　　）

2. 液压泵的排量大小与液压泵的转速有关。（　　）

3. 流量可改变的液压泵，称为变量泵。(　　)

4. 外啮合齿轮泵压力的提高受泄漏和径向力不平衡的影响较大。(　　)

三、计算题

1. 某液压泵标牌上标有转速 $n=1450\text{r/min}$，额定流量 $q_n=16\text{L/min}$，额定压力 $p_n=6.3\times10^6\text{Pa}$，泵的总效率 $\eta=0.8$，试问选配 3kW 的电动机是否够用？

2. 上述液压泵使用在特定的液压系统中，该系统要求泵的工作压力 $p=4\times10^6\text{Pa}$，该泵的输入功率应为多少？

项目四

液压缸的认知及结构拆装

技能及素养目标

1）能认知常见液压缸的类型及特点。
2）能分析活塞缸推力及速度的影响因素，认知活塞缸的典型结构。
3）能对液压缸进行必要的维护和保养。
4）培养良好的职业习惯和精益求精的工匠精神。

重点知识

1）液压缸的类型及其功能。
2）活塞式液压缸力与速度的输出特性。
3）液压缸的正确拆装。

任务一　常见液压缸的功能及特点认知

液压缸和液压马达一样也是液压系统的执行元件，它们都是将液压泵输出的压力能转换为机械能的能量转换装置。不同的是，液压马达输出回转运动，而液压缸输出直线往复运动。

一、液压缸的类型

按结构形式的不同，可将液压缸分为活塞式液压缸、柱塞式液压缸和摆动式液压缸（简称活塞缸、柱塞缸和摆动缸）。活塞式液压缸和柱塞式液压缸能实现直线运动，输出推力和速度；摆动式液压缸能实现小于360°的往复摆动，输出转矩和角速度。还有增压式液压缸、伸缩式液压缸、齿条式液压缸等（简称增压缸、伸缩缸、齿条缸），这些液压缸从结构原理上讲，都属于活塞式液压缸。

按作用原理的不同，可将液压缸分为单作用式液压缸和双作用式液压缸。单作用式液压缸只有一个油口，仅能使活塞（或柱塞）单方向运动，反方向的运动必须靠外力（如外部载荷、弹簧力或自重等）实现；双作用式液压缸有两个油口，液压油可交替进入两腔，靠液压力能实现正反两个方向的运动。

根据安装方式不同，可将液压缸分为缸体固定式和活塞杆固定式两种。根据支承形式不同，又可将液压缸分为轴线固定式和轴线摆动式两种。

二、液压缸的功能及特点

双作用活塞式液压缸是最常用的液压缸，活塞式液压缸又分为单杆活塞缸和双杆活塞缸。

（一）活塞式液压缸的功能及特点

1. 双杆活塞缸的功能及特点

标准双杆活塞缸的活塞两侧都有活塞杆伸出。图 4-1a 所示为缸体固定式双杆活塞缸。它的进、出油口布置在缸体两端，活塞通过活塞杆带动工作台移动，当活塞的有效行程为 L 时，整个工作台的运动范围为 $3L$，机床占地面积大，一般适用于小型机床；图 4-1b 所示为活塞杆固定式双杆活塞缸，缸体与工作台相连，活塞杆通过支架固定在机床床身上不动，动力由缸体传出。这种安装形式中，工作台的移动范围只等于液压缸有效行程 L 的两倍（$2L$），机床占地面积小。图 4-1b 所示的液压缸采用空心的活塞杆，进、出油口设置在固定不动的空心活塞杆的两端，使油液从活塞杆中进出，如果像图 4-1a 所示将进、出油口设置在缸体的两端，则不能使用硬管连接，必须使用软管连接。双杆活塞缸的图形符号如图 4-1c 所示。

双作用双杆活塞缸的工作原理

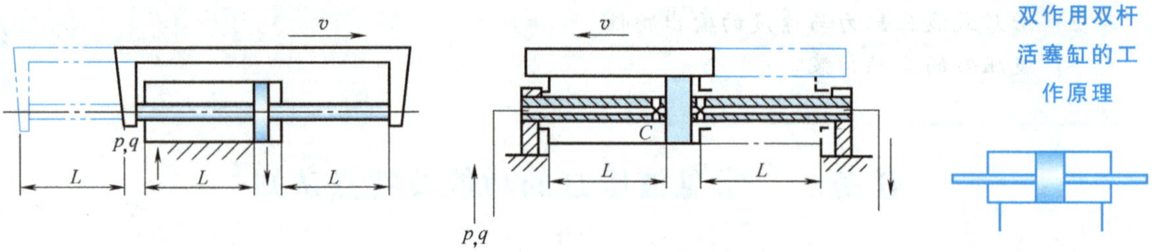

a) 缸体固定式双杆活塞缸　　b) 活塞杆固定式双杆活塞缸　　c) 图形符号

图 4-1　双杆活塞缸

（1）双杆活塞缸的输出特性　当双杆活塞缸回油接油箱、回油压力为零时，其推力和运动速度分别为

$$F=pA=p\frac{\pi(D^2-d^2)}{4} \tag{4-1}$$

$$v=\frac{q}{A}=\frac{4q}{\pi(D^2-d^2)} \tag{4-2}$$

式中　F——液压缸的输出推力，单位为 N；

p——液压缸进油腔压力，单位为 Pa；

A——液压缸的有效工作面积，单位为 m^2；

D——活塞直径（液压缸内径），单位为 m；

d——活塞杆直径，单位为 m；

v——液压缸的运动速度，单位为 m/s；

q——液压缸供油流量，单位为 m^3/s。

如果回油有阻力且回油压力不为零时，则式（4-1）中的输出推力应减掉回油腔产生的反向阻力。

（2）双杆活塞缸的特点及应用　由于双杆活塞缸两端的活塞杆直径通常是相等的，因此其左、右两腔的有效面积也相等，正、反向输出特性相同。

小结论：当分别向左、右腔输入相同压力和相同流量的液压油时，双杆活塞缸左、右两个方向的速度和推力相等，常用于正、反两个方向工况相同的场合，比如磨床工作台往复运动的液压系统。

2. 单杆活塞缸的功能及特点

如图 4-2 所示，单杆活塞缸只有一端带活塞杆，它也有缸体固定和活塞杆固定两种形式，工作台移动范围都是活塞有效行程的两倍。

（1）单杆活塞缸的输出特性　由于仅一侧有活塞杆，因此两腔的有效工作面积不同。当分别向单杆活塞缸两腔供油，且供油压力和流量相同时，活塞（或缸体）在两个方向产生的推力和运动速度不相等。

双作用单杆活塞缸的工作原理

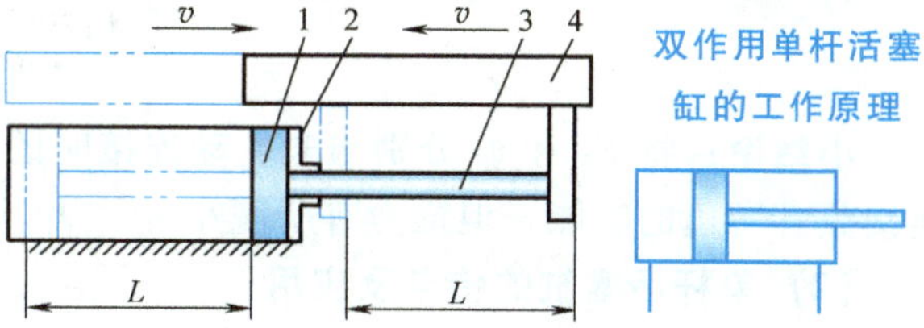

a) 单杆活塞缸工作范围　b) 图形符号

图 4-2　单杆活塞缸

1—活塞　2—缸体　3—活塞杆　4—工作台

1）当单杆活塞缸无杆腔进油、有杆腔回油时（图 4-3），活塞推力 F_1 和运动速度 v_1 分别为

$$F_1 = pA_1 = p\frac{\pi D^2}{4} \tag{4-3}$$

$$v_1 = \frac{q}{A_1} = \frac{4q}{\pi D^2} \tag{4-4}$$

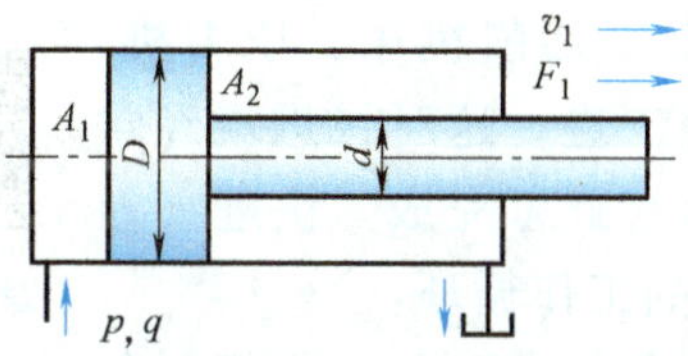

图 4-3　单杆活塞缸无杆腔进油、有杆腔回油

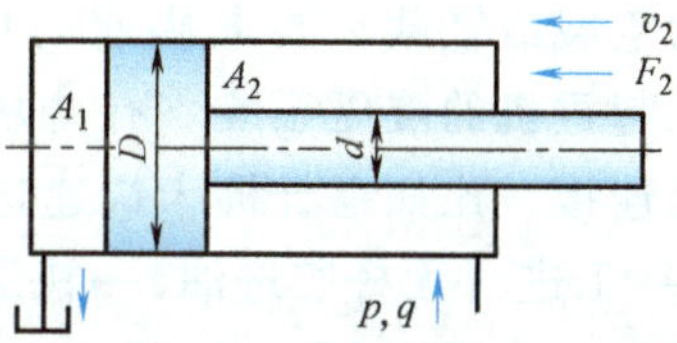

图 4-4　单杆活塞缸有杆腔进油、无杆腔回油

2）当单杆活塞缸有杆腔进油、无杆腔回油时（图 4-4），活塞推力 F_2 和运动速度 v_2 分别为

$$F_2 = pA_2 = p\frac{\pi(D^2-d^2)}{4} \tag{4-5}$$

$$v_2 = \frac{q}{A_2} = \frac{4q}{\pi(D^2-d^2)} \tag{4-6}$$

式中　A_1、A_2——分别为液压缸的无杆腔和有杆腔的有效工作面积，单位为 m^2；

D、d——分别为活塞和活塞杆的直径，单位为 m；

p——进油腔的压力，单位为 Pa；

q——输入液压缸的流量，单位为 m^3/s。

3）液压缸差动连接。如图 4-5 所示，单杆活塞缸在其左、右两腔互相接通并同时输入压力油时，称为差动连接。差动连接的液压缸称为差动缸。差动时，缸两腔的压力相同，因无杆腔的工作面积大于有杆腔的工作面积，故活塞向右的推力大于向左的推力，活塞杆向右移动。右腔排出的流量 q' 又进入左腔，最终流进左腔的流量为 $q+q'$，从而加快了活塞的移动速度。这时活塞的推力和速度分别为

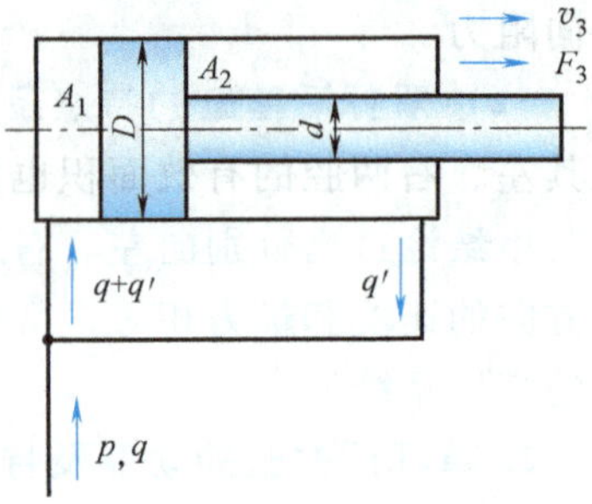

图 4-5　液压缸差动连接

$$F_3=p(A_1-A_2)=p\frac{\pi}{4}d^2 \tag{4-7}$$

$$v_3=\frac{4q}{\pi d^2} \tag{4-8}$$

小结论：将 F_3 和 v_3 分别与非差动连接时的同向输出 F_1 和 v_1 相比较，可以看出，差动连接具有增速的功能，但推力有所减小。

（2）单杆活塞缸的特点及应用

1）当分别向左、右腔输入相同压力和相同流量的液压油时，液压缸左、右两个方向的速度和推力不相等。无杆腔进压力油工作时，推力大、速度低，常用于克服负载工作进给的工况；有杆腔进压力油工作时，推力小，速度高，常用于空载快速退回的工况。

2）差动连接时速度快、推力小，常用于空载快速趋近工作位的工况，例如组合机床工作时的快进动作。如果液压缸两腔的工作面积关系为 $A_1=2A_2$，即 $D=\sqrt{2}d$（或 $d=0.71D$），则可设计成“快进”和“快退”的速度相等，即 $v_3=v_2$。

小结论：单杆活塞缸常用于一个方向有较大负载，需要大推力，而运行速度较低；另一个方向为空载或轻载，要求快速的场合。例如，各种金属切削机床、压力机、注射机、起重机的液压系统。有些场合，需要先快进再工进，这时快进就经常采用差动连接，比如组合机床快速送刀的动作。单杆活塞缸可完成“快进（差动连接）→工进（无杆腔进油）→快退（有杆腔进油）”的工作循环。

单杆活塞缸的三种工作状态

小问题：如图 4-6 所示，差动连接的液压缸，无杆腔有效面积 $A_1=40cm^2$，有杆腔有效面积 $A_2=20cm^2$，输入油液流量 $q=0.4\times10^{-3}m^3/s$，压力 $p=0.1MPa$，试分析活塞向哪个方向运动？运动速度是多少？能克服多大的工作阻力？

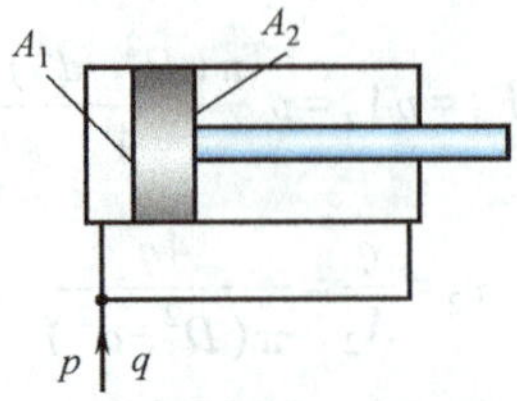

图 4-6　差动连接的液压缸

小提示： 由于液压缸差动连接，忽略管路等其他阻力，液压缸两腔的压力相等，$p=0.1\text{MPa}=1\times10^5\text{Pa}$。活塞向右的推力 $F_1=pA_1=1\times10^5\times40\times10^{-4}\text{N}=400\text{N}$，活塞向左的推力 $F_2=pA_2=1\times10^5\times20\times10^{-4}\text{N}=200\text{N}$。由于 $F_1>F_2$，故活塞向右运动。

活塞向右运动能克服的最大阻力 $F=F_1-F_2=(400-200)\text{N}=200\text{N}$

或 $F=p(A_1-A_2)=1\times10^5\times(40-20)\times10^{-4}\text{N}=200\text{N}$

活塞向右运动的速度

$$v=\frac{q}{A_1-A_2}=\frac{0.4\times10^{-3}}{(40-20)\times10^{-4}}\text{m/s}=0.2\text{m/s}$$

（二）其他液压缸的功能及特点

1. 柱塞缸的功能及特点

柱塞缸结构如图 4-7a 所示，柱塞缸是单作用液压缸，靠液压力只能实现一个方向的运动，回程要靠自重（垂直安装时）或其他外力（如弹簧力）来实现，其图形符号如图 4-7b 所示。当需要双向控制时，可采用双柱塞缸，如图 4-7c 所示。

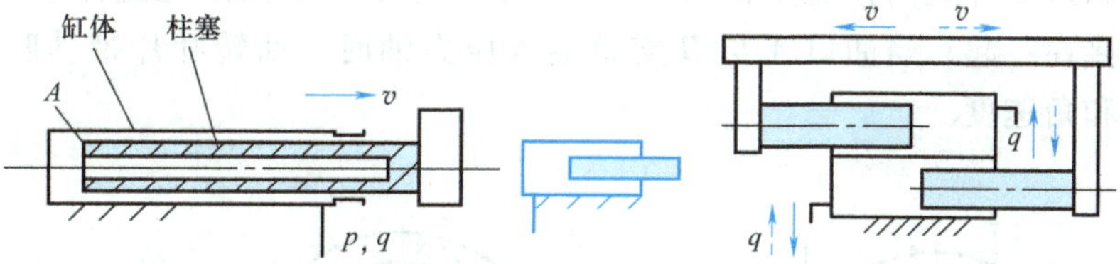

a) 单柱塞缸结构　b) 单柱塞缸图形符号　c) 双柱塞缸

图 4-7　柱塞缸

1）柱塞缸的主要特点是适合长行程场合。因柱塞与缸体内壁不接触，故缸体内孔只需粗加工甚至不加工，工艺性好，适合龙门刨床、导轨磨床、大型拉床等长行程设备的液压系统。

2）柱塞缸适用于垂直安装使用。因柱塞端面受压，为了能够输出较大的推力，柱塞一般做得较粗、较重，水平安装时易产生单边磨损，故柱塞缸一般垂直安装。当其水平安装时，为防止柱塞因自重而下垂，常制成空心柱塞并设置各种不同的辅助支承。

3）柱塞缸常成对使用，以提供双向运动。

2. 增压缸的功能及特点

增压缸能将输入的低压油转变为高压油输出，为系统或工作缸提供高压油，常用于某些短时或局部需要高压油的系统中。常用的有单作用和双作用两种形式，单作用增压缸的工作原理如图 4-8a 所示。工作时，在增压缸大腔输入压力为 p_1 的低压油，则在小腔输出压力为 p_2 的高压油。

$$p_2=p_1\frac{D^2}{d^2}=Kp_1\quad 其中\ K=\frac{D^2}{d^2} \tag{4-9}$$

1）增压缸的增压比 K 为两腔的作用面积之比，它表明增压缸的增压能力。

2）单作用增压缸只能在一个往复行程中单方向输出高压油。

3）需要连续向系统提供高压油时，可采用双作用增压缸，如图 4-8b 所示。

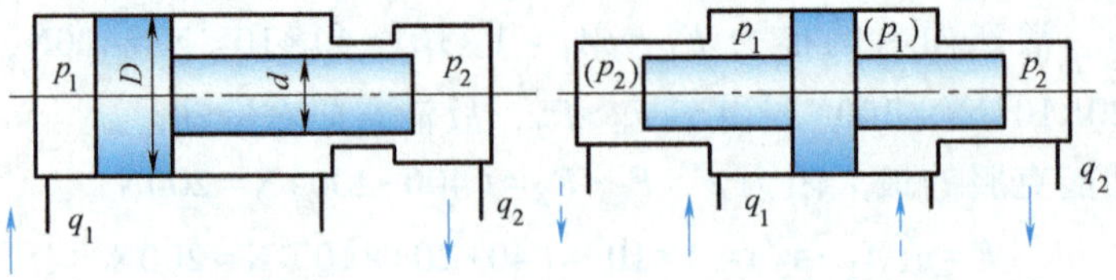

a) 单作用增压缸　　b) 双作用增压缸

图 4-8　增压缸的工作原理

4）因增压缸只能将高压端输出油通入其他液压缸以获取大的推力，其本身不能直接作为执行元件，故安装时应尽量使它靠近执行元件。增压缸常用于压铸机、造型机等设备的液压系统中。

3. 摆动缸的功能及特点

摆动缸是一种能输出转矩并实现往复摆动的液压执行元件，又称摆动式液压马达。常用的有单叶片式和双叶片式两种类型，如图 4-9 所示。定子块 3 固定在缸体 2 上，回转叶片 4 和叶片轴 1 连接在一起，当油口 *A* 与 *B* 交替输入压力油时，回转叶片带动叶片轴做往复摆动，输出转矩和角速度。

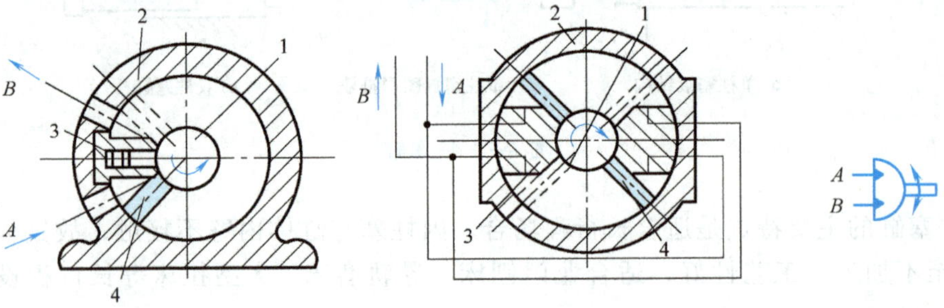

a) 单叶片式　　b) 双叶片式　　c) 图形符号

图 4-9　摆动缸

1—叶片轴　2—缸体　3—定子块　4—回转叶片

1）单叶片缸输出轴的摆角小于 310°，而双叶片缸输出轴的摆角小于 150°，但输出转矩是单叶片缸的两倍。

2）摆动式液压缸结构紧凑，输出转矩大，但密封性较差，一般用于机床和夹具的夹紧装置、送料装置、转位装置、周期性进给机构等中低压系统以及工程机械中。

4. 伸缩缸的功能及特点

伸缩缸又称多级缸，是由两级或多级活塞缸套装而成，如图 4-10 所示，前一级活塞缸的活塞杆是后一级活塞缸的缸筒。

1）当各级活塞缸依次伸出时可获得很长的工作行程。

2）活塞伸出的顺序是从大缸到小缸，相应的推力也是从大到小，而伸出速度则由慢变快；空载缩回的顺序一般是从小缸到大缸，推力由小变大，而速度则由快变慢。

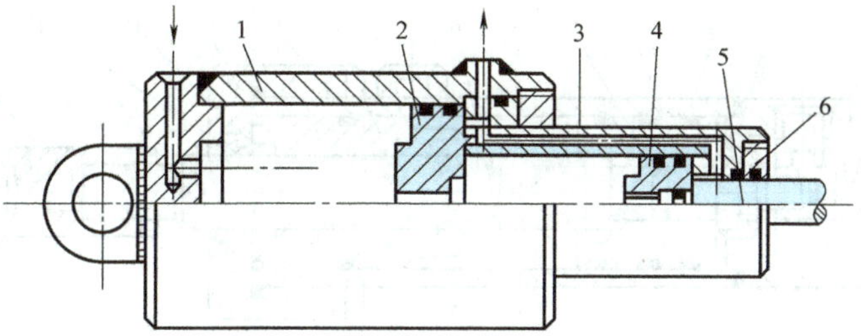

图 4-10　伸缩缸

1—一级缸筒　2—一级活塞　3—二级缸筒　4—二级活塞　5—活塞杆　6—缸盖

3）缩回后缸的总长度较短，结构紧凑，广泛用于起重运输车辆等工程机械及自动化步进式输送装置上。

5. 齿条缸的功能及特点

齿条缸又称无杆式液压缸，如图 4-11 所示。

1）压力油推动活塞 1 左右往复直线运动时，经连接两活塞的齿条杆 3 带动齿轮 2 往复转动，齿轮轴便驱动与之相连接的工作部件做周期性往复回转运动。

2）与摆动缸不同，齿条缸回转角度与行程长度有关，可以大于 360°。齿条缸常用于自动线、组合机床等设备的转台及夹具分度机构的转位液压系统中。

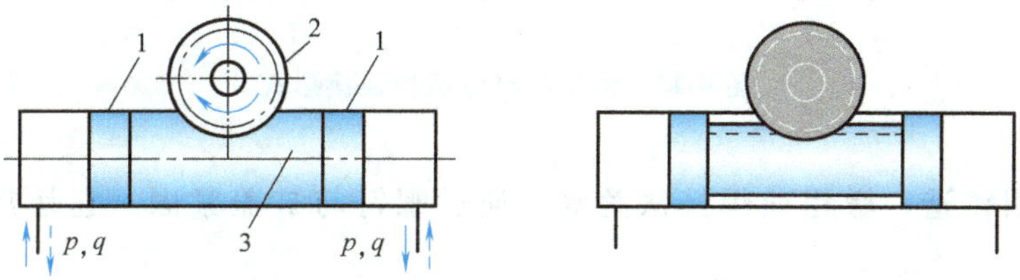

图 4-11　齿条缸

1—活塞　2—齿轮　3—齿条杆

小任务： 常见液压缸的功能及特点认知（任务工单见表 B-6）。

任务二　活塞缸结构的认知及拆装

一、活塞缸组成部分的认知

图 4-12 所示为双作用单杆活塞式液压缸的结构。

1. 缸体组件

缸体组件包括缸筒、前后缸盖和导向套等。它与活塞组件构成密封的油腔，承受较大的液压力，因此缸体组件要有足够的强度和刚度，较高的表面质量和可靠的密封性。缸筒与缸盖的常见连接形式如图 4-13 所示。

1）法兰式连接结构简单、加工方便、连接可靠、易拆卸，但重量和外形尺寸较大，缸

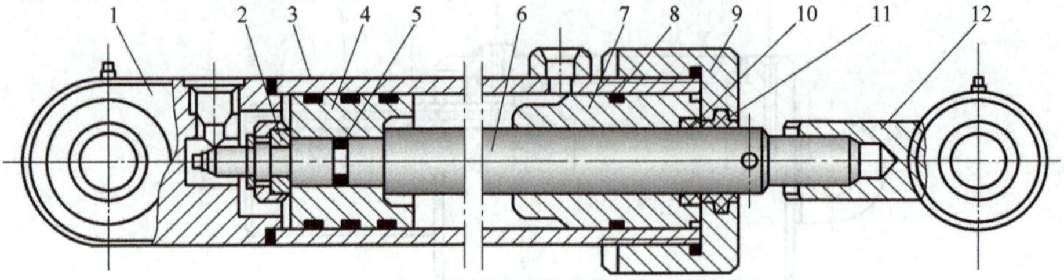

图 4-12 双作用单杆活塞式液压缸

1、9—缸盖 2—半环 3—缸筒 4—活塞 5、8、10—密封圈 6—活塞杆 7—导向套 11—防尘圈 12—耳轴

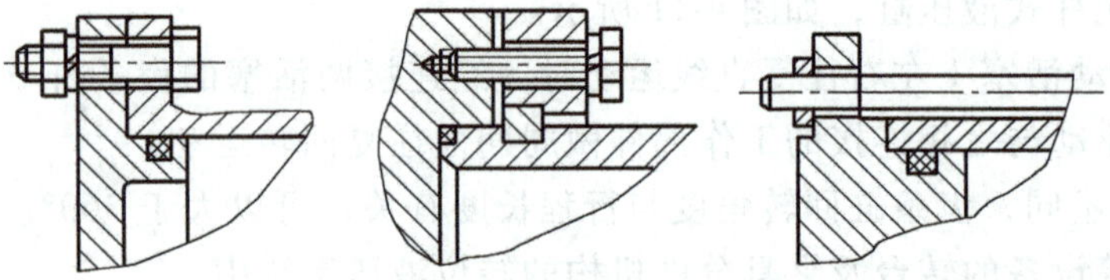

a) 法兰式 b) 半环式 c) 拉杆式

图 4-13 常见的缸体组件连接形式

筒端部一般采用铸造、墩粗或焊接法兰盘，通过螺钉与缸盖紧固。它是常用的一种连接形式。

2）半环式连接工艺性好、连接可靠、结构紧凑、外形尺寸小、重量较轻、易装卸，但缸筒开槽后削弱了缸壁的强度，须加厚缸筒，常用于无缝钢管缸筒与缸盖的连接中。

3）拉杆式连接是将前、后缸盖装在缸筒两端，用四根拉杆（螺栓）将其紧固。其特点是结构简单、工艺性好、零件通用性好，但径向尺寸和重量较大，拉杆受力后变长，影响密封效果，只适用于长度较短的中、低压液压缸。

缸体组件的连接方式还有螺纹式连接和焊接式连接。螺纹式连接的特点是体积小、重量轻、结构紧凑，但缸筒端部结构复杂，装卸时需使用专门工具，一般用于要求外形尺寸小、重量轻的场合。焊接式连接的结构简单、尺寸小，但缸筒焊接易产生变形，缸底内径不易加工。焊接式连接只能用于缸筒的一端，另一端必须采用其他结构，这种连接不太常用。

2. 活塞组件

活塞组件由活塞、活塞杆和连接件等构成。常见的活塞和活塞杆连接形式如图 4-14 所示，整体式连接（图 4-14a）的结构简单、轴向尺寸小，但损坏后须整体更换，常用于小直径液压缸。锥销式连接（图 4-14b）易加工、装配简单，但承载能力小，且需要有防止锥销脱落的措施，适用于轻载液压缸。螺纹式连接（图 4-14c）的结构简单、装拆方便，一般须备有螺纹防松装置。由于加工螺纹削弱了活塞杆的强度，因此螺纹式连接不适用于高压系统。半环式连接（图 4-14d）强度高、结构复杂、装卸方便，可用于高压和振动较大的液压缸。

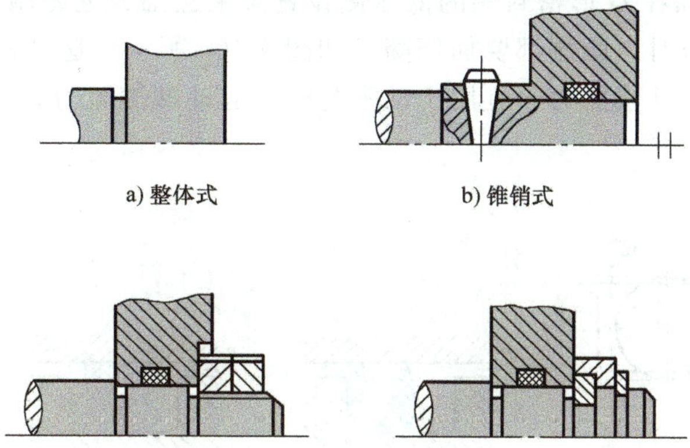

a) 整体式　　b) 锥销式　　c) 螺纹式　　d) 半环式

图 4-14　常见的活塞和活塞杆连接形式

3. 密封装置

液压缸在工作时，缸内压力较缸外压力（大气压力）大，一般进油腔压力较回油腔压力也大得多，因此在配合表面间将会产生泄漏。泄漏将直接影响系统的工作压力，甚至使整个系统无法工作，外泄漏还会污染设备和环境，造成油液的浪费。因此，必须合理地设置密封装置，防止和减少油液的泄漏及空气和外界污染物的侵入。

根据密封的两个配合表面之间是否有相对运动，将密封分为动密封和静密封两大类。根据密封原理的不同，又可将其分为非接触式密封和接触式密封两种类型。常见的密封方法有间隙密封和密封圈密封。

(1) 间隙密封　间隙密封是靠相对运动零件配合表面之间的微小间隙来进行密封的，并以减小间隙的方法来减少泄漏，常用于柱塞、活塞或阀的圆柱配合副中。图 4-15 所示为常用于液压泵的柱塞与缸体内孔之间、阀芯与阀体内孔之间的间隙密封，环形沟槽又称压力平衡槽。压力平衡槽的作用是增加油液流经此间隙时的阻力，有助于阻止泄漏和增加密封效果；同时对阀芯有自动对中作用，避免阀芯径向液压卡紧及减少移动时的摩擦力。间隙密封属于非接触式密封，结构简单、摩擦力小、寿命长，但对配合表面的加工精度和表面质量要求较高，不能完全消除泄漏，磨损后不能自动补偿，密封性能也不能随压力的升高而提高，故只应用于低压、小直径、运动速度较高的动密封中。

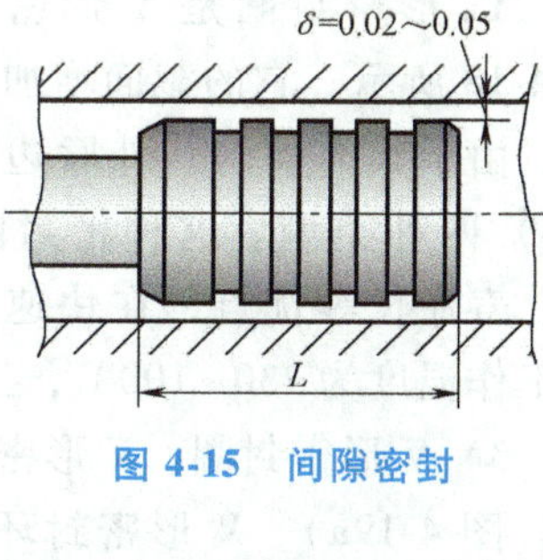

图 4-15　间隙密封

(2) 密封圈密封　在液压系统中广泛使用密封圈进行密封，常见的密封圈有 O 形、Y 形、V 形和组合式密封圈。

1) O 形密封圈。如图 4-16a 所示，O 形密封圈的截面为圆形，一般用耐油橡胶制成。

它在沟槽中靠橡胶的初始变形及油压作用产生的变形来消除间隙，以实现密封，密封性能可随压力的增加而有所提高。如图 4-16b 所示，安装密封圈时要有合理的预压缩量 δ_1 和 δ_2，以保证良好的密封，以及避免过大的摩擦阻力。为防止压力油的压力过大将密封圈挤入间隙而损坏（图 4-16c），须在 O 形密封圈的低压侧设置聚氟乙烯或尼龙制成的挡圈，如图 4-16d 所示，双向交替受高压时，两侧都要加挡圈，如图 4-16e 所示。这种密封圈安装方便，价格便宜，但磨损后无自动补偿能力，且用于动密封时，起动摩擦阻力大，寿命短。

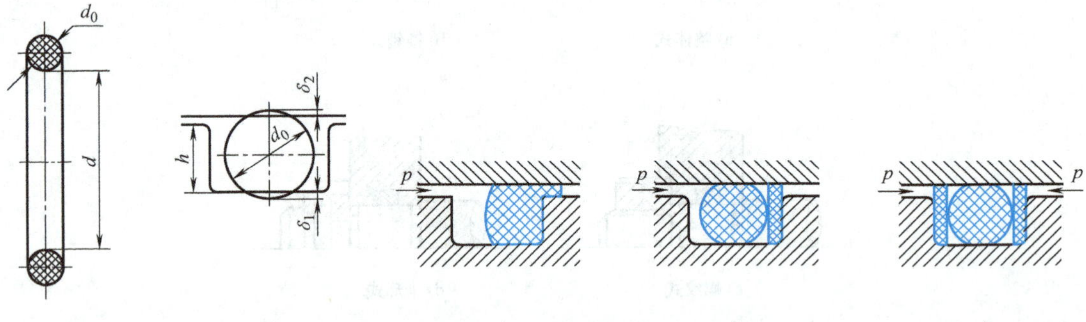

a) b) c) d) e)

图 4-16 O 形密封圈

2）Y 形密封圈。如图 4-17a 所示，Y 形密封圈的截面形状为 Y 形，一侧端面有沟槽。工作时，位于端面沟槽内的油液压力使沟槽两侧唇边紧压在配合偶件的两结合面上，从而实现密封。其密封能力可随压力的升高而提高，并且在磨损后唇边向两侧有一定的自动补偿能力。装配时其有沟槽的一侧应对着压力高的油腔。当压力变化较大、运动速度较高时，要采用支承环来定位，以防唇边发生翻转现象，如图 4-17b 所示。

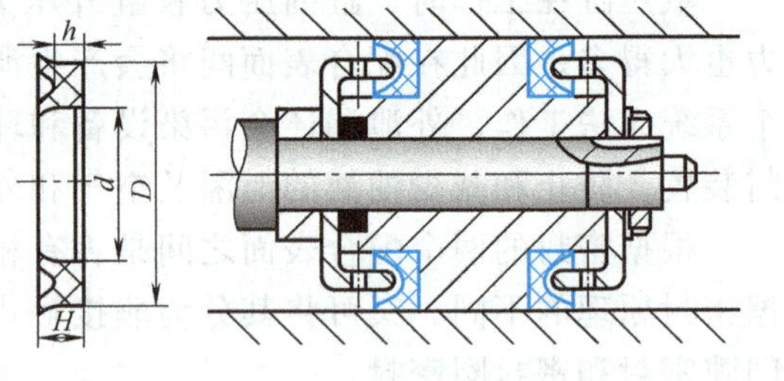

a) b)

图 4-17 Y 形密封圈

Yx 形密封圈是 Y 形密封圈的改进型，如图 4-18 所示。它的截面增加了支承宽度，稳定性好，不用支承环也不会在沟槽中翻转和扭曲。由于其沟槽内、外唇边不等，故可将 Yx 密封圈分为孔用（图 4-18a）和轴用（图 4-18b）两种类型。这种密封圈具有滑动摩擦阻力小、耐磨性好、寿命长等优点，在快速与低速时均有良好的密封性，适用工作温度为-30～100℃，工作压力小于 32MPa。

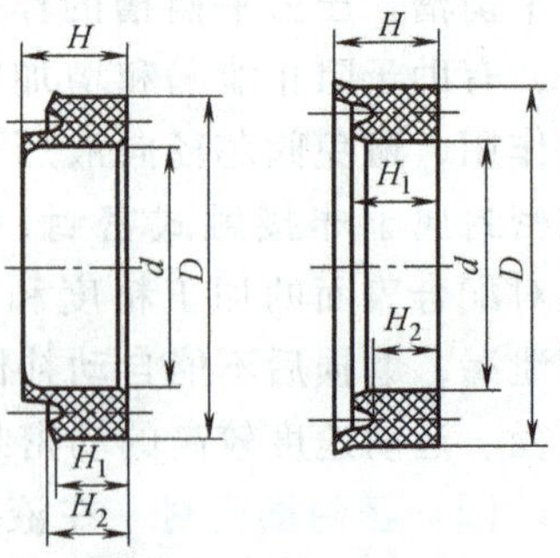

a) 孔用 b) 轴用

图 4-18 Yx 形密封圈

3）V 形密封圈。V 形密封圈的截面形状为 V 形，由支承环（图 4-19a）、V 形密封环（图 4-19b）和压环（图 4-19c）组成。密封环用橡胶或夹织物橡胶制成，压环和支承环用金属、夹布橡胶、合成树脂等制成。压环的 V 形槽角度和密封环完全吻合，支承环的夹角略大于密封环。当压环压紧密封环时，支承环使密封环变形而起密封作用。安装时，V 形密封环的唇口应面向压力高的一侧。当工作压力高于 10MPa 时，可增加密封环的数量，以增强密封效果。

4. 缓冲装置

当液压缸驱动的工作部件质量较大、速度较高或是驱动高精度液压设备时，一般应在液压缸内设置缓冲装置，以避免活塞在行程终端与缸盖发生机械碰撞，产生冲击和噪声，影响设备工作精度，甚至损坏零件。缓冲装置的工作原理是当活塞与缸盖接近时，利用节流阻尼作用使回油腔产生足够大的缓冲压力（回油阻力），活塞运动受阻而逐渐减慢，避免活塞与缸盖相撞。常见的缓冲装置如图 4-20 所示。

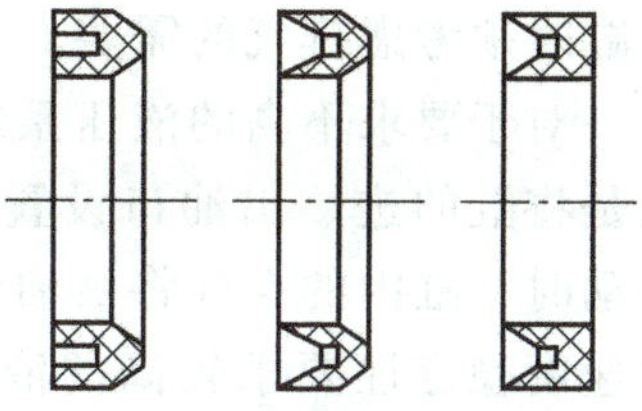
a) 支承环　b) V形密封环　c) 压环

图 4-19　V 形密封圈

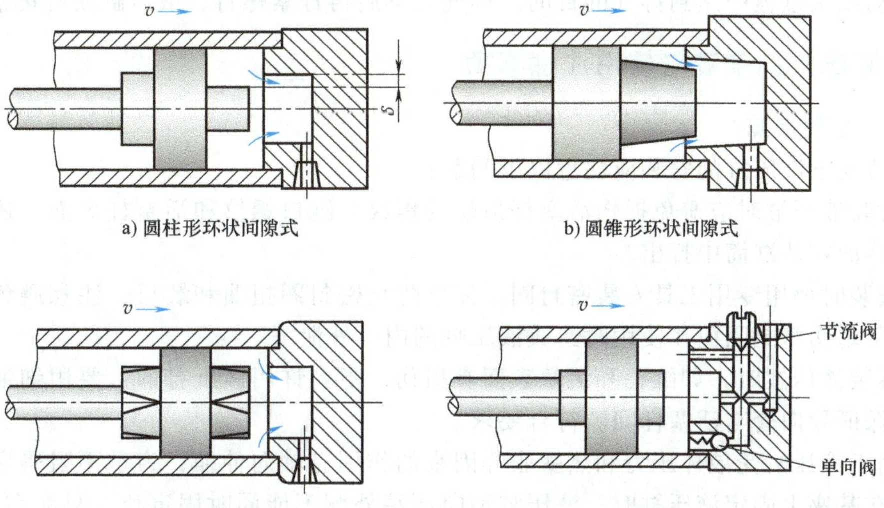

a) 圆柱形环状间隙式　b) 圆锥形环状间隙式

c) 可变节流槽式　d) 可调节流孔式

图 4-20　液压缸的缓冲装置

（1）固定节流式缓冲装置　图 4-20a 所示为圆柱形环状间隙式缓冲装置，当缓冲柱塞进入缸盖上的内孔后，活塞和缸盖间形成缓冲油腔，被封闭在油腔中的油液只能从环形间隙 δ 排出（回油），产生缓冲压力，从而实现减速制动。在缓冲过程中，由于通流截面的面积不变，所以随着活塞运动速度的降低，其缓冲作用逐渐减弱，缓冲效果较差。由于固定节流式缓冲装置结构简单、便于制造，故广泛应用于成品液压缸。

（2）可变节流式缓冲装置　常将圆柱形缓冲柱塞做成圆锥形，如图 4-20b 所示，以便克服缓冲作用逐渐减弱的缺点。另一种如图 4-20c 所示，在缓冲柱塞上开有由浅入深的三角节流槽，其通流截面面积随着缓冲行程的增大而逐渐减小，缓冲力变化平缓，克服了在行程最后阶段缓冲作用减弱的问题。

（3）可调节流式缓冲装置　如图 4-20d 所示，当缓冲柱塞进入缸盖上的内孔后，油腔内的油液必须经过节流阀才能排出，调节节流阀口的开度大小可控制缓冲力的大小，单向阀用于反向起动。这种结构可适应液压缸不同负载和速度工况对缓冲的要求，但仍存在速度降低后缓冲作用减弱的缺点。

5. 排气装置

液压系统混入空气后会使其工作不稳定，产生振动、噪声、爬行和起动时突然前冲等现象，严重时会使液压系统不能正常工作。为此，在设计液压缸时须考虑排气的需要。

对于要求不高的液压系统，往往不设专门的排气装置，而是将缸的进、出油口设置在缸筒两端的最高处，液压缸运动时，缸内的空气将被油液带回油箱，再从油箱中逸出。对速度稳定性要求较高的液压缸和大型液压缸，常在液压缸的最高部位设置专门的排气装置，如设置在缸盖最高部位处的排气塞、排气阀等，如图 4-21 所示。在液压系统正式工作前，松开排气塞或排气阀螺钉，在液压缸全行程空载往复运动数次过程中达到排气的目的。排气完毕后再拧紧螺钉，液压缸便可正常工作。

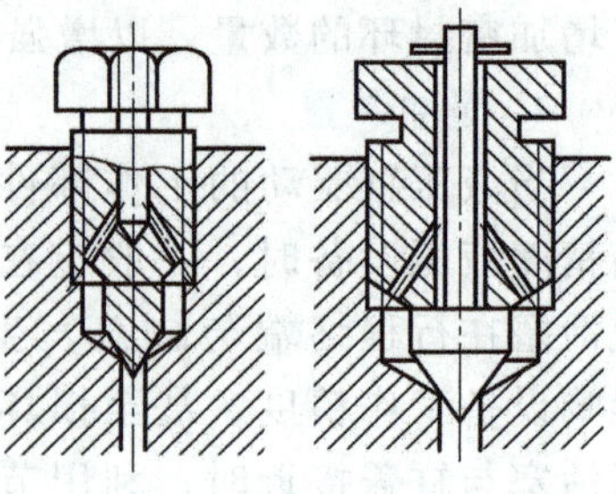

图 4-21　液压缸的排气装置

二、液压缸的安装与使用注意事项

1. 液压缸的拆装

通常情况下液压缸的安装应注意以下问题：

1）拆装液压缸时应避免损伤活塞杆顶端的螺纹、缸口螺纹和活塞杆表面。还应该注意不能强行将活塞从缸筒中打出。

2）安装时要用专用工具安装密封圈，注意防止密封圈扭曲和装反，注意避免因毛刺和台肩等锐角划伤密封圈而在使用时造成液压缸的内、外泄漏。

3）拆装液压缸时，如缸孔和活塞表面有损伤，不允许用砂纸打磨，要用细油石精心研磨，并且保证导向套与活塞杆间隙符合要求。

4）由于液压缸受液体压力和热膨胀等因素的作用有轴向伸缩，为了不阻碍它在受热时的膨胀，在基座上固定液压缸时，液压缸轴向两端外侧不能同时固定死，只能在一端定位，否则将导致缸各部分变形。

5）为了防止加压时缸筒成弓形向上翘导致活塞杆弯曲，安装液压缸的基座必须有足够的刚度。

2. 液压缸的正确使用

（1）缓冲装置和排气装置的调整　对装有可调节流式缓冲装置的液压缸，首先应将节流阀放在流量较小的位置上，然后在活塞运动时慢慢调节节流阀，开大节流口直到满足要求为止。调整排气装置时，先将缸内工作压力降低，然后在活塞往复运动时打开排气塞进行排气。打开的方法是当活塞到达行程末端压力升高的瞬间打开排气塞，而在开始返回之前立即关闭。排气塞排气时可听到“嘘嘘”的排气声，随后喷出白色的泡沫状油液，空气排尽时喷出的油液色泽澄清。

（2）液压缸的检查与维护保养注意事项　使用时，应经常检查基座上连接部件的螺栓是否有松动等现象，防止意外事故的发生，应经常检查液压缸的内外泄漏，以防影响液压缸的正常运行。

液压缸内泄漏的主要原因有内部活塞与活塞杆松脱、液压缸内壁及活塞外表面被拉毛，密封件被划伤、老化及失效，密封圈唇口装反或有破损；液压缸外泄漏的主要原因有活塞杆或导向套表面损伤或密封件损坏造成密封不严，密封件方向装反，缸盖螺钉未拧紧导致缸盖处密封不良等。

液压缸的一般维护主要是指更换密封圈和防尘元件、检查并排除内外泄漏及消除各连接部位螺栓的松动现象（注意也不能拧得过紧至变形），对耳轴和铰轴等轴承部位及时加注润滑油。

小任务：液压缸的拆装（任务工单见表 B-6）。

我国液压技术的发展对盾构机的研制起到了重要的作用。盾构机能穿山越海，离不开液压缸提供的强大驱动力。盾构机依靠液压缸的推力向前推进、利用液压马达旋转驱动刀盘切割岩石或土壤。可以说，液压系统是盾构机的“心脏”。

小结

常用液压缸类型

- 按结构分
  - 活塞缸
  - 柱塞缸
  - 摆动缸
- 按作用原理分
  - 单作用式
  - 双作用式
- 按固定方式分
  - 缸体固定式
  - 活塞杆固定式
- 按支承方式分
  - 轴线固定式
  - 轴线摆动式

思考题和习题

一、填空题

1. 液压马达和液压缸是液压系统的________元件，作用是将________能转化为________能。

2. 对于差动液压缸，若活塞面积为活塞杆面积的两倍，则往返速度________。

3. 当工作行程较长时，采用________缸较合适。

4. 排气装置应设在液压缸两端的________位置。

5. 在大型液压缸中，为了减少活塞在终端的冲击，应采取________措施。

6. 按结构不同，可将液压缸分为________、________和________三大类。

7. 双杆缸常用于正反两个方向工况________的场合。

8. 单杆缸常用于设备一个方向________载、________速，另一方向________载、________速的液压系统。

9. 活塞缸差动连接时，比非差动连接同向运动获得的速度________、推力________。

10. 增压缸能将________油转变为________油供液压系统某一支路使用。

11. 伸缩式液压缸活塞伸出顺序是____________，伸出的速度____________；活塞缩回的顺序一般是____________；活塞缩回的速度____________。

12. 液压缸中常用的缓冲装置有____________、____________和____________。

二、判断题

1. 液压缸是把液体的压力能转换成机械能的能量转换装置。(　　)

2. 双杆活塞缸又称双作用液压缸，单杆活塞缸又称单作用液压缸。（ ）

3. 液压缸差动连接可以提高活塞的运动速度，并可以得到很大的输出推力。（ ）

4. 差动连接的单杆活塞缸，可使活塞实现快速运动。（ ）

5. 工作时，液压缸中活塞的运动速度只取决于输入流量的大小，与压力无关。（ ）

6. 输入压力相等时，单杆活塞缸两个方向获得的推力相等。（ ）

7. 同是单杆活塞缸无杆腔进油，活塞运动或缸体运动，两者的方向是相同的。（ ）

8. 双作用双杆活塞缸，如进入缸的流量相同，往复运动的两个方向上速度相等。（ ）

9. 柱塞缸是双作用液压缸。（ ）

10. 增压缸在液压系统中是执行元件，直接对负载做功。（ ）

三、选择题

1. 单杆活塞缸的特点是（ ）。

A. 活塞两个方向的作用力相等

B. 活塞有效作用面积为活塞杆面积两倍时，工作台往复运动速度相等

C. 其运动范围是工作行程的 3 倍

D. 常用于实现机床的工作进给及快速退回

2. 要实现工作台往复运动速度不一致，可采用（ ）。

A. 双杆活塞缸

B. 柱塞缸

C. 单作用缸

D. 单杆活塞缸

3. 液压龙门刨床的工作台较长，考虑到所用液压缸的缸体较长，缸孔加工困难，应采用（ ）较好。

A. 单杆活塞缸　　B. 双杆活塞缸　　C. 柱塞缸　　D. 摆动缸

4. 活塞杆固定的双杆活塞缸，缸筒运动范围略大于液压缸有效行程的（ ）。

A. 1 倍　　B. 2 倍　　C. 3 倍　　D. 4 倍

5. 对于差动液压缸，若使其往返速度相等，活塞面积应为活塞杆面积的（ ）。

A. 1 倍　　B. 2 倍　　C. $\sqrt{2}$ 倍　　D. 无关系

6. 与非差动连接比较，液压缸差动连接工作时，活塞的（ ），活塞的（ ）。

A. 运动速度增加　推力增加　　B. 运动速度减少　推力增加

C. 运动速度减少　推力减少　　D. 运动速度增加　推力减少

7. 当液压缸活塞面积一定时，液压缸运动时的速度取决于（ ）。

A. 负载　　B. 泵的输出流量

C. 输入缸的流量　　D. 输入缸的压力

四、计算题

1. 一双杆活塞缸，内径为 0.07m，活塞杆直径为 0.03m，输入液压缸的流量为 16L/min，试问活塞运动的速度是多大？

2. 一单杆活塞缸的活塞直径 $D=8\text{cm}$，活塞杆直径 $d=5\text{cm}$，输入液压缸的流量 $q=3.5\text{L/min}$。试问往复运动速度各为多少？如采用差动连接，运动速度又为多少？

项目五

液压控制阀的基本功能认知及液压系统分析实例

技能及素养目标

1）能认知液压控制阀的种类。

2）能识别常用液压控制阀的符号及功能。

3）掌握液压控制阀的基本操作和调试方法。

4）能对简单的液压系统进行动作分析和调试。

5）能遵守岗位操作规程，掌握安全防护技能。

6）培养善作善成的职业习惯，提升团队协作精神和沟通协作能力。

重点知识

1）单向阀的类型、工作原理及功用。

2）换向阀的类型、工作原理及液压系统动作方向的控制。

3）直动式溢流阀的工作原理及液压系统压力的调节。

4）节流阀的工作原理及液压系统速度的调节。

我们知道，道路交通中要有交通指挥系统对车流的流向、车辆的数量及车流的速度进行控制。而在液压系统中，液压泵提供动力驱动液压执行元件运动时，也是要经过一些有效的控制，才能满足“油路交通”中液压执行机构对运动方向、力的大小及运动速度的需求，这就需要用液压控制阀控制油路的流向、油液的压力及流量的大小来实现。

任务一　液压控制阀的基本知识认知

液压控制阀是液压系统的控制元件，其基本结构主要包括阀芯、阀体和驱动阀芯在阀体内做相对运动的驱动装置。液压控制阀阀体上有用于外接油路的进、出油口，利用阀芯在阀体内的相对运动来控制阀内部各油路的通断或阀口开度的大小，从而控制油液流经控制阀进出口时的流动方向、油液的压力或流量大小，达到对液压系统执行元件运动方向（或转动方向）、输出力（或输出力矩）及运动速度（或转速）等进行控制的目的。

一、液压控制阀的分类

液压控制阀的分类方式有很多种，按照用途的不同，可将常用液压控制阀进行如下分类：

按液压控制阀的用途分
- 方向控制阀：控制液压系统中油液的流动方向或油液的通、断
- 压力控制阀：控制或调节油液压力的高低或利用系统压力的变化为信号来实现油路的控制
- 流量控制阀：控制或调节油液的流量

二、对液压控制阀的基本要求

1）动作灵敏、工作可靠，冲击和振动小，噪声低。

2）阀口开启时，油液通过方向控制阀时的压力损失小；压力控制阀阀芯工作的稳定性好。

3）所控制的参量（压力或流量）稳定，受外界干扰时变化量小。

4）密封性能好，泄漏少。

5）结构紧凑，安装、调试和维护方便，通用性好。

三、液压控制阀的共同点及规格

液压控制阀的共同点就是它们都是利用阀芯和阀体位置的相对变化来改变通流面积，从而控制油液的流向、压力和流量。液压控制阀的规格通常用通径规格、额定压力及排量规格来表示，其中通径是阀的进、出油口的名义尺寸，与实际尺寸接近，但与实际尺寸不一定完全相等，三个参数在液压控制阀的标牌上均可查到（早期的控制阀也有用流量规格表示的）。

下面以几种常用的液压控制阀为例介绍液压控制阀的基本应用。液压控制阀的其他应用将在中级篇中介绍。

任务二　方向控制阀的基本功能认知

方向控制阀通过控制液压系统中油液流动的方向或油液的通、断，从而控制执行元件的起动、停止或换向，如控制液压缸的前进、后退与停止，液压马达的正转、反转与停止等。常用的方向控制阀包括单向阀和换向阀两类。

一、单向阀在“油路交通”中的油路“单行道”功能

液压系统中常用的单向阀有普通单向阀和液控单向阀两种。

1. 普通单向阀的“单行道”功能

普通单向阀简称单向阀，它是一种只允许油液沿一个方向通过而反向被截止的方向控制阀。这种作用犹如道路交通中的单行道一样，单行道不允许车流逆行，而单向阀则不允许油液逆流。

如图 5-1 所示，普通单向阀由阀体、阀芯和弹簧等部分组成，当阀的进油口流入压力油时，压力油作用在阀芯左端的推力克服右端弹簧力使阀芯右移，阀芯锥面离开阀座，阀口开

启，油液经阀口、阀芯上的径向孔 a 和轴向孔 b，从右端的出油口流出。若油液反向由右端油口流入，则压力油与弹簧同向作用将阀芯锥面紧压在阀座孔上，阀口关闭，油液被截止不能通过。

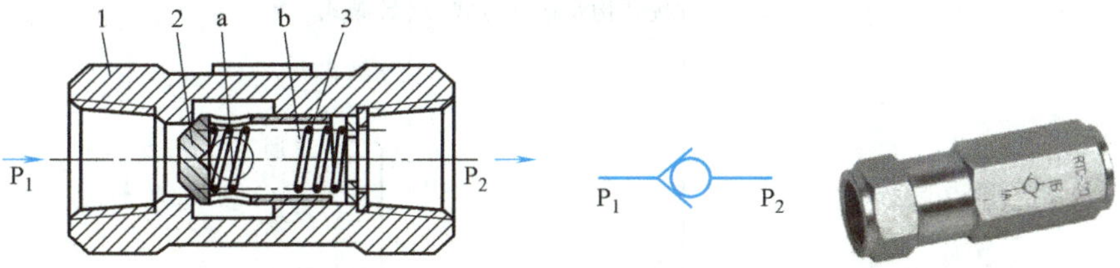

a) 工作原理图　　b) 图形符号　　c) 外观

图 5-1　普通单向阀

1—阀体　2—阀芯　3—弹簧

单向阀的工作原理

2. 液控单向阀的“可控单行道”功能

液控单向阀如图 5-2 所示，除进、出油口 P_1 和 P_2 外，液控单向阀还有一个控制油口 X。当控制油口 X 不通压力油而接油箱时，液控单向阀的作用与普通单向阀一样，油液只能从进油口 P_1 流到出油口 P_2，不能反向流动。当控制油口 X 通入控制压力油时，就有液压力作用在控制活塞的一端，克服阀芯另一端的弹簧力，顶开阀芯使阀口开启，这时正、反向的油液均可自由通过。采用液控单向阀的情况通常就是为了使油液在某一工况下能够反方向流动。液控单向阀这种可实现有条件的反向导通的作用，犹如道路交通中的“潮汐道”一样。“潮汐道”是一种可控制通行方向的单行道（即在限定的条件下或规定的时间段，控制车辆在某一单方向通行）。

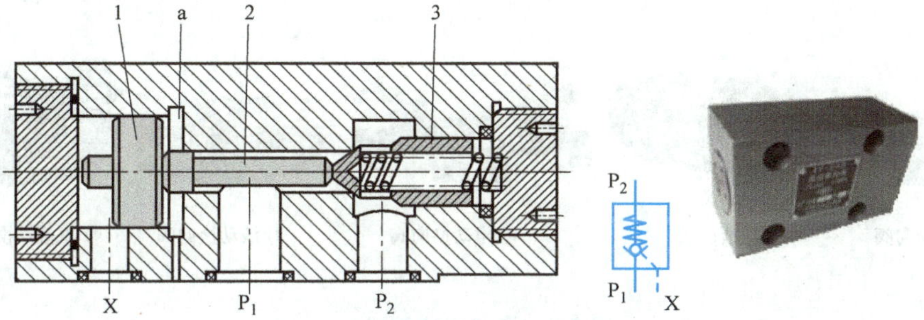

a) 工作原理图　　b) 图形符号　　c) 外观

图 5-2　液控单向阀

1—控制活塞　2—顶杆　3—阀芯

液控单向阀的工作原理

二、换向阀在“油路交通”中的“交通警”功能

道路交通靠交通警设定信号来指挥车辆通行方向，“油路交通”中油液的通行方向则是靠换向阀来控制的。

换向阀的作用是利用阀芯在阀体孔内做相对运动，来改变油路中油液的流动方向、使油路接通或切断。通过换向阀可以控制液压缸的运动方向或液压马达的回转方向。

1. 换向阀的类型（图 5-3）

换向阀的分类方式有多种，常用分类方法如下：

- 常用换向阀的分类
  - 按结构及运动方式分
    - 滑阀式
    - 转阀式
    - 球阀式
  - 按工作位置和通路数分
    - 二位二通
    - 二位三通
    - 二位四通
    - 二位五通
    - 三位四通
    - 三位五通
  - 按操纵方式分
    - 手动
    - 机动
    - 电动
    - 液动
    - 电液动
  - 按阀芯定位方式分
    - 定位式
    - 复位式

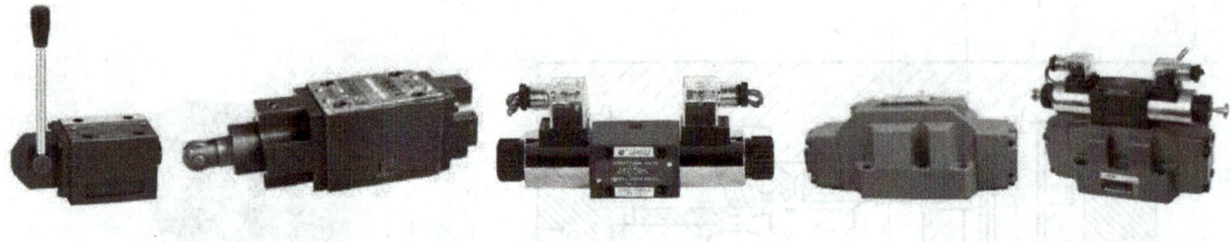

a) 手动换向阀　b) 机动换向阀　c) 电动换向阀　d) 液动换向阀　e) 电液动换向阀

图 5-3　换向阀的类型

2. 换向阀的工作原理

如图 5-4a 所示，换向阀的圆柱形阀芯为台阶状，阀体上开有进、出油口，阀体上与进、出油口对应的内孔开有沉割槽，阀芯在阀体孔内做相对滑动，使各阀口间的内部通道开启或关闭，从而实现对通过换向阀的油液流动方向的切换，这种阀也称滑阀式换向阀，是最传统的结构形式。在换向阀中，P 为进油口、T 为回油口、A 和 B 为通向执行元件的油口。如图 5-4b 所示，当向左扳动手柄使阀芯位于右端时，P 口与 A 口相通、B 口与 T 口相通，则液压缸右移；当向右扳动手柄使阀芯位于左端时，P 口与 B 口相通、A 口与 T 口相通，则液压缸左移。换向阀通过改变阀芯与阀体的相对位置，改变油液流动方向，从而控制执行元件的运动方向。

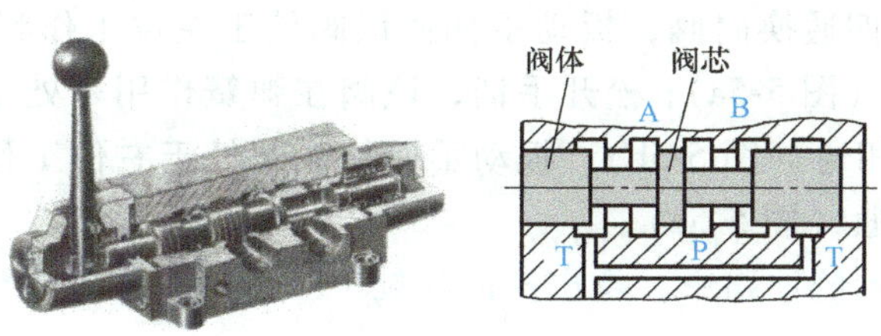

a) 四通滑阀的结构

手动换向阀的结构

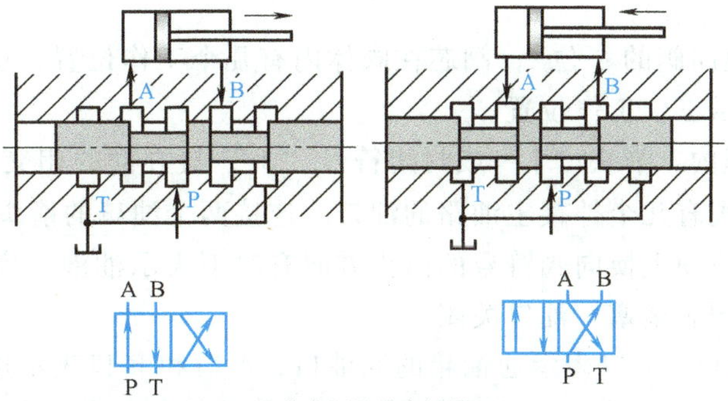

b) 换向阀的换向原理

换向阀的换向原理

图 5-4　四通滑阀的换向原理

3. 换向阀图形符号的识读

(1) 换向阀的“位”与“通”　由图 5-4 可知，该阀上的接口 A、B、P、T 是阀与液压系统主油路连接的各外接油口，进油口通常标为 P，回油口标为 T（或 R），通往执行元件的工作油口则以 A、B 来表示，该阀阀芯移动后得到相对于阀体的不同切换位置。

小知识：通常我们将阀体与主油路连接的各油口称为“通”，有几个这样的油口就称几通阀；而将工作时阀芯相对于阀体的各工作位置称为“位”，可以切换成几种工作位置就称为几位阀。

图 5-4 所示的换向阀有二个工作位置，可控制四个油口与主油路接通形成两种不同的油路，该阀就称为二位四通换向阀。而图 5-5 所示的手动换向阀有三个工作位置、四个主油路

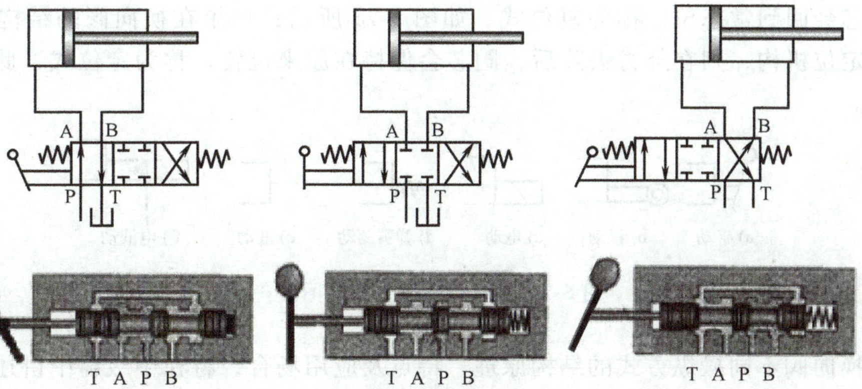

a) 左位工作　　b) 中位工作　　c) 右位工作

图 5-5　换向阀的“位”与“通”

接口，则此阀称为三位四通换向阀，扳动手柄使该阀处于左位工作状态，此时 P 口与 A 口相通，B 口与 T 口相通（图 5-5a）；松开手柄，该阀在弹簧作用下处于中位工作状态，此时 A、P、B、T 四口互不相通（图 5-5b）；扳动手柄使该阀处于右位工作状态，此时 P 口与 B 口相通，A 口与 T 口相通（图 5-5c）。

小问题：图 5-5 所示的油路中，指出换向阀处于三种不同的工作状态时，液压缸是怎样动作的？

（2）换向阀图形符号的含义 换向阀标牌上通常是有符号来表示其具体功能的，换向阀符号的含义如下：

1）用方框表示换向阀的“位”，阀芯在阀体内有几个工作位置，就用几个方框来表示，符号中三个方框即表示三个工作位置。

2）在同一个方框内，箭头“↑”或封闭符号“⊥”与方框的相交点数为换向阀的通路数，有几通就代表该阀有几个外接主油路的油口。连接两个油口的箭头“↑”表示在阀内两油口相通，注意在油路图上换向阀符号的箭头方向有时不表示油液的实际流向；“⊥”表示对应的油口在阀内被阀芯堵塞、油口关闭。

3）P 口表示进油口，T 口表示通油箱的回油口，A 口和 B 口表示连接工作油路的油口。

4）三位阀的中位以及二位阀有弹簧的那一侧方框代表的工作位置为常态位。常态位是指当换向阀没有被操纵时所处的状态。在液压系统图中，换向阀的符号与油路的连接除特殊表示以外，都应画在常态位上。

各种“位”和“通”的换向阀图形符号如图 5-6 所示。

a) 二位二通　b) 二位三通　c) 二位四通　d) 二位五通　e) 三位四通　f) 三位五通

图 5-6　换向阀的“位”和“通”的图形符号

（3）换向阀操纵方式的图形符号 推动换向阀阀芯移动的方法有手动、机动、电动、液动、电液动等，如图 5-7 所示。换向阀上如果装有弹簧，则当外加驱动力消失时，在弹簧作用下阀芯会回到常态位，称为复位式，如图 5-7d 所示；如果在换向阀的结构中含钢球及定位槽等定位机构，则在外力去除后，阀芯会保持在原来位置，称为定位式，此时阀内没有复位弹簧。

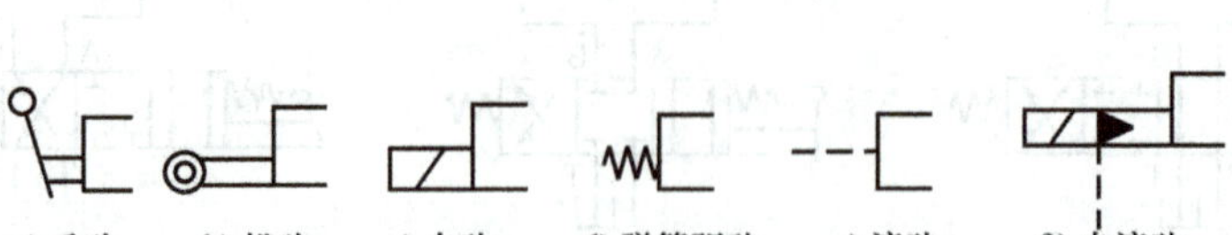

a) 手动　b) 机动　c) 电动　d) 弹簧驱动　e) 液动　f) 电液动

图 5-7　换向阀操纵方式的图形符号

关于换向阀不同操纵方式的结构原理、特点及应用场合，将在中级篇中讲述。

图 5-8 所示为电磁换向阀控制液压缸的工作过程。如图 5-8a 所示，当左侧电磁铁通电时，阀芯右移、P 口与 A 口相通、B 口与 T 口相通，此时液压缸活塞杆伸出；如图 5-8c 所示，当右侧电磁铁通电时，阀芯左移、P 口与 B 口相通、A 口与 T 口相通，此时液压缸活塞

杆缩回；如图 5-8b 所示，当两侧电磁铁均不通电时，液压缸停止不动。

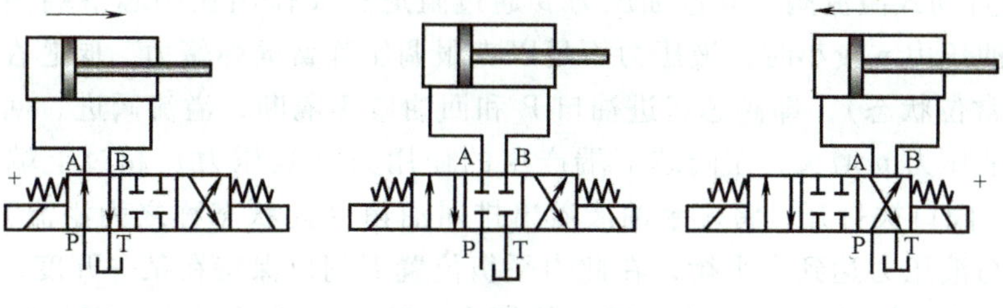

a) 左侧电磁铁通电　　b) 两侧电磁铁均不通电　　c) 右侧电磁铁通电

图 5-8　三位四通电磁换向阀的换向

小问题： 如图 5-5 所示油路，指出换向阀处于三种不同的工作状态时，液压缸是怎样动作的？对比图 5-4 和图 5-5 所示换向阀，分析这两个油路的功能有何不同？

小拓展： 图 5-8 所示电磁阀的控制电路或 PLC 程序应如何设计？请在 PLC 编程或控制电路设计的课程中自行思考。

小任务： 方向控制阀的基本功能认知与实操（任务工单见表 B-7）。

任务三　压力控制阀的基本功能认知

在液压系统中，用来控制或调节油液压力大小或以系统压力变化为信号对“油路交通”的通断及运行程序实现控制的阀，称为压力控制阀。这类阀的共同点主要是利用作用在阀芯上的液压力和弹簧力相平衡的原理来工作。按用途的不同，可将压力控制阀进行如下分类（图 5-9）。

压力控制阀
- 溢流阀
- 减压阀
- 顺序阀
- 压力开关

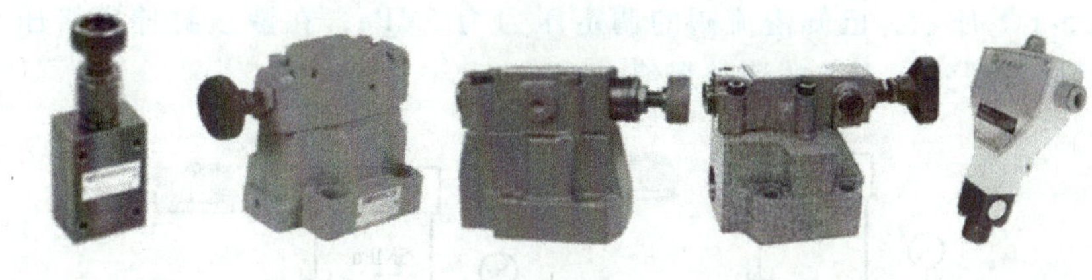

a) 直动式溢流阀　b) 先导式溢流阀　c) 先导式减压阀　d) 先导式顺序阀　e) 压力开关

图 5-9　压力控制阀外观

一、溢流阀的限压和稳压功能认知

溢流阀通常并联在液压泵的出口，其功用是在溢去多余流量时使被控系统的压力维持恒定，用以保证系统工作压力不变或限制系统最高工作压力。

溢流阀有直动式和先导式两种，初级篇以直动式溢流阀为例阐述其工作原理及作用。图 5-10 所示为直动式溢流阀，其进油压力 p 通过阻尼孔 a 作用在阀芯下端面，产生向上的液压力，当进油压力 p 较小时，液压力不足以克服调压弹簧的弹簧力，阀芯在弹簧作用下处于下端位置（常位状态），即阀芯将进油口 P 和回油口 T 隔断，溢流阀进、回油口之间是不相通的；当进油压力 p 增大，在阀芯下端产生的作用力（液压力）超过上端弹簧的预紧力后，阀芯上升，阀口被打开，将多余油液溢出排回油箱（此状态称之为溢流），随着弹簧被压缩，弹簧力与液压力达到力平衡，在此力平衡位置下阀口保持在某一开度，溢流阀便在此压力下靠溢去多余油液来保持其进油压力的恒定，这时的进油压力 p 即为溢流阀的调定压力。通过调节弹簧预紧力，可改变调定的溢流压力值。增大调压弹簧预紧力，调定压力增大；减小弹簧预紧力，调定压力减小。由此可见，溢流阀可起到对液压系统进行调压的作用。

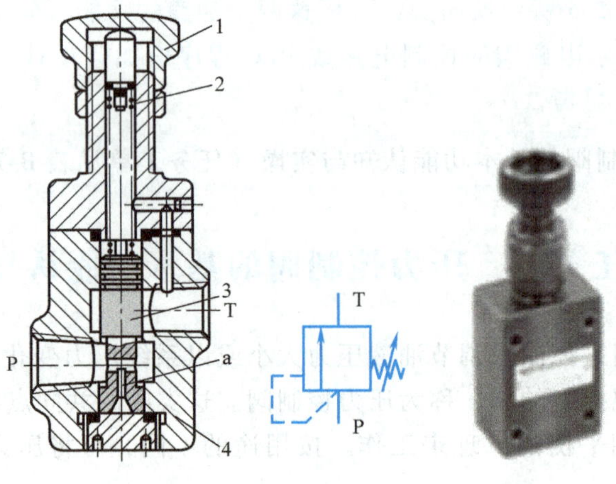

a) 工作原理　　b) 图形符号　　c) 外观

图 5-10　直动式溢流阀

1—调节螺母　2—调压弹簧　3—阀芯　4—阀体

直动式溢流阀的工作原理

小问题： 1）如图 5-11a 所示，忽略其他阻力，液压缸空载向右伸出、没有挤压到车辆时压力表的读数是多少？液压缸挤压到车辆后、继续伸出时压力表的读数如何变化？

2）如图 5-11b 所示，已知溢流阀的调定压力为 5MPa，在液压缸伸出挤压车辆过程中，溢流阀什么时候打开？压力表的读数最终是多少？

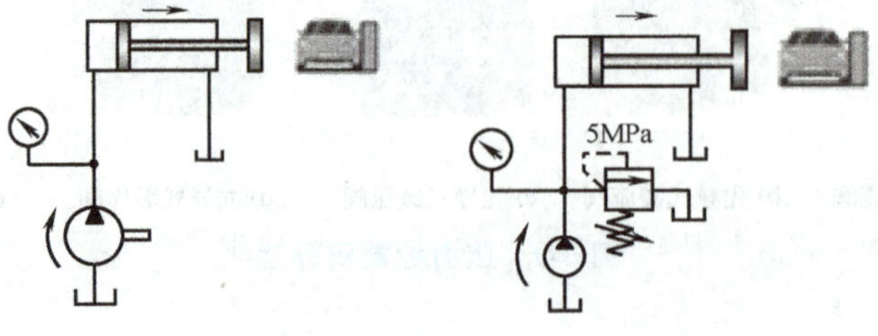

a) 无溢流阀　　b) 有溢流阀

图 5-11　溢流阀的作用

小提示： 溢流阀初始状态阀口关闭不溢流。液压缸空载向右运动时有效负载为零，工作压力很低，打不开溢流阀；顶上车辆后，负载增加导致工作压力增加，直至工作压力达到溢流阀的调定压力，溢流阀打开溢流后压力便不再增加，液压缸便在此调定压力下保持工作压力不变的状态顶住车辆。溢流阀一方面限制了挤压车辆的最高压力；另一方面在工作压力达到溢流压力后可在恒定的溢流压力下维持挤压工况不变。

小结论：溢流阀打开溢流后，液压系统的压力就不再升高，因此溢流阀有以下基本功用：

1）限压作用。起安全保护作用，用来限制液压系统的最高压力。

2）稳压作用。起稳压溢流作用，用以保持液压系统压力的恒定。

安全生产是至关重要的，合理调试溢流阀，是预防因液压系统过载导致事故发生的有效措施之一。我们要时刻树立安全意识，遵守职业行为规范和企业岗位的安全制度。

二、减压阀的减压与稳压功能认知

减压阀的作用是使液压系统中某一支路中的压力低于系统压力且保持该低压的恒定，用于集中供油的液压系统同一时间多个油路需要不同压力的场合。根据控制的压力不同，可将减压阀分为定值减压阀（使出油压力降低且恒定的减压阀）、定比减压阀（使进油压力与出油压力之比恒定的减压阀），定差减压阀（使进油压力与出油压力之差恒定的减压阀），其中定值减压阀最为常用，它有直动式和先导式两种。下面以直动式定值减压阀（简称减压阀）为例来阐述减压阀的工作原理及作用，先导式减压阀内容将在中级篇中介绍。

减压阀的工作原理是利用油液流过缝隙时产生压力损失，来使其出油压力低于进油压力且保持恒定。

图 5-12 所示为直动式减压阀，出油口的油液通过小孔流入阀芯的底部产生向上的液压力，出油压力 p_2 的大小决定了该液压力的大小，而 p_2 是与出油口对应的负载有关的。当出油压力 p_2 小于减压阀调定压力时，压力油不能克服阀芯上端的弹簧力，阀芯在弹簧作用下处于最下端位置，减压阀口全部打开，不能形成减压缝隙，此时减压阀处于非工作状态，减压阀的进、出油压力可以看作是相等，即不起减压作用。这时的出油压力值由出油口对应的负载大小决定，这个压力值是低于调定压力的；一旦出油口对应的负载增加，使出油压力 p_2 增大至减压阀调定压力时，出油口的油液产生的液压力就顶起阀芯，阀口减小形成缝隙，油液流经缝隙后产生的压力降使减压阀的进、出油压力不相等，出油压力低于进油压力，即减压阀起减压作用。减压阀

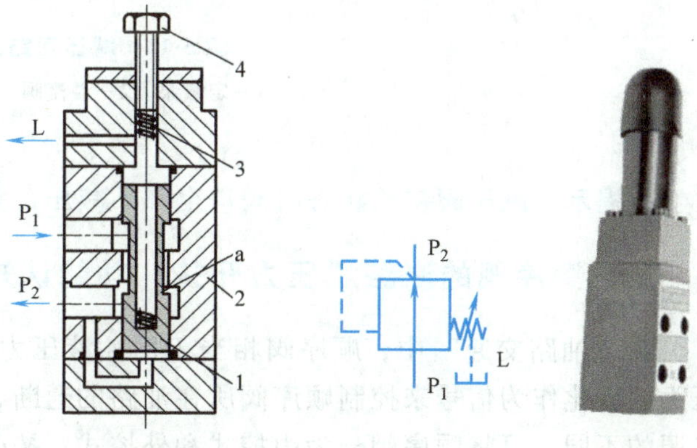

a) 工作原理　　b) 图形符号　　c) 外观

图 5-12　直动式减压阀

1—阀芯　2—阀体　3—调压弹簧　4—调压螺母

阀芯动作后，在受力平衡作用下稳定在某一平衡位置，无论进油口所对应的油液压力怎样升高，减压阀都会通过阀口开度的自动调节，使出油压力稳定在低于系统压力的减压阀调定压力下不再升高。调节减压阀调压弹簧的预紧力，即可调节阀芯动作的压力，也就调节了减压阀的调定压力。工作时，减压阀泄漏到弹簧腔的油液须单独经 L 口引回油箱。

要注意的是，欲使工作中的减压阀能够始终起减压作用，必须使阀口始终处于关小的工作状态，一旦负载减小使出油压力至减压阀阀芯不能维持工作状态时，减压阀口就会重新全部打开，减压阀则恢复为初始状态，不起减压作用。

小结论：减压阀起减压作用时，压力为 p_1 的压力油从进油口 P_1 流入，经关小的减压口 a 减压后压力降为 p_2 并从出油口 P_2 流出，这时进、出口的压力一高一低，从而可使减压阀串联的某一支路能获得低于泵压且稳定的压力。

小问题：如图 5-13 所示，溢流阀和减压阀的调定压力分别为 5MPa 和 3MPa，试回答：

1）如图 5-13a 所示，液压缸空载向前伸出、没有夹上零件时，若忽略其他阻力损失，减压阀出油口 B 点的压力应是多少？

2）如图 5-13b 所示，夹紧零件后压力是不是越来越高直至无限大而损坏？最大夹紧压力是多少？

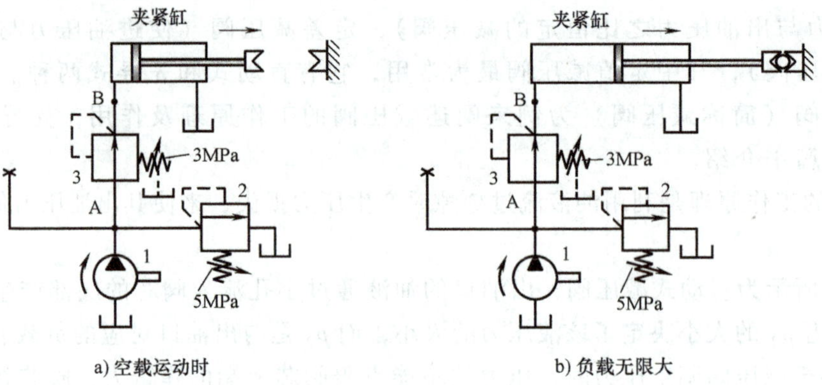

图 5-13　减压回路的作用

1—定量泵　2—溢流阀　3—减压阀

小提示：减压阀初始状态时阀口全开不减压，其出油压力与负载有关。

三、顺序阀的油路“压力开关”功能认知

在“油路交通”中，顺序阀相当于用油液压力控制的“油路”开关，它利用相关油路压力的变化作为信号来控制顺序阀所在油路的通断，从而对液压系统实现控制。按控制油液来源的不同，可将顺序阀分为内控式和外控式；按弹簧腔泄漏油液的引出方式的不同，可将顺序阀分内泄式和外泄式，如图 5-14 所示。用来自于顺序阀进油口的油液压力控制阀芯的启闭，称为内控式顺序阀，用外接于其他油路的油液压力控制阀芯的启闭，称为液控顺序阀或外控式顺序阀；顺序阀弹簧腔的泄漏油液从其内部经出油口引出，称为内泄（此时顺序

阀出口须接油箱），弹簧腔的泄漏油液有单独出油口对外引出，称为外泄，上述各种顺序阀使用场合各不相同。按工作原理的不同，可将顺序阀分为直动式和先导式，这里只对直动式顺序阀进行阐述，先导式顺序阀内容将在中级篇中介绍。

a) 内控外泄式　b) 内控内泄式　c) 外控外泄式　d) 外控内泄式

图 5-14　顺序阀的图形符号

图 5-15a 所示为内控式的直动式顺序阀的工作原理。顺序阀串联在油路上，进油口的油液压力 p_1 通过控制柱塞的作用在阀芯下端产生向上的液压力，当其进油口压力低于调定压力时，液压力不足以克服调压弹簧的弹簧力，阀芯处于最下端位置，阀芯不动作，阀口关闭，进、出油口不通，该阀所在的油路关闭；当进油压力超过调定压力时，液压力克服弹簧力抬起阀芯，阀口打开，进、出油口接通，该阀所在的油路接通。

小结论：顺序阀相当于用油液压力控制的“油路”开关。通过调节螺钉来调节调压弹簧的预紧力，就能调节打开顺序阀接通油路所需的压力。顺序阀接通后，进、出油口 P_1、P_2 的油路压力 p_1 和 p_2 的大小随油路的负载变化。为避免图 5-15 所示顺序阀背压影响阀芯的动作，顺序阀弹簧腔的泄漏油液不能像溢流阀那样在内部与出油口接通，而是和减压阀一样需要经泄油口 L 单独接回油箱。

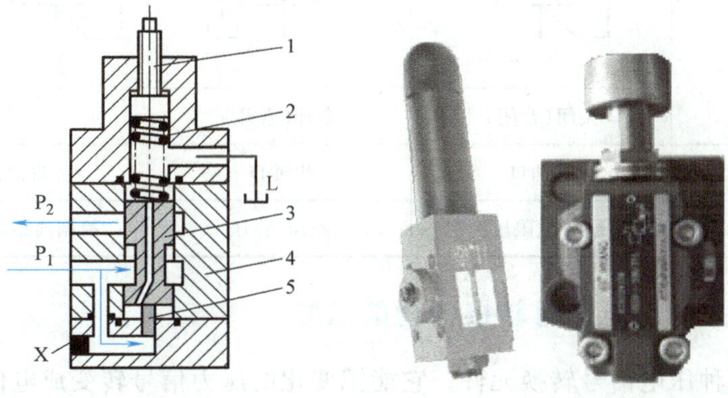

a) 工作原理　b) 外观

图 5-15　直动式顺序阀（内控外泄式）

1—调节螺钉　2—调压弹簧　3—阀芯　4—阀体　5—控制柱塞

小问题：如图 5-16 所示，欲使夹紧缸后动，顺序阀的调定压力应如何设定？该顺序阀是哪一种顺序阀？思考图中顺序阀的符号应是怎样的？

小知识： 顺序阀的开启压力应该比先动缸的负载压力高，一般不低于先动缸负载压力 0.5MPa，否则容易因正常的压力波动而产生顺序阀误动作。

溢流阀、减压阀和顺序阀是三种不同的压力控制阀，它们的功能、结构原理及符号既有相近的内容，也有不同的地方，因此在学习时要通过观察加以区别。

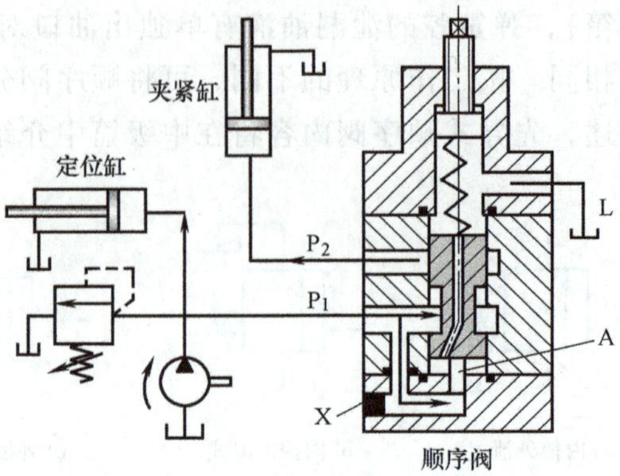

图 5-16 用顺序阀实现顺序动作

直动式顺序阀的工作原理

学习新知识，完成新的认知过程，需要采取灵活多样的学习方法，同时需要一个由浅入深、从易到难、由形象到具体的过程，而观察恰是形成表象思维的一种好方法，也是较为直接的方法。观察力并非与生俱来，而是在后天的学习中不断培养、在实践中不断锻炼出来的，我们要养成善作善成的职业素养和自觉、认真地分析和观察事物的职业习惯。

几种压力控制阀的特点见表 5-1。

表 5-1 几种压力控制阀的特点

特点	阀的名称		
	直动式溢流阀	直动式减压阀	直动式或液控式顺序阀
图形符号	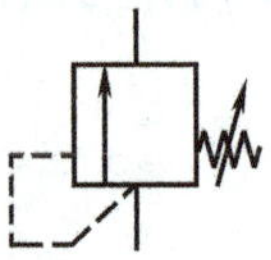	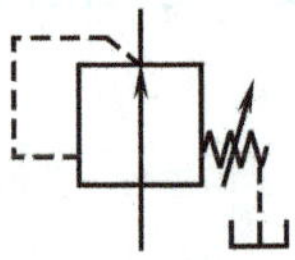	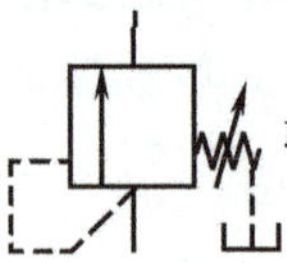 或 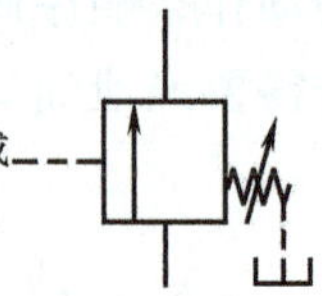
阀口初始状态	关闭（常闭）	全开（常开）	关闭（常闭）
启动阀动作的油液来源	进油口	出油口	进油口或其他油路
主要用途	恒压控制、限压控制	减压、稳压	控制油路通断、控制顺序动作

四、压力开关的压电信号转换器功能认知

压力开关是一种压电信号转换元件，它能把变化的压力信号转变成电信号。压力开关是由压力-位移转换装置和微动开关两部分组成，按结构分类，有柱塞式、弹簧管式、膜片式和波纹管式等类型，其中以柱塞式压力开关比较常用。图 5-17 所示为单触点柱塞式压力开关的结构和图形符号。

小提示： 当控制油液的压力未达到压力开关的调定压力时，压力开关不发出电信号。当下端油液压力达到压力开关的调定压力时，液压力推动柱塞上移，通过顶杆推动微动开关动作，发出电信号，从而控制电气元件实现液压系统的下一步动作，常用于液压执行元件顺序动作、系统安全保护和元件动作联锁等场合。调节压力开关的调节螺母，改变弹簧的压缩

量，即可调节压力开关的动作压力。

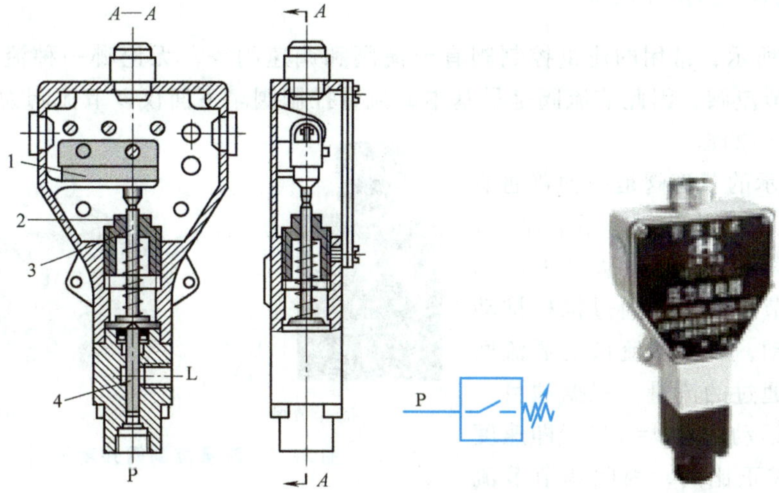

a) 结构　　b) 图形符号　　c) 外观

压力开关的工作原理

图 5-17　单触点柱塞式压力开关

1—微动开关　2—调节螺母　3—顶杆　4—柱塞

小问题：思考图 5-18 所示的油路，压力开关是如何起报警作用的？

小提示：过滤器堵塞后，油液通过过滤器时阻力会增加，过滤器进油口压力会增大，当此压力增大到极限压力时，需要压力开关报警，进而清洗或更换过滤器。

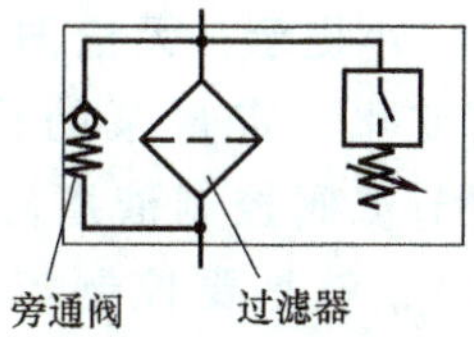

图 5-18　油路

压力开关在不同场合的作用不同，应在具体工况中分析其作用，以确定具体的压力设定值。动作压力设定不合理是造成整个设备误动作的安全隐患。因此，在学习中我们要做到知其然、知其所以然，培养实事求是、具体问题具体分析的思维方式，为后续岗位操作打好理论基础。

小任务：压力控制阀的基本功能认知与调压实操（任务工单见表 B-8）。

任务四　流量控制阀的基本功能认知

一、流量控制阀的“油门变速器”功能认知

液压系统在工作时，执行元件随工况的要求常需要以不同的速度工作。流量控制阀的主要作用就是通过控制流量来控制执行元件的速度。

小结论：流量控制阀是靠改变节流口通流面积的大小，来调节通过阀口的流量，从而改变执行元件运动速度的阀类。因此说，流量控制阀可以起到“油路交通”的“油门变速器”功能。

二、节流阀的作用认知

如图 5-19 所示，常用的流量控制阀有节流阀和调速阀等，无论哪一种流量控制阀，其组成部分都有节流阀，因此节流阀是最基本的流量控制阀。下面仅以节流阀为例来说明流量控制阀的作用与原理。

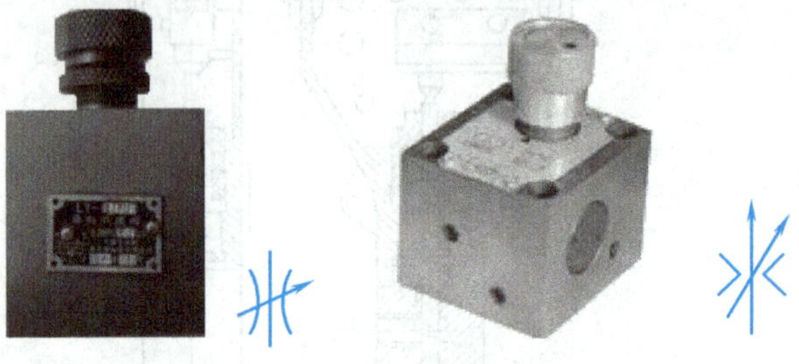

a) 节流阀　　b) 调速阀

图 5-19　流量控制阀外观及图形符号

图 5-20 所示的节流阀是一种普通节流阀的结构，油液从进油口 P_1 流入，经阀芯上的三角槽节流口，从出油口 P_2 流出，转动调节手柄即可通过推杆推动阀芯做轴向移动，改变节流口的通流面积，从而调节通过的流量。根据项目一已知液压缸的运动速度 $v=q/A$，即速度 v 是与流量 q 成正比的，因此调节节流阀的阀口大小，改变通过节流阀的流量即可调节液压系统执行元件输出的速度。

小拓展：图 5-21 所示的液压缸运动速度 $v=\dfrac{q}{A}$，欲使液压缸速度可调节，应选择哪一个油路？为什么？

小提示：无论图 5-21 所示液压缸的工况如何变化，定量泵的输出流量总是固定不变的。用节流阀控制液压缸的速度（常称之为节流调速），就是要控制流入液压缸的流量，使其可以小于泵的流量，从而获得可调节的工作速度。因此，必须将溢流阀并联在液压泵的出油口，以便在工作时溢流阀能在一定的压力下溢去液压泵的多余流量，使液压缸的速度可以通过节流阀调节。

小任务：流量控制阀的基本功能认知与调速实操（任务工单见表 B-9）。

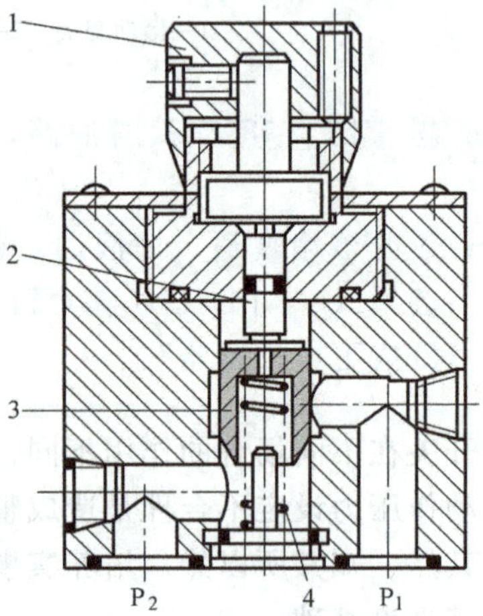

图 5-20　节流阀工作原理

1—调节手柄　2—推杆　3—阀芯
4—复位弹簧

节流阀的工作原理

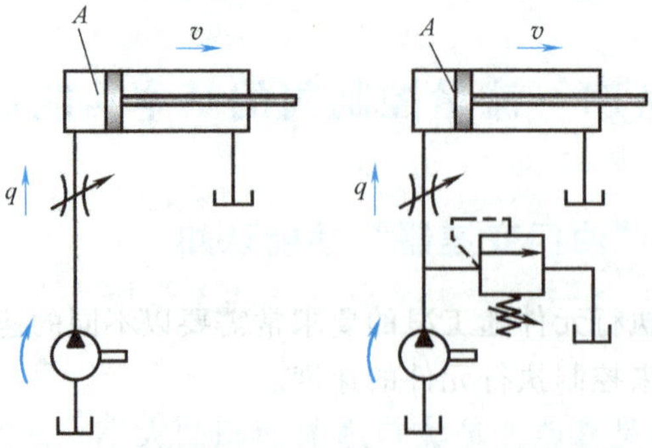

a) 无溢流阀　　b) 有溢流阀

图 5-21　液压缸的节流调速

任务五 数控车床液压系统分析

机械设备的液压系统利用油液的压力能，通过各类控制阀等元件操纵液压执行机构。那么，液压系统是怎样工作的呢？下面以数控车床液压系统为例进行分析。

一、MJ-50 型数控车床概述

数控车床是一种高精度、高效率的自动化机床。它具有广泛的加工工艺性能，可加工圆柱表面螺纹、槽和蜗杆等复杂工件，在复杂零件的批量生产中具有较高的经济效益。MJ-50 型数控车床液压系统动作为卡盘夹紧与松开、卡盘夹紧力的高低压转换、回转刀架的松开与夹紧、刀架刀盘的正转与反转、刀盘的夹紧与松开、尾座套筒的伸出与退回等。

二、MJ-50 型数控车床液压系统工作原理分析

图 5-22 所示为 MJ-50 型数控车床液压系统原理图，该液压系统采用变量泵供油，变量泵输出的液压油经过单向阀进入系统，液压系统各电磁铁的动作是由数控系统的 PLC 控制。

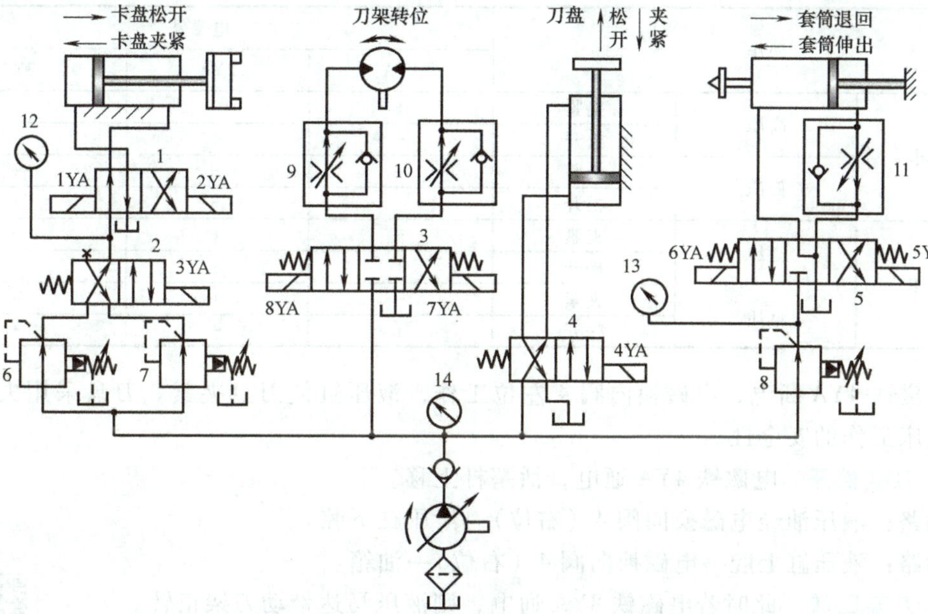

图 5-22 MJ-50 型数控车床液压系统原理图

1、2、3、4、5—电磁换向阀 6、7、8—减压阀 9、10、11—单向调速阀 12、13、14—压力表

液压系统工作原理分析如下：

1. 卡盘的夹紧与松开

主轴卡盘分正卡（也称外卡）和反卡（也称内卡），卡盘的夹紧与松开由二位四通电磁阀 1 控制，卡盘的高压夹紧与低压夹紧转换由二位四通电磁阀 2 控制。

(1) 卡盘正卡 卡盘正卡时如图 5-22 所示。

1）卡盘高压夹紧。电磁铁 3YA 断电，夹紧力大小由减压阀 6 调节。

夹紧时，电磁铁 1YA 通电，活塞杆左移，卡盘夹紧。

进油路：液压油经阀 6→阀 2（左位）→阀 1（左位）→液压缸右腔。

回油路：液压缸左腔的油液经阀 1（左位）→油箱。

松开时，电磁铁 2YA 通电，活塞杆右移，卡盘松开。

进油路：液压油经阀 6→阀 2（左位）→阀 1（右位）→液压缸左腔。

回油路：液压缸右腔的油液经阀 1（右位）→油箱。

2）卡盘低压夹紧。当 3YA 通电时，卡盘处于低压夹紧状态，液压油经减压阀 7 调节后进入系统，电磁铁 1YA 通电时夹紧，电磁铁 2YA 通电时松开。油路与卡盘高压夹紧类似。

（2）卡盘反卡 当电磁铁 2YA 通电时，卡盘反卡，其余工作情况与卡盘正卡类似，不再赘述。电磁铁的动作顺序见表 5-2。

2. 回转刀架动作

回转刀架换刀时，首先是刀盘松开，之后由 PLC 控制刀盘转到指定的刀位，最后刀盘复位夹紧。刀盘的夹紧与松开，由一个二位四通电磁阀 4 控制。刀盘可正、反向旋转，由三位四通电磁阀 3 控制，其转速分别由单向调速阀 9 和 10 调节。

卡盘的夹紧与松开

表 5-2 卡盘动作电磁铁顺序表

动作			电磁铁		
			1YA	2YA	3YA
卡盘正卡	高压	夹紧	+	−	−
		松开	−	+	−
	低压	夹紧	+	−	+
		松开	−	+	+
卡盘反卡	高压	夹紧	−	+	−
		松开	+	−	−
	低压	夹紧	−	+	+
		松开	+	−	+

若电磁铁 4YA 断电，电磁换向阀 4 左位工作，液压缸使刀盘夹紧。刀盘采用失电夹紧可提高机床工作的安全性。

（1）刀盘松开 电磁铁 4YA 通电，活塞杆上移。

进油路：液压油经电磁换向阀 4（右位）→液压缸下腔。

回油路：液压缸上腔→电磁换向阀 4（右位）→油箱。

（2）刀架回转 此时若电磁铁 8YA 通电，则液压马达带动刀架正转。

正转进油路：液压油经电磁换向阀 3（左位）→单向调速阀 9→液压马达。

正转回油路：液压马达→单向调速阀 10 中单向阀→电磁换向阀 3（左位）→油箱。

刀架的回转与夹紧

若 7YA 通电，电磁换向阀 3 换向，则液压马达带动刀架反转，反转时的油路与正转的油路类似。

（3）刀盘夹紧 刀架选好刀具完成转位后，电磁铁 4YA 断电，活塞杆下移，刀盘夹紧。

进油路：液压油经电磁换向阀 4（左位）→液压缸上腔。

回油路：液压缸下腔→电磁换向阀 4（左位）→油箱。

回转刀架电磁铁动作见表 5-3。

表 5-3　回转刀架电磁铁动作

动作		电磁铁		
		4YA	7YA	8YA
回转刀架	正转	+	−	+
	反转	+	+	−
刀盘	夹紧	−		
	松开	+		

3. 尾座套筒伸缩动作

尾座套筒的伸缩

尾座套筒伸出与退回由三位四通电磁阀 5 控制。

(1) 尾座套筒伸出　当电磁铁 6YA 通电时，缸筒左移（此液压缸为活塞杆固定），缸筒带动尾座伸出。伸出时顶尖的预紧力大小通过压力表 13 显示。

进油路：液压油经减压阀 8→电磁换向阀 5（左位）→尾座套筒液压缸的左腔。

回油路：液压缸右腔→单向调速阀 11→电磁换向阀 5（左位）→油箱。

(2) 尾座套筒退回　当电磁铁 5YA 通电时，缸筒右移，套筒退回。

进油路：液压油经减压阀 8→电磁换向阀 5（右位）→单向调速阀 11→液压缸右腔。

回油路：液压缸左腔→电磁换向阀 5（右位）→油箱。

尾座套筒电磁铁动作见表 5-4。

表 5-4　尾座套筒电磁铁动作

动作		电磁铁	
		5YA	6YA
尾座套筒	伸出	−	+
	退回	+	−

三、数控车床液压系统的特点

1）利用变量泵与单向调速阀构成容积节流调速回路，功率损失小，系统发热少。

2）采用双向液压马达实现刀架的正、反向转位，方便 PLC 优化正转或反转的选刀路径；正、反向速度均可调节，保证刀架回转平稳。

3）尾座套筒换向回路处于液压缸停止工况时，套筒油缸浮动，通过换向阀的 Y 型中位机能，可以人为拖动套筒，以方便调节顶尖轴向位置。

4）采用不同减压阀构成压力控制回路，可进行卡盘高压和低压夹紧力的调节，以及尾座套筒伸出工作时预紧力大小的调节，从而满足不同工件的需要。

小任务：数控车床液压系统分析（任务工单见表 B-10）

随着我国制造业加速转型升级，精密模具、新能源、航空航天、轨道交通、增材制造、医疗器械等新兴产业迅速崛起，其生产制造过程高度依赖数控机床等智能制造装备，智能制造装备有力推动适用于上述领域的高速、高精、高效、高稳定性、智能化、多轴化、复合化等金属切削数控机床的发展。液压技术以其能快速响应，传动平稳，动作灵活，控制调节方便，易于实现自动化等优点，在制造业中被广泛应用。我们要在学习中弘扬社会主义核心价值观，刻苦钻研，从入门到精通技能，逐步夯实职业技能基础。

小结

- 液压控制阀常见类型
  - 方向控制阀
    - 单向阀
      - 普通单向阀
      - 液控单向阀
    - 换向阀
  - 压力控制阀
    - 溢流阀
    - 减压阀
    - 顺序阀
    - 压力开关
  - 流量控制阀
    - 节流阀
    - 调速阀

常用液压控制阀的基本功能见表 5-5。

表 5-5　常用液压控制阀的基本功能

控制阀的名称	控制阀的功能	控制阀的图形符号举例
单向阀	防止液压系统中的油液倒流	
液控单向阀	正向使用相当于普通单向阀，控制口接通时反向导通	
换向阀	实现油路的通、断或切换油液流经的路线，对执行元件换向	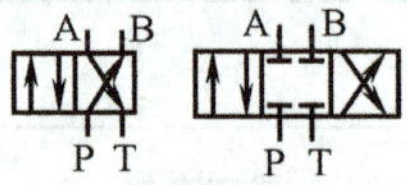
溢流阀	溢去多余流量，稳压、限压	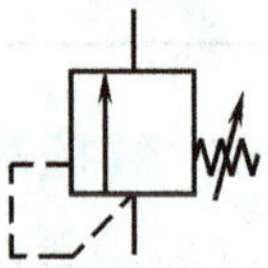
减压阀	使油液通过后减压，获得低于泵压的稳定压力	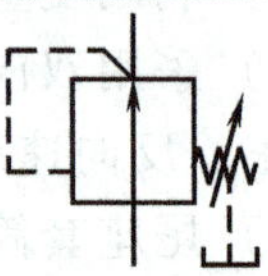
顺序阀	在被控油路压力不低于某一值的条件下接通，控制顺序动作	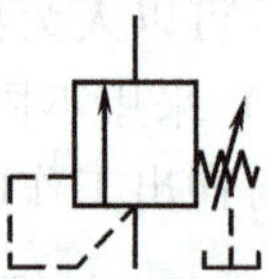
压力开关	检测被控油路的压力变化，从而发出电信号，实现自动控制或报警等	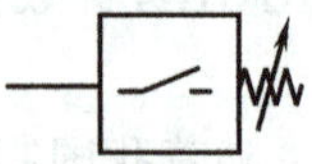
节流阀	调节节流口大小以控制流量，从而对执行元件进行调速，但流量稳定性不好	
调速阀	调节节流口大小以控制流量，从而对执行元件进行调速，并且流量稳定性好	

思考题和习题

一、填空题

1. 单向阀的作用是________，正向时阀口______，反向时阀口______。

2. 按阀芯运动的控制方式不同，可将换向阀分为______、______、______、______和______换向阀。

3. 压力阀的共同特点是利用______和______相平衡的原理来进行工作的。

4. 溢流阀在液压系统中常用于______和______作用。

5. 减压阀是通过阀芯移动形成的______产生压降，使出油压力低于进油压力，并使出油压力保持基本不变的压力控制阀。

6. 压力开关是一种能将______转换为______的发讯装置。

二、判断题

1. 单向阀的作用是能变换油液的流动方向及接通或关闭油路。(　　)

2. 常用的流量控制阀有节流阀和调速阀（　　）。

3. 流量控制阀是通过改变节流口通流截面的面积，实现对流量进行控制的阀类。(　　)

4. 溢流阀的符号为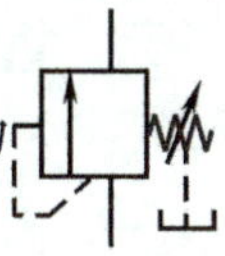。(　　)

5. 二位四通换向阀的符号为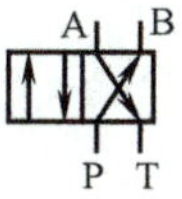

。(　　)

三、选择题

1. 溢流阀（　　）。

A. 常态下阀口是常开的　　B. 一般并联在液压泵的出油口

C. 进、出油口均有压力　　D. 一般串联在液压缸的回油路上

2. 图形符号代表（　　）。

A. 单向阀　　B. 顺序阀

C. 溢流阀　　D. 节流阀

3. （　　）属于压力控制阀。

A. 溢流阀　　B. 调速阀

C. 节流阀　　D. 减压阀

E. 顺序阀

四、简答题

1. 简述数控车床液压系统特点。

2. 数控车床液压系统中刀架转位采用什么执行元件？有什么优点？

项目六

液压辅助元件的功能与使用

技能及素养目标

1）提升观察能力，通过标牌能够认知常用液压辅助元件的功能及特点。
2）能借助液压辅助元件改善液压系统性能。
3）能对液压辅助元件进行正确的维护与保养。
4）能进行辅助元件一般故障的排除。
5）进一步提升安全防护能力。

重点知识

1）常用辅助元件的功用与主要性能参数。
2）常用辅助元件的类型特点及正确使用。

液压系统中的辅助元件主要包括蓄能器、过滤器、油箱、压力表及其开关、热交换器、管件及管接头和密封装置等。液压辅助元件的标准化、系列化和通用化程度较高。这些元件的选用与安装是否合理，对液压系统的动态性能、工作稳定性、工作可靠性、工作寿命、噪声和油温等性能具有非常重要的影响，必须给予足够的重视。例如，液压油污染会造成液压元件的磨损、降低系统工作可靠性，可采用安装过滤器等一系列措施降低液压油的污染。

由此可见，"辅助"并非可有可无，主与辅只是岗位不同、分工不同而已。我们要树立正确的人生观、价值观和择业观，努力在平凡的岗位上做出不平凡的业绩。

任务一　蓄能器的功能与使用

蓄能器是液压系统中一种储存油液压力能的装置，它在适当的时机将系统中的能量储存起来，当系统需要时，又将能量释放出来，重新补供给系统，或当系统瞬间压力增大时，它可以吸收这部分的能量，以保证整个系统压力正常。

蓄能器的结构类型及功能

1. 蓄能器的结构类型

按结构不同，可将蓄能器分为直接接触式和隔离式两类，根据气体和液体被隔离的方式不同，隔离式蓄能器又可以分为隔膜式、活塞式和囊式三种。按加载形式的不同，还可将蓄能器分为重锤式、弹簧式和充气式三种。充气式蓄能器使用比较广泛，为了安全起见，使用时首先向蓄能器充入预定压力的气体，当外部系统压力超过蓄能器内部压力时，气囊受压缩而储存液压能，这时系统向蓄能器储油；当工作过程中系统压力低于蓄能器内部压力时，气囊释放能量，这时蓄能器向系统供油。选择适当的充气压力是使用充气式蓄能器的关键因素。囊式蓄能器（图 6-1）的优点是惯性小、反应灵敏、结构紧凑、重量轻，充气后能长时间保存气体、充气方便，因此被广泛应用于液压系统中。

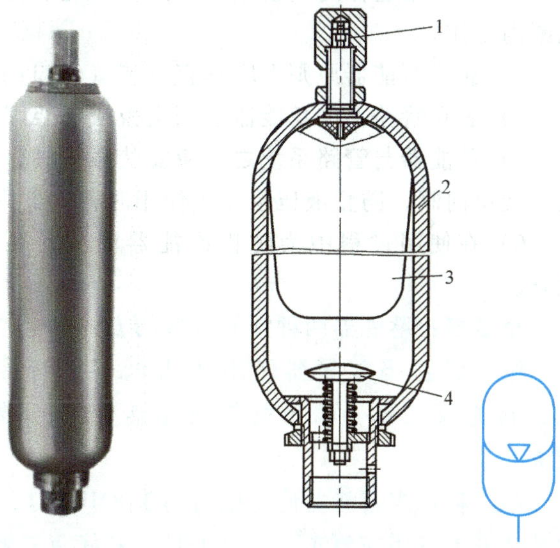

a) 外观　　b) 工作原理　　c) 符号

图 6-1　囊式蓄能器

1—充气阀　2—壳体　3—气囊　4—提升阀

2. 蓄能器的功能

（1）短期大量供油　有的液压系统只在很短时间内需要大流量，为减小功率消耗，降低液压系统温升，这时可选用较小规格的液压泵和电动机，需要大流量时则用蓄能器作为辅助动力源，短期大量供油来补充系统的流量不足；或一旦因停电等原因，液压泵停止向系统供油，蓄能器便作为紧急动力源，把储存的压力油供给系统。

小提示：选用蓄能器辅助小规格液压泵供油时，必须保证工作时或工作间歇时液压泵有足够长的时间为蓄能器供给充足的油液。

蓄能器短期大量供油的作用

（2）实现系统保压　当液压系统需要保压，且保压时间较长而又希望保压阶段系统功率损失较小时，可采用蓄能器来实现保压，这时蓄能器起补充泄漏的作用。

（3）吸收压力冲击和脉动　当液压系统因阀门突然切换、执行元件突然停止运动等原因产生压力冲击，系统压力在短时间内急剧升高，容易造成仪表、元件和密封装置的损坏，并产生振动和噪声。冲击压力可由安装在冲击源附近的蓄能器来吸收，装设在控制阀或液压缸等冲击源之前的蓄能器可以很好地吸收和缓冲液压冲击。在液压泵出油口并联蓄能器，可以消除流量脉动，降低噪声。

3. 蓄能器的安装与使用注意事项

蓄能器的安装包括安装前的检查、充氮等。正确的安装固定与充气，是蓄能器正常运行、发挥应有作用的重要条件。使用蓄能器须注意如下几点：

1）充气式蓄能器中应使用惰性气体（一般为氮气），工作压力应在标牌规定的工作范围内。

2）囊式蓄能器的气囊强度不高，不能承受很大的压力波动，且只能在-20~70℃的温度范围内工作。

3）囊式蓄能器原则上应垂直安装（油口向下）。

4）装在管路上的蓄能器须用支板或支架固定。

5）蓄能器与管路系统之间应安装截止阀，供充气、检修时使用。蓄能器与液压泵之间应安装单向阀，防止液压泵停止使用时蓄能器内储存的压力油液倒流。

6）在使用过程中为防止蓄能器泄漏，要定期对气囊进行气密性检查及其他方面的检查。

小链接：蓄能器两种补充氮气的方式

第一种：当蓄能器使用压力低于8MPa时，可通过氮气瓶和充氮工具来补充氮气，将充氮工具一端与氮气瓶相连，另一端与蓄能器相连，打开氮气瓶阀门即可完成充气。

第二种：当蓄能器使用压力高于8MPa时，通过氮气瓶和充氮工具已无法完成充气，在这种情况下可用充氮车、充氮工具、氮气瓶三者配合使用来给蓄能器补充氮气。首先用高压软管将氮气瓶和充氮车进气口连接起来，充氮车出气口通过充氮工具与蓄能器进气口连接起来，在充氮车上设定好输出压力，然后打开氮气瓶阀门，为充氮车接上电源，打开充氮车开机旋钮即可完成充气。

任务二　过滤器的功能与使用

工作介质液压油往往会有颗粒状杂质，易造成液压元件相对运动表面的磨损、滑阀卡滞、节流孔口堵塞，使系统工作可靠性大为降低。因此，必须对液压油中的杂质和污染物进行清理。目前，控制液压油洁净程度最有效的方法就是采用过滤器。

一、过滤器的功能及主要参数

过滤器又称滤油器，其功用是过滤混杂在油液中的杂质，减少进入系统的油液污染物，保证系统能正常工作。过滤器的主要参数为过滤精度、压降特性和纳垢容量等。

过滤精度是指过滤器对不同尺寸不溶性硬质粒子的滤除能力，它是过滤器的重要性能指标。在滤芯尺寸和流量一定的情况下，滤芯的过滤精度越高，油液流经过滤器时压力降越大；反之，在流量一定的情况下，滤芯的有效过滤面积越大，压力降越小；油液的黏性越大，流经滤芯的压力降越大。纳垢容量指过滤器在压力降达到规定值之前可以滤除并容纳的污染物数量，它是反映过滤器寿命的重要指标。一般来说，滤芯尺寸越大，即过滤面积越大，纳垢容量就越大。过滤器的纳垢容量越大，使用寿命越长。

二、过滤器的结构类型及特点

按滤芯的结构及过滤方式不同，可将过滤器分为网式过滤器、线隙式过滤器、烧结式过滤器、纸芯式过滤器和磁性过滤器等。

（1）网式过滤器　网式过滤器的结构如图 6-2 所示，它以金属网为过滤材料，敷在有一定刚性的筒形骨架上，其过滤精度取决于金属网层数和网孔的大小。这种过滤器结构简单，通流能力大，清洗方便，但过滤精度低，一般用于液压泵的吸油口。

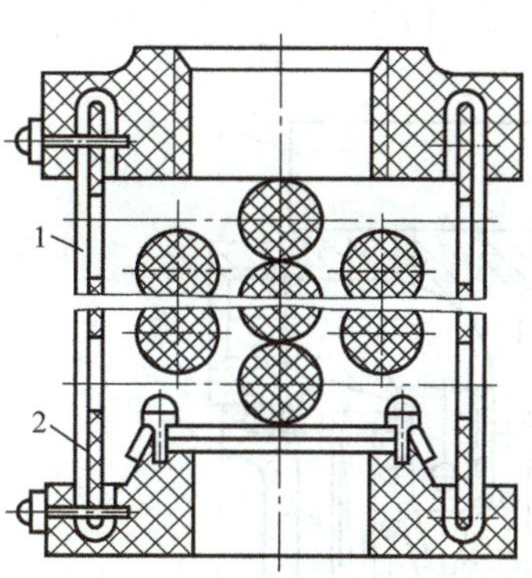

图 6-2　网式过滤器

1—骨架　2—金属网

网式过滤器
工作原理

（2）线隙式过滤器　线隙式过滤器的结构如图 6-3 所示，用金属丝密绕在筒形骨架的外部来组成滤芯，依靠金属丝间的微小间隙滤除混入油液中的杂质。其结构简单，通流能力大，过滤精度比网式过滤器高，但不易清洗，多为回油过滤器，也有用于吸油过滤器的。

（3）烧结式过滤器　烧结式过滤器的结构如图 6-4 所示，其滤芯通常由青铜等颗粒状金属烧结而成。将烧结的滤芯装在壳体中，油液进入过滤器后，利用颗粒间的微孔进行过滤。其滤芯能承受高压，耐蚀性好，过滤精度高，适应于高压、高温的液压系统，但颗粒易脱落、易堵塞，难于清洗。

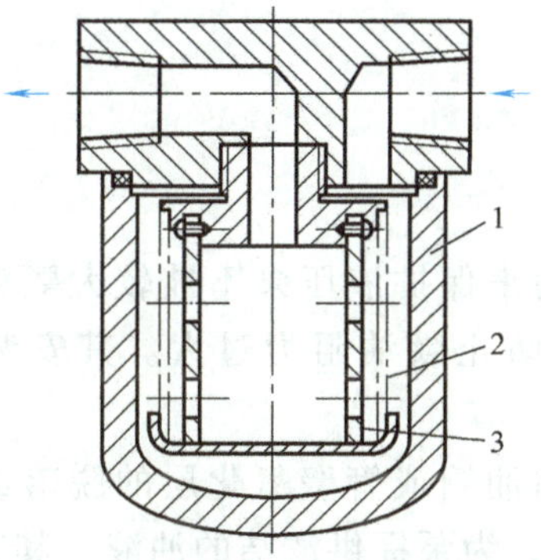

图 6-3　线隙式过滤器

1—壳体　2—滤芯　3—芯架

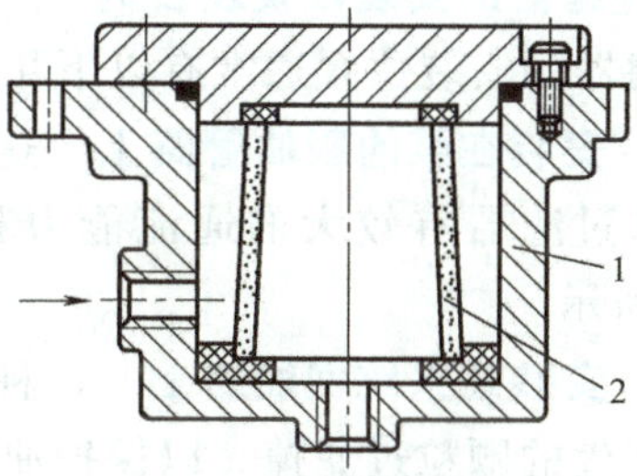

图 6-4　烧结式过滤器

1—壳体　2—滤芯

（4）纸芯式过滤器　纸芯式过滤器的结构如图 6-5 所示，其滤芯为微孔滤纸制成，为增大强度及过滤面积，纸芯一般做成折叠状围绕在带孔的镀锡做成的骨架上，其过滤精度较高，一般用于油液的精过滤，但堵塞后无法清洗，须经常更换滤芯。

（5）磁性过滤器　磁性过滤器的工作原理是利用磁铁吸附油液中的铁粉，一般常复合在其他类型的过滤器中，做成复合式过滤器。

过滤器的图形符号如图 6-6 所示。

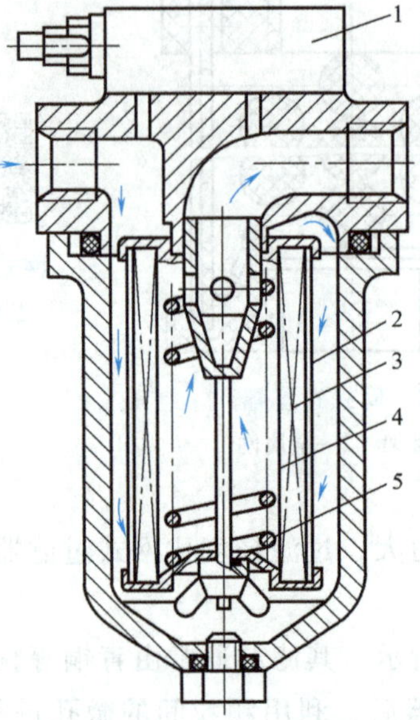

图 6-5 纸芯式过滤器

1—堵塞信号发出装置 2—滤芯外层 3—滤芯中层 4—滤芯内层 5—支承弹簧

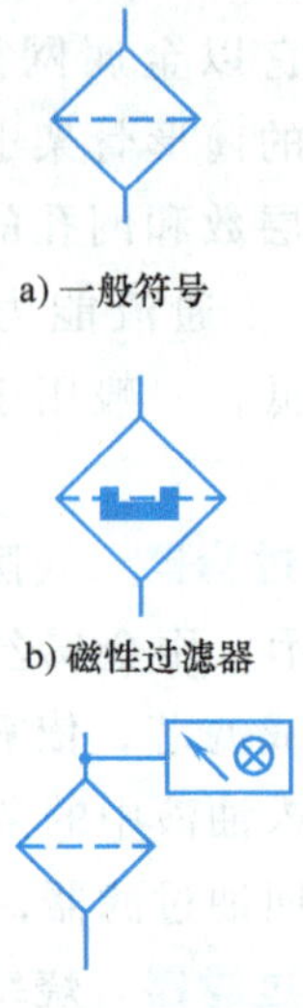

图 6-6 过滤器的图形符号

三、过滤器的选用与安装注意事项

1. 过滤器的安装位置及目的

过滤器的安装位置通常有以下几种：

(1) 安装在泵的吸油管路上 这种安装方式主要用来保护液压泵不被较大颗粒杂质损坏，要求过滤器有较大的通流能力和较小的阻力，以防止吸油阻力过大。其安装位置如图 6-7a 所示。

(2) 安装在系统回油路上 这种方式可以把系统内油箱或管壁氧化层的脱落或液压元件磨损产生的颗粒过滤掉，以保护油箱内液压油的清洁，为泵提供清洁的油液。其安装位置如图 6-7b 所示。

(3) 安装在系统支路上 当液压泵的流量过大时，为避免选用过大的过滤器，在系统的支油路上安装一个小规格的过滤器，过滤部分油液。这样既不会在主油路上造成压降，又不会使过滤器承受高压。其安装位置如图 6-7c 所示。

(4) 安装在液压泵的出口 这种安装方式可以保护液压系统除液压泵以外的其他液压元件，多采用精过滤器。由于过滤器处于高压油路上，因此它不仅要承受高压，还要承受系统中频繁出现的压力变化以及冲击压力的作用，油液通过时的压力损失一般应小于 0.35MPa。精过滤器常用在过滤精度要求高的系统及对污染物特别敏感的元件前，以保证系统和元件能正常工作。为防止过滤器堵塞时液压泵过载和滤芯被损坏，过滤器宜与旁通安全阀并联或串联一个堵塞指示装置。其安装位置如图 6-7d 所示。

(5) 安装在单独的过滤系统 图 6-7e 所示为由专用液压泵和过滤器组成的独立于液压

系统之外的过滤系统，常以移动式过滤装置（过滤车）的形式出现。这种安装可保证过滤器的功能不受主系统压力和流量波动的影响，过滤效果较好，是大型液压系统中常采用的过滤系统。

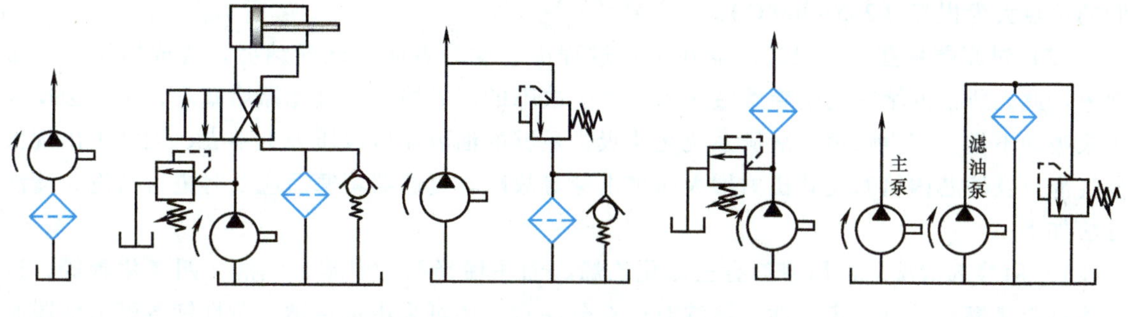

图 6-7　过滤器的安装位置

小知识：液压系统中，在液压泵吸油口和执行元件的回油路上安装过滤器的情况较多，此时过滤器分别称为吸油过滤器和回油过滤器。在液压泵出油口加过滤器的液压系统也较常见。

2. 过滤器的选用注意事项

选用过滤器时需要注意以下几点：

1）过滤精度应满足预定要求。

2）为保证能在较长时间内保持足够的通流能力，应按要求选择过滤器规格。

3）要有足够的耐压能力，油液通过滤芯时的压降应足够小，不会因液压作用而损坏。

4）回油过滤器应并联安全阀或发讯报警装置，以防过滤器堵塞造成事故。

5）考虑到泵的自吸性能，吸油过滤器一般要选粗过滤器。

6）过滤器一般只单向使用，进、出油口不可互换。

7）滤芯清洗或更换应尽可能简便。

8）滤芯的耐蚀性好，能在规定的温度下持久地工作。

小链接：过滤器的故障诊断与排除

（1）滤芯破坏变形　这一故障现象表现为滤芯的变形、弯曲、凹陷、吸扁与冲破等。产生原因如下：

1）滤芯在工作中被污染物严重阻塞而未得到及时清洗，流进与流出滤芯的压差增大，使滤芯强度不够而导致滤芯破坏变形。

2）过滤器选用不当，超过了其允许的最高工作压力。例如同为纸芯式过滤器，型号为 ZU-100X202 的额定压力为 6.3MPa，而型号为 ZU-H100X202 的额定压力可达 32MPa。如果将前者用于压力为 20MPa 的液压系统，滤芯必定被击穿而破坏。

3）在装有高压蓄能器的液压系统，因某种故障使蓄能器油液反灌而冲坏过滤器。

排除方法：定期检查、清洗过滤器；正确选用过滤器，系统要求的强度、耐压能力要与所用过滤器的种类和型号相符；针对各种特殊原因采取相应对策。

（2）过滤器脱焊　这一故障对金属网式过滤器而言，当环境温度高、过滤器的局部油温过高时，超过或接近焊料熔点温度，加上原来焊接就不牢和油液的冲击，易造成脱焊。例如高压柱塞泵进油口处的网式过滤器常出现金属网与骨架脱离的现象，进油口局部油温可高达 100℃。此时可将金属网的焊料由锡铅焊料（熔点为 183℃）改为银焊料或银镉焊料，它们的熔点大为提高（235～300℃）。

（3）过滤器堵塞 一般过滤器在工作过程中，滤芯表面会逐渐纳垢，造成堵塞是正常现象。此处所说的堵塞是指导致液压系统产生故障的严重堵塞。过滤器堵塞后，至少会使液压泵吸油不良、产生噪声，液压系统无法吸进足够的油液而造成压力上不去，油液中出现大量气泡以及滤芯因堵塞使其压力增大而被击穿等故障。过滤器堵塞后应及时进行清洗，清洗方法如下：

1）用溶剂清洗。常用溶剂有三氯化乙烯、油漆稀释剂、甲苯、汽油、四氯化碳等，这些溶剂都易燃，并有一定毒性，清洗时应充分注意。还可采用苛性钠、苛性钾等碱溶液脱脂清洗，表面活性剂脱脂清洗以及电解脱脂清洗等。后者清洗能力虽强，但对滤芯有腐蚀性，必须慎用。在洗后须用水洗等方法尽快清除溶剂。

2）用机械及物理方法清洗。

① 超声波清洗。超声波作用在清洗液中，可将滤芯上的污垢去除，但滤芯是多孔物质，有吸收超声波的性质，可能会影响清洗效果。

② 加热挥发法。有些过滤器上的积垢，用加热方法可以去除，但应注意在加热时不能使滤芯内部残存炭灰及固体附着物。

③ 吹压缩空气法。用压缩空气在滤垢积层反面吹出积垢，采用脉动气流效果更好。

任务三 油箱的功能与使用

一、油箱的用途及类型

油箱的用途是储存液压系统工作时所需的足够的液压油，散发液压系统工作时产生的热量以控制油温，逸出油液中产生的气泡，沉淀油液中的杂质。

按油面是否与大气相通，可将油箱分为开式和闭式两种。开式油箱还可分为整体式和分离式两种，整体式油箱是利用机器设备机身内腔作为油箱（如注塑机、压铸机等），其结构紧凑、漏油易回收，但不便于维修和散热；分离式油箱是设置一个单独的油箱，与主机分开，减少了油箱发热和液压源振动对主机工作精度的影响。

图 6-8 所示为开式油箱，也是分离式油箱，这类油箱在一般的液压系统中被广泛应用，常见于组合机床、自动化生产线和精密机械设备上。油箱通常用钢板焊接而成，隔板 6 用于阻挡沉淀物进入吸油管，隔板 8 用于阻挡泡沫进入吸油管，放油阀 7 用于检修时将污油排出，空气过滤器 2 设在回油管一侧的上部，兼有加油和通气的作用，液位指示器 5 用于观测油位高度，为便于维修及装配，将油箱上盖 4 做成可拆卸式。

二、油箱的使用注意事项

1）选用油箱时，必须有足够大的容积，以利散热和储油。

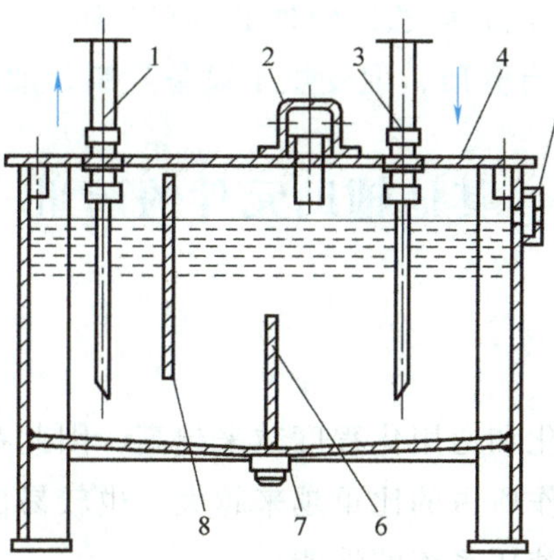

a) 结构

b) 符号

图 6-8　开式油箱

1—吸油管　2—空气过滤器　3—回油管　4—上盖
5—液位指示器　6、8—隔板　7—放油阀

2）吸油管及回油管应插入最低液面以下，以防止吸空和回油飞溅产生气泡。

3）吸油管和回油管之间的距离要尽可能地远些，且之间应设置隔板。

4）油箱盖板周边应密封。

5）搬运油箱时应用吊耳。

6）油箱内表面要按正确的方法做防腐处理。

小链接：使用油箱时须注意的问题

1）油箱必须有足够大的容积。一方面尽可能地满足散热的要求，另一方面在液压系统停止工作时应能容纳系统中的所有工作介质，而工作时又能保持适当的液位。

2）吸油管及回油管应插入最低液面以下，以防止吸空和回油飞溅产生气泡。管口与箱底、箱壁距离一般不小于管径的三倍。吸油管可安装 100μm 左右的网式或线隙式过滤器，安装位置要便于装卸和清洗过滤器。回油管口要斜切 45°并面向箱壁，以防止回油冲击油箱底部的沉积物，同时也有利于散热。

3）吸油管和回油管之间的距离要尽可能地远些，之间应设置隔板，以加大油液循环的途径，这样能起到提高散热、分离空气及沉淀杂质的效果。隔板高度为液面高度的 2/3~3/4。

4）为了保持油液清洁，油箱应有周边密封的盖板，盖板上装有空气过滤器，注油及通气一般都可由空气过滤器来完成。为便于放油和清理，箱底要有一定的斜度，并在最低处设置放油阀。对于不易开盖的油箱，要设置清洗孔，以便于油箱内部的清理。

5）油箱底部应距地面 150mm 以上，以便于搬运、放油和散热。在油箱的适当位置要设吊耳，以便吊运，还要设置液位指示器和油温显示装置，以监视液位和油温。

6）对油箱内表面的防腐处理要给予充分的重视。常用的方法有以下几种：

① 酸洗后磷化。适用于所有介质，但受酸洗磷化槽限制，油箱不能太大。

② 喷丸后直接涂防锈油。适用于一般矿物油和合成液压油，因不受处理条件限制，大型油箱较多采用此方法。

③ 喷砂后热喷涂氧化铝。适用于除水-乙二醇外的所有介质。

④ 喷砂后进行喷塑。适用于所有介质，但受烘干设备限制，油箱不能过大。

任务四　其他辅助元件的选用

一、管件及管接头

液压传动系统的标准化、系列化和通用化程度越来越高，因此在实际设计、安装、调试和使用中，连接和密封等辅助性工作所占的比重越来越大，也较易出现问题，这些元件如果选择或使用不当，会严重影响整个液压系统的性能。

1. 管件

管件用于连接液压元件和输送液压油。选用管件时，应尽可能使传输油过程中的能量损失最小，即应有足够的通流截面、最短的路程、光滑的管壁、尽可能避免急转弯和截面突变，管件的种类及特点见表 6-1。

表 6-1　常用管件的种类及特点

种类		特点
硬管	钢管	能承受高压，油液不易氧化，价格低廉，刚性好，但装配时不易弯曲成形，常在拆装方便处用作压力管。液压系统常用冷拔无缝钢管
	纯铜管	价格高，抗振能力差，承压能力较低，摩擦阻力小，装配时弯形方便，但易使油液氧化，常用于仪表和装配不便处
软管	尼龙管	半透明材料，加热后弯形方便，冷却后定形不变，价格低廉，但寿命较短，承压能力较低，有时在低压系统中部分替代纯铜管
	塑料管	价格低廉，装配方便，但承压能力低，长期使用会变质老化，只用于压力很低的回油或泄油管路
	橡胶管	由耐油橡胶夹钢丝纺织网或钢丝绕层做成，装配方便，有缓和冲击、吸收振动的作用，但制造困难，价格较贵，寿命短，多用于高压管路。另有一种由耐油橡胶和帆布制成的油管，耐压较低一些。目前高压橡胶软管的使用越来越广泛

2. 管接头

管接头是油管与油管、油管与液压元件间的可拆卸的连接件。油管应满足连接牢固、密封可靠、液阻小、结构紧凑、拆装方便等要求。

管接头的种类很多，按接头的通路方向分为直通、直角、三通、四通、铰接等形式；按其与油管的连接方式分为卡套式、扩口式、焊接式、扣压式等。管接头与机体的连接常用圆锥螺纹和普通细牙螺纹。用圆锥螺纹连接时，应外加防漏填料；用普通细牙螺纹连接时，应采用组合密封垫，且应在被连接件上加工出一个小平面。常用的管接头类型及特点见表 6-2。

表 6-2　常用管接头的类型及特点

名称	结构简图	特点
卡套式管接头	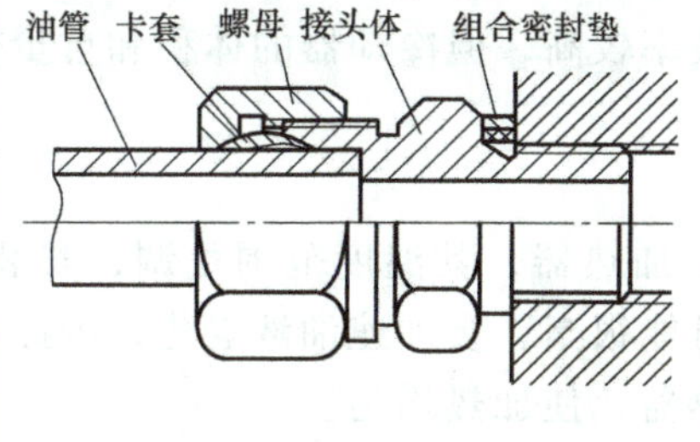	弹性卡套端部在接头螺母挤压下，卡入油管实现密封，装拆简便，适用于冷拔无缝钢管
扩口式管接头	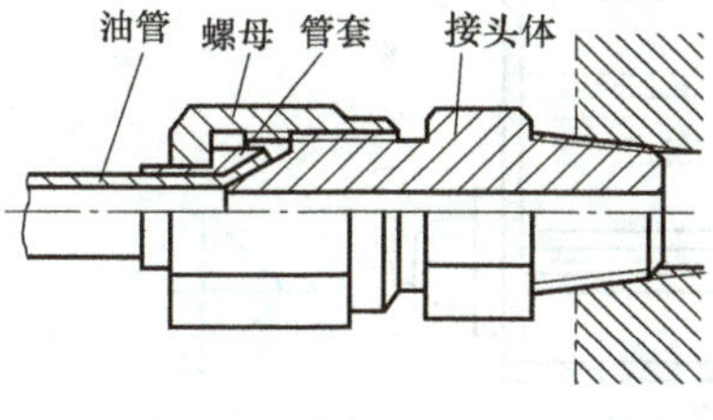	用胀管器对油管管端进行扩口，在管套的压紧下进行密封，结构简单，适用于钢管、薄壁钢管、尼龙管和塑料管等低压管道的连接
扣压式管接头	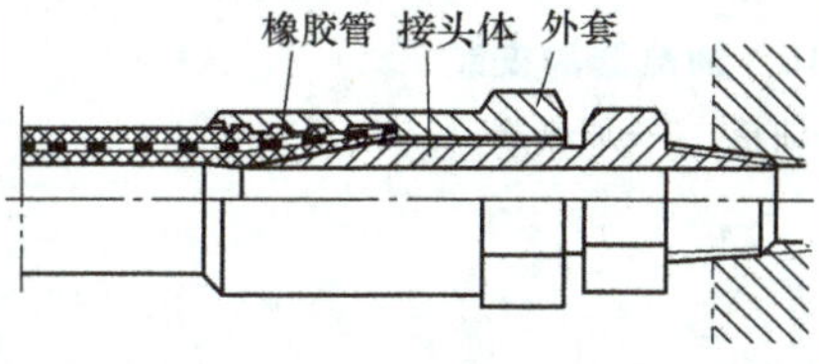	用来连接高压软管，在中、低压系统中应用较多

二、热交换器

油箱中油液的温度一般推荐为 30～50℃，最高不大于 60℃，最低不小于 15℃。对于高压系统，为了避免漏油，油温应不超过 50℃。为了有效地控制油温，在油箱中常配有冷却器和加热器，冷却器和加热器统称为热交换器。

1. 冷却器

常用的冷却器有水冷式、风冷式和冷冻式三种。风冷式常用在行走设备上；冷冻式需制冷设备，常用于精密机床等设备上；水冷式是一般液压系统常用的冷却方式。液压系统中的冷却器，最简单的是蛇形管冷却器，如图 6-9a 所示，它直接装在油箱内，冷却水持续从蛇形管内部通过，带走油液中的热量。这种冷却器结构简单，但冷却效率低，耗水量大。

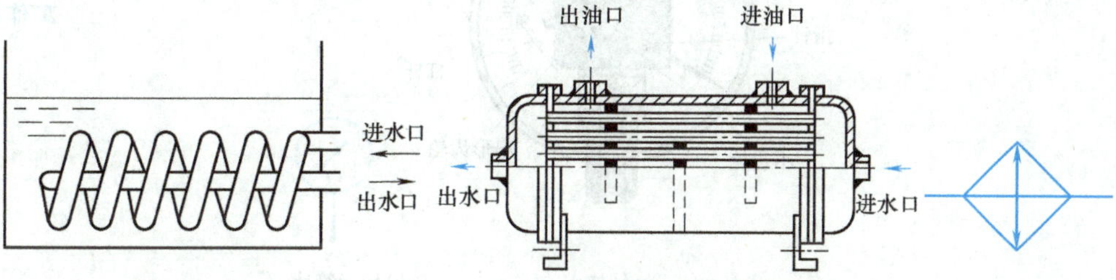

a) 蛇形管冷却器　　b) 强制对流式多管冷却器　　c) 图形符号

图 6-9　冷却器

液压系统中用得较多的冷却器是强制对流式多管冷却器，如图 6-9b 所示。油液从外壳右上端部进油口进入冷却器，经左端出油口流出。冷却水从右端盖中心的进水口进入，经过多根水管从左端盖的出水口流出。油液在水管外部流过，三块隔板增加了油液的循环路径，以改善热交换的效果。这种冷却器散热效率较高，但冷却器的体积和重量较大。冷却器的符号如图 6-9c 所示。

2. 加热器

液压系统中油液的加热一般都采用电加热器，其温度范围可调，安装方式如图 6-10 所示。由于直接和加热器接触的油液温度可能很高，会加速油液老化，因此这种电加热器应慎用。如有必要，可在油箱内多装几个加热器，使加热均匀。

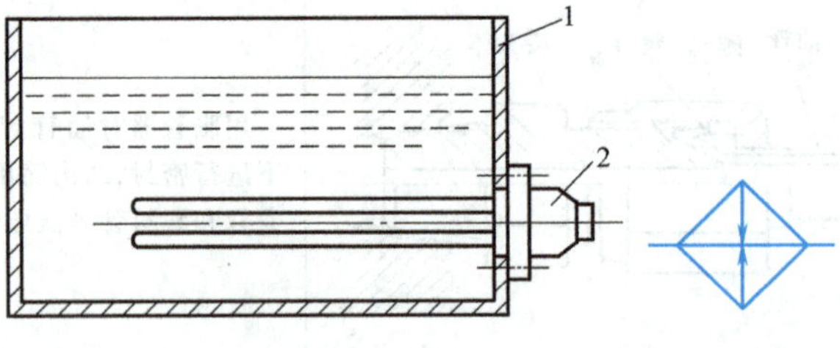

a) 结构　　b) 图形符号

图 6-10　加热器的安装

1—油箱　2—加热器

三、压力表及压力表开关

1. 压力表

液压系统各工作点的压力可通过压力表观测，以便对压力阀进行调整和控制。压力表的种类很多，最常用的是弹簧弯管式压力表，其结构原理及图形符号如图 6-11 所示。压力油进入弹簧弯管时管端产生变形，通过杠杆使扇形齿轮摆动，扇形齿轮与小齿轮啮合，小齿轮带动指针旋转，从刻度盘上读出压力值。压力表精度等级的数值是指压力表最大误差占量程（测量范围）的百分数。机床上常用的压力表精度等级为 2. 5 级，一般按照系统稳定压力为量程的 2/3~3/4 来选用压力表。

压力表的工作原理

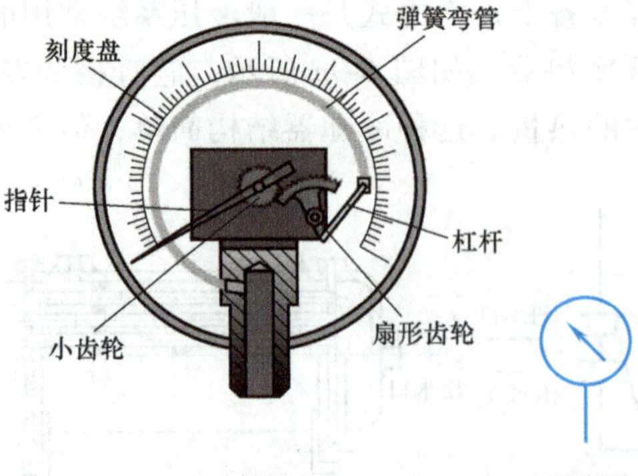

a) 结构　　b) 图形符号

图 6-11　弹簧弯管式压力表

2. 压力表开关

压力油路与压力表之间往往装有一个压力表开关，以供设备调试时选择接通各压力阀测压点。如图 6-12 所示的压力表开关用于选择切断或接通压力表和油路的通道。压力表开关有一点、三点、六点等，压力表开关实际上是一个多通道的小型切换阀。多点压力表开关的各测压点接口分别与几个被测油路相接，压力表开关的另一接口连接压力表，通过压力表开关即可选择检测点。液压系统不需要观测压力时，可将压力表开关旋至接油箱的通道。

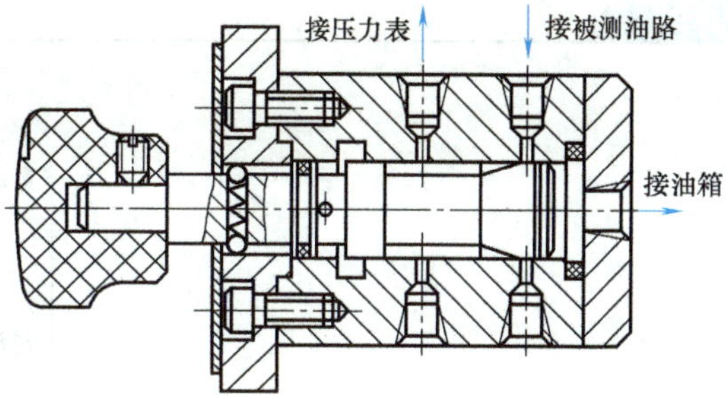

图 6-12　压力表开关

3. 压力表的选用

（1）压力表量程范围的选择　选择压力表时一般应考虑对压力的测量要求、被测介质的性质、环境条件、经济性和适用性等多方面的因素。压力表量程选择是满足测量要求，保证系统安全可靠的重要一环。为了保证压力表的弹性元件能在弹性变形的安全范围内可靠地工作，压力表量程的选择不仅要根据被测压力的大小，而且还要考虑被测压力的变化速度，应留有足够的余地。一般测量稳定的压力时，最大工作压力应不超过量程的 2/3；被测压力波动较大时，最大工作压力应不超过量程的 1/2；测高压时，最大工作压力应不超过量程的 3/5。为了保证测量准确度，最小工作压力应不低于量程的 1/3。

（2）压力表准确度和灵敏度的选择　压力表的准确度和灵敏度应根据使用场合、测量值最大允许误差进行确定，一般采用以下两种方法来确定压力表的准确度级别。

1）准确度≤(最大或最小被测压力/压力表测量上限)×工艺要求相对误差。

2）准确度=(绝对允许基本误差/压力表测量上限)×100%。

应根据上述两种方法选择准确度等级。对于等级的选取只取较大的数值，以保证测量的准确性。值得注意的是，工业上通常采用 1.5~2.5 级准确度的压力表；而需要精确测量，如科研测量、校验压力表时，一般采用 0.4 级或 0.25 级以上的精密压力表和标准压力表。

4. 压力表的安装

压力表在使用之前，必须检定和校准。长期使用的仪表也应定期检定，其周期应视使用频繁程度和重点程度而定。在确定其基本误差符合规程要求后方可进行安装。压力表的安装方法与测量准确度、使用寿命等有一定的关系，故安装时需注意以下几点：

1）压力表应垂直安装，取压管口与被测介质的流向垂直。

2）为防止压力冲击损坏压力表指针，常在其进口处设置阻尼孔，或测压油管用纯铜管以螺旋方式安装。

四、密封装置

液压装置的内、外泄漏直接影响着系统的性能和效率，甚至会使系统压力无法提高，严重时可使整个系统无法工作；泄漏还会使工作环境受到污染，浪费油料。因此，合理选用密封元件非常重要。常见的密封形式请参考初级篇项目四任务二。

小任务：液压辅助元件的认知（任务工单见表 B-11）。

小结

- 常用液压辅助元件
  - 蓄能器
    - 重锤式
    - 弹簧式
    - 充气式
  - 过滤器
    - 网式
    - 线隙式
    - 烧结式
    - 纸芯式
    - 磁性
  - 油箱
    - 开式
      - 整体式
      - 分离式
    - 闭式
  - 其他辅助元件
    - 压力表
    - 压力表开关
    - 热交换器
      - 冷却器
      - 加热器
    - 管件
      - 硬管
        - 钢管
        - 纯铜管
      - 软管
        - 尼龙管
        - 塑料管
        - 橡胶管
    - 管接头
      - 卡套式管接头
      - 扩口式管接头
      - 扣压式管接头
    - 密封装置
      - O形密封圈
      - Y形密封圈
      - V形密封圈
      - 组合式密封圈

常用液压辅助元件的图形符号见表6-3。

表 6-3　常用液压辅助元件的图形符号

名称	蓄能器(囊式)	过滤器	油箱	压力表	冷却器	加热器
符号						

思考题和习题

一、填空题

1. 蓄能器的功能主要有______、______、______。
2. 过滤器的安装位置通常有______、______、______、______、______几种。
3. 油箱按油面是否与大气相通，可分为______和______两种。

二、判断题

1. 过滤器必须单向使用，即进、出油口不可互换。(　　)

2. 在滤芯尺寸和流量一定的情况下，滤芯的过滤精度越高，阻力越小。（　　）

3. 过滤器过滤精度和规格应满足系统要求。（　　）

三、简答题

1. 常用的蓄能器有哪几种结构类型？
2. 使用蓄能器须注意哪些问题？
3. 油箱的用途有哪些？
4. 压力表的精度等级含义是什么？

项目七

气压传动的基本功能认知

技能及素养目标

1）能认知气动系统的组成及特点、气源装置和各种气动辅助元件的功能及特点。
2）能认知常用气缸和常用气动控制阀的功能，会分析一般气动系统的工作原理。
3）能构建简单的气动回路并进行简单的维护和调试。
4）培养担当精神和社会责任意识。

重点知识

1）气压传动系统的工作原理、组成及特点。
2）气源装置的组成及功用，辅助元件的种类及功用。
3）气缸和气动马达的类型及特点。
4）各种气动控制阀的工作原理及用途。
5）换向回路、压力控制回路及速度控制回路的工作原理及应用。

与液压传动工作介质不同，气压传动利用空气压缩机将原动机输出的机械能转变为压缩空气的压力能，气动系统的能量转换过程与液压传动系统相似，掌握气动元件及气动系统的特点，对以后从事气动系统维护、调试和设计工作是很有帮助的。在学习气动系统时，只要抓住这些不同，举一反三，就能通过液压系统很好地理解气动系统。

任务一　气压传动系统的功能及特点认知

气压传动系统是以压缩空气为工作介质进行能量传递的一种传动系统，它和液压传动系统既有区别又有联系。

一、气压传动系统的组成认知

由图7-1所示的气压传动系统工作原理可知，气动系统由以下几个部分组成：

1. 气源装置

气源装置是将原动机（如电动机）的机械能转换为气体的压力能，为其他设备提供洁

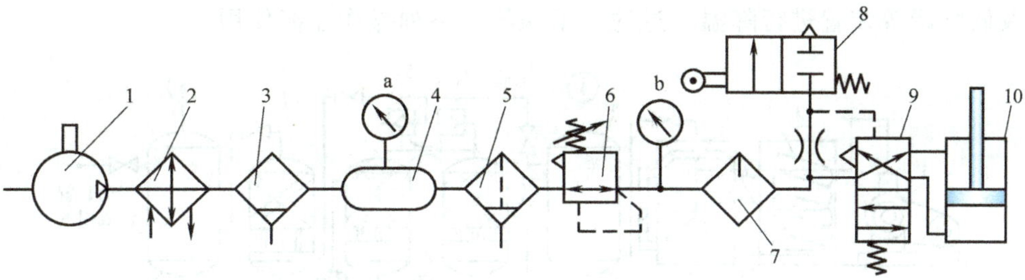

图 7-1　气压传动系统工作原理

1—空气压缩机　2—后冷却器　3—油水分离器　4—储气罐　5—空气过滤器
6—减压阀　7—油雾器　8—机动阀　9—换向阀　10—气缸

净的压缩空气的动力源，包括空气压缩机、压缩空气净化处理装置等。

2. 执行元件

执行元件是能量输出装置，驱动执行机构做往复或旋转运动，包括气缸、气动马达等。

3. 控制元件

控制元件是控制压缩空气的压力、流量及流动方向，以保证系统各执行机构按预定程序正常工作，包括压力阀、流量阀和方向阀等。

4. 辅助元件

辅助元件起净化、连接等作用，以保障气压传动系统正常工作，包括气源净化装置、气动三联件、消声器及管件等。

5. 工作介质

气压传动系统的工作介质为压缩空气。

二、气压传动的特点认知

1. 气压传动的优点

1）气压传动的介质为空气，无污染且经济方便，便于压缩，可集中供气和远距离运输。

2）与液压传动相比，气压传动反应快，动作迅速，维护简单，管路不易堵塞。

3）气动装置结构简单，安装及维护较方便，压力等级低，使用安全。

4）工作环境适应性好，可应用于易燃、易爆等多种场所。

5）气动系统能实现过载自动保护。

2. 气压传动的缺点

1）由于空气具有可压缩性，气缸运动速度会受到负载影响导致稳定性变差。

2）工作压力较低（一般为 0.4～0.8MPa），输出力较小，不宜在重载场合使用，且压力控制不方便。

3）排气噪声大；工作介质没有自润滑性，需另采取润滑措施。

三、气源装置认知

气源装置为气压传动系统提供符合流量、压力及清洁度等要求的压缩空气。气源装置由空气压缩机（主体部分）、气源净化和处理装置，以及传输压缩空气的辅助元件等组成。图 7-2 所示的压缩空气站设备组成及布置，气源装置输出的压缩空气经过冷却器、过滤器、干燥器及储气罐等装置进行降温、过滤、干燥等一系列操作才能使用。

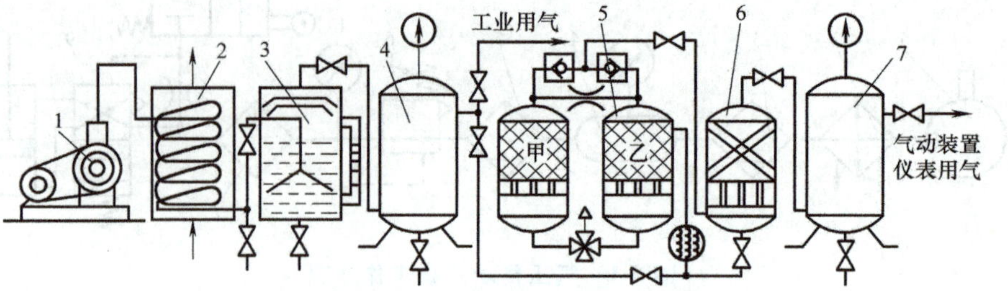

图 7-2　压缩空气站设备组成及布置

1—空气压缩机　2—后冷却器　3—油水分离器　4、7—储气罐　5—干燥器　6—空气过滤器

1. 空气压缩机

图 7-3 所示为空气压缩机，简称空压机，是气动系统的动力元件，按其工作原理的不同可分为容积式和动力式两类。在气压传动系统中，一般都采用容积式空气压缩机。图 7-4 为卧式单缸空气压缩机的工作原理图，它是利用曲柄滑块机构，不断将空气压缩到储气罐内，实际生产中大多使用多缸多活塞的组合。

a) 外观　　b) 图形符号

图 7-3　空气压缩机

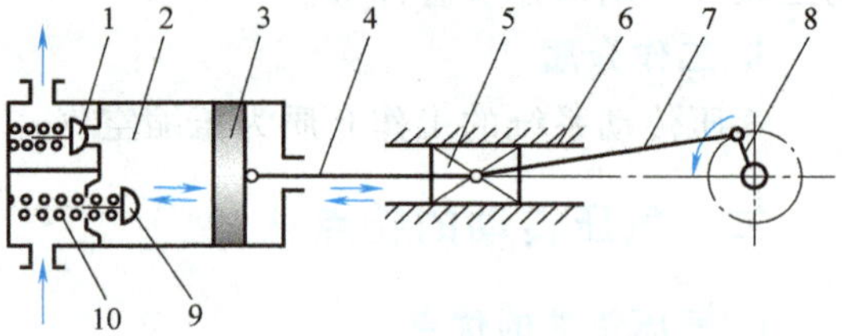

图 7-4　卧式单缸空气压缩机工作原理

1—排气阀　2—气缸　3—活塞　4—活塞杆　5、6—十字头与滑道　7—连杆　8—曲柄　9—吸气阀　10—弹簧

小知识：空压机规格的选择主要以流量和压力为依据。

2. 压缩空气净化设备

空气压缩机输出的压缩空气，不能直接被气压传动装置使用，必须配有除油、除水、除尘、除湿的气源净化处理设备。

(1) 后冷却器　后冷却器安装在空气压缩机出口管道上，将压缩空气的温度从 140~170℃降到 40~50℃。使大部分油雾和水汽凝结析出。一般后冷却器有风冷和水冷两种类型，其中水冷式的应用较为广泛。水冷式后冷却器的结构如图 7-5 所示。在安装时要注意压缩空气和水的流动方向。

(2) 油水分离器　油水分离器的作用是分离压缩空气中凝聚的水分、油分和灰尘等杂质，使压缩空气得到初步净化。油水分离器的结构有撞击折回式、水浴式、旋转离心式、环形回转式及以上形式的组合使用等。撞击折回式油水分离器结构如图 7-6 所示，压缩空气撞击隔板 1 产生环形回转后排出，其中的水滴、油滴等杂质，受惯性力的作用而分离析出，沉

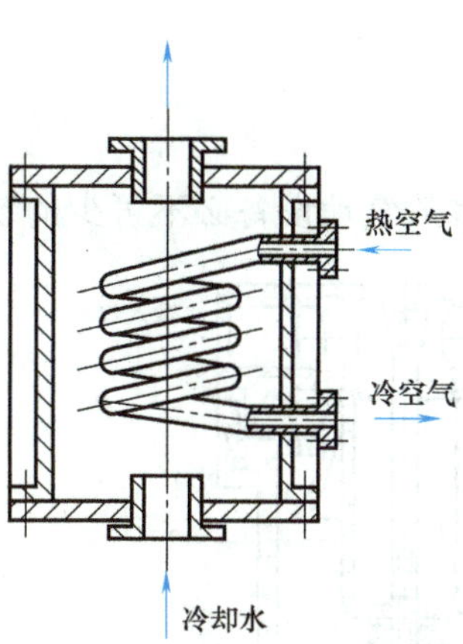

图 7-5　水冷式后冷却器

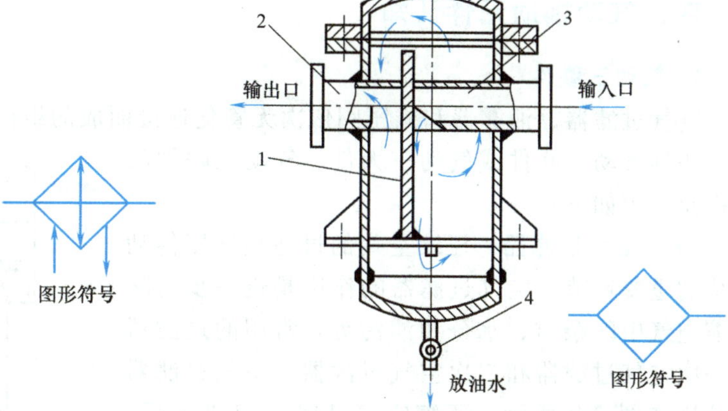

图 7-6　撞击折回式油水分离器

1—隔板　2—出气管　3—进气管　4—放油水阀

降于壳体底部，由放油水阀 4 定期排出。

(3) 储气罐　储气罐的主要作用是储存一定数量的压缩空气，以解决空气压缩机的输出气量和气压传动设备耗气量之间的不平衡，减少气源输出气流脉动，保证输出气流的连续性和平稳性，减弱空气压缩机排气压力脉动引起的管道振动。储气罐一般多采用焊接结构，以立式居多，其结构及图形符号如图 7-7 所示。

(4) 干燥器　干燥器的作用是进一步除去压缩空气中含有的少量水分和油分，使压缩空气被进一步干燥，供给对气源质量要求较高的系统及精密气动装置使用。压缩空气的干燥方法主要有吸附法、冷冻法、机械法和离心法。干燥器结构及图形符号如图 7-8 所示。

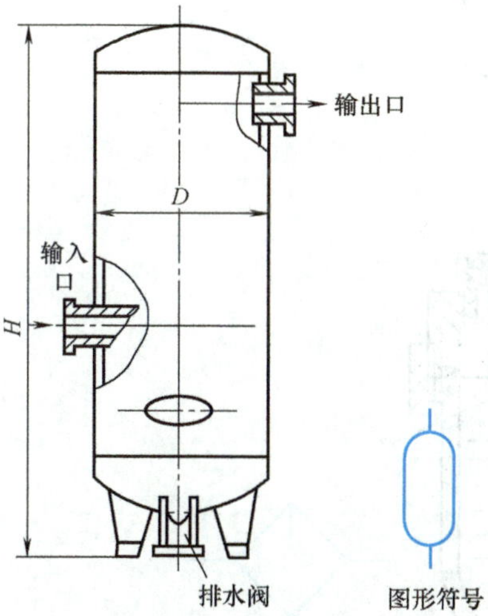

图 7-7　储气罐

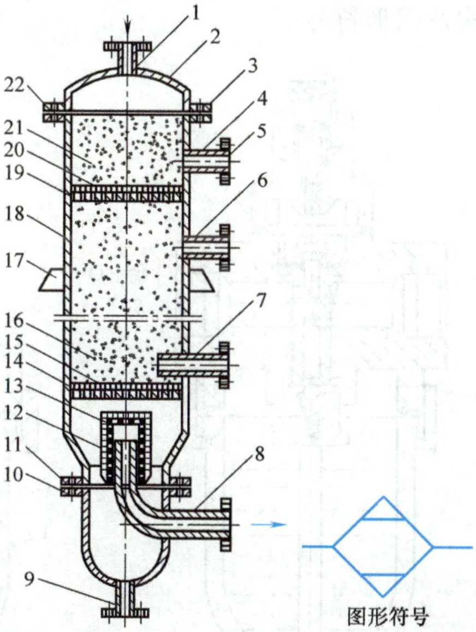

图 7-8　干燥器

1—湿空气进气管　2—顶盖　3、5、10、22—法兰　4、6—再生空气排气管　7—再生空气进气管　8—干燥空气输出管　9—排水管　11、12—密封座　15、20—钢丝过滤网　13—毛毡　14—下栅板　16、21—吸附剂层　17—支承板　18—筒体　19—上栅板

四、气动辅助元件认知

1. 气动三联件

空气过滤器、油雾器和减压阀依次无管化连接而成的组件是多数气动设备必不可少的装置，俗称气动三联件或气动三大件。气动三联件的名称及作用如下：

(1) 空气过滤器 压缩空气的过滤是气压传动系统的重要环节，空气过滤器的作用是进一步滤除压缩空气中的杂质、水分和油污等。常用的过滤器有一次空气过滤器和二次空气过滤器。空气过滤器的结构如图 7-9 所示，压缩空气从输入口进入后，由旋风叶子 1 带动旋转，其中较大的水滴、油滴等在惯性力的作用下与内壁碰撞，并分离出来沉到存水杯 3 的杯底，而微粒灰尘和雾状水气则在气体通过滤芯 2 时被拦截而滤去，洁净的空气便从输出口输出。为防止气体漩涡将杯中积存的污水卷起而破坏过滤作用，在滤芯下部设有挡水板 4。此外，为保证过滤器正常工作，必须将污水通过手动排水阀 5 及时放掉。

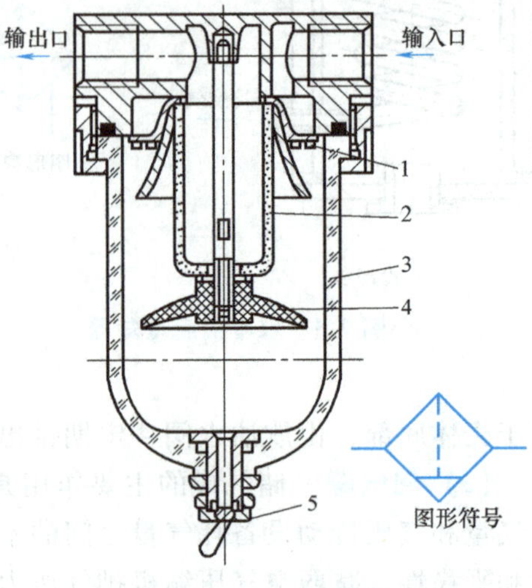

图 7-9 空气过滤器

1—旋风叶子 2—滤芯 3—存水杯 4—挡水板 5—手动排水阀

(2) 油雾器 油雾器是一种特殊的注油装置，通过将润滑油喷射成雾状后混合于压缩空气中，从而起到润滑的效果。图 7-10 所示为普通油雾器的结构及图形符号。

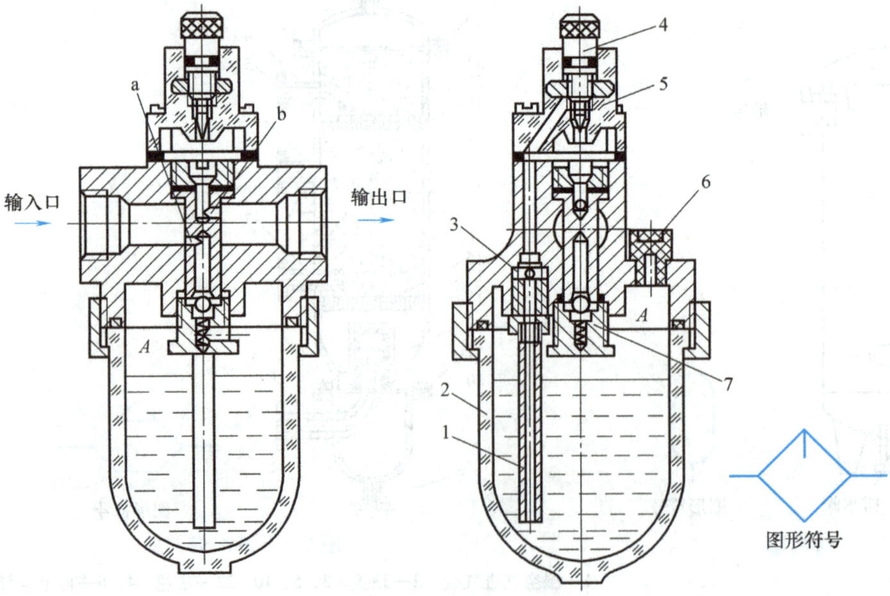

图 7-10 普通油雾器

1—吸油管 2—储油杯 3—单向阀 4—油量调节针阀 5—视油器 6—油塞 7—截止阀

工作时，压缩空气从输入口流入、从输出口流出，一小部分气体经小孔 a、截止阀 7，进入储油杯 2 的上腔 A，将杯内油液压入吸油管 1，经单向阀 3、油量调节针阀 4 下面的节流孔，进入视油器 5 内，滴入喷嘴 b，被主管道通过的气流引射出来，雾化后随气流进入系统。

油雾器的使用特点如下：

1）调整油量调节针阀的开度可以改变滴油量，保持一定的油雾浓度。

2）当空气流量改变时，须重新调整滴油量，以保持合适的油雾浓度。

3）可在不停气工作状态下向油杯注油。

4）油雾器在使用中必须垂直安装。

（3）减压阀　气源处理装置中使用的减压阀主要起减压和稳压作用，其工作原理与液压传动系统中的减压阀基本相同。

小知识：气动三联件连接顺序应为空气过滤器—减压阀—油雾器，不能颠倒，如图 7-11 所示。气流应按元件体上的箭头指示方向流经三联件。安装时应尽量靠近气动设备附近，距离不应大于 5m。气动三联件外观、图形符号、安装顺序如图 7-11 所示。

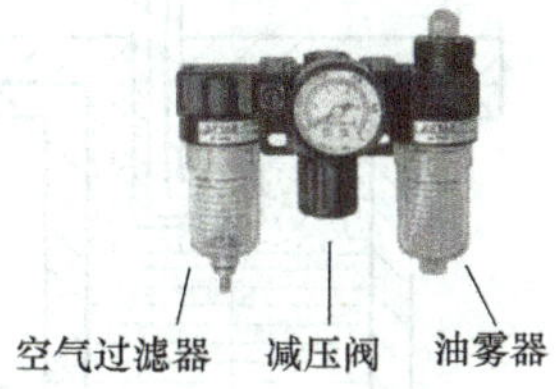

a)

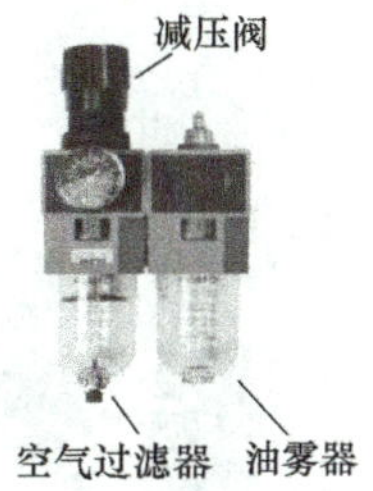

b)

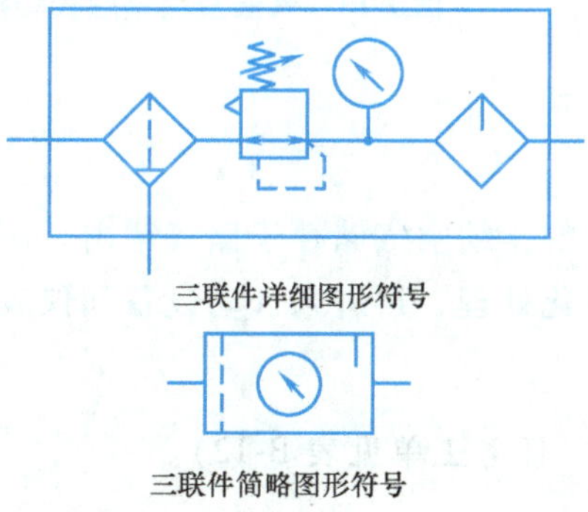

c)

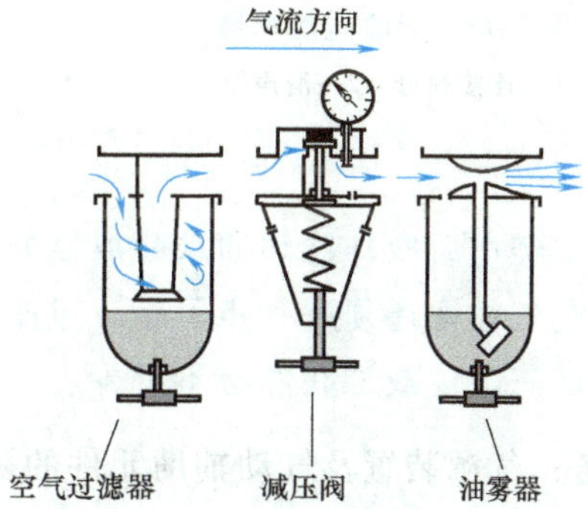

d)

图 7-11　气动三联件外观、图形符号、安装顺序（气流方向）

小拓展：在许多气动应用领域，如食品、药品、电子等行业是不允许使用油雾润滑的，油雾会影响测量仪的测量准确度并对人体健康造成危害，因此目前不给油润滑（无油润滑）技术正被广泛应用。这时应采用气动二联件（为空气过滤器和减压阀的组合装置），用于具有不给油润滑作用的气动元件。需要注意的是，有自润滑功能的气动阀一旦使用油雾器，就不再具备自润滑功能。

2. 消声器

气压传动系统一般不设排气管道，用后的压缩空气直接被排入大气。这样会产生刺耳的噪声，使工作环境恶化，危害人体健康，因此会使用消声器来降低排气噪声，它安装在换向阀的排气口处。常用的消声器有膨胀干涉型消声器和吸收型消声器（图 7-12）两种类型。

3. 气液转换器

气液转换器是把气压信号转换成液压信号的装置，可以使气缸获得低速平稳的运动，一般用于负载较小、工作持续时间较短且需要精密调速的场合。图 7-13 所示为气液直接接触式转换器，液压油以与压缩空气相同的压力，从压油口输出到液压缸，利用油液的可压缩性小的特点，来获得活塞的平稳运动，不用液压动力源即可获得液压缸的驱动效果。

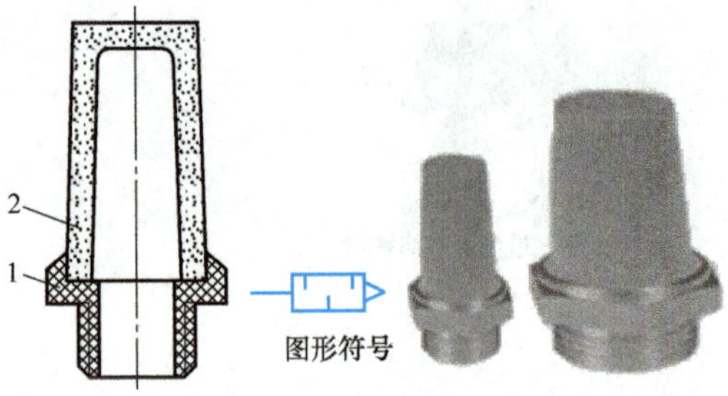

图 7-12　吸收型消声器

1—连接螺母　2—消声罩

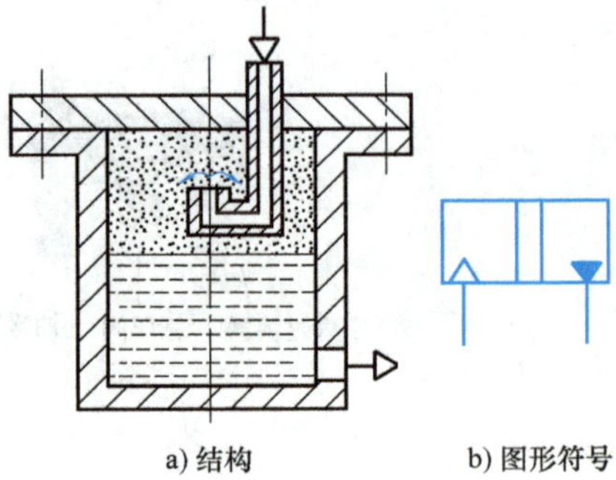

图 7-13　气液直接接触式转换器

小知识：经过后冷却器和油水分离器处理后的压缩空气储存于储气罐内，用于一般工业用气，压缩空气往往还须进一步干燥、过滤等净化处理，再进入气动设备和仪表。气动设备入口端的气动三联件或二联件必不可少。

小任务： 气源装置及气动辅助元件的认知（任务工单见表 B-12）。

任务二　普通气缸和气动马达的功能认知

一、气缸的分类

气缸是气压传动系统的执行元件，气缸有下列分类方法：

- 气缸
  - 按作用方式分
    - 单作用气缸
    - 双作用气缸
  - 按结构特点分
    - 活塞式气缸
    - 叶片式气缸
    - 薄膜式气缸
    - 气液阻尼气缸
  - 按安装方式分
    - 耳座式气缸
    - 法兰式气缸
    - 轴销式气缸
    - 凸缘式气缸
  - 按功能分
    - 普通气缸
    - 特殊气缸

二、普通气缸的认知

1. 单作用气缸

图 7-14 所示为弹簧复位式的单作用气缸。这种气缸的优点是单边进气，结构简单，耗气量小；缺点是活塞的有效行程缩短，弹簧力变化使活塞杆的推力和运动速度不断变化，输出力也较小。单作用气缸多用于短行程及对活塞杆推力、运动速度要求不高的场合。

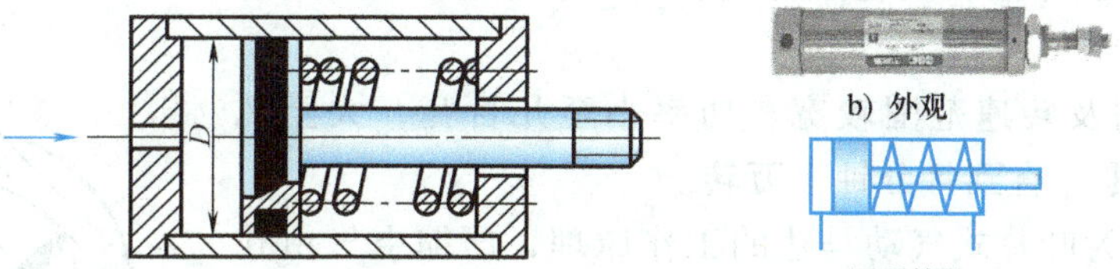

a) 结构　b) 外观　c) 图形符号

图 7-14　单作用气缸

2. 双作用气缸

图 7-15 所示为双作用气缸。双作用气缸分单活塞杆式和双活塞杆式（双活塞杆缸的活塞杆直径又分为等直径和不等直径两种），缓冲式和非缓冲式双作用气缸应用最为广泛。

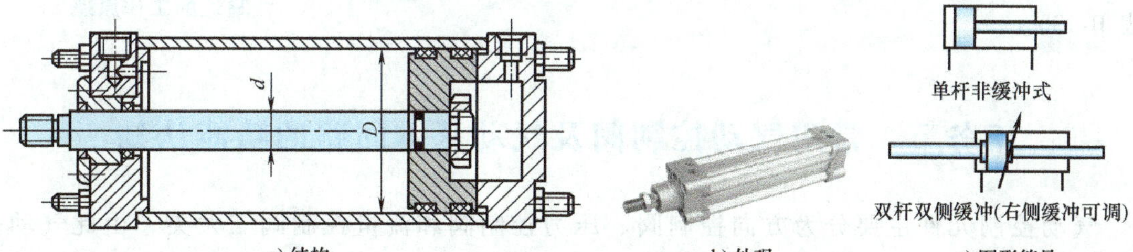

a) 结构　b) 外观　c) 图形符号

图 7-15　单活塞杆双作用气缸

小链接：带磁性开关的气缸

带磁性开关的气缸又称开关气缸，除活塞上装有一个永久性磁环外，气缸其他结构原理和普通气缸相同。

如图 7-16 所示，气缸活塞上装有磁环（永久磁铁），气缸的缸筒外侧直接装有磁性行程开关，利用磁性行程开关来检测气缸活塞位置，这种气缸的缸筒必须是导磁性弱、隔磁性强的材料，如铝合金、不锈钢和黄铜等。其特点是位置检测更加方便，结构紧凑，利于机电一体化。

三、气动马达的认知

气动马达是将压缩空气的压力能转换为机械能并驱动工作机构做旋转运动的气动执行元件。常用的气动马达有叶片式、活塞式和薄膜式三种，其特点如下：

1）可以无级调速，起动和停止迅速，有较高的起动力矩。用进气阀或排气阀可以控制压缩空气的流量，达到调节输出功率和转速的目的。

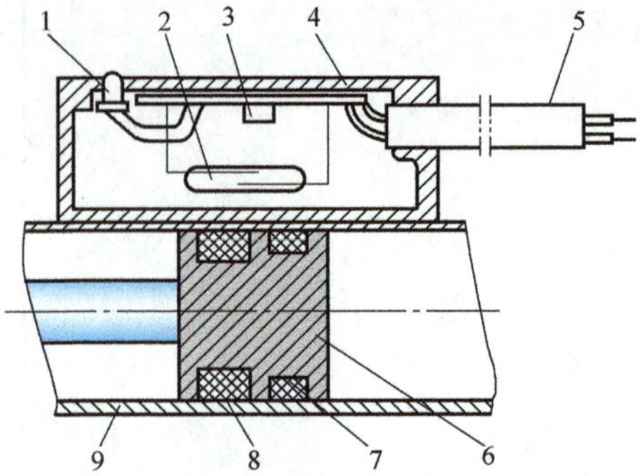

图 7-16　带磁性开关的气缸

1—状态指示灯　2—舌簧开关　3—保护电路　4—开关壳体　5—导线　6—活塞　7—密封圈　8—磁环　9—缸筒

2）工作安全，适用于恶劣的工作环境。气动马达不受振动、高温、电磁、辐射等影响，在易燃、易爆、高温、振动、潮湿、粉尘等条件下均能正常工作。

3）有过载保护作用。当过载时气动马达会降低转速或停止，当过载解除后液压马达可立即正常运转。

4）功率范围及转速范围较宽。功率小至几百瓦，大至几万瓦；转速可从零一直到每分钟上万转。

图 7-17 所示为叶片式气动马达的工作原理，压缩空气由孔 A 输入后，作用在叶片的外伸部分，推动转子做逆时针转动，输出机械能；进气和出气互换，则反转。偏心产生的离心力、气压力和弹簧力（图中未画出）使叶片紧贴外壳，保证了起动密封和容积效率。

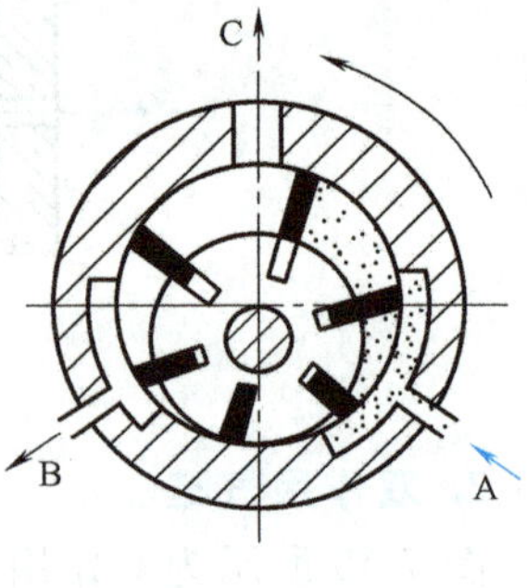

图 7-17　叶片式气动马达的工作原理

小任务：常见气缸及气动马达的功能认知（任务工单见表 B-13）。

任务三　常用气动控制阀及气动基本回路的功能认知

气动控制元件主要分为方向控制阀、压力控制阀和流量控制阀三大类，由此气动基本回路按其功能可分为方向控制回路、压力控制回路、速度控制回路和其他常用控制回路。

一、气动方向控制阀的认知及方向控制回路的构建

按气流在阀内的流动方向不同，方向控制阀可分为换向型和单向型两种，控制方式有手动、机动、电动、气动和电气动。

（一）换向型方向控制阀的认知

1. 气控换向阀

气控换向阀是利用压缩空气的压力推动阀芯变换位置来实现换向，从而使气路换向或通断，适用于易燃、易爆、潮湿等场合，操作安全可靠。气控换向阀有单气控和双气控两种。

（1）单气控换向阀　图 7-18 所示为单气控截止式换向阀的工作原理，利用气体压力和弹簧力使阀芯变换位置来进行控制。常态时无气控信号，弹簧力使阀芯在上端，P 口不通，A、T 口通；有气控信号 X 时，气体压力使阀芯下移，T 口不通，P、A 口通。单气控换向阀工作状态见表 7-1。

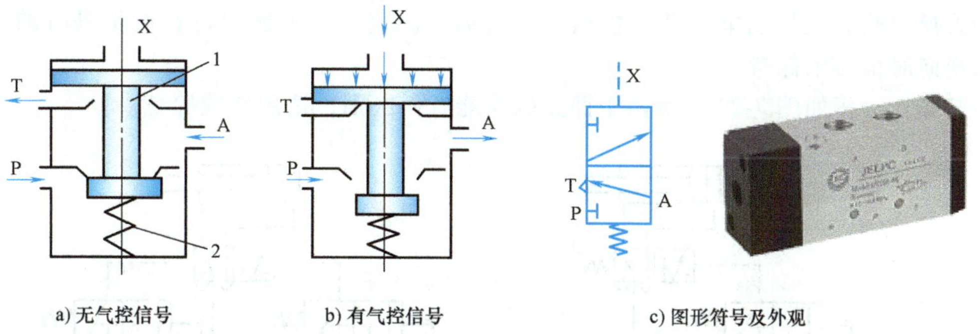

图 7-18　单气控截止式换向阀的工作原理

1—阀芯　2—弹簧

表 7-1　单气控换向阀工作状态

图	状态	阀芯位置	通路
图 7-18a	无信号(常态),弹簧 2 顶起阀芯	居上端,P 口不通	A、T 口通
图 7-18b	X 口输入信号,压缩空气压下阀芯	居下端,T 口不通	P、A 口通
特点	无记忆功能:信号消失即复位		

（2）双气控换向阀　图 7-19 所示为双气控滑阀式换向阀工作原理，X_1 口输入气控信号时（X_2 口无信号），阀芯被推到右端，则 P、B 口通，A、T_1 口通；X_2 口输入气控信号时（信号 X_1 已消失），阀芯被推到左端，则 P、A 口通，B、T_2 口通。双气控换向阀工作状态见表 7-2。

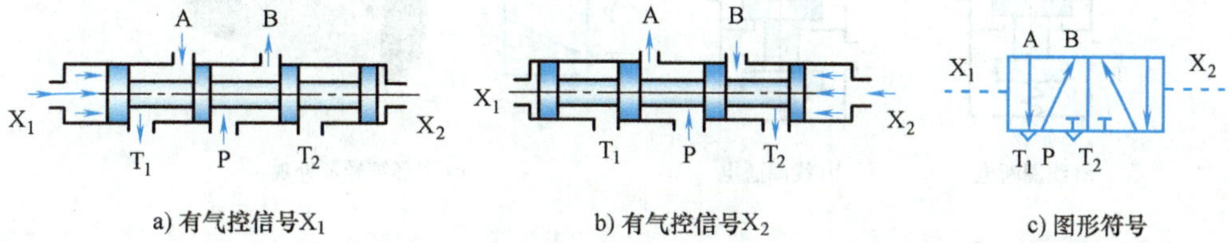

图 7-19　双气控滑阀式换向阀工作原理

表 7-2 双气控换向阀工作状态

图	状态	阀芯位置	通路
图 7-19a	左侧有 X_1 信号	居右端，T_2 口不通	P、B 口通，A、T_1 口通
图 7-19b	右侧有 X_2 信号	居左端，T_1 口不通	P、A 口通，B、T_2 口通
特点	有记忆功能：信号消失，保持信号消失前的工作状态		

小结论： 双气控滑阀式换向阀有记忆功能，即气控信号消失后，在与原信号反方向的新的信号到达前，阀仍能保持在原信号时的工作位置，故换向时接收气控脉冲信号即可。单气控滑阀式换向阀无记忆功能，即气控信号消失后，阀复位、不能保持在有信号时的工作状态，故换向时信号须保持。

小问题： 分析如图 7-20 所示两个回路的功能有何区别，请用实验验证。

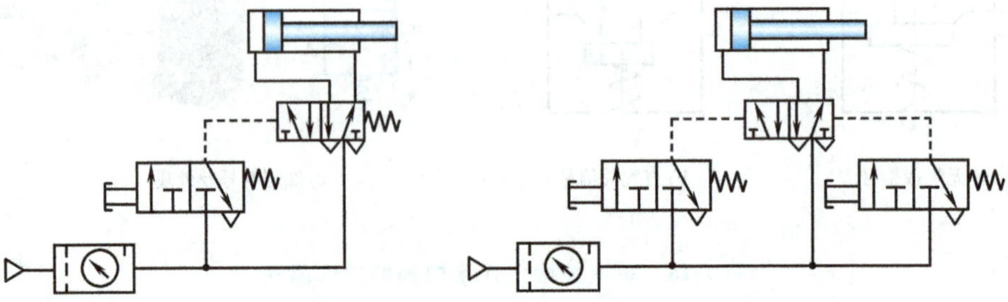

a)　　b)

图 7-20 气压传动系统回路

2. 电磁控制换向阀

电磁换向阀是利用电磁力推动阀芯变换位置来实现换向的。

(1) 直动式单电控电磁换向阀 图 7-21 所示为直动式单电控电磁换向阀的工作原理，线圈断电则弹簧力使阀芯复位在上端，P 口不通，A、T 口通；线圈通电则电磁力使阀芯下移，T 口不通，P、A 口通。直动式单电控电磁换向阀工作状态见表 7-3。

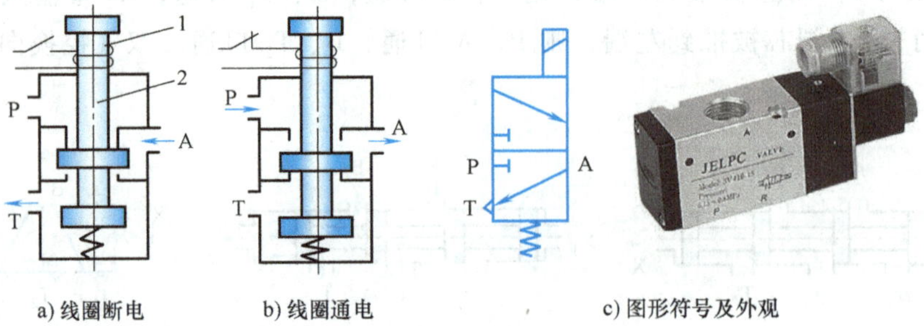

a) 线圈断电　b) 线圈通电　c) 图形符号及外观

图 7-21 直动式单电控电磁换向阀的工作原理

1—线圈　2—主阀

表 7-3　直动式单电控电磁换向阀工作状态

图	状态	阀芯位置	通路
图 7-21a	断电，弹簧顶起阀芯，排气状态	居上端，P 口不通	A、T 口通
图 7-21b	通电，电磁铁压下阀芯，进气状态	居下端，T 口不通	P、A 口通
特点	无记忆功能：电信号消失即复位		

（2）直动式双电控电磁换向阀　图 7-22 所示为直动式双电控电磁阀的工作原理，当线圈 1 通电、线圈 2 断电时，阀芯被推到右端，P、A 口通，B、T_2 口通；当线圈 1 断电时，阀芯仍处于线圈 1 断电前的工作状态，即具有记忆功能。当线圈 2 通电、1 断电时，阀芯被推到左端，P、B 口通，A、T_1 口通。直动式双电控电磁换向阀工作状态见表 7-4。

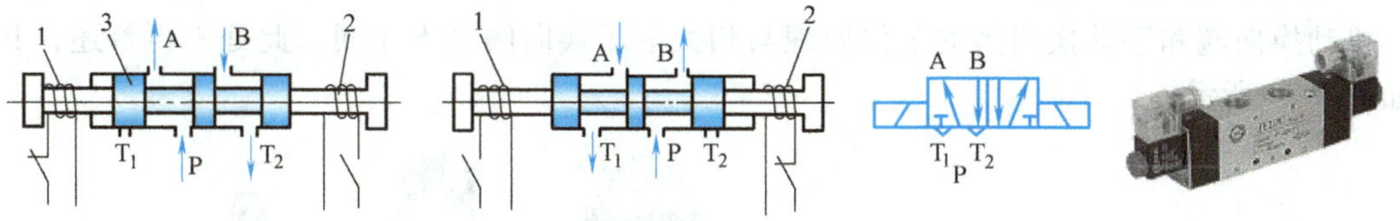

a) 线圈1通电、线圈2断电　b) 线圈1断电、线圈2通电　c) 图形符号及外观

图 7-22　直动式双电控电磁换向阀的工作原理

1、2—线圈　3—主阀

表 7-4　直动式双电控电磁换向阀工作状态

图	状态	阀芯位置	通路
图 7-22a	1 通电，2 断电	居右端，T_1 口不通	P、A 口通，B、T_2 口通
图 7-22b	2 通电，1 断电	居左端，T_2 口不通	P、B 口通，A、T_1 口通
特点	有记忆功能：断电时保持状态，正常工作时两个电磁阀不能同时通电		

3. 先导式电磁换向阀

先导式电磁换向阀由直动式电磁换向阀和气控换向阀两部分组成，其原理类似于电液动换向阀。直动式电磁换向阀为先导阀，利用先导压力推动阀芯完成换向。图 7-23 所示为先导式双电控电磁换向阀工作原理，先导阀 1 通电，先导阀 2 断电时，X_1 腔进气、X_2 腔排气，阀芯被推到右端，P、A 口通，B、T_2 口通；先导阀 2 通电，先导阀 1 断电时，X_2 腔进气、X_1 腔排气，阀芯被推到左端，P、B 口通，A、T_1 口通，先导式双电控电磁换向阀工作状态见表 7-5。

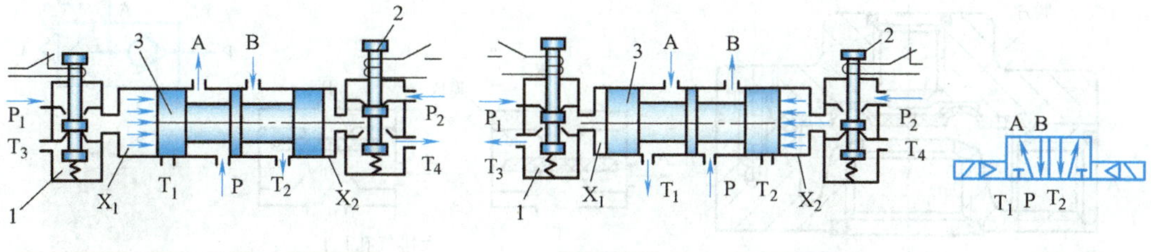

a) 先导阀1通电、2断电时状态　b) 先导阀2通电、1断电时状态　c) 图形符号

图 7-23　先导式双电控电磁换向阀的工作原理

1、2—电磁先导阀　3—主阀

为保证主阀正常工作，两个电磁阀不能同时通电，电路中要考虑互锁。

表 7-5 先导式双电控电磁换向阀工作状态

图	状态	阀芯位置	通路
图 7-23a	1 通电，2 不通电	居右端，T_1 口不通	P、A 口通，B、T_2 口通
图 7-23b	2 通电，1 不通电	居左端，T_2 口不通	P、B 口通，A、T_1 口通
特点	有记忆功能，通电时换向，断电时保持原状态，主阀正常工作时两个电磁阀不能同时通电		

小结论：先导式双电控电磁换向阀具有记忆功能，即通电时换向，断电时保持通电时的状态。由于电磁换向阀便于实现电、气联合控制，所以应用广泛。

4. 机动换向阀和手动换向阀

机动换向阀和手动换向阀的工作原理与相关液压换向阀基本相同，此处不再赘述，其外观如图 7-24 所示。

a) 双向驱动(机动)　b) 单向驱动(机动)　c) 弹簧复位(手动)　d) 带锁定(手动)　e) 掰把式(手动)

图 7-24 机动阀和手动阀外观

（二）单向型方向控制阀的认知

1. 快速排气阀

当进口压力下降到一定值时，出口所接气路的有压气体自动经阀的大排气口迅速排气的阀，称为快速排气阀（简称快排阀）。快速排气阀常安装在换向阀和气缸之间，作用是使气缸的排气不用通过换向阀而直接快速排空，提高气缸活塞运动速度，缩短工作周期，特别是在单作用气缸的情况下，它可以避免回程时间过长的问题。如图 7-25 所示，当进气口 P 进气，密封阀芯（膜片）被推到下端，排气口 T 关闭不通，P、A 口通；进气口 P 无压力输入时，在 A 口和 P 口压力差作用下，密封活塞被推到上端，P 口关闭，A、T 口通，实现快速排气。快速排气阀工作状态见表 7-6。

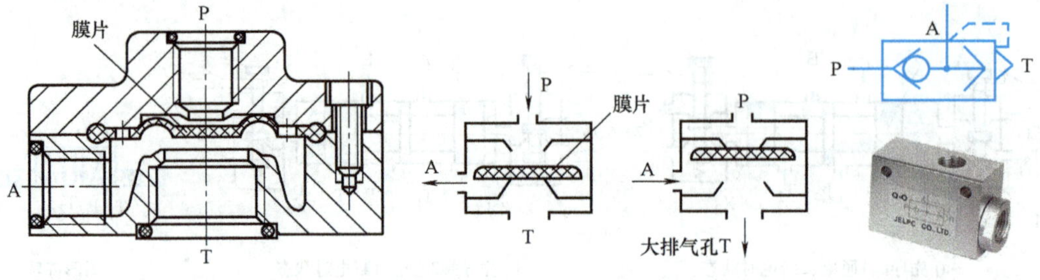

a) 结构原理　b) 工作原理　c) 图形符号及外观

图 7-25 快速排气阀的工作原理

表 7-6　快速排气阀工作状态

图 7-25b	状态	密封阀芯位置	通路	作用
左图	P 口进气	居下端，T 口不通	P、A 口通	正常接通气路
右图	P 口无压	居上端，P 口不通	A、T 口通	气缸快速排气
特点	回程时，气缸利用其较大的排气口快速排气，以便气缸快速返回。需并联在气缸排气口附近			

小问题：分析图 7-26 所示气路的工作原理，请用实验验证。

2. 梭阀

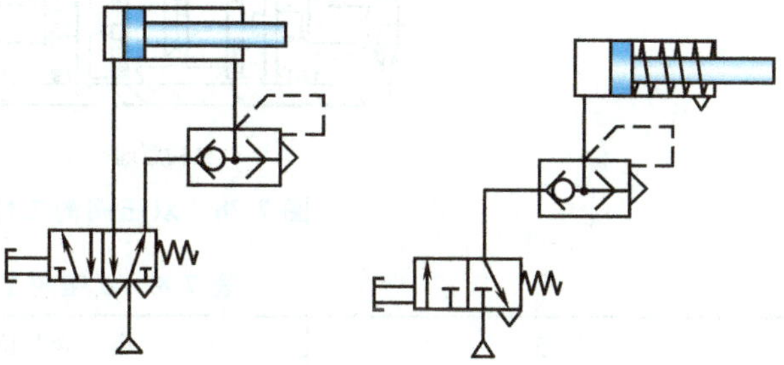

a)　　b)

图 7-26　快速排气阀的应用

梭阀是由两个单向阀组合而成，其作用相当于气路的“或门”逻辑阀，也称“或”阀。梭阀的结构和工作原理如图 7-27 所示，梭阀有两个输入口 P_1、P_2 和一个输出口 A，其中 P_1、P_2 口都可以与 A 口相通，但 P_1、P_2 口之间不相通。当 P_1 口进气、P_2 口无压力时，密封阀芯被推到右端，P_2 口不通，P_1、A 口通；当 P_2 口进气、P_1 口无压力时，密封阀芯被推到左端，P_1 口不通，P_2、A 口通。若 P_1 口与 P_2 口压力相等时，密封阀芯就可能停在任意一端；若 P_1 口与 P_2 口压力不相等，密封阀芯居气压小一端，气压小一端的阀口关闭，气压大一端的阀口和 A 口通。梭阀工作状态见表 7-7。

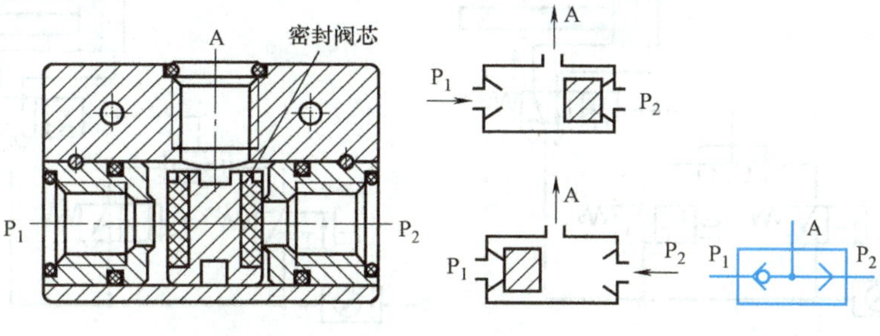

a) 结构　　b) 工作原理　　c) 图形符号

图 7-27　梭阀的结构和工作原理

表 7-7　梭阀工作状态

图 7-27b	状态	密封阀芯位置	通路
状态 1	P_1 口进气，P_2 口无压力	居右侧，P_2 口不通	P_1、A 口通
状态 2	P_2 口进气，P_1 口无压力	居左侧，P_1 口不通	P_2、A 口通
状态 3	P_1、P_2 口都进气	居气压小一端，气压小一端阀口关闭	气压大一侧的阀口和 A 口通
特点	P_1 口或者 P_2 口无论哪一个口输入，都能在 A 口输出。起“或”逻辑功能		

3. 双压阀

双压阀也是由两个单向阀组合而成，其作用相当于“与门”逻辑阀，又称“与”阀。

双压阀的工作原理和结构如图 7-28 所示，它有 P_1、P_2 两个输入口，一个输出口 A。只有当 P_1、P_2 口同时有压力信号输入时，A 口才有输出，否则 A 口无输出；当 P_1 口和 P_2 口的压力不相等时，则关闭高压侧，低压侧阀口与 A 口相通。双压阀工作状态见表 7-8。

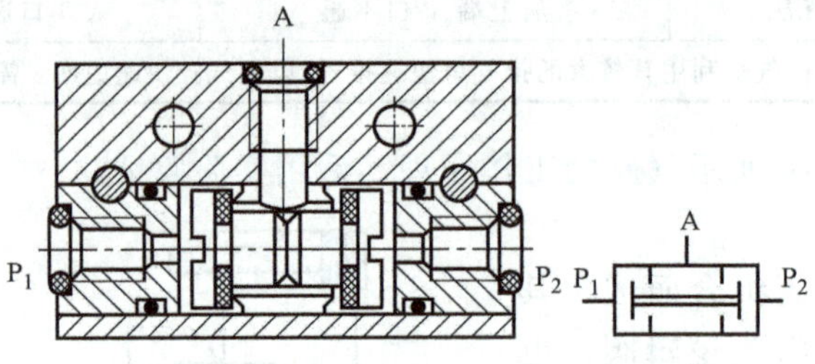

a) 结构原理　b) 图形符号

图 7-28　双压阀的工作原理和结构

表 7-8　双压阀工作状态

状态	密封阀芯位置	通路
都进气，P_1 口压力>P_2 口压力	居右侧，P_1 口不通	P_2、A 口通
都进气，P_1 口压力<P_2 口压力	居左侧，P_2 口不通	P_1、A 口通
特点	P_1 口与 P_2 口都输入，才能在 A 口输出。起“与”逻辑功能	

小问题：分析图 7-29 所示两个回路的功能区别，请用实验验证。需要注意的是，选择元件时，有些阀的外观可能很接近，要通过符号帮助区分。

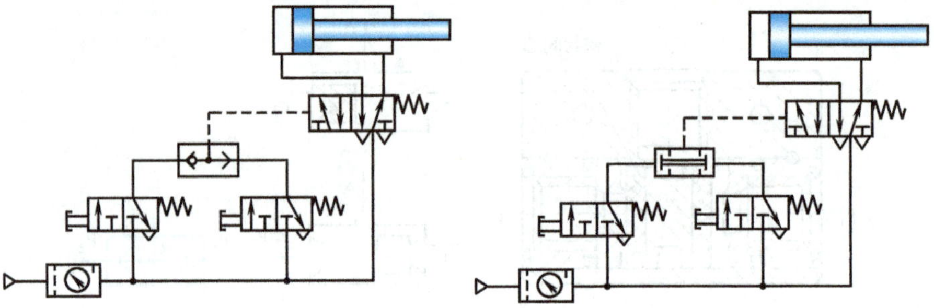

a)　b)

图 7-29　气动回路

（三）采用方向控制阀的回路构建

1. 双作用气缸的换向回路

通过不同的气动换向阀可构成不同的换向回路。图 7-30 所示为两种双作用气缸的换向回路。

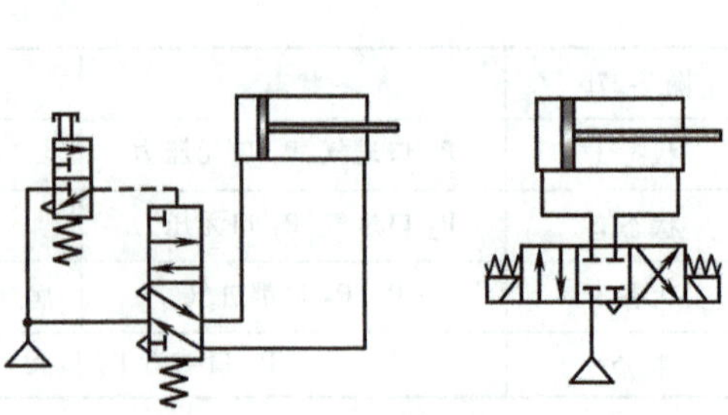

a)　b)

图 7-30　双作用气缸换向回路

2. 往复动作回路

图 7-31 所示为两种单往复动作回路，分别为位置控制式和压力控制式单往复动作回路。图 7-31a 所示为位置控制式单往复动作回路，按一下二位三通（按钮式）手动换向阀 1 的手动按

钮，压缩空气使二位四通双气控换向阀 3 换向至左位，活塞杆向右伸出，当活塞杆上的挡块碰到机动阀（行程阀）2 时，二位四通双气控换向阀 3 切换至右位，活塞杆自动返回，完成一次往复动作。图 7-31b 所示为压力控制式单往复动作回路，当点动二位三通（按钮式）手动换向阀 1 的手动按钮后，二位四通双气控换向阀 3 的阀芯右移，气缸无杆腔进气使活塞杆伸出，同时气压作用在顺序阀 4 上，当活塞到达终点后，无杆腔压力升高并打开顺序阀，使阀 3 又切换至右位，活塞杆就缩回。因气动系统工作压力范围小，故压力控制不太方便。气动系统常用位置控制和时间控制，时间控制将在项目十一延时阀的应用中介绍。

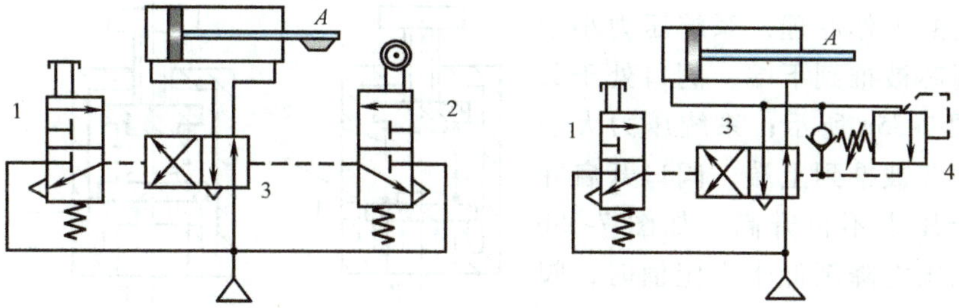

a) 位置控制式　　b) 压力控制式

图 7-31　单往复动作回路

1—二位三通手动换向阀　2—机动阀（行程阀）　3—二位四通双气控换向阀　4—顺序阀

气动往复动作回路

图 7-32 所示为连续往复动作回路，按下手动换向阀 1 按钮后，控制气体通过阀 3 使阀 2 换向，气缸活塞杆外伸，阀 3 复位，此时阀 2 控制口关闭，活塞杆挡块压下机动阀 4 时，阀 2 控制口排气、弹簧复位，活塞杆缩回，活塞杆缩回时阀 4 复位。当活塞杆缩回压下机动阀 3 时，阀 2 再次换向，如此循环往复。

3. 双手操作安全回路

图 7-33 所示为双手操作回路，只有同时按下两个启动阀（手动换向阀），气缸才动作，对操作人员和设备的安全起到保护作用，这种回路在冲压设备上被广泛应用。

小问题：分析图 7-34 气路的工作原理，思考阀 1 与阀 2 的安装位置，并用实验加以验证。

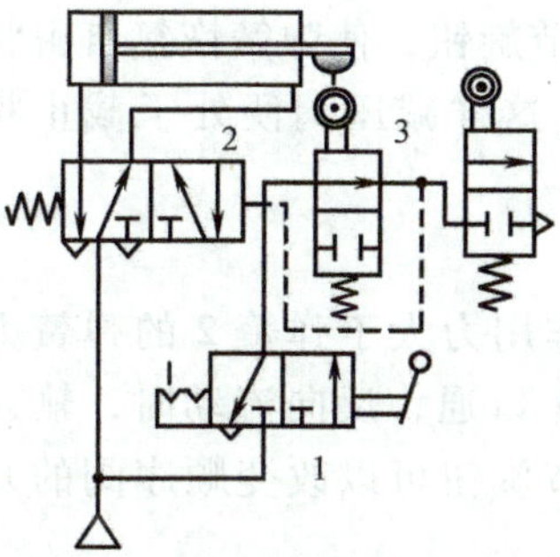

图 7-32　连续往复动作回路

1、2、3、4—阀

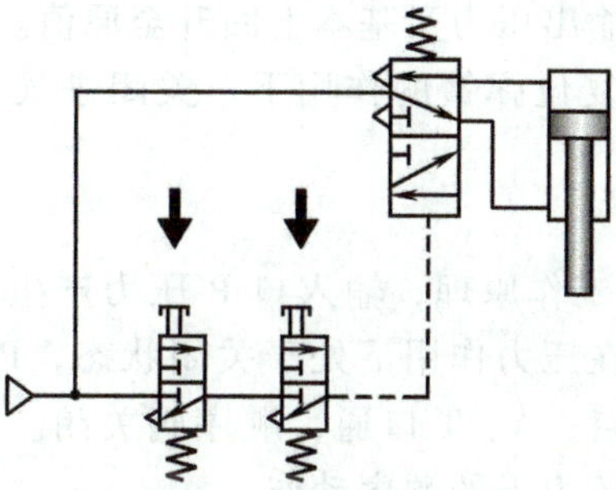

图 7-33　双手操作回路

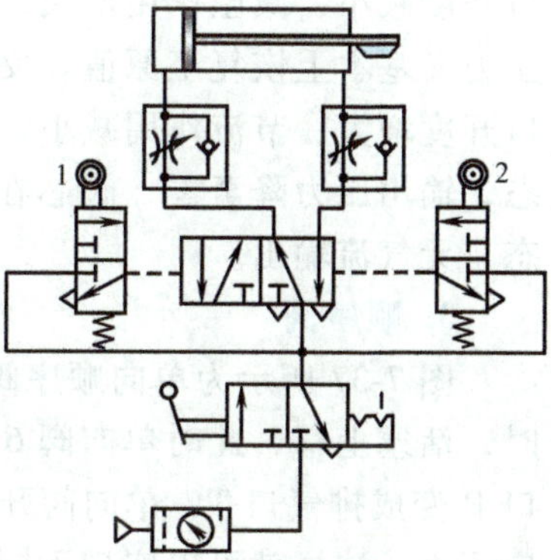

图 7-34　气动回路

1、2—气动方向控制阀

二、气动压力控制阀的认知及压力控制回路的构建

压力控制阀是通过控制压缩空气的压力来控制执行元件动作的，按其控制功能可分为溢流阀、减压阀、顺序阀等。

（一）压力控制阀的认知

1. 溢流阀

溢流阀也称安全阀，当系统压力上升到溢流阀设定的压力时，阀口开启与大气相通，从而保证系统压力为设定值。图 7-35 所示为直动式溢流阀的工作原理，系统压力小于弹簧力时，阀芯被推到下端，阀口处于关闭状态，如图 7-35a 所示；系统压力大于弹簧力时，阀芯被推到上端，阀口开启并溢流，使系统压力不再升高，如图 7-35b 所示；当系统压力降至低于设定值时，阀口又重新关闭。

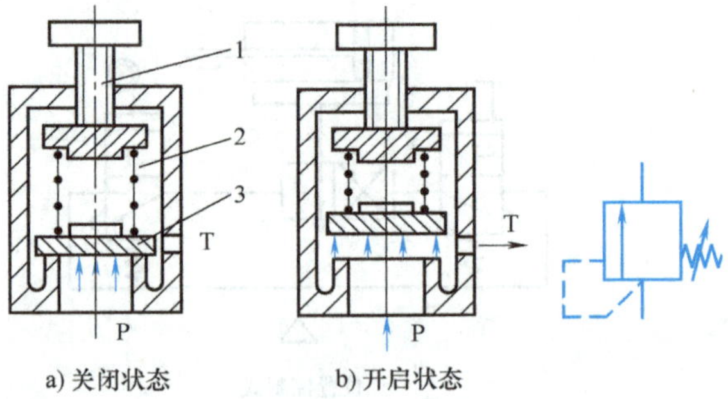

图 7-35　直动式溢流阀的工作原理和图形符号

1—调节螺钉　2—弹簧　3—阀芯

2. 减压阀

减压阀的作用是调节并保持压缩空气的供气压力稳定，使气动设备能够正常工作。

图 7-36 所示为直动式减压阀的结构，当阀处于工作状态时，调节旋钮 1，压缩弹簧 2、3 及膜片 5 使阀杆 8 下移，进气口 10 被打开，气流从左端输入，经进气口节流减压后从右端输出。输出气流的一部分，由阻尼孔 7 进入膜片气室 6，产生一个向上试图把阀口开度关小的推力，当推力与弹簧力平衡后，减压阀阀口形成缝隙，便得到低于进气口的输出压力，且输出压力保持稳定。

当输入压力发生波动时，如输入压力瞬时升高，输出压力也将随之升高，作用在膜片上的气体推力也相应增大，破坏了原来的力平衡，使膜片向上移动，有少量气体经溢流孔 12 和排气孔 11 排出，在膜片上移的同时，因复位弹簧 9 的作用，使阀杆 8 也向上移动，进气口开度减小，减压作用增大，使输出压力下降，直至达到新的平衡为止。重新平衡后的输出压力又基本上恢复至原值。反之，输入压力瞬时下降，输出压力相应下降，膜片下移，进出口开度增大，节流作用减小，输出压力又基本上回升至原值。调节旋钮，使弹簧恢复自由状态，输出压力降至零，阀芯在复位弹簧的作用下，关闭进气口，这样减压阀便处于截止状态，无气流输出。

3. 顺序阀

图 7-37 所示为单向顺序阀工作原理，输入口 P 压力产生的作用力大于弹簧 2 的弹簧力时，活塞上移，此时单向阀 6 在压力作用下处于关闭状态，P、A 口通；反向流动时，输入口 P 变成排气口 T，单向阀开启，A、T 口通，顺序阀关闭。调节旋钮可以改变顺序阀的开启压力，这样就可以实现不同压力下的顺序动作。

（二）压力控制回路的构建

常用的压力控制回路有一次压力控制回路、二次压力控制回路和高低压转换回路。

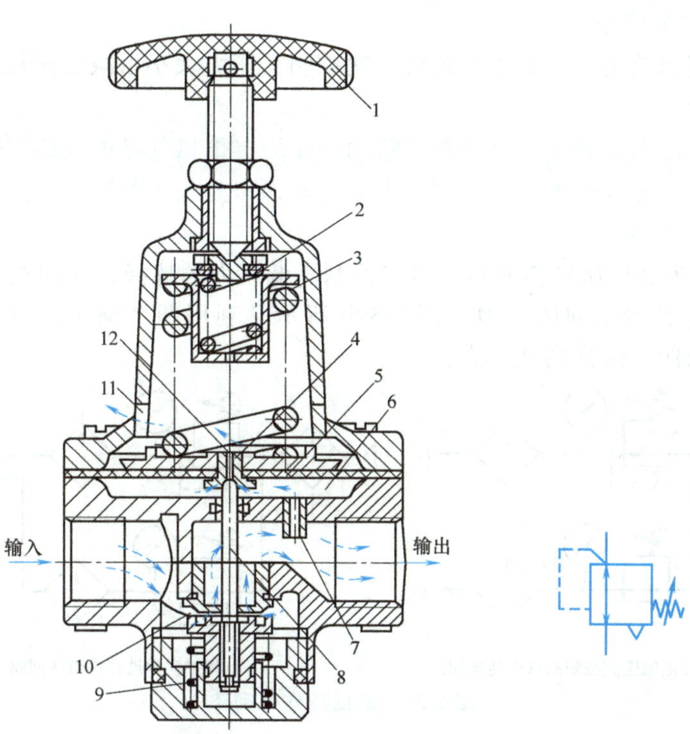

a) 结构 b) 图形符号

图 7-36 直动式减压阀的结构

1—旋钮 2、3—弹簧 4—溢流阀 5—膜片 6—膜片气室 7—阻尼孔 8—阀杆 9—复位弹簧 10—进气口 11—排气孔 12—溢流孔

1. 一次压力控制回路

一次压力控制回路主要使储气罐内的压力稳定在一定范围，通常采用外控溢流阀或电接点压力表来控制。如图 7-38 所示，当采用溢流阀控制时，若储气罐内压力达到规定压力值时，溢流阀接通，空气压缩机输出的压缩空气由溢流阀 1 排入大气，使储气罐内压力保持在规定范围内。当采用电接点压力表 2 进行控制时，用它直接控制空气压缩机停止，也可保证储气罐内压力在规定的范围内。图 7-1 所示的气源装置，其储气罐压力就是由电接点压力表 a 控制的。

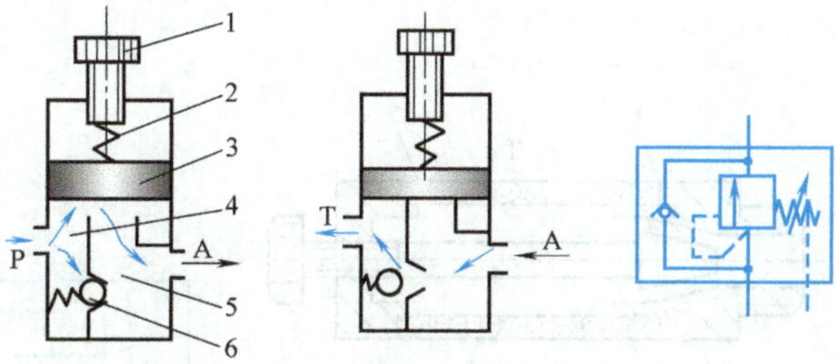

a) 顺序阀开启状态 b) 顺序阀关闭状态 c) 图形符号

图 7-37 单向顺序阀的工作原理

1—旋钮 2—弹簧 3—活塞 4、5—气腔 6—单向阀

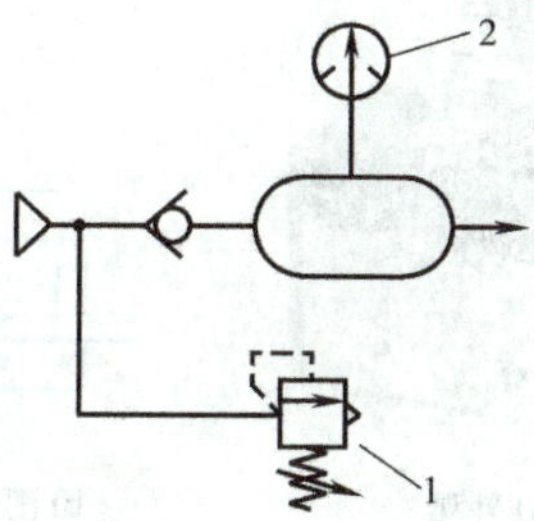

图 7-38 一次压力控制回路

1—溢流阀 2—压力表

2. 二次压力控制回路

二次压力控制回路是对气源压力进行二次控制，压力大小由减压阀控制，即由三联件中减压阀来调节压力。

小结论：一次压力控制主要是控制气罐内的压力，即供气站的气源压力；二次压力控制主要是对气动系统的输入压力进行控制，即对气动设备及仪表的输入压力进行控制。

3. 高低压转换回路

图 7-39a 所示为高低压转换回路，可以控制高低压力的选择，该回路由两个减压阀分别控制，输出 p_1、p_2 两种不同的压力。图 7-39b 所示是利用两个减压阀调节 p_1 和 p_2 两种压力，而用一个换向阀来选择高低压力。

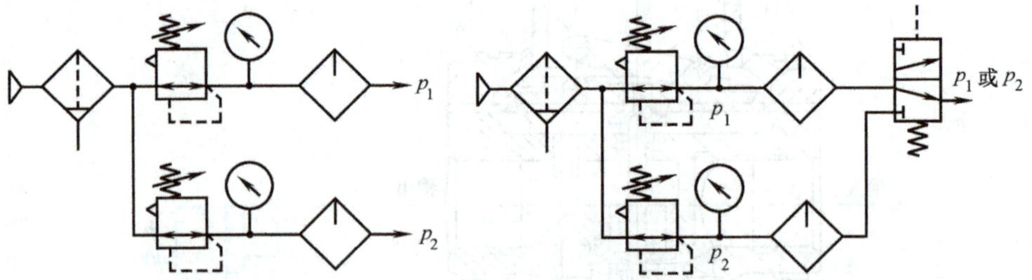

a) 由减压阀控制高低压转换回路　　b) 用换向阀选择高低压回路

图 7-39　高低压转换回路

三、气动流量控制阀的认知及速度控制回路的构建

气压传动系统中的流量控制阀是通过改变阀的通流面积来实现流量控制的元件，流量控制阀包括单向节流阀和排气节流阀等。

（一）流量控制阀的认知

1. 单向节流阀

图 7-40 所示为单向节流阀，旋转调节螺杆，就能改变节流口的开度，以调节压缩空气的流量。由于这种阀的结构简单，体积小，所以应用范围较广。

2. 排气节流阀

排气节流阀是装在执行元件排气口处，调节排入大气中气体流量的一种控制阀。它不仅能调节执行元件的运动速度，还常带有消声结构，因此也能起降低排气噪声的作用。图 7-41 所示为排气节流阀，其工作原理和节流阀类似，调节节流口 1 处的通流面积来调节排气流量，

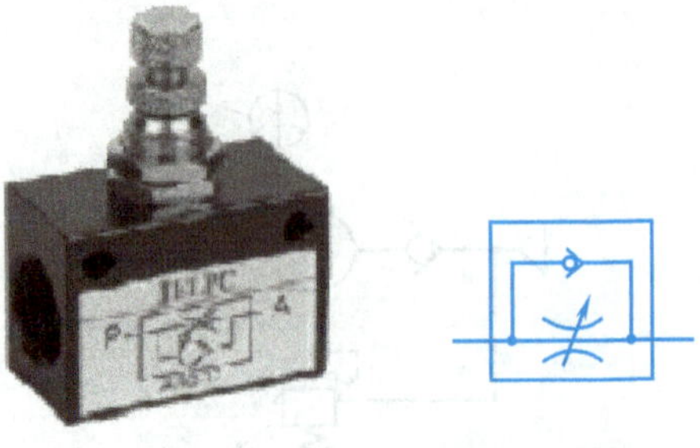

a) 外观　　b) 图形符号

图 7-40　单向节流阀

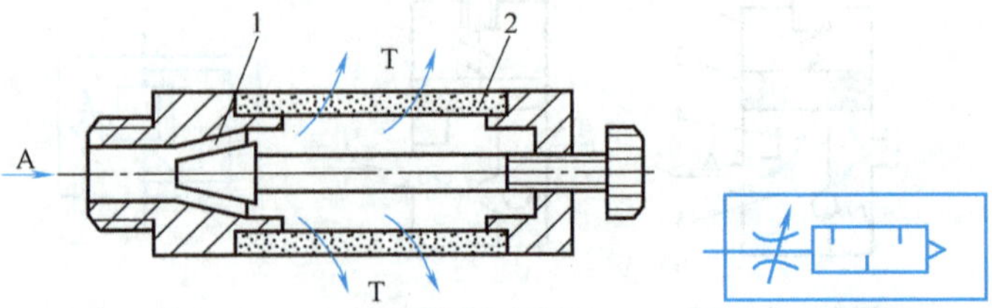

a) 结构　　b) 图形符号

图 7-41　排气节流阀

1—节流口　2—消声套

由消声套 2 减少排气噪声。

（二）速度控制回路的构建

气压传动的速度控制所传递的功率不大，一般采用节流调速，但因气体的可压缩性和膨胀性远比液体大，故气压传动中气缸的节流调速在速度平稳性上的控制远比液压传动中的困难，并且速度负载特性差、动态响应慢。

1. 单作用气缸速度控制回路

图 7-42 所示为单作用气缸速度控制回路，在图 7-42a 中用两个单向节流阀进行双向速度的控制。在图 7-42b 中则通过节流阀控制伸出速度，用快速排气阀实现快速返回。

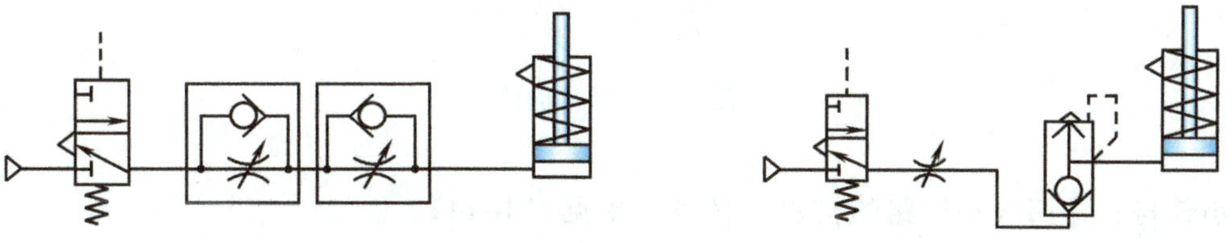

a)　　　　b)

图 7-42　单作用气缸速度控制回路

2. 双作用气缸速度控制回路

双作用气缸有进气节流和排气节流两种调速方式。

图 7-43a 所示为进气节流调速回路，进气侧的单向节流阀控制着气缸伸出的速度，承载能力大，但不能受负向载荷，导致平稳性较差，用于对速度稳定性要求不高的场合。

图 7-43b 所示为排气节流调速回路，排气侧的单向节流阀控制着气缸缩回的速度，可承受负向载荷，平稳性较好，故气动系统常用排气节流。

3. 气液转换速度控制回路

要求更高的场合可用气液转换器提高运动平稳性。图 7-44 所示为气液转换速度控制回路，气液转换器实现气压信号转变成液压信号，两个节流阀实现两个方向的无级变速，液压缸对外输出运动平稳，但对密封性要求高。

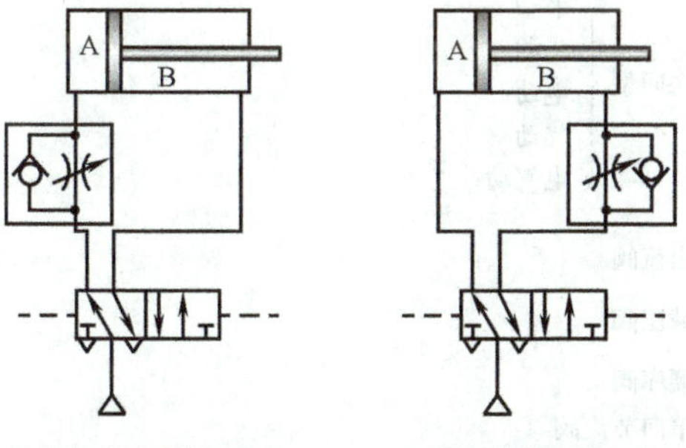

a) 进气节流调速回路　　b) 排气节流调速回路

图 7-43　双作用气缸速度控制回路

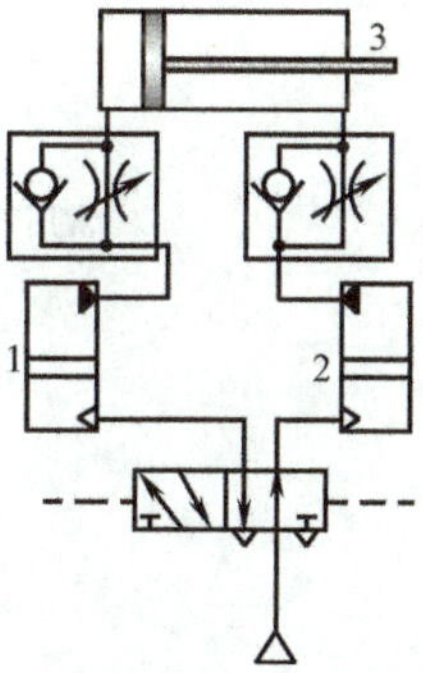

图 7-44　气液转换速度控制回路

1、2—气液转换器　3—液压缸

4. 缓冲回路

当执行元件动作较快，活塞惯性力较大时，使用节流阀可起到缓冲作用。图 7-45 所示为缓冲回路，当气缸快速伸出时，达到预定位置后压下机动阀（行程阀），迫使气体从节流阀排出，达到缓冲的目的。

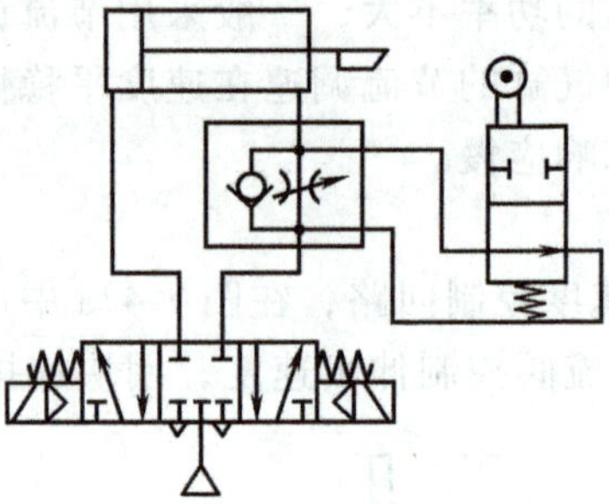

图 7-45　缓冲回路

小任务：常用气动回路的构建（任务工单见表 B-14）。

我国航空技术的多项成果已经处于世界领先地位。比如，应用于新一代战机的基于全球领先的中国航空工业自主研制的 FL-62 风洞技术，就是气动技术的创新应用。“国之重器”的成功研制生动诠释了我国集中力量办大事的制度优势。我国在科学技术方面取得的成就都是广大科技工作者不忘初心、牢记使命，以严谨认真的工作态度、求真务实的工作作风、坚定不移的意志品格，经过不断的技术创新而做出的重大贡献。

小结

- 常用气动控制阀
  - 方向控制阀
    - 单向型
      - 快速排气阀
      - 梭阀
      - 双压阀
    - 换向型
      - 手动
      - 机动
      - 电动
      - 气动
      - 电气动
  - 压力控制阀
    - 溢流阀
    - 减压阀
    - 顺序阀
  - 流量控制阀
    - 单向节流阀
    - 排气节流阀

思考题和习题

一、填空题

1. 气压传动是以______为工作介质进行能量传递和控制的一种传动形式。

2. 气液转换器是把______转换成液压信号的装置，可以使气缸获得______的运动。

3. 气源装置是气动系统的动力装置，相当于液压传动系统中的______，其作用是向气动系统提供符合要求的压缩空气。

4. 气缸和气动马达是将压缩空气的______转换为______的装置。

5. 气缸的种类很多，按压缩空气可在活塞端面产生的作用力方向不同，可将气缸分为______气缸和______气缸。

6. 气动马达是气动______元件，工作时输出______，用于驱动机构做旋转运动。

7. 气动控制元件按其功能和作用分为______控制阀、______控制阀和______控制阀三大类。

8. 气动三联件主要由______、______和______组成。

9. 按照气流在阀内的流动方向，方向控制阀可分为______方向阀和______方向阀。

10. 节流阀常与单向阀组合形成______。

二、选择题

1. 压缩空气站是气压系统的（　　）。

A. 执行装置　　B. 辅助装置　　C. 控制装置　　D. 动力源装置

2. 气动三联件的安装顺序是（　　）。

A. 空气过滤器→减压阀→油雾器　　B. 减压阀→油雾器→空气过滤器

C. 油雾器→减压阀→空气过滤器　　D. 空气过滤器→油雾器→减压阀

3. 为保证压缩空气的质量，气动系统进气端应安装（　　）。

A. 消声器　　B. 减压阀　　C. 油雾器　　D. 气动三联件

4. 对于图 7-46 所示气动阀，不正确的叙述为（　　）。

A. P_1 口有信号输入、P_2 口无信号输入时，A 口有信号输出

B. P_1 口无信号输入、P_2 口有信号输入时，A 口有信号输出

C. P_1 口有信号输入、P_2 口有信号输入时，A 口有信号输出

D. P_1、P_2 口都有信号输入时，A 口才有信号输出

5. 对于图 7-47 所示气动阀，正确的叙述为（　　）。

A. P_1 口有信号输入、P_2 口无信号输入时，A 口有信号输出

B. P_1 口无信号输入、P_2 口有信号输入时，A 口有信号输出

C. P_1 口有信号输入、P_2 口有信号输入时，A 口有信号输出

D. 此阀可称为“或”阀

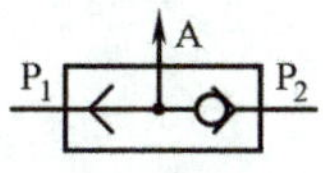

图 7-46　气动阀 1

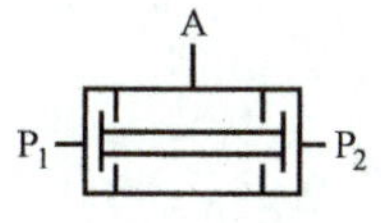

图 7-47　气动阀 2

6. 在图 7-48 所示回路中，现已按下按钮 3，（　　）。

A. 压缩空气从 A 口流出

B. 若按钮 1 也按下，气流从 A 口流出

C. 若按钮 2 也按下，气流从 A 口流出

D. 若按钮 1、2 也按下，气流才从 A 口流出

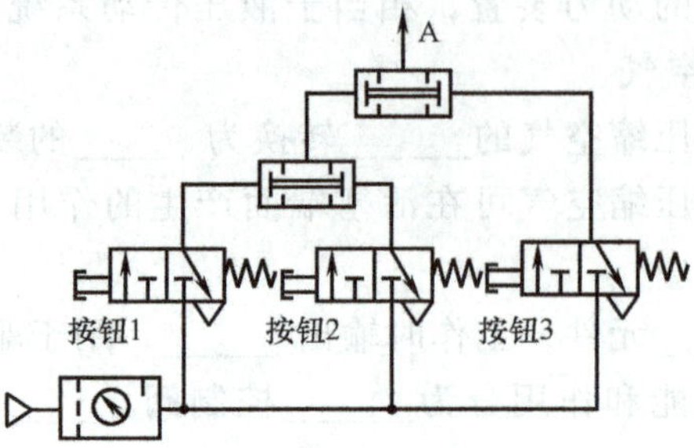

图 7-48 气动回路

三、判断题

1. 利用梭阀可以实现“与”功能。(　　)
2. 气压传动系统所使用的压缩空气必须经过干燥和净化处理后才能使用。(　　)
3. 双气控及双电控两位五通换向阀没有保持功能（即没有记忆功能）。(　　)
4. 空气压缩机输出的压缩空气本身对气动元件内部具有润滑性能。(　　)
5. 一般在换向阀的排气口应安装消声器。(　　)

四、思考题

1. 气动系统由哪几部分组成？各有什么作用？
2. 气动三联件的作用有哪些？
3. 快速排气阀有什么用途？一般将其安装在什么位置？

中级篇

液压与气动系统的通用技能

项目八

液压泵典型结构的认知及拆装

技能及素养目标

1）能根据液压系统的要求合理选择液压泵类型。

2）能根据液压泵和液压马达的典型结构分析系统的特点，及时发现故障隐患。

3）能正确拆装液压泵、对液压泵进行更换、维护及保养。

4）能对液压泵出现的具体问题展开具体分析，解决一般实际问题。

5）树立安全生产意识，提升岗位技能水平。

重点知识

1）典型齿轮泵工作原理及结构特点。

2）典型叶片泵工作原理及结构特点。

3）典型柱塞泵工作原理及结构特点。

通过学习初级篇的内容，我们已对液压泵功能及类型有了基本认知，在接下来的内容中将进一步阐述液压泵的典型结构、工作性能、应用特点等内容，培养读者分析和解决工程实际中一般问题的能力。

任务一　齿轮泵的结构认知及拆装

一、外啮合齿轮泵的工作原理及结构特点

1. 外啮合齿轮泵的工作原理

图 8-1 所示为三片式结构的 CB-B 型外啮合齿轮泵，“三片”是指泵的前端盖、后端盖和泵体，三片之间由两个圆柱销定位，用六个螺钉固定。主动齿轮用键固定在传动轴上，并由电动机带动旋转。齿轮泵的吸油口和压油口开在后端盖上，吸油口大、压油口小，其目的是为了减小压力油的作用面积，从而减小齿轮泵不平衡的径向力，提高齿轮泵的工作性能，延长其寿命。四个滚针轴承分别装在前端盖和后端盖上，油液通过泵的轴向间隙润滑滚针轴承，然后经泄油道流回吸油口。在泵体的两端面上铣有卸荷槽（即与吸油口相通的环形沟槽），如图 8-1 所示的 *A—A* 剖视图，目的是防止泵体和端盖接触面的油液泄漏到泵外，及减

小泵体与端盖接触面间的油压作用，以减小齿轮泵连接螺钉承受的拉力。

齿轮泵的结构和工作原理

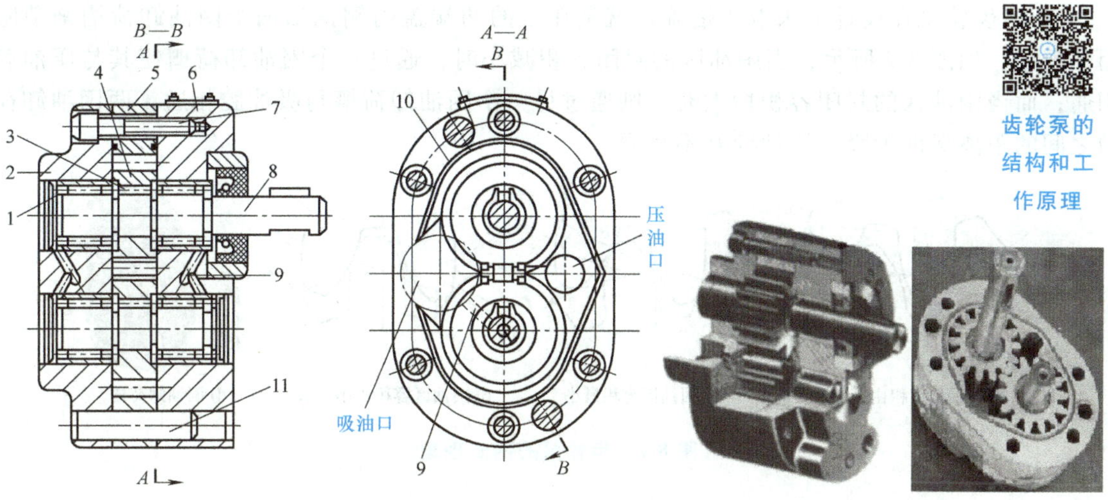

a) CB-B 型齿轮泵结构图　　b) CB-B 型齿轮泵外观

图 8-1　三片式结构的 CB-B 型外啮合齿轮泵

1—滚针轴承　2—后端盖　3—键　4—主动齿轮　5—泵体　6—前端盖　7—螺钉
8—传动轴　9—泄油道　10—卸荷槽　11—圆柱销

2. 外啮合齿轮泵的结构特点

外啮合齿轮泵有以下结构问题：

（1）内泄漏　齿轮泵有三处间隙是其内泄漏的途径。首先，为了使齿轮能灵活转动，同时又要使泄漏最小，在齿轮端面和泵的端盖之间应留有适当的间隙（称为轴向间隙），小流量泵的轴向间隙为 0.025～0.04mm，大流量泵的轴向间隙为 0.04～0.06mm；然后是齿顶和泵体内表面的间隙（称为径向间隙），由于密封带长，同时齿顶线速度的方向和油液泄漏方向相反，因此该处对泄漏影响较小；另外，啮合线处的间隙（称为啮合间隙）也有少量泄漏。齿轮泵轴向间隙引起的泄漏是主要泄漏途径，占泄漏总量的 75%～85%，在装配时要注意连接螺栓的紧固精度要求。

（2）径向力不平衡　因吸、压油腔的压力差作用，通过齿轮传给传动轴不平衡的径向作用力，工作压力越高，不平衡的径向力就越大，严重时传动轴会产生变形，导致齿顶和泵体内壁接触，齿顶和泵体内表面磨损，故齿轮泵径向间隙应稍大些，一般取 0.13～0.16mm。齿轮泵常采用缩小压油口并增大吸油口、开压力平衡槽等办法来减小不平衡的径向力。

小结论：CB 型齿轮泵泄漏多、作用在轴上的径向力不平衡，额定压力比较低，常用于低压场合。

（3）困油现象　齿轮泵要平稳工作，应使齿轮啮合重叠系数大于 1，即存在前一对轮齿尚未脱离啮合时，后一对轮齿已经进入啮合的工作阶段，故在某一段时间内，同时有两对轮齿啮合，在两对啮合的轮齿之间便形成了一个既不与压油区相通又不与吸油区相通的密闭容积，称为困油区。随着齿轮旋转，困油区容积经历先由大变小再由小变大的过程。容积变小、被困的油液受挤压时，压力急剧升高，油液从缝隙强行挤出，油温升高，并使机件受到额外的负载；容积变大、被困的油液又会形成局部真空，油液被气化，产生气穴现象。以上这些都将会使泵引起振动和噪声，这就是齿轮泵的困油现象。

CB 型齿轮泵在设计上采取了措施，就是在泵的两端盖内侧挖出两个困油卸荷槽来消除困油现象。如图 8-2 所示，当困油区的封闭容积减小时，通过一个困油卸荷槽使其与压油腔相通；而当困油区的封闭容积增大时，则通过另一个困油卸荷槽与吸油腔相通，两困油卸荷槽之间的距离保证了吸、压油腔互不相通。

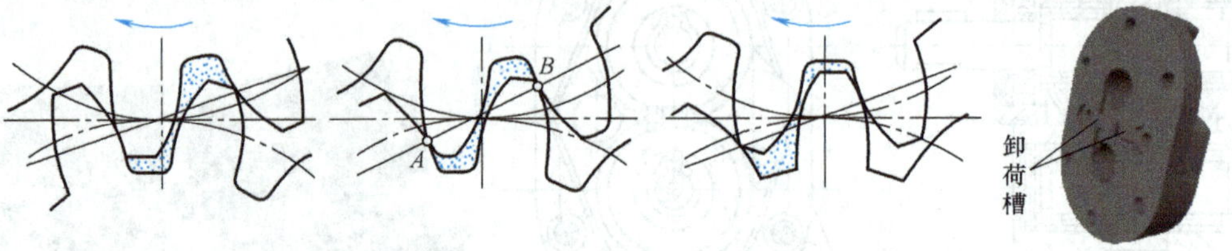

a) 困油区容积由大变小　b) 困油区容积最小　c) 困油区容积由小变大　d) 困油卸荷槽

图 8-2　齿轮泵的困油现象

CB 型齿轮泵结构及性能上的特点使得其主要用于低压及对性能要求不高的场合，比如一些小功率的挖掘机等工程机械。

二、中、高压齿轮泵的结构特点

齿轮泵提高压力受两个因素影响，一是压力升高会使泄漏更多，液压泵容积效率大大降低；二是进一步加大了不平衡的径向力，轴承寿命将缩短。中、高压齿轮泵主要是针对上述两个问题采服了一些措施。如尽量减小不平衡的径向力，提高轴和轴承的刚度；对泄漏量最大的端面间隙，采取自动补偿装置，尽量提高泵的容积效率。中、高压齿轮泵采用的自动补偿装置有浮动轴套式、浮动侧板式和挠性侧板式，如图 8-3 所示。

(1) 浮动轴套式　如图 8-3a 所示，将泵的压油区处的压力油直接引入齿轮轴上的浮动轴套 1 的外侧 A 腔。起动前，泵的初始密封容积靠弹簧 4 产生的预紧力建立，保证了端面间隙的密封；起动后，在压力油的作用下，浮动轴套可始终紧贴齿轮 3 的左侧面，因而可以消除间隙，并在磨损后补偿齿轮端面与轴套的磨损量。

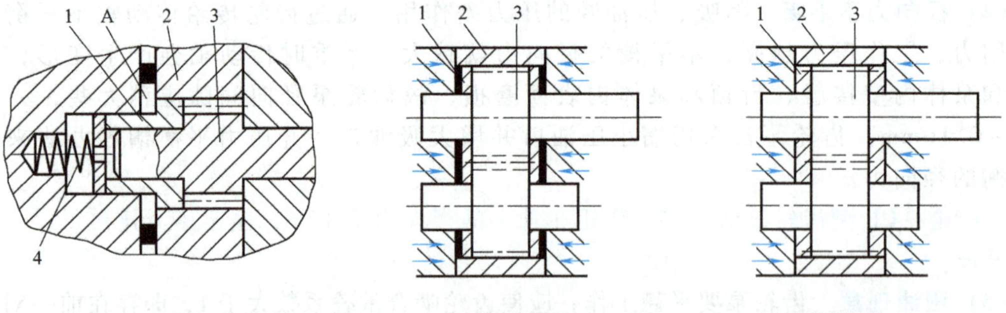

a) 浮动轴套式　b) 浮动侧板式　c) 挠性侧板式

图 8-3　端面间隙补偿装置

1—轴套或侧板　2—泵体　3—齿轮　4—弹簧

(2) 浮动侧板式　如图 8-3b 所示，浮动侧板式补偿装置与浮动轴套式工作原理基本相似，也是将泵的压油区的压力油引到浮动侧板 1 的背面，使其紧贴于齿轮 3 的端面来减小端面间隙，起动前，浮动侧板靠密封圈来产生预紧力。

(3) 挠性侧板式　如图 8-3c 所示。当泵的压油区的压力油引到侧板 1 的背面后，靠侧板自身的受力变形来补偿端面间隙。侧板的厚度较薄，内侧面要耐磨（如烧结厚度为 0.5~0.7mm 的磷青铜），这种结构因采取了如上措施，易使侧板外侧面的压力分布大体上和齿轮侧面的压力分布相适应。

三、内啮合齿轮泵的结构及应用

1. 内啮合齿轮泵的工作原理

内啮合齿轮泵采用齿轮内啮合原理，有渐开线齿形和摆线齿形两种。内啮合齿轮泵主轴上的主动内齿轮带动外齿轮同向转动，在吸油口处轮齿相互分离形成负压而吸入油液，在压油口处轮齿不断进入啮合而将油液挤压输出。如图 8-4 所示，当小齿轮按图示方向旋转时，轮齿退出啮合处密封容积增大而吸油，轮齿进入啮合处密封容积减小而压油。在渐开线齿形内啮合齿轮泵内腔中，小齿轮和内齿轮之间要装一块月牙形隔板（图 8-4a），把吸油腔和压油腔隔开。摆线齿形内啮合泵又称摆线转子泵，由于小齿轮和内齿轮相差一齿，因此不需要设置隔板（图 8-4b）。

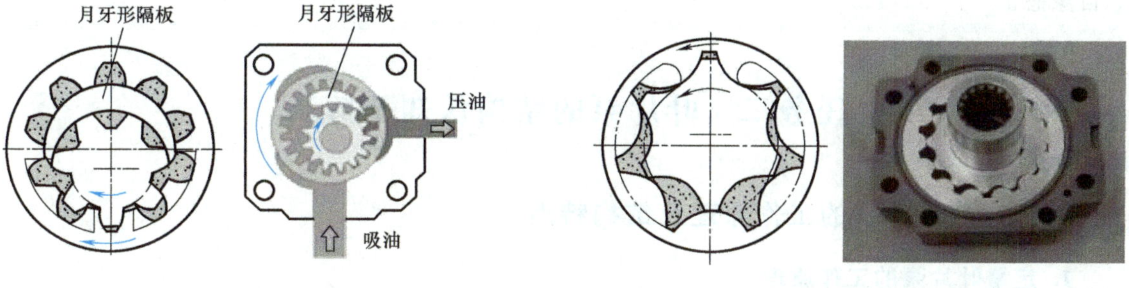

a) 渐开线齿形内啮合齿轮泵　　b) 摆线齿形内啮合泵

图 8-4　内啮合齿轮泵

2. 内啮合齿轮泵的结构特点

内啮合齿轮泵具有可反向输送（只要更换电动机转向即可更换吸、压油口）、有困油现象、输送平稳、效率高、噪声小，寿命长的特点，适用于化工、涂料、染料、食品、医药等行业中，输送液体的种类可由轻质、挥发性液体，直至重质、黏稠，甚至半固态液体。内啮合齿轮泵加工工艺较复杂，成本较高。

使用液压泵时，总的原则是必须严格按出厂使用说明书进行。

齿轮泵在安装、更换、维护及保养时，须注意以下几个问题：

1）泵的传动轴与电动机输出轴之间的安装采用弹性联轴器，且极限偏差符合要求。

2）传动装置应保证泵的主动轴受力在允许的范围内。

3）工作油液应严格按规定选用，且应在泵的吸油口处安装过滤器。

4）标牌上有方向要求的泵，其旋转方向不能搞错，泵的吸、压油口位置不能错。

5）泵吸、压油口管接头的螺钉要拧紧，密封装置要可靠，以免引起吸空和漏油，影响泵的工作性能。

6）应避免泵带负载起动和负载情况下停止。

7）起动前，必须确保系统中的溢流阀在调定的许可压力上。

8）对于新泵或检修后的齿轮泵，工作前应先进行空负载运行和短时间的超负载运行，然后检查泵的工作情况，不允许有渗漏、冲击声、过度发热和噪声等现象发生。

9）泵长时间不用，再使用时，不得立即使用最大负载，应有不少于10min的空载运行时间。齿轮泵内部的间隙会造成内泄漏，不利于节能和环保。

因此，在加工和装配齿轮泵时，我们必须严格遵守工艺规范和操作规程，保持环境整洁，做到严肃认真、精益求精，将安全生产落实到位。

小任务：外啮合齿轮泵的拆装（任务工单见表B-15）。

在我国推进制造业转型升级的过程中，国产液压泵技术有了突破性进展。宁波恒力液压股份有限公司自主研发了高端液压泵，并获得多项国家专利，各项技术指标已达到国际先进水平，实现了高端液压泵的国产化。科技强国增强了我们的民族自信心和民族自豪感。

任务二　叶片泵的结构认知及拆装

一、定量叶片泵的工作原理及结构特点

1. 定量叶片泵的工作原理

定量叶片泵是双作用式叶片泵。图8-5所示为YB_1系列双作用定量叶片泵结构，该泵主要由定子4、转子12、多个叶片11、装在它们两侧的配油盘1和5以及泵体等组成，其配油盘上对应定子四段过渡曲线的位置上开有四个对称的腰形窗口，其中两个是吸油窗口，与泵的吸油口接通，另外两个是压油窗口，与泵的压油口相通。这种结构的叶片泵，左右配油盘、定子、转子和叶片可先组装成一个部件后装入泵体，这个组合部件有两个紧固螺钉提供初始预紧力，以便泵起动时能建立起预压力。为了减少端面泄漏，将右配油盘5的右侧与压油腔相通，配油盘就在右侧的液压力作用下贴紧定子，压力越高，贴得越紧，在保证泵有较高容积效率的情况下，还能靠配油盘在压力作用下发生的弹性变形对转子端面间隙起到自动补偿作用。

小问题：双作用式叶片泵是定量泵还是变量泵？认知叶片泵YB_1-16的型号含义。

小提示：该型号是排量为16mL/r、压力为6.3MPa的双作用式定量叶片泵，1是系列号。

2. 定量叶片泵的结构特点

1）叶片倾角沿旋转方向前倾一个角度，以减小压力角，利于叶片在叶片槽中的移动。

2）叶片底部通以压力油，防止压油区叶片内滑。

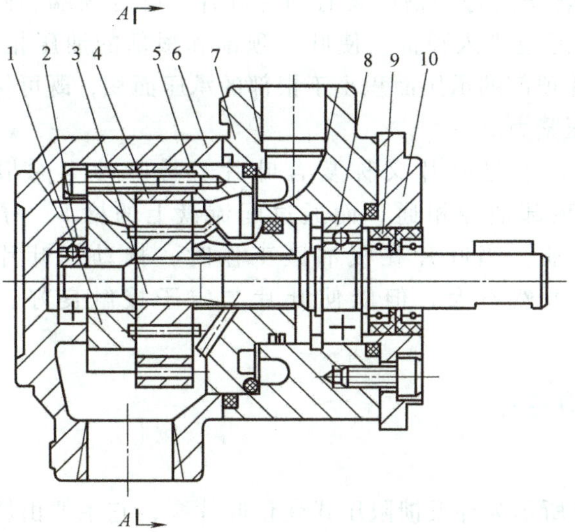

图 8-5　YB_1 系列双作用定量叶片泵的结构

1、5—配油盘　2、8—轴承　3—传动轴　4—定子　6—后泵体　7—前泵体　9—密封圈　10—盖板　11—叶片　12—转子　13—定位销

双作用式叶片泵的工作原理

3）配油盘上有两两对称的吸油窗口和压油窗口，转子上的径向负荷平衡，又称卸荷式叶片泵。

4）为防止密封工作腔压力突变，配油盘上开有三角槽，同时可避免困油。

5）双作用式叶片泵不能改变排量，只能作为定量泵使用。

小提醒：拆装双作用式叶片泵时，要注意不能将转子（槽）装反，也不能将叶片倒角装反。

小拓展：高压叶片泵提高工作压力的主要措施。

双作用式叶片泵工作压力的提高主要受叶片与定子内表面之间磨损的限制。为了保证叶片顶部与定子内表面紧密接触，所有叶片的根部都是通压油腔的，导致当叶片处于吸油区时，其根部作用着压油腔的压力，顶部作用着吸油腔的压力，这一压差使叶片以很大的力压向定子内表面，加速了定子内表面的磨损。因此，为了提高泵的工作压力就必须在结构上采取措施，使吸油区叶片压向定子的作用力减小。高压叶片泵可以采取的措施有多种，常用的是图 8-6 所示的双叶片结构和子母叶片结构。

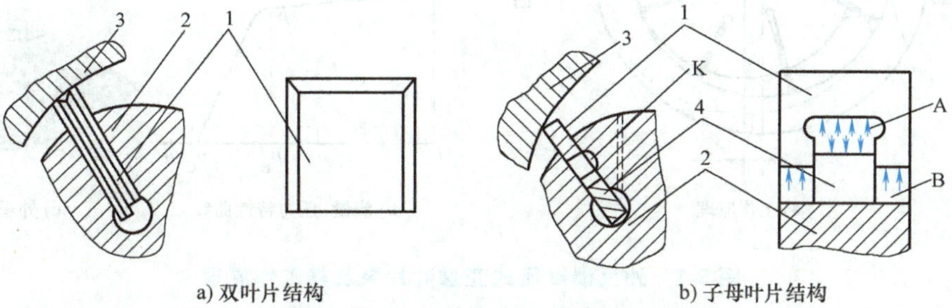

图 8-6　高压叶片泵的结构措施

1—叶片（母叶片）　2—转子　3—定子　4—子叶片

(1) 双叶片结构 如图 8-6a 所示，在转子的每一槽内装有两片叶片，叶片顶端和两侧面倒角构成了 V 形通道，根部压力油经过通道进入顶部，使叶片顶部和根部的油压相等，通过合理设计叶片顶部棱边的宽度，使叶片顶部的承压面积小于根部的承压面积，既可保证叶片与定子紧密接触，又不会产生过大的压紧力。

(2) 子母叶片结构 如图 8-6b 所示，子母叶片又称复合叶片。母叶片 1 的根部腔 B 经转子 2 上虚线所示的油孔始终和顶部油腔相通，而通过配流盘上的槽 K，子叶片 4 和母叶片间的小腔 A 总是接通压力油。当叶片在吸油区工作时，推动母叶片压向定子 3 的力仅为小腔的油压力，此力虽然不大，但能使叶片与定子接触良好，保证密封。

二、变量叶片泵的工作原理及结构特点

1. 变量叶片泵的工作原理

变量叶片泵是单作用式叶片泵。图 8-7 所示为外反馈限压式变量叶片泵，它主要由转子 1、定子 2、限压弹簧 3、调节螺钉 4、配油盘 5、反馈柱塞 6、限位螺钉 7 等构成。变量叶片泵的定子内表面是圆形的，它与转子偏心布置，两侧的配油盘上开有两个长腰形窗口，一个是吸油窗口，一个是压油窗口。图 8-7 所示叶片泵的工作原理为：泵输出的工作压力 p 作用在定子左侧的反馈柱塞上，而定子右侧有一限压弹簧。当作用在活塞上的力 pA（A 为柱塞的面积）不超过限压弹簧的预紧力 F_s，即 $pA \leqslant F_s$ 时，定子被推向最左端，端部位置由限位螺钉调定。这时定子中心和转子中心之间有一初始偏心量 e_o，泵的输出流量为最大，压力 p 在此范围变化时，流量基本上不变，图 8-7b 所示曲线的 AB 段称为定量段，图 8-7b 所示的曲线 AB 段稍有下降是泵的泄漏所引起的，压力越高泄漏量越多，因此输出流量随着压力的升高而略有下降。当反馈力等于弹簧预紧力（$pA=F_s$）时，对应的工作压力称为泵的限定工作压力，限定压力又称拐点压力，用 p_B 表示（$p_B=F_s/A$），限定压力的大小由调节螺钉调节。当泵的工作压力升高到反馈力大于弹簧预紧力（$pA>F_s$）时，定子克服限压弹簧力右移，

限压式变量叶片泵的工作原理

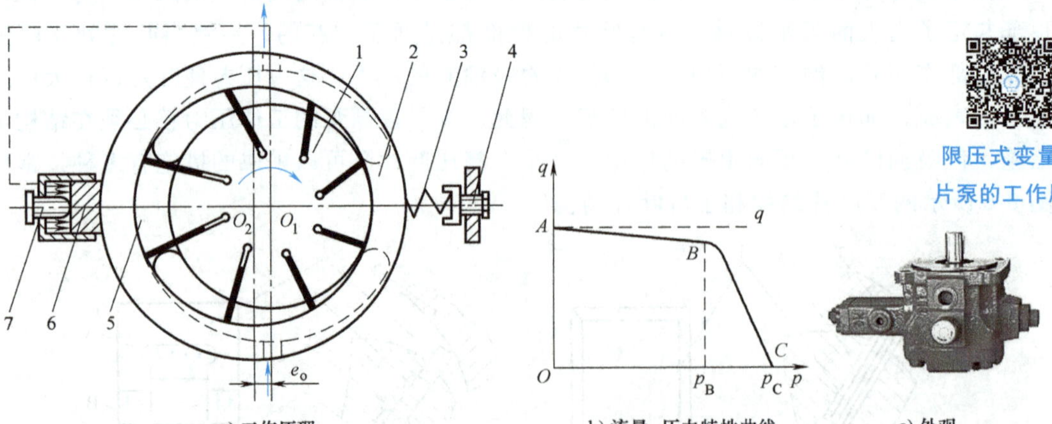

a) 工作原理　b) 流量-压力特性曲线　c) 外观

图 8-7 外反馈限压式变量叶片泵及其工作原理

1—转子　2—定子　3—限压弹簧　4—调节螺钉　5—配油盘
6—反馈柱塞　7—限位螺钉

偏心量减小，泵输出的流量也随之减小，泵的工作点按图 8-7b 所示的曲线 BC 段变化，称为变量段。当泵的工作压力达到某一数值时，泵的定子与转子偏心量接近零，微小偏心量所排出的流量用于补偿内泄漏，以维持工作状态，此时泵对外的输出流量为零、工作压力 p_C 称为泵的极限工作压力。

调节限位螺钉，可改变定子与转子的初始偏心量 e_o，从而改变泵的最大排量，此时流量-压力特性曲线 AB 段上下平移；通过调节螺钉可调节限压弹簧的预紧力 F_s，也就改变了泵的变量起始点对应的工作压力（即改变泵的限定压力 p_B），此时流量-压力特性曲线 BC 段左右平移；改变限压弹簧的刚度系数，可改变泵的极限工作压力 p_C，使曲线 BC 段的斜率发生改变。

2. 变量叶片泵的结构特点

限压式变量叶片泵的流量改变是利用压力的反馈作用实现的，它有外反馈和内反馈两种形式。图 8-7c 为外反馈限压式变量叶片泵外观结构，这种泵在工作时，靠叶片泵输出油液的压力反馈回来作用在定子外部的反馈柱塞上，使定子移动改变偏心距来实现变量；内反馈限压式变量叶片泵则没有单独的反馈装置，靠配油盘偏置直接产生与限压弹簧相平衡的内反馈力，从而实现变量。

3. 变量叶片泵与定量叶片泵的区别

与定量叶片泵比较，变量叶片泵在结构原理上有如下不同：

1）属于单作用式叶片泵。

2）定子内表面是圆形，转子与定子偏心布置。

3）靠改变转子和定子的偏心距 e 可以改变排量。

4）吸油区叶片底部通吸油腔，压油区叶片底部通压油腔。

5）叶片倾角沿旋转方向后倾，以减小叶片顶部对定子的摩擦，有利于叶片的伸缩。

6）由于转子受有不平衡的径向液压作用力，因此这种泵不宜用于高压。

双作用式叶片泵和单作用式叶片泵在结构及原理上有相同点和不同点，要注意观察理解。

在拆装叶片泵时要注意观察叶片倒角方向及转子叶片槽的倾斜方向，这是很容易被忽略而导致出错的地方。

善于观察、勤于思考，是十分重要的个人能力。面对同样的问题，能想到好办法的人，除了勤于动脑之外，他一定也是一个善于观察的人。

小拓展：双联叶片泵。

双联泵是将两套液压泵装在一起，并联在油路中的组合泵。图 8-8 所示为定量双联叶片泵。在同一泵体内安装了两套双作用叶片泵组件，用一根传动轴驱动两套泵，壳体上有一个公共吸油口，两个独立的压油口。两个泵的流量根据需要可选用等量，也可选用不等量；可以合并供油，也可单独供油。

图 8-8 定量双联叶片泵

这种泵结构紧凑，一般情况下，为满足空载及重载的快慢速不同工况，双联叶片泵多由一个低压大流量泵（一般在靠近泵轴的一侧安装大容量泵）和一个高压小流量泵组成，两种规格泵的组合可以满足液压系统在不同工况对流量的不同需求。应用中，若轻载快速运动时，两个泵同时供油或大流量泵单独供油；而重载慢速运动（也称工进）时，使用高压小流量泵单独供油，而此时大流量泵低压卸荷。双联泵的优点是功率匹配合理，降低功率损失，减少油液发热。双联泵也常用于机床等大型设备及有两个独立油路要求的液压系统中。

叶片泵具有较好的工作性能，多用于机床、自动化生产线等中低压设备中。

叶片泵在安装、更换、维护及保养时，需注意以下几个问题：

1）拆卸和安装叶片泵前，应用煤油对其进行清洗。装配完毕后，用手盘轴，应运动平稳，无阻滞现象。

2）在设备上安装叶片泵时，与电动机连接的同轴度等误差，应满足使用说明书上的安装要求。

3）叶片在使用中不得有卡滞现象，装配和修理叶片泵时不得把叶片倾角方向装反。

4）叶片泵的吸油口、压油口和旋转方向在泵上有标注，故不得反接或反转（叶片倒角的方向朝后，双作用式叶片泵转子槽顺转向向前倾，单作用式叶片泵转子槽倾角与双作用式相反）。

5）叶片泵吸油口高度不得超过油箱内液面 0.5m。

小任务：定量叶片泵的拆装（任务工单见表 B-16）。

叶片泵的拆装

任务三　柱塞泵的结构认知及拆装

一、轴向柱塞泵工作原理及结构特点

轴向柱塞泵是柱塞轴线与缸体轴线平行或略有倾斜的柱塞泵。它利用柱塞在柱塞孔内往复运动所产生的容积变化来进行工作。轴向柱塞泵的工作原理可以借助于图 3-1 所示单柱塞式液压泵工作原理来理解，它相当于多个这样的单柱塞式液压泵交替工作，从而完成轴向柱塞泵的连续吸油和压油的工作过程。

轴向柱塞泵的优点有很多，主要有：由于柱塞和柱塞孔都是圆形零件，加工方便，零件加工后可以达到很高的配合精度，在高压下工作仍有较高的容积效率，泄漏少；只需改变柱塞的工作行程就能改变泵的流量，易于实现变量；结构紧凑，功率密度大，流量范围大，主要零件均受压应力作用，材料强度性能可得到充分利用。

小结论：轴向柱塞泵具有主要零件受力状态好、密封性能好、泄漏少，压力和流量脉动小、易于实现变量等优点。其缺点为抗油液污染能力差，结构复杂，成本较高。

1. 斜盘式轴向柱塞泵的工作原理

图 8-9 为斜盘式轴向柱塞泵的工作原理，它主要由斜盘 1、柱塞 5、缸体 7 和配油盘 10 等构成。该泵的柱塞平行于缸体中心线，斜盘和配油盘固定不动，斜盘法线与缸体轴线有一个倾斜角度 γ。在缸体的多个柱塞孔内各装有一个柱塞，柱塞的球形头部装在滑履 2 的孔内，柱塞球头与滑履可做相对转动。传动轴通过花键带动缸体旋转，由于内套筒 4 在中心弹簧 6 的作用下，通过压盘 3（也称回程盘）而使柱塞头部的滑履紧靠在斜盘上，因此柱塞在

随缸体旋转的同时在缸体中做往复运动。当传动轴带动缸体按图示方向旋转时，在配油盘左视图中，缸体绕经右半周时，柱塞 5 逐渐向外伸出，其与缸体孔内的密封容积逐渐增大，形成局部真空，通过配油盘的吸油窗口吸油；缸体在左半周旋转时，柱塞在斜盘斜面的作用下，逐渐被压入柱塞孔内，密封容积逐渐减小，通过配油盘的压油窗口压油；缸体每转一周，每个柱塞往复运动一次，吸、压油各一次。若改变斜盘倾角 γ 的大小，就能改变柱塞的行程长度，也就改变了泵的排量。该泵在配油盘上开有两个腰形吸、压油窗口，缸体中柱塞底部的密封工作容积是通过配油盘的腰形孔与泵的吸、压油口相通的。外套筒 8 在弹簧的作用下，使缸体与配油盘紧密接触，起密封作用。

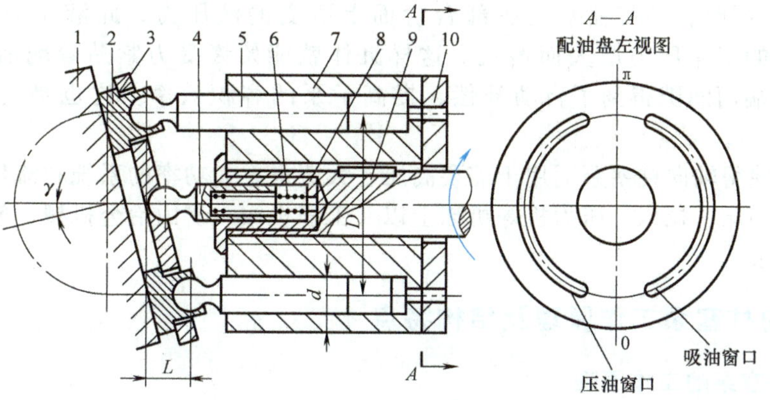

斜盘式轴向柱塞泵的工作原理

图 8-9　斜盘式轴向柱塞泵的工作原理

1—斜盘　2—滑履　3—压盘　4、8—套筒　5—柱塞　6—弹簧　7—缸体　9—传动轴　10—配油盘

2. 斜盘式轴向柱塞泵的结构特点

斜盘式轴向柱塞泵有如下结构特点：

(1) 变量机构　图 8-10 所示为手动变量斜盘式轴向柱塞泵，旋转调节手柄 1，带动斜盘 5 转动，从而改变斜盘的倾角 γ，柱塞泵的排量即随之变化。轴向柱塞泵变量机构的结构形式有手动变量和自动变量等结构，手动变量机构结构简单，但操纵不轻便，且一般不能在工作过程中变量；自动变量机构能根据负载压力的变化自动调节斜盘的倾斜角度，从而实现自动变量。

图 8-10　斜盘式轴向柱塞泵

1—调节手柄　2—螺杆　3—变量柱塞　4—压盘　5—斜盘　6—滑履　7、12—轴承
8—柱塞　9—中心弹簧　10—缸体　11—配油盘　13—主泵体

(2) 滑履结构的作用　如图 8-10 所示，柱塞 8 头部装一滑履 6，目的是避免柱塞的球形头部与斜盘直接接触，通过将它们之间的点接触变为面接触而减少磨损，并且各接触面之

间通过柱塞与滑履上的小孔引入压力油，形成静压油膜，既实现了可靠的润滑，又大大地降低了相对运动零件表面的磨损，有利于泵在高压下工作。

(3) 中心弹簧的设置 柱塞头部的滑履必须始终紧贴斜盘才能正常工作，理论上每个柱塞内孔里都应有一个弹簧起压紧作用，但工作时，随着柱塞的往复运动，弹簧因承受高频率的交变载荷作用不断伸缩，易于疲劳损坏。如图 8-10 所示，设置中心弹簧 9，通过压盘 4 作用在每个柱塞上，将滑履压向斜盘，从而使泵具有较好的自吸能力。这种结构中的弹簧只受静载荷，不易发生疲劳损坏。

(4) 缸体端面间隙的自动补偿 如图 8-10 所示，中心弹簧 9 可推动缸体 10 压向配油盘 11 的端面，同时，还有柱塞孔底部台阶面上所受的液压力，此液压力比弹簧力大得多，而且随泵的工作压力增大而增大。这样缸体就能始终受力紧贴着配油盘，使配油盘与缸体之间的端面间隙得到了自动补偿，提高了泵的容积效率。这也是这种泵有利于实现高压的原因。

上述特点使得轴向柱塞泵适用于需要高压、大流量、大功率的系统和流量需要调节的场合，例如龙门刨床、拉床、压力机等机床上以及工程机械、矿山冶金机械、船舶等领域广泛应用轴向柱塞泵。

二、径向柱塞泵工作原理及结构特点

1. 径向柱塞泵的工作原理

径向柱塞泵的工作原理如图 8-11 所示，柱塞 3 径向排列装在缸体 1 中，缸体由原动机带动连同柱塞一起旋转，因此一般将缸体称为转子，柱塞在离心力及低压油的作用下压紧定子 2 的内壁，当转子按图示方向回转时，由于定子和转子之间有偏心距 e，柱塞绕经上半周时向外伸出，柱塞底部的容积逐渐增大，形成部分真空，所以便经过衬套 4（衬套 4 压紧在转子内，并和转子一起回转）上的油孔从配油轴 5 的吸油口 a 吸油；当柱塞转到下半周时，定子内壁将柱塞向里推，柱塞底部的容积逐渐减小，向配油轴的压油口 b 压油，当转子回转一周时，每个柱塞底部的密封容积完成一次吸、压油，转子连续运转，即完成连续的吸、压油工作。径向柱塞泵的配油轴是固定不动的，油液从配油轴上半部的两个孔 a 流入，从下半部两个孔 b 压出，为了进行配油，在配油轴和衬套接触的一段加工出上下两个缺口，形成吸

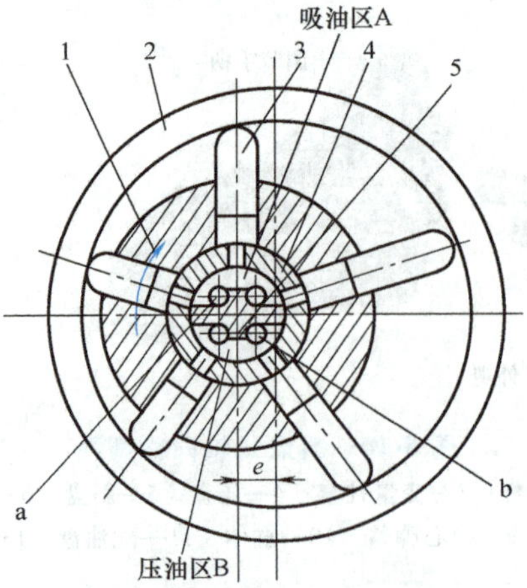

图 8-11 径向柱塞泵的工作原理

1—缸体 2—定子 3—柱塞 4—衬套 5—配油轴 a—吸油口 b—压油口

油区 A 和压油区 B，留下的部分形成封油区。封油区的宽度应能封住衬套上的吸、压油孔，以防吸油口和压油口相连通，但尺寸也不能大得太多，以免产生困油现象。

2. 径向柱塞泵的结构特点

径向柱塞泵的性能稳定，耐冲击性能好，工作可靠，但其径向尺寸大，转动惯量大，结构复杂，自吸能力差，且配油轴受不平衡的液压力作用易磨损。这些都限制了该泵的压力和转速的提高。

安装、更换、维护及保养柱塞泵时，应注意以下几个问题：

1）轴向柱塞泵高处的泄油口应接油箱，使其无压泄油。

2）经拆洗重新安装的泵，在使用前要检查轴的回转方向和排油管的连接是否正确可靠，并且从高处的泄油口往泵体内注满工作油，先用手盘转 3、4 周再起动，以免把泵烧坏。

3）泵应在低压起动，待泵运转正常后逐渐调高到所需压力。

4）若系统中装有辅助泵，应先起动辅助泵，调整并控制辅助泵的溢流阀，使其达到规定的供油压力，再起动主泵。若发现异常情况，应先停主泵，待主泵停稳后再停辅助泵。

5）调整变量机构要先将排量调至最小值，再逐渐调至所需流量。

6）检修液压系统时，一般不要拆洗泵。若确认泵有问题必须拆开时，则必须注意保持清洁，严防碰撞拉毛、划伤和将细小杂物留在泵内。

7）装配花键轴时，不应用力过猛，各个缸孔配合要用柱塞逐个试装，不能用力打入。

小任务：斜盘式轴向柱塞泵的拆装（任务工单见表 B-17）。

小拓展：螺杆泵。

螺杆泵是利用螺杆转动将油液沿轴向压送而进行工作的。螺杆泵内的螺杆可以有两根，也可以有三根，使用最广泛的是图 8-12 所示的具有良好密封性能的三螺杆泵。

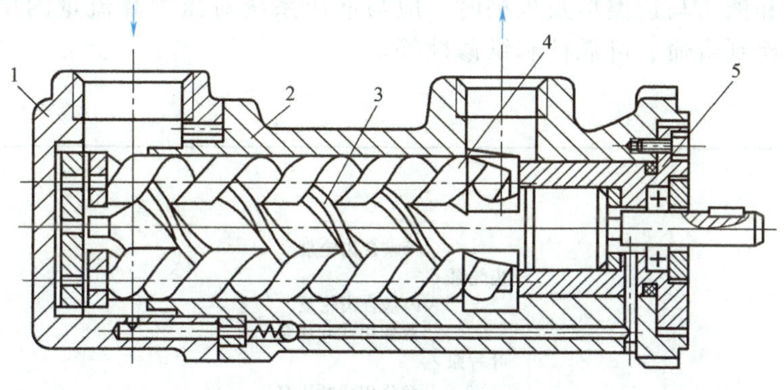

图 8-12　三螺杆泵

1—后端盖　2—泵体　3—主动螺杆　4—从动螺杆　5—前端盖

（1）螺杆泵的工作原理　图 8-12 所示为三螺杆泵。在泵体 2 内安装三根螺杆，中间的主动螺杆 3 是右旋凸螺杆，两侧的从动螺杆 4 是左旋凹螺杆。三根螺杆的外圆与泵体的对应弧面保持着良好的配合，螺杆的啮合线把主动螺杆和从动螺杆的螺旋槽分割成多个相互隔离的密封工作腔。随着螺杆的顺时针方向旋转，密封工作腔可以一个接一个地在左端形成，不断从左向右移动。主动螺杆每转一周，每个密封工作腔便移动一个螺距。最左面的一个密封工作腔容积逐渐增大，从而将油液吸入；最右面的工作腔容积逐渐缩小，则将油液压出。螺杆直径越大，螺旋槽越深，泵的排量就越大；螺杆越长，吸油口和压油口之间的密封层次越多，泵的额定压力就越高。

（2）螺杆泵的结构特点 螺杆泵实质上是一种特殊的齿轮泵，其特点是体积小，重量轻，结构简单、紧凑；对油液的污染和进入的气体不敏感，工作可靠；噪声小，寿命长，运转平稳性比齿轮泵和叶片泵高；流量及压力的脉动小，输油量均匀，无紊流，无搅动，很少产生气泡；回转部件惯性力较低，允许采用高转速，容积效率高，自吸能力强。但加工较难，不能改变排量。螺杆泵运送液体的种类和黏度范围宽广，在精密机床等设备中应用日趋广泛。螺杆泵的主要缺点是加工和装配要求较高；泵的性能对液体的黏度变化比较敏感。

小知识：通常液压泵是由电动机驱动的，因此就有了液压泵和配套电动机的组合产品，我们称之为液压泵-电动机组，如图 8-13 所示。液压泵-电动机组的相关内容将在高级篇中介绍。

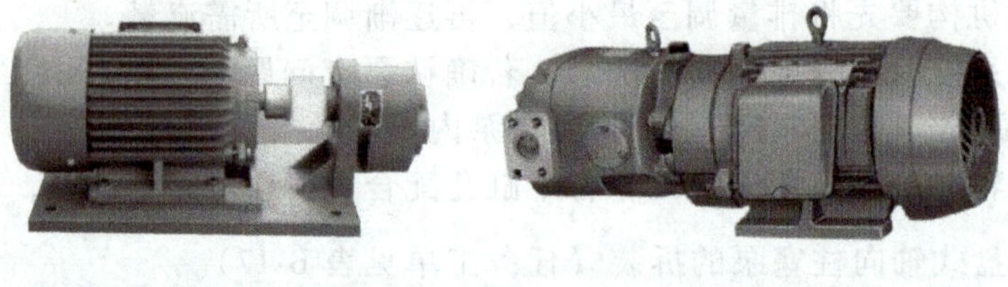

a) 液压泵与电动机通过联轴器连接　　b) 液压泵与电动机直接连接

图 8-13　液压泵-电动机组

选择液压泵和液压马达类型及规格时，应与液压系统对压力和流量的供给需求相匹配，同时也要充分考虑到寿命、可靠性和维修性等。

小结

- 常用液压泵类型
  - 齿轮泵
    - 外啮合齿轮泵
    - 内啮合齿轮泵
  - 叶片泵
    - 双作用式叶片泵
    - 单作用式叶片泵
  - 柱塞泵
    - 轴向柱塞泵
      - 斜盘式轴向柱塞泵
      - 斜轴式轴向柱塞泵
    - 径向柱塞泵
  - 螺杆泵
    - 单螺杆泵
    - 双螺杆泵
    - 三螺杆泵

常见液压泵的性能特点见表 8-1。

表 8-1　常见液压泵的性能特点

性能	泵的名称					
	外啮合齿轮泵	双作用叶片泵	限压式变量叶片泵	轴向柱塞泵	径向柱塞泵	螺杆泵
输出压力/MPa	低压	中压	中压	高压	高压	低压
变量性能	不能	不能	能	能	能	不能
输出流量脉动	很大	很小	一般	一般	一般	很小
自吸特性	好	较差	较差	差	差	好
对油的污染敏感性	不敏感	较敏感	较敏感	很敏感	很敏感	不敏感
噪声	大	小	较大	大	大	很小
效率	低	较高	较高	高	高	较高
应用范围	工程机械、机床、农业机械、一般机械、航空、船舶	机床、注射机、液压机、工程机械、起重运输机械	机床、注射机	工程机械、起重运输机械、矿山机械、冶金机械、船舶、飞机	机床、液压机、船舶机械	精密机床、精密机械、化工机械、食品机械、石油机械、纺织机械

思考题和习题

一、填空题

1. 齿轮泵工作时，要经历“密封容积在封死状态下变化”的过程，这种现象称为________。为了消除这种现象，通常采用在端盖上开________的办法。

2. 外啮合齿轮泵中，最为严重的泄漏途径是________。

3. 变量叶片泵的排量是通过改变________来改变的。

4. 径向柱塞泵的配油方式为采用________配油。

5. 增大轴向柱塞泵斜盘倾角，柱塞泵的排量________。

二、判断题

1. 齿轮泵的吸油腔就是轮齿不断进入啮合的那个腔。(　　)

2. 齿轮泵多采用吸、压油口一大一小的结构，目的是为了消除困油现象。(　　)

3. 双作用叶片泵因两个吸油窗口、两个压油窗口是对称布置，因此作用在转子和定子上的液压径向力平衡，轴承承受径向力小、噪声小、寿命长。(　　)

4. 双作用式叶片泵的转子叶片槽根部全部通压力油是为了保证叶片紧贴定子内环。(　　)

5. 单作用式叶片泵转子与定子中心重合时，可获稳定的大流量输油。(　　)

6. 对于限压式变量叶片泵，当泵的压力达到最大时，泵的输出流量接近零。(　　)

7. 双作用式叶片泵的叶片是后倾安装。(　　)

8. 单作用式叶片泵的叶片是前倾安装。(　　)

9. 轴向柱塞泵既有定量泵，也有变量泵。(　　)

10. 改变单作用式叶片泵转子与定子的偏心距可以改变泵的流量。(　　)

11. 配油轴式径向柱塞泵的排量与定子相对转子的偏心大小有关，偏心距越大，排量越大，改变偏心距即可改变排量。（　　）

三、简答题

1. 齿轮泵的泄漏途径有哪些？主要泄漏途径是什么？

2. CB 型齿轮泵可否用于大功率工况场合？为什么？齿轮泵压力的提高受哪些因素影响？

3. 为什么说轴向柱塞泵适合于高压系统？

项目九

液压控制阀的结构认知及液压基本回路的构建

技能及素养目标

1）能辨别液压控制阀的原理、功能及特点。

2）能分析液压控制阀在回路中的具体用途及特点，提升解决实际问题的能力。

3）能分析一般液压回路的动作原理及特点，并按要求连接与调试回路。

4）能对简单的液压系统进行故障排除，提升透过现象去观察和分析问题的能力。

5）能在学习中培养刻苦钻研、一丝不苟的工作作风，以及严谨求实、精益求精的工作态度。

6）能在工作中发挥认真负责、善于沟通和团队合作的精神。

7）能遵守作业现场管理制度和操作准则，维护现场秩序，保证设备及人身安全。

重点知识

1）方向控制阀的典型结构、特点及功能；方向控制回路的原理、用途及操作方法。

2）压力控制阀的典型结构、特点及功能；压力控制回路的原理、用途及操作方法。

3）流量控制阀的典型结构、特点及功能；速度控制回路的原理、用途及操作方法。

液压控制阀的品种繁多，同一种液压控制阀的结构不同，其性能可能就有很大区别，即使同一个阀，因应用场合不同，用途也有差异。因此，要熟悉各种液压控制阀的工作原理及作用，认知其结构，掌握其性能特点，这样才能针对具体油路进行具体分析。

小知识：液压基本回路是指由若干液压元件组成的且能完成某一特定功能的基本油路结构。多个液压基本回路有机结合构成液压系统，完成设备的复杂动作。

“中国天眼”500m 口径球面射电望远镜（FAST）中的关键设备液压促动器是 FAST 三大自主创新成果之一。FAST 中的促动器由 2225 个液压驱动装置组成，是世界罕见的野外台站大规模应用的设备群。FAST 依靠液压系统通过促动器控制“天眼”的“眼球”，能观测到的角度居于世界领先地位。由此可见，我国的液压技术随着科技的进步与发展，为先进装备制造技术的发展提供了可行性与可靠性。

任务一 方向控制阀的结构认知及方向控制回路的构建

一、单向阀的应用

单向阀有普通单向阀和液控单向阀两种。

1. 普通单向阀的结构及特点

初级篇介绍了普通单向阀。普通单向阀简称单向阀，它只允许油液沿一个方向通过，而反向流动的油液则被截止。普通单向阀应具有以下特点：

1）单向阀的弹簧主要用来克服阀芯的摩擦阻力和惯性力，弹簧力很小，仅起复位作用。因此，为了使单向阀工作灵敏可靠，普通单向阀的弹簧刚度较小，油液流动时产生的压力降也较小，中低压单向阀的正向开启压力只需 0.03~0.05MPa。

2）若置于回油路作为背压阀使用，单向阀则应换成较大刚度的弹簧，背压力常为 0.2~0.6MPa。

3）单向阀起反向截止作用时，因锥阀阀芯与阀座孔为线密封，且密封力随压力增高而增大，故密封性能良好。单向阀的阀芯有钢球式阀芯和锥阀式阀芯两种，钢球式阀芯结构简单，但密封性能不如锥阀式好，一般只在低压、小流量情况下使用。

2. 液控单向阀的结构及特点

液控单向阀是液压系统在满足某一条件时能实现反向导通的单向阀。

液控单向阀根据控制活塞的泄油方式不同分为内泄式和外泄式，根据控制原理又分为不带卸荷阀芯和带卸荷阀芯两种。图 9-1a 所示为内泄式液控单向阀，其泄漏的油液在内部经 L 孔与液控单向阀的进油口相通；图 9-1b 所示为外泄式液控单向阀，其泄漏的油液是经单独泄油口 L 引回油箱。外泄式液控单向阀外观如图 9-2 所示。

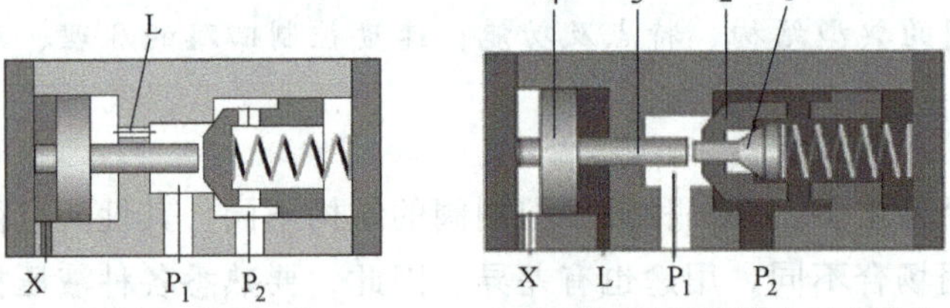

a) 液控单向阀(内泄式)　　b) 带卸荷阀芯的液控单向阀(外泄式)

图 9-1 液控单向阀的工作原理

1—卸载阀阀芯 2—单向阀阀芯 3—顶杆 4—控制活塞

在图 9-1a 所示的内泄式液控单向阀中，虽然控制活塞的作用面积较大，但控制口 X 处通入的控制油压力最小仍须为主油路压力的 30%~50%，才能克服主油路的压力顶开阀芯。在高压系统中，因主油路的高压力会导致控制油路的压力比较高，为了降低控制油压力，就要采用图 9-1b 所示带卸荷阀芯的液控单向阀。在图 9-1b 所示的外泄式液控单向阀中，锥阀芯的中心增加了一个用于卸压的小阀芯，称为卸荷阀芯，当压力油由 P_2 口流向 P_1 口时，在锥阀阀口开启之前，控制活塞先顶开卸荷阀芯，这时锥阀弹簧腔的油液通过卸荷阀芯上的缺

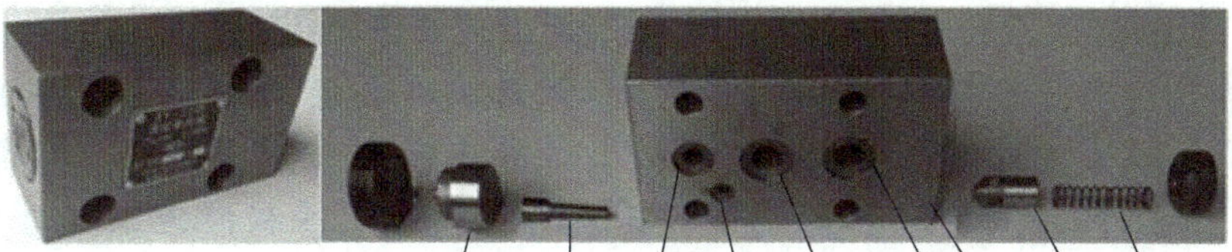

图 9-2　液控单向阀（外泄式）

口流入 P_1 腔而降压，锥阀两端的压力差降低到很小的数值后，控制活塞再将单向阀的锥阀芯顶开，使 P_2 口和 P_1 口完全相通。采用这种带卸荷阀芯的液控单向阀，其最小控制油压力约为主油路压力的 5%。

3. 单向阀的主要特点

性能良好的单向阀应具有以下特点：

1）单向阀导通时阻力要小。

2）反向截止时密封性要好。

3）动作灵敏。

小提示： 单向阀的弹簧是软弹簧，不要随意将其更换成硬弹簧；为保证反向可靠的密封性能，阀芯与阀座接触时应接触良好。

小问题： 图 9-3 所示为普通单向阀，其工作原理是油液经 P_1 口可以流向 P_2 口，而反向流动被截止。观察其进、出油口，思考安装时其进、出油口与油路是如何连接的。

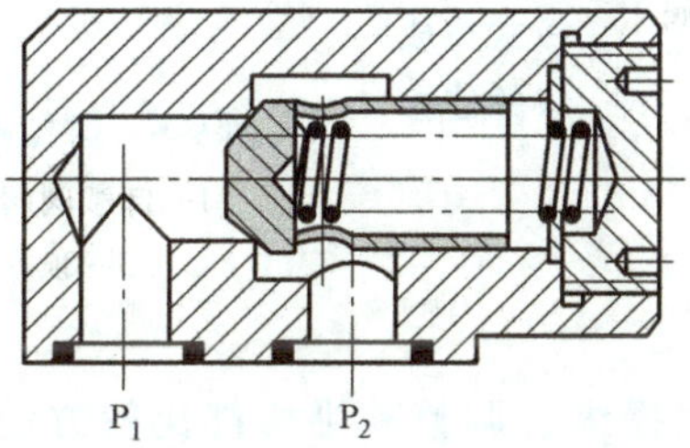

a) 结构原理

b) 外观

图 9-3　单向阀

小拓展： 液压控制阀有管式连接和板式连接两种传统的连接形式。管式连接即螺纹连接，如图 9-4a 所示，管式连接的进、出油口均为螺纹孔，连接方式比较简单；板式连接的液压阀如图 9-4b 所示，阀的进、出油口为非螺纹孔，连接面处设置了密封圈，油路用油路板内的孔道代替。

小链接： 液压阀的安装形式

管式连接即螺纹连接，阀体进、出油口由螺纹或法兰直接与油管连接，安装方式简单，但元件分散布置，装卸和维修不太方便。初级篇中图 5-1 所示的普通单向阀结构和本项目中

图 9-5 所示的液控单向阀结构都是管式连接形式。板式连接是将进、出油口开在阀体的底平面上，用螺钉把阀体固定在连接板上。常用的板式阀如图 9-4b 所示，阀体用螺钉固定在连接块上，连接块上开有与阀孔对应的油口，内部钻有孔道，用孔道代替油管连接阀与阀之间的通路，集成块外接液压泵、液压缸及油箱形成整个液压系统。板式阀集成块是一块通用的六面体，一般在两个侧面分别安装通向执行元件和液压泵的管接头及油管，而前后两个正面及上面均可安装板式阀，块的上、下面也是块与块之间的结合面，最下面的块与底板连接。一个液压系统通常由几个集成块组成，复杂系统中每个块通常控制一个执行元件，各集成块与顶块、底板一起用长螺栓叠加起来，组成整个液压系统。阀与阀之间是按照油路连接关系，靠集成块内钻孔形成的油路来连接，这样的连接可减少连接管道和相应的管接头，使外泄漏风险减少，发热随之下降。底板上有与各块上下连通的公共进油口和回油口，液压泵通过公共孔道直接通往各集成块的进油口，各块的回油也直接通往底板块的总回油口。

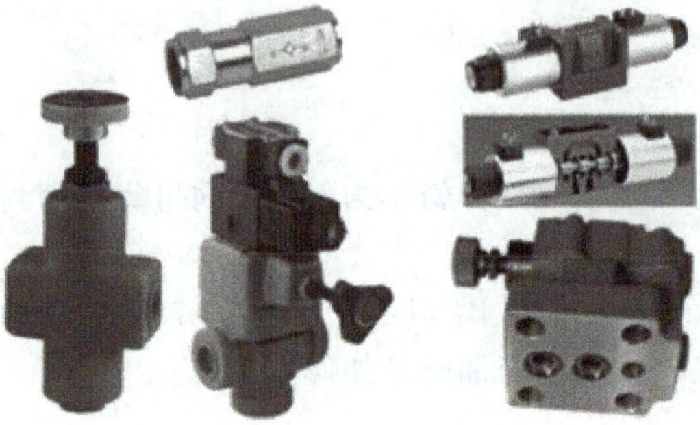

a) 管式连接的液压阀　　b) 板式连接的液压阀

图 9-4　液压阀的连接

板式集成块的连接

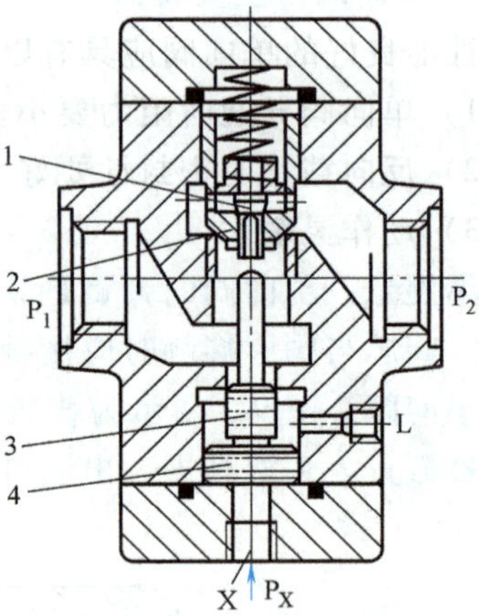

图 9-5　带卸荷阀芯的液控单向阀

1—卸载阀阀芯　2—单向阀阀芯
3—顶杆　4—控制活塞

集成块连接形式中，元件集中布置，操纵、调整和维修都比较方便，阀与阀之间采用无管连接，避免了管路的外泄漏。因此，板式阀集成块式连接在各类阀及系统中应用都非常广泛。

4. 单向阀的用途

（1）用于单向导通反向截止　在双泵系统中，单向阀起单向导通反向截止作用。因此，在不同工况时，可以使泵合并供油或单独供油，单独供油时高压泵将单向阀关闭而隔开两泵。

单向阀还常被串联安装在泵的出油口，利用它的反向截止功能，一方面可防止系统的压力冲击传到泵内，影响泵的正常工作，另一方面在泵不工作时防止系统的油液倒流经泵回油箱，保护泵和电动机，同时避免系统出现真空或进入空气。利用单向阀反向密封截止的功能，还可以将单向阀作为保压阀使用。

（2）建立阻力、作为背压阀使用　如图 9-6 所示，利用单向阀使回油路保持一定的背压力，可增加工作机构的平稳性，此时单向阀应换上较硬的弹簧。

(3) 用单向阀和其他阀组成复合阀　单向阀与其他阀并联组成组合阀，也称复合阀。常用的组合阀有单向节流阀、单向顺序阀和单向减压阀等。

图 9-7 所示为单向节流阀的符号，这里的单向阀和节流阀共享同一阀体，当油液沿图示箭头方向流动时，因单向阀关闭，油液只能经过节流阀从阀体流出。若油液沿箭头所示相反的方向流动时，因单向阀的阻力远比节流阀的小，故油液流经单向阀后流出阀体。此办法常用来单向调速，可以改变液压缸单方向的运动速度。

(4) 用液控单向阀使立式液压缸活塞悬浮　将液控单向阀反向串联于立式安装的液压缸下行通道上，靠液控单向阀反向截止时的可靠密封使液压缸下腔油液被封住，从而使液压缸能够悬空停止，不会因自重而下沉。

在图 9-8 所示回路中，若同时往液压缸的上腔和液腔单向阀的控制口 X 加压，则活塞下行，完成下行工作行程；若通过液控单向阀往液压缸的下腔供油，则活塞上行。如果液压泵停止供油，因有液控单向阀，故液压缸活塞不能靠自重下行，则活塞可在任一位置悬浮。

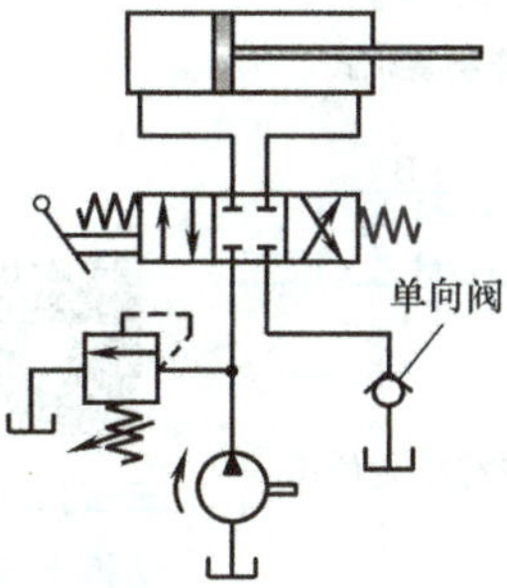

图 9-6　单向阀用作背压阀

图 9-7　单向节流阀的图形符号

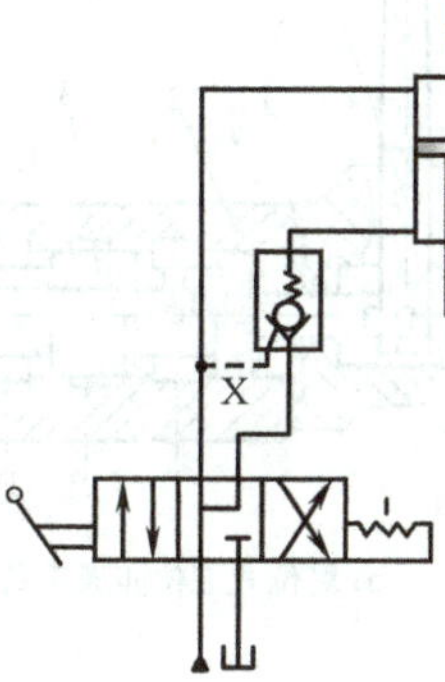

图 9-8　平衡回路

(5) 用双液控单向阀使液压缸双向锁紧　如图 9-8 所示，利用单个液控单向阀可使液压缸实现下行单方向的位置锁定，而双液控单向阀常用于执行机构须双向保压锁紧的场合。

小知识：锁紧回路的目的是使液压缸能在任意位置上停留，且停留后不会因外力作用而发生位置移动。

如图 9-9 所示，该回路利用两个液控单向阀，既不影响液压缸的正常动作，又可在停止工作时完成液压缸的双向锁紧。

小知识：双液控单向阀的组合阀称为液压锁。欲使液控单向阀反向不通，须使控制压力油口 X 通回油箱，控制压力为零，以保证其控制活塞在弹簧作用下能可靠复位，实现反向密封。这样才能使液控单向阀迅速关闭，实现反向截止液流。

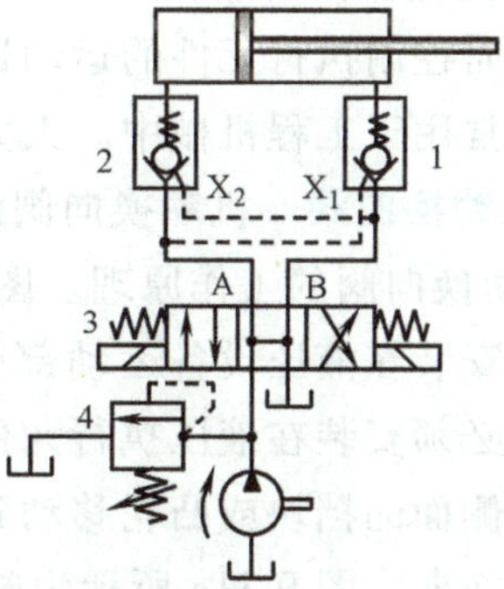

图 9-9　锁紧回路

双液控单向阀的锁紧回路

由单向阀的应用案例可知，同一个控制阀在不同的油路结构中，其作用有时是完全不同的。因此，对控制阀在具体应用中的作用，要灵活应用，做到具体问题具体分析。

二、换向阀的应用

1. 常用换向阀的工作原理及特点

下面按照换向阀的操纵方式不同，分别对几种常用换向阀的工作原理进行阐述。

（1）手动换向阀 这类阀是用手动杠杆来操纵阀芯换位。按换向定位方式的不同划分，又有弹簧复位式和钢球定位式。

1）手动换向阀的工作原理。图 9-10a 所示为复位式三位四通手动换向阀，当向左扳动手柄 1 使阀芯 3 右移，换向阀手柄处于左位工作状态，此时阀的 P 口和 A 口相通、B 口和 T 口相通；当向右扳动手柄使阀芯左移，换向阀手柄处于右位工作状态，此时阀的 P 口和 B 口相通，A 口和 T 口相通；放开手柄，阀芯在复位弹簧 4 的作用下自动回复中位，此时四个油口互不相通。图 9-10b 所示为定位式手动换向阀的定位装置。

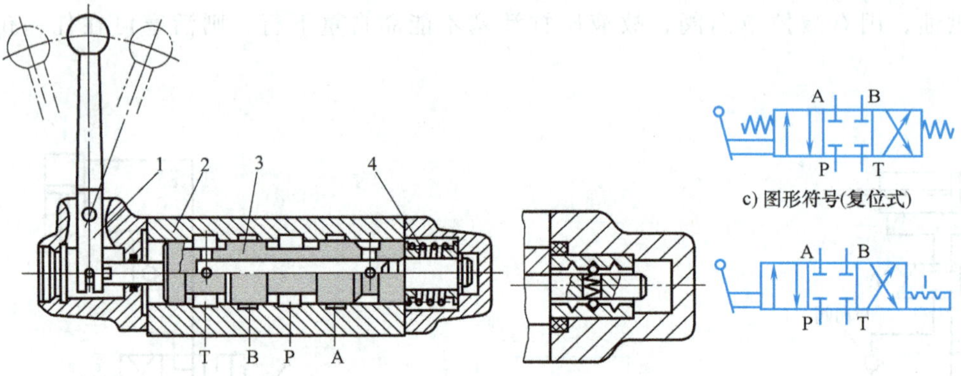

a) 复位式三位四通手动换向阀工作原理　b) 定位装置　c) 图形符号(复位式)　d) 图形符号(定位式)

图 9-10　三位四通手动换向阀

1—手柄　2—阀体　3—阀芯　4—复位弹簧

三位四通手动换向阀的工作原理

2）手动换向阀的特点。手动换向阀结构简单，动作可靠，有些阀还可人为地控制阀口的大小，从而控制执行元件的运动速度。手动换向阀只适用于间歇动作且要求人工控制的小流量场合，常用于工程机械中。人力驱动的换向阀还有脚踏式。

（2）机动换向阀 机动换向阀的阀芯运动是借助于机械外力实现的。

1）机动换向阀的工作原理。图 9-11 所示为二位二通机动换向阀的工作原理及其图形符号，它通过安装在液压设备运动部件（如机床移动工作台）上的挡块或凸轮来推动阀芯，因此这种阀必须安装在液压执行元件驱动的工作部件附近。在工作部件的运动过程中，安装在工作部件侧面的挡块或凸轮移动到预定位置时压下机动换向阀阀芯，使阀芯切换位置来实现换向阀的换向。图 9-11a 所示为阀芯 3 在左端位置，此时阀的 P 口与 A 口不相通；当挡块 1 挤压滚轮 2 使阀芯被压入最右端时，阀的 P 口与 A 口接通。因其工作原理是靠运动部件达到行程位置来使阀换向，故机动阀又称行程阀。

2）机动换向阀的特点。它的结构简单，动作可靠，重复位置精度高，且改变挡块的迎角或凸轮外形，可使阀芯获得合适的切换速度，可减小液压执行元件的换向冲击，使换向平

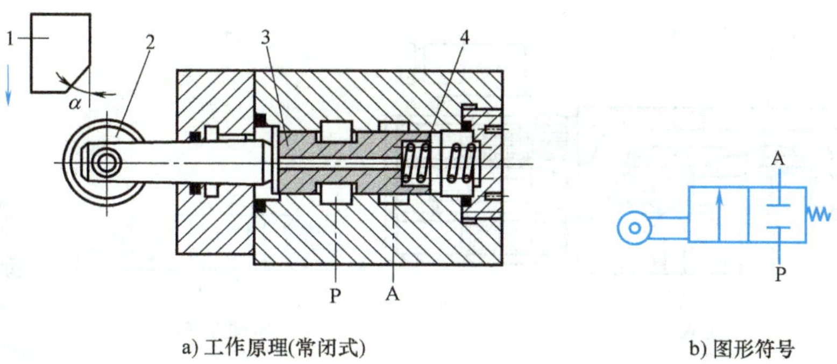

二位二通机动换向阀的工作原理

图 9-11 二位二通机动换向阀的工作原理及其图形符号

1—挡块 2—滚轮 3—阀芯 4—复位弹簧

稳。但这种阀只能安装在工作部件附近，因而连接管路较长，使整个液压装置不紧凑，主要用于对控制位置精度要求高以及换向平稳性要求高的场合。

（3）电磁换向阀 电磁换向阀是利用电磁铁通电吸合时产生的电磁力推动阀芯，改变工作位置。电磁换向阀简称电磁阀，按使用的电源不同，分为直流电磁铁和交流电磁铁两种形式。

1）电磁换向阀的工作原理。图 9-12 所示为二位三通电磁换向阀的工作原理图及图形符号，它包括电磁铁和滑阀两部分。当电磁铁线圈 5 不通电时，P 口与 A 口相通，B 口关闭；当电磁铁线圈通电时，电磁力吸动可动铁心 1，通过推杆 2 将阀芯 3 推向右端，P 口与 B 口相通，A 口关闭；当电磁铁线圈断电后，复位弹簧 4 又将阀芯推回左端初始位置，换向阀复位。

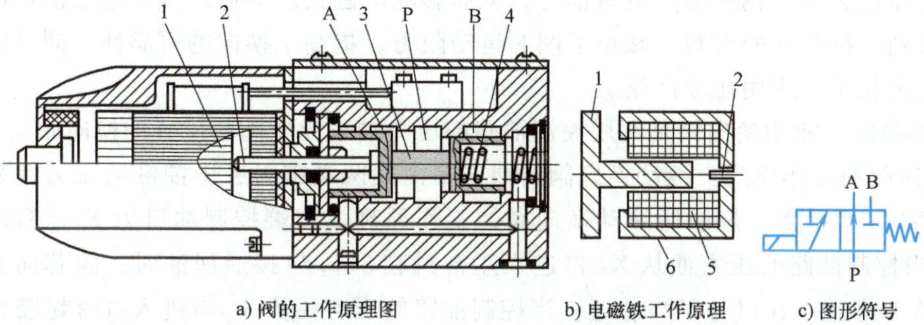

二位三通电磁换向阀的工作原理

图 9-12 二位三通电磁换向阀

1—可动铁心（动衔铁） 2—推杆 3—阀芯 4—复位弹簧 5—线圈 6—固定铁心

图 9-13 所示为三位四通电磁换向阀的结构原理。当两端电磁铁线圈 4 均不通电时，阀芯 3 在两端对中弹簧的作用下处于中位，阀的 P、A、B、T 口均不相通；当左端电磁铁线圈通电时，左端可动衔铁 5 通过推杆 2 将阀芯推至右端，则 P 口与 A 口相通，B 口与 T 口相通；当右端电磁铁线圈通电时，阀芯被推至左端，P 口与 B 口相通，A 口与 T 口相通。因此，通过控制左、右电磁铁线圈的通、断电，就可以控制油液通过阀内部的流动方向，从而切换油路，实现执行元件的换向。

2）电磁换向阀的特点。电磁换向阀的优点是动作迅速，操作方便，便于实现自动控制，但电磁铁的吸力有限，流量较大时驱动力不足，只宜用于流量不大的系统。电磁阀的最

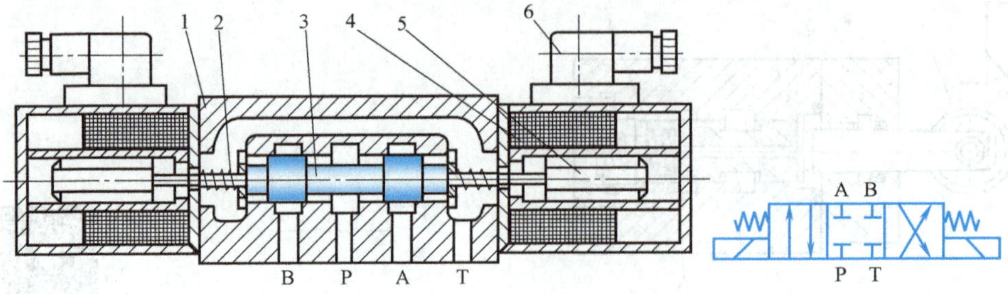

a) 工作原理　　b) 图形符号

图 9-13　三位四通电磁换向阀

1—阀体　2—推杆　3—阀芯　4—线圈　5—可动衔铁　6—插头组件

三位四通电磁换向阀的工作原理

大通流量小于 100L/min，若通流量较大或对换向可靠性要求高、换向冲击要求小，则应选用液动换向阀或电液动换向阀。

电磁铁类型有直流电磁铁和交流电磁铁两种。我国常用的交流电磁阀电源为 220V，直流电源为 24V。交流电源（AC）的优点是电磁吸力大，换向迅速；缺点是起动电流大，在阀芯被卡住或电源电压下降 15%以上引起电磁铁吸力不够时，电磁铁线圈易烧毁，且因换向冲击较大，换向频率不宜太高，一般为 30 次/min。直流电源（DC）的优点是工作可靠，换向冲击小，换向频率可达 120 次/min，寿命长；缺点是需要直流电源。目前使用直流电磁铁的场合较多。

按电磁铁的铁心是否浸在油里，电磁阀还分为干式和湿式两种。干式电磁铁结构简单，成本低，结构不允许油液进入电磁铁内部，因此在推动阀芯的推杆处要有可靠的密封，但此密封圈所产生的摩擦力会消耗一部分电磁推力，从而影响电磁铁的寿命。湿式电磁铁可浸在油液里工作，取消了推杆处的密封，减小了阀芯运动阻力，提高了换向的可靠性，同时电磁铁的寿命也大大延长了，应用比较广泛。

(4) 液动换向阀　液动换向阀是利用控制油路的压力油来改变阀芯位置的换向阀。

1）液动换向阀的工作原理。液动换向阀的阀芯是由其两端密封腔中油液的压力差来控制移动的。图 9-14a 所示为三位四通液动换向阀的工作原理，左端控制油口为 X_1，右端控制油口为 X_2。当控制油路的压力油从 X_1 口进入左密封腔、X_2 口接通回油时，阀芯向右移动，使 P 口与 A 口相通，B 口与 T 口相通；当控制油路的压力油从 X_2 口进入右密封腔、X_1 口接通回油时，阀芯向左移动，使 P 口与 B 口相通，A 口与 T 口相通；当 X_1 口、X_2 口都通回油时，阀芯在两端弹簧作用下回到中间位置，此时，P、T、A、B 四个油口全部被关闭互不相通。图 9-14b 所示的液动换向阀不能调节换向时间，图 9-14c 所示的液动换向阀，通过调节控制腔两端的节流阀开口大小，可以调节阀芯的移动速度，这样就能调节换向时间。

2）液动换向阀的特点。液动换向阀换向平稳，换向时间可调，且液压力对阀芯的操纵推力大，在需要大操纵力的大流量场合尤为适用。常用于换向平稳性要求高、流量大、阀芯移动行程长的场合。

(5) 电液动换向阀　电液动换向阀是由电磁换向阀和液动换向阀组合而成的组合阀，其中电磁换向阀起先导控制作用，用来改变液动换向阀的控制油的流向，它称为先导阀；液动换向阀则对主油路进行换向，称为主阀。

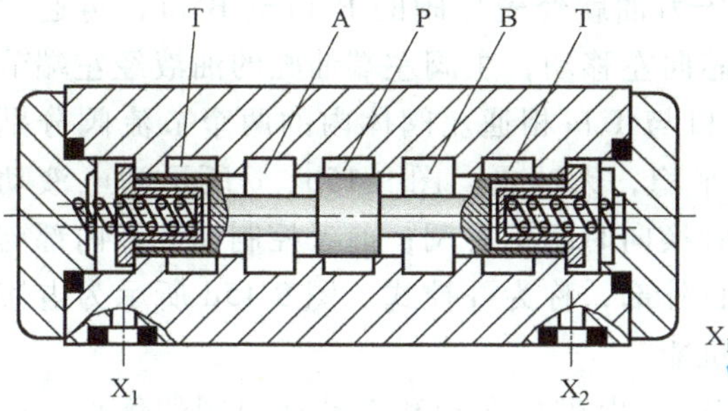

a) 工作原理

b) 图形符号(换向时间不可调)

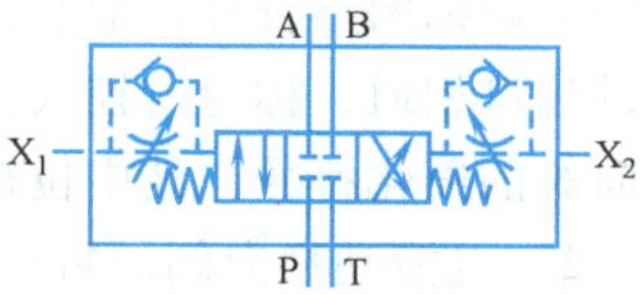

c) 图形符号(换向时间可调)

图 9-14　三位四通液动换向阀

1）电液动换向阀的工作原理。图 9-15a 所示为电液动换向阀的工作原理，当作为先导阀的电磁阀两电磁铁均不通电时，先导阀处于中位，控制油液被切断，主阀芯 8 两端均通油箱，主阀芯在弹簧的作用下处于中位，此时主阀的 P、A、B、T 口均不相通。当先导阀左侧电磁铁通电后，电磁力使电磁阀阀芯 4 向右移动，来自于主阀 P 口（或外接于其他油口）的控制压力油就进入先导阀的 P′口，经先导阀的 A′口和主阀左端单向阀 2 进入主阀左端油腔，推动主阀芯向右移动，这时主阀右端油腔的控制油液通过右边节流阀 6 经先导阀的 B′口和 T′口流回油箱，此时主阀的 P 口与 A 口相通，B 口与 T 口相通；反之，当先导阀右侧

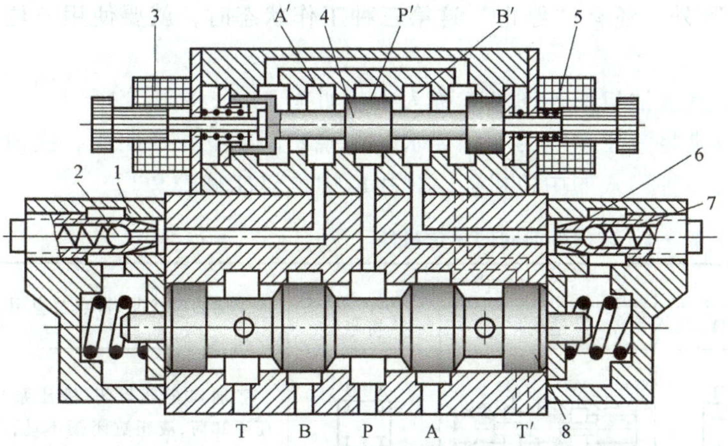

a) 工作原理

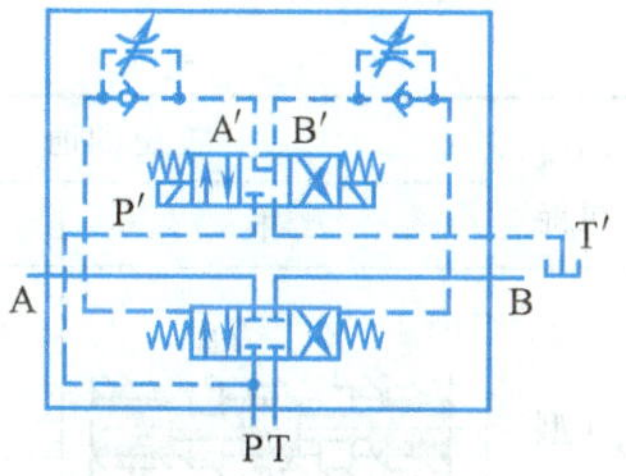

b) 详细图形符号(内控外泄式)

三位四通电液动换向阀的工作原理

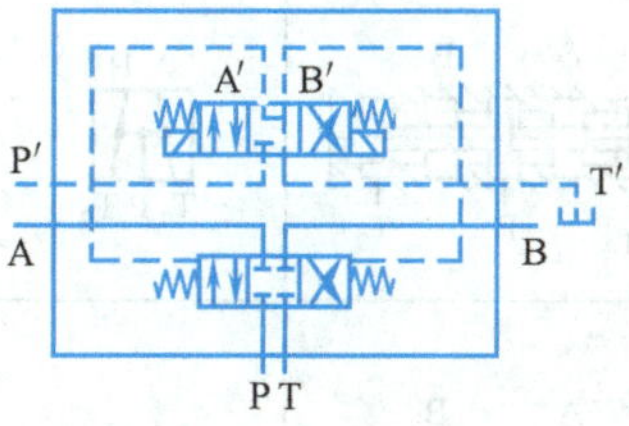

c) 详细图形符号(外控外泄式)

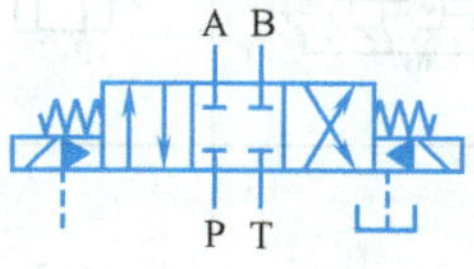

d) 简化图形符号

图 9-15　电液动换向阀

1、6—节流阀　2、7—单向阀　3、5—电磁铁　4—先导阀（电磁阀）阀芯　8—主阀（液动阀）阀芯

电磁铁通电后，电磁阀阀芯 4 向左移动，控制压力油就经先导阀的 P′口至 B′口，再通过主阀右端单向阀 7 进入主阀右端油腔，推动主阀芯向左移动，主阀左端油腔的油液经左端节流阀 1 回油箱，此时主阀的 P 口与 B 口相通，A 口与 T 口相通。阀体内的两个节流阀分别用于调节主阀芯两个方向的移动速度，使其换向平稳，无冲击。图 9-15b、c 所示为电液动换向阀的详细图形符号，前者换向时间可调，后者换向时间不可调；前者控制油液经内部与阀的进油口相通，称为内控式，后者控制油液引自外部，称为外控式。图 9-15d 所示为电液动换向阀的简化符号，其中位机能为主阀的中位机能。

2）电液动换向阀的特点。电液动换向阀综合了电磁换向阀和液动换向阀的优点。由于电液动换向阀换向时间可调，能实现换向的缓冲，且是用较小的电磁阀来控制较大流量的液动阀实现换向的，换向操纵力大且通过主阀的流量不受先导阀电磁铁吸力小的限制，所以特别适合于要求换向平稳、高压、大流量以及换向精度要求较高的自动控制液压系统中。

图 9-15 所示三位四通电液动换向阀的液动滑阀为液压对中型，即当电磁阀的阀芯在中位时，液动阀的阀芯两端处于压力平衡状态，这样电磁阀中位就控制了主阀处于中位。如图 9-15b 所示，先导阀中位时，A′口、B′口和 T′口三个油口相通，主阀芯两端通油箱，P′口关闭以使系统压力处于保压状态。

2. 三位换向阀的中位机能

多位阀处于不同工作位置时，各油口的不同连通方式体现了换向阀的不同控制机能，称为滑阀机能。当液压缸或液压马达需要在任何位置均可停止时，即除控制执行元件“前进”或“正转”、“后退”或“反转”外，还有“停止”这第三种工作状态时，就要使用三位换向阀。

小知识：三位换向阀中间位置各油口的连通方式称为中位机能。

换向阀不同的中位机能可以满足液压系统的不同要求。外观相同的三位换向阀，因内部阀芯台肩形状尺寸等不同，而有多种形式的中位机能，常用的中位机能见表 9-1。

表 9-1　常用换向阀的中位机能

中位机能	三位四通		三位五通		中位油口状况、特点及应用
	结构	符号	结构	符号	
O 型	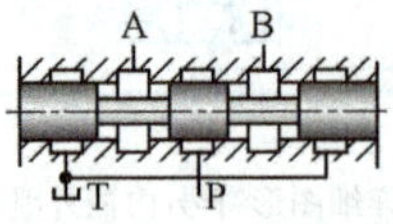		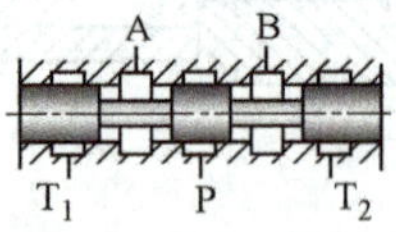		各油口全部封闭：液压泵保压不卸荷，液压缸闭锁不动；可用于多个换向阀并联工作
H 型	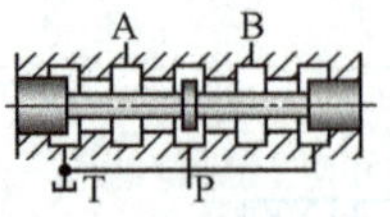		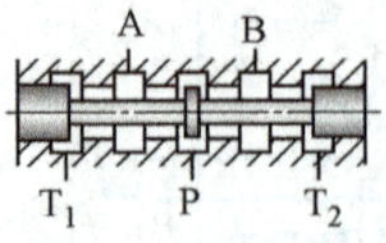		各油口全部串通：液压缸浮动，在外力作用下可移动；泵卸荷无压力
Y 型	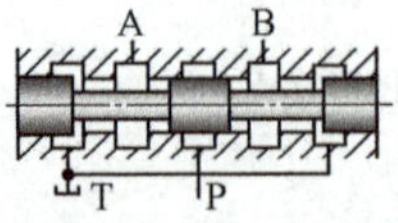		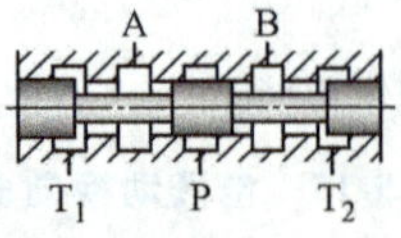		P 口封闭，A、B、T 油口相通：液压缸浮动，在外力作用下可移动；液压泵保压不卸荷

（续）

中位机能	三位四通		三位五通		中位油口状况、特点及应用
	结构	符号	结构	符号	
M 型	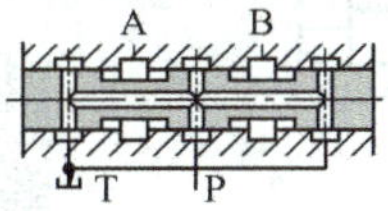		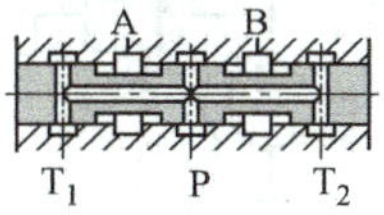		P 口与 T 口相通，A 口与 B 口均封闭；液压缸闭锁不动；液压泵卸荷无压力
P 型	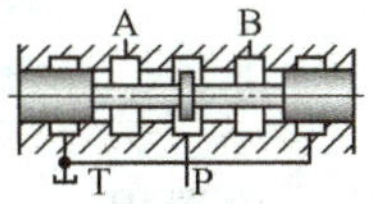		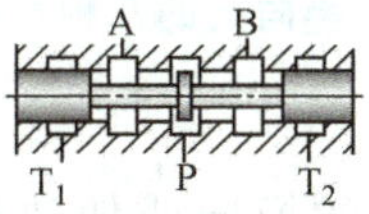		P、A、B 油口相通，T 口封闭；液压泵与液压缸两腔相通，单杆活塞缸可组成差动回路
K 型	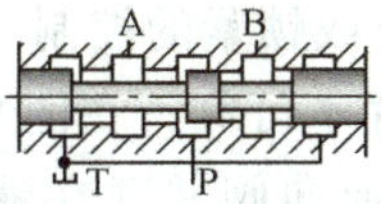		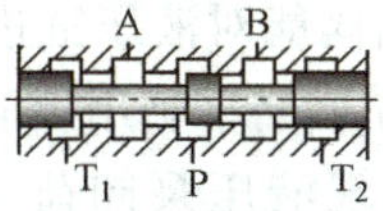		P、A、T 油口相通，液压泵卸荷无压力，液压缸的 B 口封闭

换向阀的中位机能直接关系着液压系统的工作性能，在对液压系统分析和选择换向阀的中位机能时，通常考虑以下几点：

（1）液压泵是否卸荷　若换向阀中位时 P 口与 T 口接通（如 H 型、M 型、K 型），系统卸荷，无压力，此时液压系统中的其他液压缸也会停下来。

（2）液压泵是否保压　若换向阀中位时 P 口被关闭（如 O 型、Y 型），系统保压，不卸荷，液压泵还能继续为多缸系统的其他液压缸供油。

（3）液压缸是“浮动”还是在任意位置上停止　若换向阀中位时 A 口和 B 口互通并与油箱接通（如 H 型、Y 型），则卧式液压缸呈“浮动”状态，可利用其他机构移动或调整执行机构位置；若 A 口和 B 口关闭（如 O 型、M 型），则可使液压缸闭锁、停在任意位置；若 A、B 两口均与 P 口连接（如 P 型），则没有面积差的双杆活塞缸处于浮动状态，而单杆活塞缸可组成差动回路。

（4）液压缸起动是否平稳　若换向阀中位时，液压缸某腔通过换向阀接通油箱（如 H 型、Y 型），液压缸启动时该腔内因无油液起缓冲作用，而易造成启动冲击，则起动不平稳。

（5）液压缸换向是否平稳、精度如何　若换向阀中位时，液压缸的油口被换向阀的 A 口和 B 口关闭（如 O 型、M 型），则换向过程中易产生液压冲击，换向平稳性差，但换向位置精度高；反之，A 口和 B 口都与 T 口相通时（如 H 型、Y 型），换向过程中工作部件不易迅速制动，换向位置精度低，但液压冲击小，换向平稳性好。

小知识：换向阀的常态位就是其初始位置，也就是指未操纵换向阀时的位置。对三位阀，符号的中位即是其常态位；对带弹簧的二位阀，符号中靠近弹簧的那个工作位置是其常态位。

小问题：图 9-16 所示的换向阀中位时，各回路的功能如何？

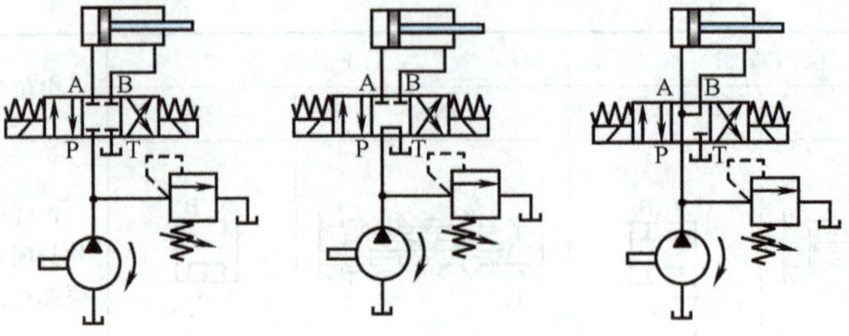

图 9-16　换向阀的几种中位机能

几种三位换向阀的中位机能

3. 换向阀的用途

换向阀的主要功能是实现执行部件的换向或使执行部件运动到某一位置停止等操作，常用于换向、锁紧、卸荷、顺序动作及按规定程序实现自动循环等油路中。

例如，在图 9-16a 所示回路中，换向阀能对液压缸进行换向、停止或锁紧的控制，还能对液压泵进行保压控制，但需注意，因存在泄漏，利用换向阀中位锁紧并不可靠；在图 9-16b 所示回路中，换向阀能在液压缸停止时实现液压泵卸荷（将二位二通换向阀并联在液压泵出油口，利用其进、出油口接通也可使液压泵实现卸荷）；在图 9-16c 所示回路中，换向阀中位时能使液压缸差动连接，实现快速运动。采用换向阀还非常容易实现多缸动作的控制，详见本项目任务四。换向阀的常见用途见表 9-2。

表 9-2　换向阀的常见用途

用途	换向阀	作用
构成换向回路	二位换向阀、三位换向阀多位换向阀	利用换向阀控制油液的流动方向，从而控制液压缸完成换向动作
构成锁紧回路	三位换向阀（中位保压式，仅用于短时锁紧或锁紧精度要求不高的场合）	使液压缸在任一位置停止，锁定工作位置以防止其在外力作用下窜动
构成卸荷回路	三位换向阀（中位卸荷式）、二位换向阀	当执行机构短时间停止工作时，使液压泵在接近零功率下运转，目的是减少非工作时的功率损耗
构成顺序动作回路	各种换向阀	前一执行元件运动到规定位置，发出信号控制换向阀，使下一执行元件开始运动，实现顺序动作

小提醒：锁紧精度要求高时，不能靠 M 型或 O 型中位机能，可采用液控单向阀锁紧，如图 9-9 所示。

小问题：请分析图 9-17 所示二位二通换向阀的作用。

二位二通卸荷回路的工作原理

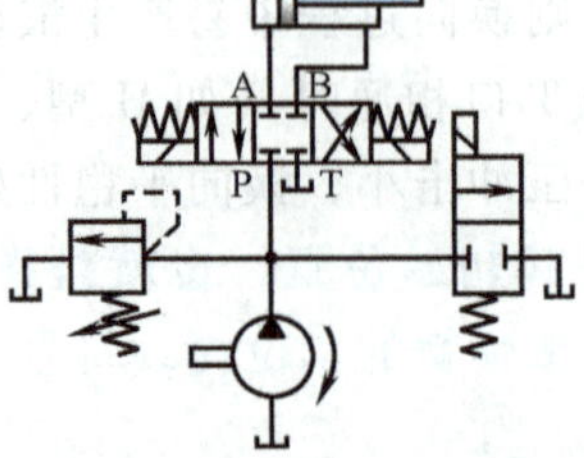

图 9-17　采用二位二通换向阀的卸荷回路

小问题：图 9-18 所示油路能实现差动快进—慢进—快退—原位停止（泵卸荷）的工作循环，试分析换向阀在各阶段的状态。

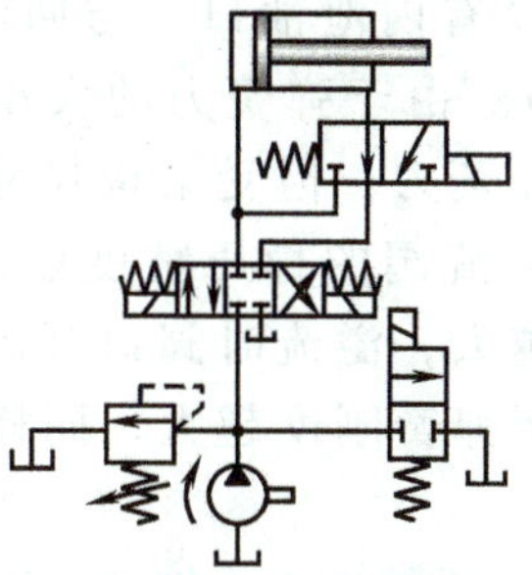

图 9-18　油路

综上所述，液压系统的方向控制阀起控制液压油按规定的路线流动，从而实现执行元件有序动作等工作内容。

小任务：方向控制回路的构建（任务工单见表 B-18）。

任务二　压力控制阀的结构认知及压力控制回路的构建

一、溢流阀的应用

1. 溢流阀的工作原理及特点

按工作原理的不同，可将溢流阀分为直动式和先导式两种类型。

（1）直动式溢流阀的特点　初级篇介绍了直动式溢流阀的工作原理，它是进油口的液压力直接与调压弹簧的弹簧力相平衡的。

如图 9-19a 所示，工作时，当 $pA<F_S$ 时，阀口关闭；当 $pA=F_S$ 时，阀口为临界打开状态，此时，$pA=F_S=kx_0$，可得 $p=p_k=\dfrac{kx_0}{A}$，式中 p 表示作用在阀芯下的液压油压力，F_S 表示弹簧预紧力，p_k 称为开启压力，k 表示弹簧刚度，x_0 表示弹簧压缩量，A 表示阀芯的工作面积。

当 $pA>F_S$ 时，液压推力克服弹簧力、阀芯静摩擦力及阀芯自重等使阀口打开，油液从 P 口经 T 口流出，阀芯移动时弹簧力增加，达到力平衡时阀口开度稳定下来，忽略阀芯自重时，有 $pA=F_S=k(x_0+\Delta x)$，式中 Δx 是阀芯动作引起的弹簧增加的压缩量。如果 $\Delta x \ll x_0$，则 $pA\approx F_S\approx kx_0$，即 $p\approx p_k$，溢流阀溢去多余流量后进油口压力 p 基本保持不变，溢流压力 p 即为溢流阀的调定压力。

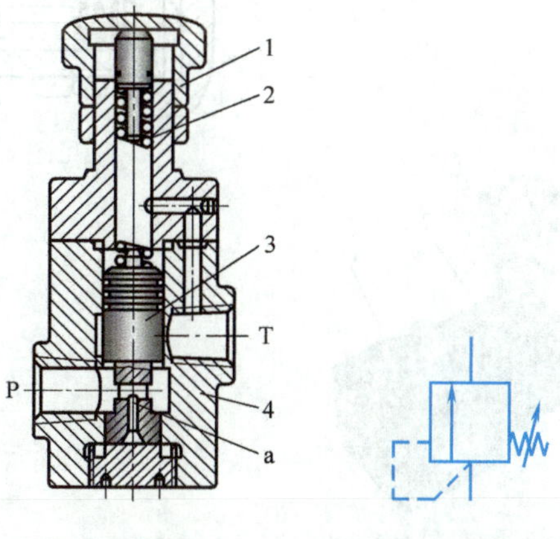

a) 工作原理　　b) 通用图形符号(或直动式)

图 9-19　直动式溢流阀

1—调节螺母　2—调压弹簧　3—阀芯　4—阀体

小结论： 溢流阀在溢去流量的同时，溢流压力基本恒定。

溢流阀阀芯上常设阻尼小孔，用于增加液阻，减小阀芯动作过程引起的振动，提高阀在工作时的稳定性。阀芯上腔设有内泄油口，与回油口接通，保证上腔不产生油压，使调定压力只受弹簧预紧力的调节。由于弹簧力的大小与控制压力成正比，如果要提高设定的调定压力值，就需要调大弹簧力，但受结构尺寸的限制，就需要采用较大刚度的弹簧。弹簧刚度一定时，直动式溢流阀的稳压精度取决于溢流量的大小，溢流量越大，稳压精度越差，这是因为溢流量越大，溢流时阀口开启量就越大，这个过程中溢流压力波动就越大，稳压精度就越低；而弹簧刚度越大，同样的阀口开度变化引起的溢流压力变化就越大。

小结论： 压力波动大会影响液压系统的工作性能。因在高压、大流量场合，直动式溢流阀的定压精度低，故其常用于低压、小流量液压系统中，或作为安全阀使用。

(2) 先导式溢流阀的工作原理 先导式溢流阀由先导阀和主阀两部分组成，先导阀通常为锥阀，它本质上是一个小流量的直动式溢流阀，而主阀有锥阀和滑阀等多种形式。图9-20所示为一种中低压先导式溢流阀的外观，其工作原理及符号如图9-21所示，其中，先导阀起调压作用，因此其弹簧为调压弹簧，刚度较大；主阀起溢流作用，其弹簧是复位弹簧，刚度较小。压力油从主阀P口进入，通过阻尼孔b后作用在先导阀芯2的右端，当进油口压力较低时，先导阀上的液压力不足以克服先导阀左端的调压弹簧1的作用力，先导阀关闭，阻尼孔b处没有油液流动，因此主阀芯5两端压力相等，在主阀复位弹簧4作用下，主阀芯处于最下端位置，溢流阀的P口和T口隔断，阀口关闭无溢流。当进油口压力升高，作用在先导阀芯上的液压力大于先导阀调压弹簧的作用力时，先导阀阀芯左移，先导阀口打开，主阀进油口部分压力油（极少一部分压力油）就可通过阻尼孔b、经先导阀流回油箱。虽然流经阻尼孔的油液极少，但由于阻尼孔处油液流动时的溢阻作用，主阀芯上端的油液压力p'就小于下端的油液压力p，这个压力差作用在面积为A的主阀芯上产生足够的向上推力，克服主阀弹簧力等阻力，主阀芯上移、主阀口开启，油液从P口流入，经主阀

图9-20 先导式溢流阀外观

1—调压手柄 2—先导阀

3—主阀

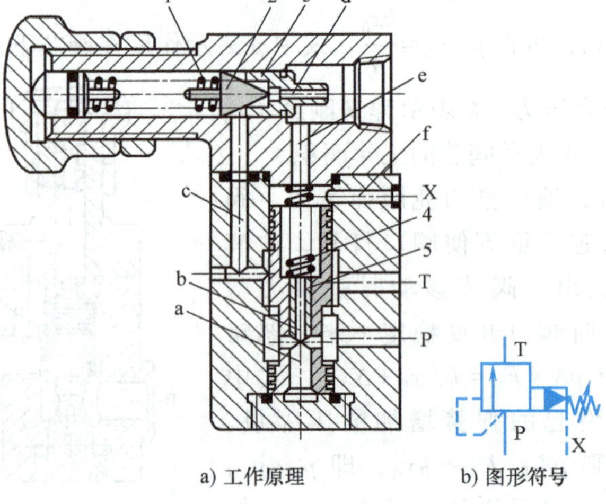

图9-21 先导式溢流阀的工作原理及图形符号

1—先导阀调压弹簧 2—先导阀芯 3—先导阀座

4—主阀复位弹簧 5—主阀芯

先导式溢流阀的工作原理

阀口由 T 口流回油箱，实现溢流。当阀芯停止在某一平衡位置上保持溢流状态时，则有 $\Delta pA \approx kx_0$，其中 $\Delta p=p-p'$，k、x_0 分别为先导阀调压弹簧刚度及预压缩量。

（3）先导式溢流阀的特点　对于主阀，油液通过阻尼孔产生的压差值 Δp 克服其弹簧力，打开主阀，此压差较小，故主阀的弹簧力只需要能使主阀芯复位即可，主阀弹簧为软弹簧；对于先导阀，p'是作用在先导阀上的液压力，它克服先导阀的调压弹簧力打开先导阀，故调压弹簧的刚度须较大。因为先导阀的阀芯一般为锥阀，阀芯作用面积较小，所以，即使作用在先导阀上的液压力 p'较高，也不需要很大的调压弹簧力来与所产生的液压力 p'平衡。这样，先导阀调压弹簧刚度也就不是很大，调压弹簧的手柄比较容易调节，因此通过旋紧先导阀调压弹簧得到较高的溢流压力就比较方便。又因为经过先导阀的流量来自主阀阻尼孔处，流量较小，先导阀开启过程中调压弹簧的压缩量变化很小，液压力 p'的变化也很小，而主阀的弹簧软，溢流量变化引起的主阀口开度对主阀弹簧力的影响也很小，所以先导式溢流阀的溢流压力受溢流量变化的影响较小。

小结论： 先导式溢流阀是利用主阀芯两端压力差与主阀复位弹簧相平衡来工作的。调节先导阀调压弹簧的预压缩量，即可调节先导式溢流阀的调定压力。先导式溢流阀比直动式溢流阀定压精度高，常用于控制系统压力恒定。

先导式溢流阀的先导阀相当于一个小型直动式溢流阀，它还有一个远程控制口 X，如果将 X 口用油管接到另一个远程调压阀（远程调压阀可以用其他的小型直动式溢流阀），调节远程调压阀的调压弹簧，即可调节先导式溢流阀主阀芯上端的液压力 p'，从而对溢流阀的溢流压力 p 实现远程调压。

小提醒： 远程调压阀取代先导式溢流阀中的先导阀进行远程调压时，其调节的最高压力不得超过先导式溢流阀本身的先导阀的调定压力，否则远程调压阀将不起作用。

直动式溢流阀和先导式溢流阀的区别见表 9-3。

表 9-3　直动式溢流阀和先导式溢流阀的区别

名称	直动式溢流阀	先导式溢流阀
图形符号	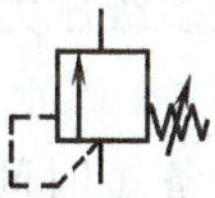	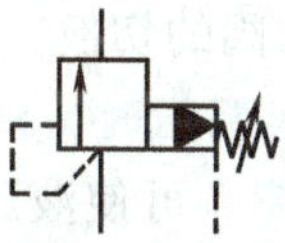
结构	单级结构	多级结构：先导阀+主阀
弹簧	一个弹簧：调压弹簧、刚度大	先导阀弹簧是调压弹簧：刚度大 主阀弹簧是复位弹簧：弹簧力与压差平衡，故刚度小
小孔作用	阻尼孔：减小阀芯振动	阻尼孔：形成主阀压力差，减小阀芯振动 遥控口：远程调压、多级调压，实现卸荷
原理	通过调压弹簧来调节阀的溢流压力：液压力与调压弹簧的力直接平衡	通过先导阀的调压弹簧来调节阀的溢流压力：主阀的复位弹簧与主阀两端压力差相平衡

（续）

名称	直动式溢流阀	先导式溢流阀
定压精度	精度低、溢流量变化会影响压力稳定性	精度高、压力稳定性好
应用	适用于低压、小流量场合，常作为安全阀	广泛应用于系统的压力控制，常作为调压阀

2. 溢流阀的用途

（1）稳压溢流作用 用于调定工作时的系统压力。如图 9-22a 所示，在定量泵节流调速系统中，溢流阀起溢去多余流量、调定系统压力的作用。

小提醒：调定压力 p 为系统工作压力，应调节为等于克服负载所需要的压力。

（2）过载保护作用 用于限定系统最高工作压力，起安全保护作用。如图 9-22b 所示，执行元件的速度由变量泵自身调节，无须溢去液压泵多余的流量，只有在系统超载时，溢流阀才被打开，溢流阀对系统起过载保护作用。

小提醒：调定压力 p 为系统的安全压力，应小于额定压力；工作时克服负载所需要的负载压力应小于安全压力。

（3）提高运动平稳性 用于形成回油路中的背压，提高执行元件的运动平稳性。如图 9-22c 所示，溢流阀 2 串联安装在系统的回油路上，可对回油产生阻力，造成执行元件的背压，可以提高液压缸的运动稳定性。

小提醒：调定压力 p 一般应比较小，若调定压力过高，则会使系统效率过低。

（4）远程调压作用 用于远距离遥控调压。如图 9-22d 所示，用外接在主溢流阀 1 遥控口上的溢流阀 2 遥控，可以根据需要在较远距离或较方便的地方来控制泵的工作压力，此时回路压力是由遥控溢流阀调定，相当于给主溢流阀的先导阀并联了另一个先导阀。

小提醒：欲使遥控溢流阀能起到作用，遥控溢流阀的调定压力一定要低于主溢流阀调定压力，否则遥控阀不会被打开，也就起不到遥控作用。

（5）多级调压作用 用于多种工况间不同压力的切换，它是遥控的升级。如图 9-22e 所示，利用电磁换向阀的切换，可调出三种回路压力，能实现多级压力的切换，也称多级调压。

小提醒：多级调压时，注意最大调定压力一定要在主溢流阀上设定。

（6）使泵卸荷 可使液压泵在零功率下运转，减少设备短时间停止工作时的功率损耗，改善设备的工作性能。如图 9-22f 所示，将溢流阀的遥控口通过二位二通换向阀与油箱连接，通过控制二位二通换向阀接通油箱，可使液压泵卸荷。

小知识：卸荷回路是在工作间歇阶段使液压泵压力降至接近零功率运转状态的油路，目的是减少设备待机状态时的功率损耗，降低系统油液温升。

采用卸荷回路的液压系统，在间歇工作时使液压系统处于卸荷状态，在减少能耗的同时，还能减少系统油液发热带来的故障率，也能避免因液压泵频繁起动造成寿命缩短的问题。

由上述几种应用可知，要满足各种工况的不同用途，就需要在调试溢流阀时采取不同的参数来保障，如果局部参数的选择与调试错误，设备整体就不能按预期效果来运行，即个体关系着全局。

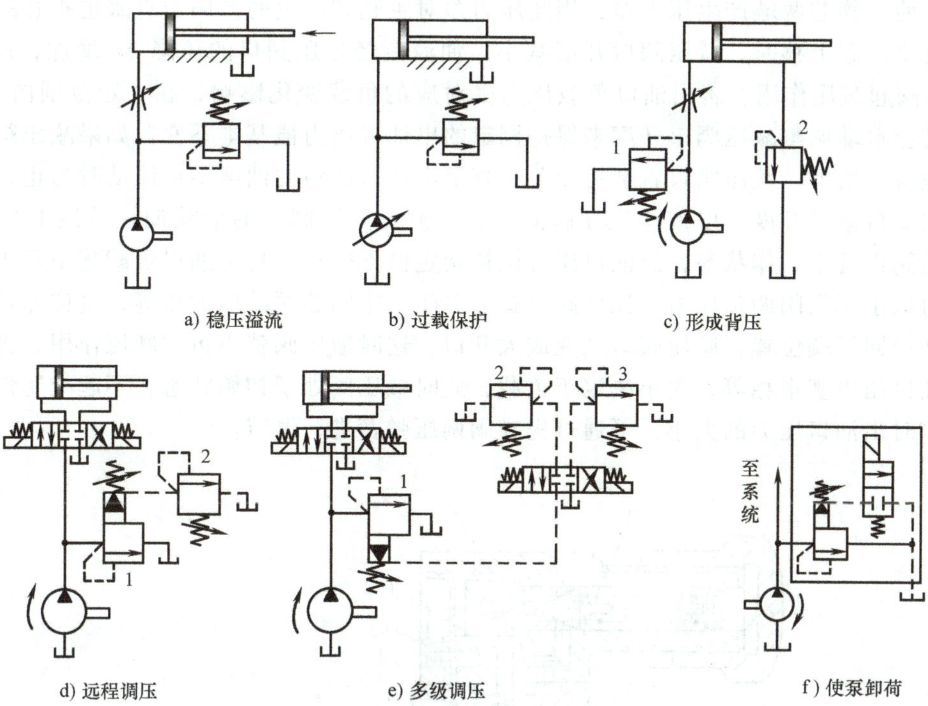

图 9-22　溢流阀的应用

1、2、3—溢流阀

二、减压阀的应用

1. 减压阀的工作原理及特点

在一个多缸工作的液压系统中，往往各执行元件所需的工作压力不尽相同。若某个执行元件所需的工作压力须比液压泵的供油压力小，则可在这个分支油路上串联一个减压阀来获得，所需压力的大小可通过调节减压阀来满足。

图 9-23 所示为一个先导式减压阀，它的外观与溢流阀相似。

图 9-23　先导式减压阀外观

先导式减压阀由先导阀和主阀两部分组成，其中先导阀起调压作用，主阀起减压作用。减压阀是靠形成缝隙来减压，使出油口压力低于进油口压力，其工作原理如图 9-24 所示，阀的 P_1 口为进油口、P_2 口为出油口，先导式减压阀有单独的泄油口 L 将先导阀的回油引回油箱。当压力油经进油口 P_1 流入后，通过减压阀口 f 和主阀芯上的径向孔和轴向孔进入主阀芯 5 的下腔，同时又通过阻尼小孔 e 流入主阀芯的上腔，并经孔 b、a 作用于先导阀芯 2 上。当出油口压力 p_2 低于先导阀调压弹簧 1 的调定压力时，先导阀口关闭，主阀芯上、下腔油压相等，在主阀复位弹簧 4 作用下，主阀芯处于最下端位置，这时减压阀口 f 开度最大，不起减压作用，其进油口压力 p_1 与出油口压力 p_2 基本相等。当出油口压力 p_2 达到先导阀调压弹簧调定压力时，先导阀开启，流经先导阀的油液经阻尼孔 e，再经孔 b、a、c、d 和泄油口 L 流回油箱，因液流经阻尼孔处会产生明显的压力损失，使主阀芯两端产生压力差，当此压力差对主阀芯产生的作用力克服主阀芯的复位弹簧力而使主阀芯上移时，减压阀口开度减小，油液流经减压阀口的压降 Δp 增加，此时 $p_2 < p_1$，减压阀起减压作用。若出油口负载压力受对应的负载变化影响，在一定范围内变化时，减压阀将会自动调整减压阀口开度来保持调定的出油口压力值基本不变。如果减压阀出油口处的负载持续增加，减压阀口就会持续关小直至出油口油路的油液不再流动时为止，此时减压阀口仅保持微量开度，以维持先导阀的工作，流经先导阀口的泄漏油持续经 L 口流回油箱，减压阀仍处于工作状态，出油口压力保持调定值不变；一旦出油口负载减小造成出油口负载压力低于减压阀调定压力，先导阀口就会关闭，主阀芯两端压力相等，复位弹簧就将减压阀重新推回下端位置，减压阀口又变成大开口，这时减压阀就不再起减压作用，进油口压力和出油口压力基本相等，大小决定于负载，此时减压阀处于初始状态，不起减压作用。减压阀工作时出油口压力的大小，可通过先导阀调压弹簧进行调节。

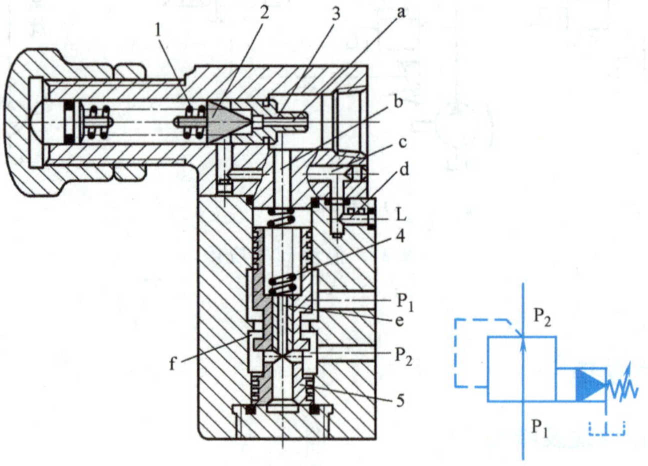

a) 工作原理　　b) 图形符号

先导式减压阀的工作原理

图 9-24　先导式减压阀的工作原理及图形符号

1—先导阀调压弹簧　2—先导阀芯　3—先导阀座　4—主阀复位弹簧　5—主阀芯

2. 减压阀的用途

减压阀的主要用途是构成减压回路。减压回路的功用是降低系统某一支路的油液压力，使该油路的压力稳定且低于系统主油路的调定压力。常用于机床液压系统的输出压力是高压而某支路要求低压时，比如夹紧油路、润滑油路和控制油路等场合。如图 9-25a 所示，在支路上串联一个减压阀，形成减压回路，用以限制夹紧油缸最大夹紧力；泵的供油压力根据负载大小由溢流阀 2 调节，夹紧缸的最大夹紧压力由减压阀 3 调节；单向阀 4 的作用是当系统主油路压力低于减压阀调定压力时，单向阀关闭，支路和主回路隔开，防止夹紧缸油路的油液倒流而造成夹紧力降低，对夹紧缸工作起到保压作用，保证夹紧缸的夹紧可靠性。实际应用中，也有用两级或多级减压以满足不同工况对不同低压的需求。图 9-25b 所示为利用先导式减压阀 3 和远程调压阀 7 实现的二级减压回路。

小提醒：在图 9-25b 所示的二级减压回路中，先导式减压阀 3 的设定压力一定要比远程调压阀 7 的调定压力高；构建减压回路时，为了得到较高的控制精度，减压阀应尽量靠近执

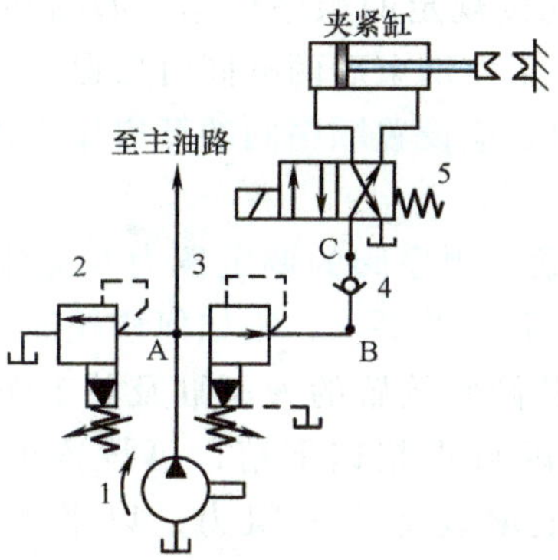

a) 单级减压回路

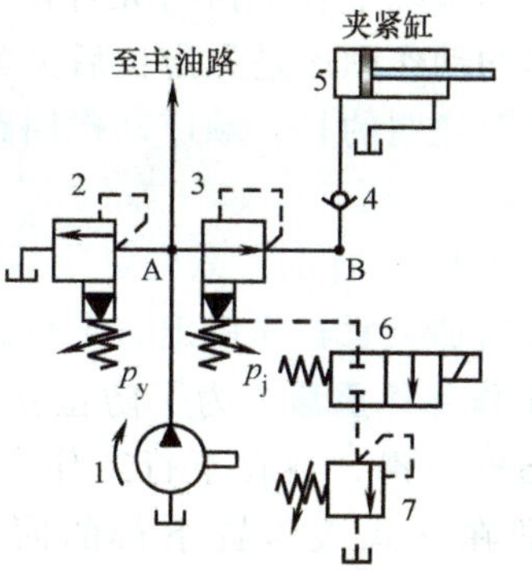

b) 二级减压回路

图 9-25　减压回路

行元件，如果需要调速，则需将调速阀置于减压阀与执行元件之间，避免因减压阀泄油口的流量对速度产生影响。

三、顺序阀的应用

1. 顺序阀的工作原理及特点

顺序阀是利用系统压力变化来控制其所在油路的通断，从而实现顺序动作等要求的压力控制阀。按结构不同，可将顺序阀分为直动式和先导式两种。

图 9-26 所示为先导式顺序阀。

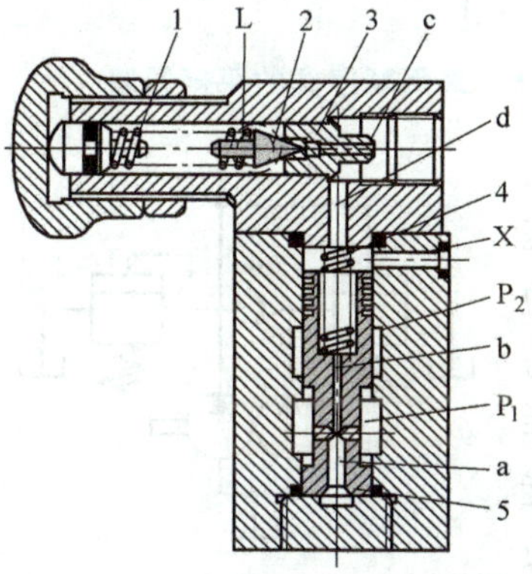

a) 工作原理

b) 外观

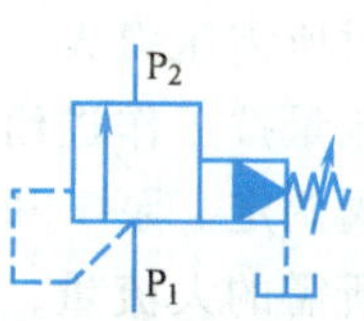

c) 图形符号

图 9-26　先导式顺序阀

1—先导阀调压弹簧　2—先导阀芯　3—先导阀座　4—主阀复位弹簧　5—主阀芯

先导式顺序阀的外观及工作原理与先导式溢流阀相近，其主要区别是：溢流阀的出油口接油箱，顺序阀的出油口往往接执行元件，因此顺序阀的泄油通道不能在阀内部与出油口接通，须有专门的泄油口接油箱。此外，由于顺序阀和溢流阀的用途不同，因此在结构上阀口开度等细节上也略有不同，一般不建议用顺序阀代替溢流阀使用。

2. 顺序阀的用途

(1) 构成顺序动作回路　顺序阀最常用的是构成顺序动作回路。顺序动作回路的作用是使多缸液压传动系统中各个执行元件严格地按规定的顺序动作。如图 9-27 所示的顺序动作回路，其伸出的动作顺序是先定位后夹紧，工作结束后两缸同时后退。

小提醒： 需要说明的是，顺序动作回路中，应设置顺序阀的开启压力比先动缸的工作压力大。

小问题： 如图 9-27 所示，欲先定位后夹紧，顺序阀的调定压力与溢流阀的调定压力应怎样设定？若要增加夹紧缸先后退、定位缸再后退的要求，则如何构建油路？

（2）平衡工作部件重量 为了防止立式及倾斜放置的液压缸及其工作部件在悬空停止期间因自重而自行下滑，或在下行工作期间因自重超速下落，可设置由单向顺序阀组成的平衡回路，即在立式液压缸下行的回路上增设适当的阻力，以平衡自重，如图 9-28 所示。

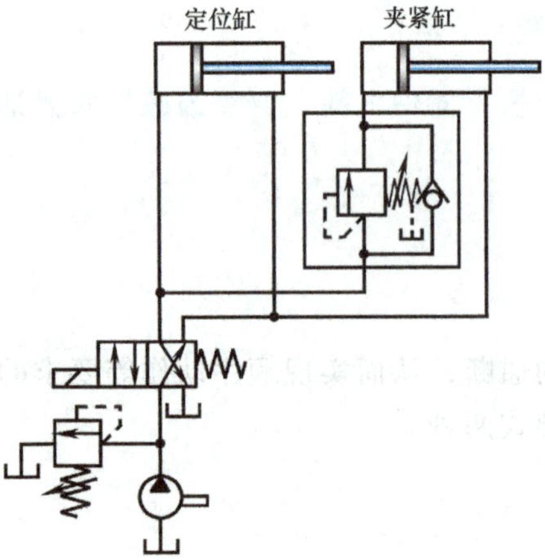

图 9-27 顺序动作回路

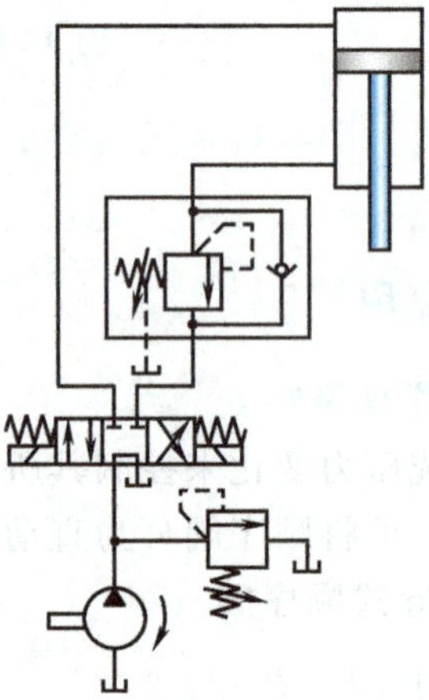
图 9-28 采用顺序阀的平衡回路

采用顺序阀的平衡回路的工作原理

（3）使泵卸荷 液控顺序阀可使液压泵卸荷，如图 9-29 所示，液压泵 1 为低压、大流量泵，液压泵 2 为高压、小流量泵，液控顺序阀 3 的调定压力比快速运动时所需压力大、比溢流阀 5 的调定压力小；该泵的流量按工作进给速度的需要选取，工作压力由溢流阀调定。泵 1 和泵 2 的流量加在一起能满足快速时所需的大流量，在快速运动时，由于负载小，系统压力小于液控顺序阀的调定压力，液控顺序阀的阀口关闭，泵 1 输出的油液经单向阀 4 与泵 2 输出的油液共同向系统供油，以实现快速运动；工作进给时，负载增加，系统压力升高，液控顺序阀被打开，泵 1 经液控顺序阀卸荷，此时单向阀被泵 2 的高压关闭，由泵 2 单独向系统供油即可实现工作进给。因能使液压泵卸荷，故液控顺序阀在这里被称为卸荷阀。

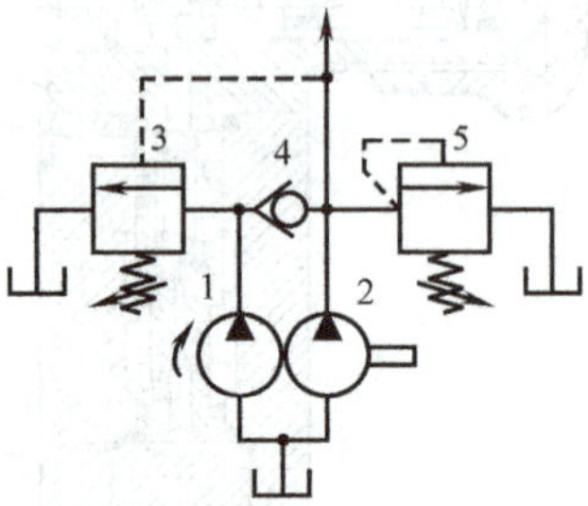

图 9-29 卸荷回路

1、2—液压泵 3—液控顺序阀 4—单向阀 5—溢流阀

液控顺序阀做卸荷阀

这种回路的优点是效率高，功率利用合理；缺点是回路比较复杂，常用在执行元件快进和工进速度相差较大的场合。

溢流阀、减压阀和顺序阀的区别见表 9-4。

表 9-4　三种压力控制阀的区别

特点		阀的名称		
		溢流阀	减压阀	顺序阀
图形符号	直动式		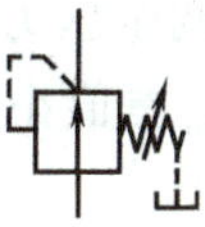	内控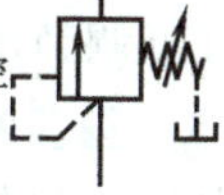 液控(外控)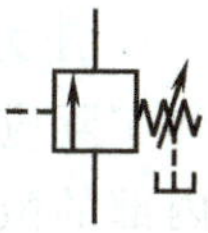
	先导式	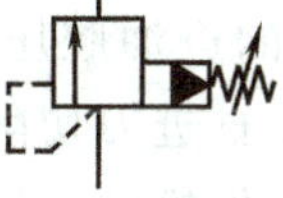	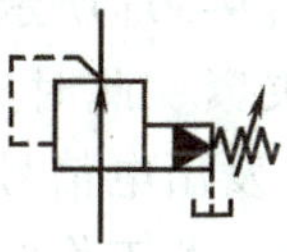	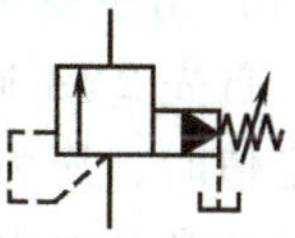
阀口初始状态		关闭(常闭)	全开(常开)	关闭(常闭)
启动阀动作的油液来源		进油口	出油口	内控式来自进油口,液控式(外控式)来自其他油路
出油口油路		接油箱	接需减压的回路	接工作油路或油箱(卸荷作用时)
泄漏油引出形式		内泄(无单独泄油口)	外泄(有单独泄油口)	外泄(有单独泄油口)
在油路中的连接		并联	串联	顺序动作时串联,卸荷作用时并联
常见用途		恒压控制、限压控制、产生背压、远程调压、多级调压,使泵卸荷	减压、稳压	控制油路通断,控制顺序动作,平衡立式液压缸自重,使泵卸荷

四、压力开关的主要性能及应用

压力开关（旧称压力继电器）内含微动开关，微动开关感应来自液压系统的压力变化来传递电信号，当油液压力达到预定值时，微动开关动作，给电气设备发信号，比如控制电磁换向阀换向。压力开关也可被定义为将压力信号转换成电信号的液压元器件，根据工况的需要，通过调节压力开关，实现在某一设定的压力时，输出一个电信号的功能，即可控制电磁铁、时间继电器和接触器等组件动作，从而使油路卸压和换向，执行元件实现顺序动作、发出过滤器堵塞报警信号、关闭电动机电路、使系统停止工作，起安全保护作用。

1. 压力开关的主要性能

（1）调压范围　压力开关能够发出电信号的最低工作压力和最高工作压力的范围称为调压范围。压力开关的工作压力由内部的调压弹簧来调节。

（2）灵敏度与通断调节区间　系统压力升高到压力开关的调定值时，压力开关动作，接通电信号的压力称为开启压力；系统压力降低，压力开关复位，切断电信号的压力称为闭合压力。因接通和复位时柱塞和顶杆移动时的摩擦力方向相反，开启压力大于闭合压力，开启压力与闭合压力之间存在一定差值，这个差值称为压力开关的通断调节区间，也称返回区间。通断调节区间反映了压力开关的灵敏度，差值小则灵敏度高。压力开关不能过于灵敏，通断调节区间要有足够的数值，否则系统压力波动时压力开关发出的信号会时通时断。压力开关有可调节摩擦力大小的结构型式，使通断调节区间可调、灵敏度可调。

（3）重复精度 在一定的调定压力下，多次升压（或降压）过程中，开启压力或闭合压力本身的差值称为重复精度，差值小则重复精度高。

2. 压力开关的用途

实际应用时，压力开关并联安装于油路中，当所接油路压力达到设定值时，压力开关通过内部的微动开关发出电信号来控制电气线路。

（1）用于安全保护 如图 9-30a 所示，将压力开关设置在夹紧液压缸的一端，液压泵起动后，首先 2YA 通电将工件夹紧，此时夹紧液压缸的进油腔压力升高，当升高到压力开关的调定值时，压力开关动作，发出电信号使进给液压缸进刀切削。在加工期间，压力开关微动开关的常开触点要始终闭合，若工作时因故造成工件松动，夹紧缸工作压力降低，压力开关断开，液压缸立即停止进刀，从而避免工件在未安全夹紧的情况下被切削而导致事故。如图 9-30b 所示，当过滤器 2 堵塞造成油液的流动阻力增加时，过滤器进油口压力会增大，当此压力增大到压力开关 3 调整的限定压力时，压力开关报警以便及时清洗或更换过滤器，此时阀 1 作为旁通阀起安全阀作用。

（2）用于控制顺序动作 图 9-31 所示压力开关用于控制执行元件的顺序动作，液压泵起动后，首先按起动按钮使 1YA 通电，液压缸 A 左腔进油，推动活塞向右移动（动作①）。当系统压力增大（比如移动部件碰到限位器后），A 缸进油腔压力超过压力开关 1KP 的调定压力值时，压力开关 1KP 发出电信号，使 3YA 通电，高压油进入液压缸 B 的左腔，推动活塞向右移动（动作②），靠压力开关 1KP 实现两个液压缸先后顺序伸出的控制。按返回按钮，1YA、3YA 断电，4YA 通电，液压缸 B 的活塞向左退回，实现动作③；液压缸 B 的活塞退到原位后，当 B 缸进油腔压力超过压力开关 2KP 的调定压力值时，2KP 发出电信号，使 2YA 通电，液压缸 A 的活塞后退完成动作④。

采用压力开关的顺序动作回路

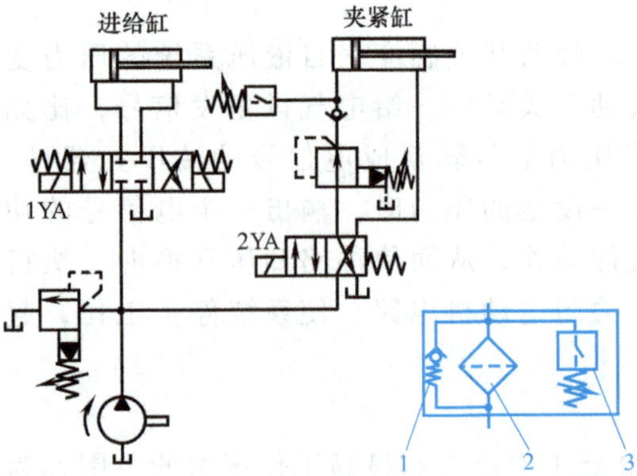

a) b)

图 9-30 用于安全保护

1—旁通阀 2—过滤器 3—压力开关

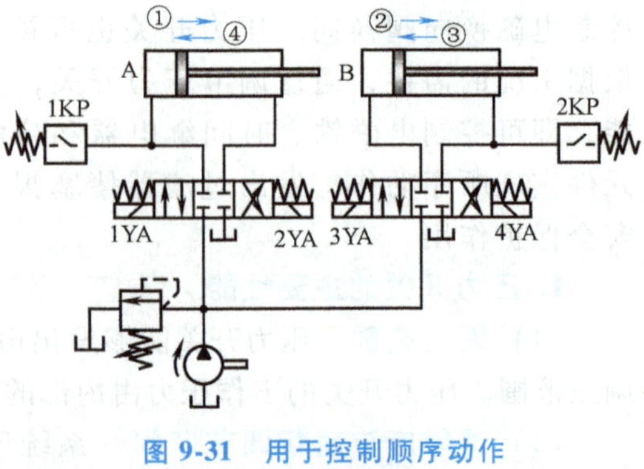

图 9-31 用于控制顺序动作

A、B—液压缸

(3) 用于自动循环的程序控制　如图 9-32 所示，1YA、2YA 通电，液压缸左腔进油、右腔回油，活塞右移实现快进；2YA 断电，液压缸工进；工进至终点，液压缸左腔压力增大到压力开关调定值时，发出信号使 1YA 断电，2YA 通电，液压缸右腔进油，活塞左移实现快退，完成一个自动工作循环。

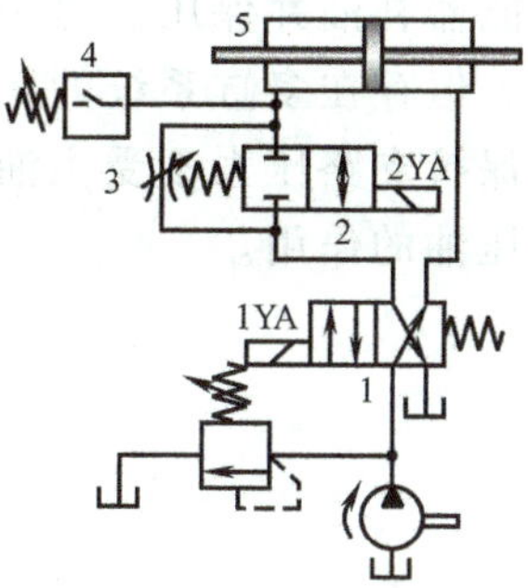

图 9-32　用于自动循环的程序控制

小提示： 压力开关必须并联在工作时压力有明显变化的位置，否则捕捉不到变化的压力信号，压力开关就不能发出电信号。

讨论： 能够对液压系统进行安全压力设定的关键元件是哪一个？讨论企业安全生产的重要性。

五、其他压力控制回路

1. 增压回路

当液压系统中某一支路短时间需要压力较大但流量又不大的压力油，不希望增设高压泵时，可采用图 9-33 所示的单作用增压缸的增压回路来实现间歇增压。当换向阀处于右位时，工作（增压）缸 1 输出压力为 $p_2=p_1\dfrac{A_1}{A_2}$ 的压力油进入工作缸 2；当换向阀处于左位时，增压缸活塞左移，工作缸 2 靠弹簧复位，补油箱 3 经单向阀向增压缸右腔补油。如果需要增压缸连续输出高压油，则可采用双作用增压缸。

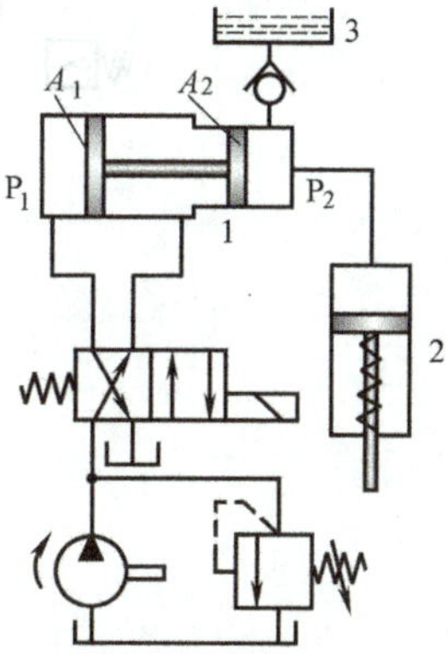

图 9-33　增压回路

1、2—工作缸　3—补油箱

2. 保压回路

保压回路就是使系统在液压缸不动或仅有工件变形所产生的微小位移的情况下稳定地维持主压力。用三位换向阀中位封闭油路实现的保压可靠性较差，最简单的保压回路是使用密封性能较好的液控单向阀来保压，但是阀类元件的泄漏使得这种回路的保压时间不能维持太久。常用的保压回路有以下几种：

(1) 采用液压泵的保压回路　利用液压泵的保压回路如图 9-34a 所示，在保压过程中，液压泵仍以较高的压力工作，此时，若采用定量泵，则压力油几乎全部经溢流阀流回油箱，系统功率损失大，易发热，因此只在小功率的系统且保压时间较短的场合下才使用。若采用图 9-34b 所示的变量泵形式，在保压时，泵的压力较高，但输出流量几乎为零，因此液压系统的功率损失小，但受使用工况的限制。若采用图 9-29 的双泵供油系统，当低压、大流量泵卸荷时，采用高压、小流量泵保压，其功率损失介于前两者之间。

(2) 采用蓄能器的保压回路　蓄能器的保压回路应用于保压时间较长且功率损失较小的场合。这种回路是最常用的保压回路，它有两种类型：一种是泵卸荷时的蓄能器保压回路，如图 9-34c、d 所示。在图 9-34c 所示回路中，当活塞右移夹紧工件时，泵继续输出压力油对蓄能器充压，直至卸荷阀打开泵卸荷，此时液压缸则由蓄能器补油并保压。当液压缸夹紧压力减小到比卸荷阀所调定的压力还小时，卸荷阀又关闭，泵重新供油，重复上述过程。在图 9-34d 所示回路中，夹紧工件时，压力开关控制电磁溢流阀卸荷，由蓄能器补油并保压。另一种是多缸系统其中一缸保压的回路，在这种回路中泵虽然不卸荷，但存在多缸系统的压力干扰，如图 9-34e 所示，当主油路负载压力减小时，利用蓄能器保持支路压力不受主油路压力降低的影响，保压时单向阀起到隔离支路与主油路的高低压油的作用。

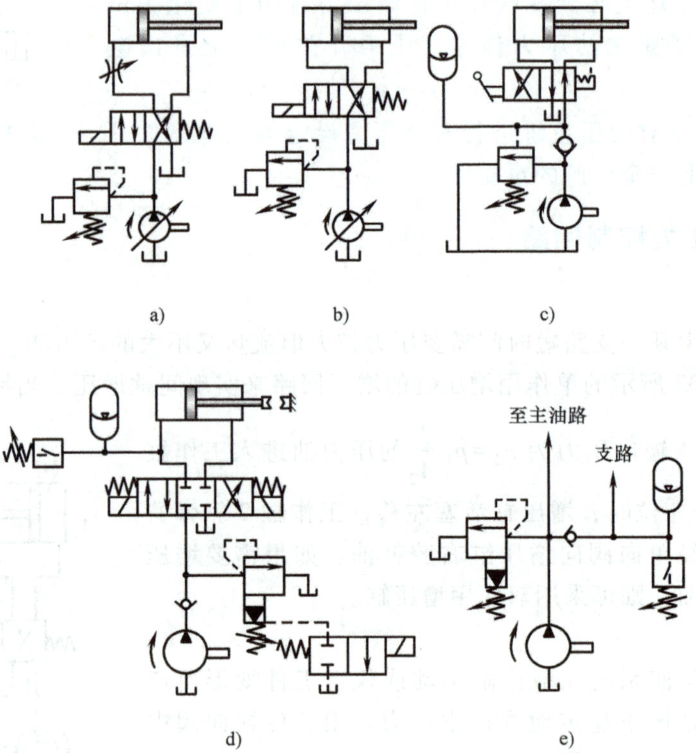

图 9-34 保压回路

3. 释压回路（泄压回路）

液压机压制工件等液压系统，在高压工作阶段储存了一定的能量，油液被压缩，在工作进给或压制完成后，若立即改变运动状态换向，使原来的高压腔与低压腔接通，压力瞬间释放，容易产生液压冲击。因此，对于高压系统，液压缸高压腔在排油前必须先将压力释放，再换向。

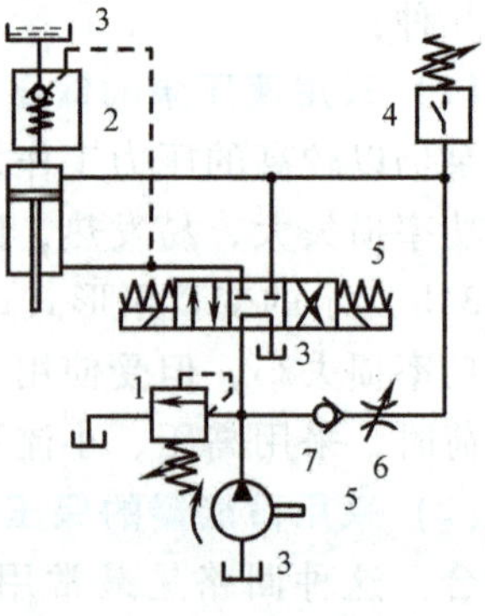

图 9-35 使用节流阀的释压回路

1—溢流阀 2—液控单向阀 3—油箱
4—压力开关 5—换向阀
6—节流阀 7—单向阀

图 9-35 所示为一个采用节流阀的释压回路，在该回路中，当活塞工进结束，换向阀 5 右侧电磁铁断电回到中位时，泵卸荷，液压缸上腔高压油通过节流阀 6 和单向阀 7 流回油箱，其泄压快慢由节流阀开口大小调节。当液压缸上腔压力降至压力开关 4 的调定值时，换向阀切换至左位，液控单向阀 2 反向打开，液压缸上腔的油液通过换向阀和液控单向阀流到油箱 3 中。溢流阀 1 起安全阀作用。

小任务：压力控制回路的构建（任务工单见表 B-19）。

任务三　流量控制阀的结构认知及速度控制回路的构建

一、流量控制阀的结构及特点

1. 节流口的流量特性

油液流经节流口时，其流量特性与节流口的结构形式有关。

流体力学中节流口流量特性通用公式为

$$q_T = KA_T\Delta p_T^m \tag{9-1}$$

式中　q_T——流经节流小孔的流量，单位为 m^3/s；

K——由孔口形状、尺寸和油液性质决定的系数，薄壁孔和短孔对应的 K 值接近常数；

A_T——节流口的通流截面积，单位为 m^2；

Δp_T——流经小孔前后的压力差，单位为 Pa；

m——由小孔的类型决定的指数，细长孔 $m=1$，薄壁孔 $m=0.5$，短孔 $0.5<m<1$。

当 K、Δp_T、m 一定时，改变节流孔口通流截面积 A_T 的大小，就可以调节通过流量阀的流量 q。

2. 影响节流口流量稳定性的因素

在液压系统中，当流量控制阀的节流口开度调定后，如果通过的流量 q 能保持稳定不变，那么执行元件就可获得稳定的速度。而实际上不同的流量控制阀结构原理不同，流量特性也就有所不同。

利用流量阀调节节流小孔大小来调速时，通过节流口的流量不但与节流口通流面积 A_T 有关，而且还和节流口前后的压力差 Δp_T 及油温等因素有关系。

（1）负载变化对流量稳定性的影响　由公式 $q_T=KA_T\Delta p_T^m$ 可知，当外负载变化时，执行元件工作压力随之变化。如果与执行元件相连的节流阀口压力差 Δp_T 发生变化，就会引起执行元件的速度变化。因为薄壁孔式节流口 m 的值最小，同样压力差的变化引起的流量变化最小，其通过的流量受压力差影响最小，即流量受负载变化的影响最小。因此，最理想的节流口为薄壁孔式节流口，基于加工工艺性因素，目前节流阀常用的节流口形状是轴向三角槽式节流口，这种小孔接近于薄壁孔，其结构简单，便于加工，并可得到较小的稳定流量。

（2）油温变化对流量稳定性的影响　因油温变化引起油液黏度变化，使小孔流量公式中系数 K 发生变化，导致流量变化。黏度变化对细长孔流量的影响较大，而对于薄壁孔的流量几乎没有影响。

3. 节流口的堵塞和最小稳定流量

（1）孔口形状对流量稳定性的影响　因杂质堵塞会改变节流口预先调好的通流面积，故使流量发生变化，尤其是当节流口较小时，这一影响更为突出。节流口的形状不同，抗堵塞的性能就不同，因此节流口的形状也是影响流量稳定性的重要因素。

(2) 节流口的堵塞 节流口堵塞是指节流口处流量出现时断时续，甚至断流这种现象。节流口堵塞的原因主要有油液中的杂质及氧化析出的污染物堆积，节流缝隙的金属表面形成的边界吸附作用，压力差过大加剧节流缝隙处的吸附。

(3) 减轻节流口堵塞现象的措施 选择薄刃节流口，精密过滤并定期更换液压油，合理选择节流口前后的压力差，选用抗氧化稳定性好的油液，减小节流口的表面粗糙度值等，这些都有助于缓解堵塞现象的产生。

(4) 节流口的最小稳定流量 最小稳定流量是流量阀的一个重要性能指标。

1）定义。节流口的最小稳定流量是指不发生节流小孔堵塞现象的最小流量。这个值越小，说明节流口的通流性越好，系统可获得的最低速度越低，阀的调速范围越大。

2）选择依据。节流口最小稳定流量必须满足系统最低速度的要求。只有节流口最小稳定流量小于系统以最低速度运行所需要的流量值，才能保证系统在低速工作时速度的稳定性。

最小稳定流量与节流口截面形状有关，节流口的抗堵塞性能越好，阀在小流量下的稳定性就越好，因此选择合适结构的流量控制阀是获得系统低速稳定性的前提。流量阀的最小稳定流量可以在产品样本上查得，L 型节流阀的最小稳定流量为 0.05L/min。

小知识：有些液压系统的执行元件在低速下运行时可能产生爬行现象，严重影响工作质量，爬行的本质是一种振动，它与负载变化、环境温度变化、液压弹簧效应、流量不稳定等因素有关，其中最小供油量的稳定性对执行元件是否产生爬行，运动是否保持平稳起着很大的作用。

4. 流量阀的结构及特点

(1) 节流阀的结构特点 由节流口的流量特性可知，理想的节流口形式是薄壁孔，油温变化时，薄壁孔的系数 K 接近常数，且流量受压差变化的影响最小，因此其流量受温差及负载变化的影响较小。实际情况下，因加工等诸多因素，节流阀的节流口往往处于薄壁孔和短孔之间。初级篇中图 5-20 所示的节流阀采用的是轴向三角槽式的节流口。

节流阀的结构简单，体积小，调节方便，但负载和温度的变化对流量的稳定性影响较大，因此只适用于负载和温度变化不大或对速度稳定性要求不高的液压系统中，要求稳定性高的系统须用调速阀。

(2) 调速阀的工作原理及特点 由于工作负载的变化很难避免，为了改善调速系统的性能，常常使用调速阀，如图 9-36 所示。

调速阀的工作原理如图 9-37 所示。调速阀是由定差式减压阀和节流阀串联而成的，定差式减压阀对节流口采取一定的措施进行补偿，使节流口前后压力差在负载变化时始终保持不变，由式 (9-1) 可知，当 Δp_T 基本不变时，忽略油温变化的影响，通过节流口的流量基本保持不变。

图 9-36 调速阀

系统工作时，调速阀的进油口压力 p_1 由溢流阀调定，基本保持恒定。压力为 p_1 的压力油进入调速阀后，先经过定差减压阀的阀口 1，压力减小为 p_2，减压阀的出油口即为节流阀的进油口，然后经节流阀口 3，压力又减小为 p_3，p_3 的大小由液压缸负载决定。p_2 作用于减压阀芯 2 左端，p_3 作用于减压阀芯右端，在弹簧力 F_S 和液压力 p_2、p_3 的作用下，减压阀芯处于某一平衡位置，有 $p_2 - p_3 = \Delta p_T = F_S/A$，

其中 p_2-p_3 为节流阀口 3 前后压力差，减压阀芯两端的有效面积均为 A。因为定差式减压阀的弹簧刚度较小，且工作过程中减压阀芯位移很小，可以认为工作中 F_S 基本保持不变，所以流经节流阀口前后的压力差 Δp_T 基本不变，这就保证了调速阀的流量稳定，不受负载变化的影响。

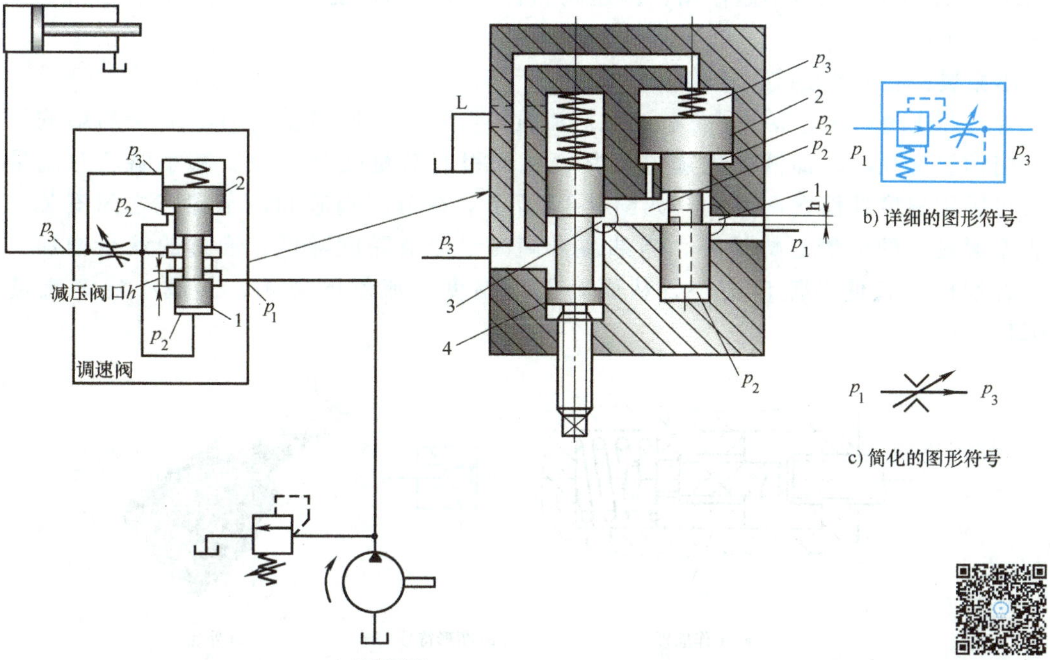

a) 工作原理

调速阀的工作原理

图 9-37　调速阀的工作原理及图形符号

1—减压阀口　2—减压阀芯　3—节流阀口　4—节流阀芯

在图 9-37 所示回路中，若负载增加，调速阀出油口压力 p_3 增大，减压阀芯失去平衡而左移，伴随减压阀口增加，液流阻力减小，减压阀口的减压作用减小，导致减压阀出油口压力 p_2 增大；反之，若负载减小，则 p_3 减小，p_2 也减小。这进一步说明负载在一定范围内变化时，减压阀芯总是能自动调整减压阀口 h 的大小，直至减压阀芯处于新的平衡位置上，也就是说，负载变化时，p_2 总是随 p_3 变化，保证了节流口前后的压力差 Δp_T 基本不变，从而使调速阀的流量基本稳定，不受负载变化的影响。

小结论：调速阀通过改变内部节流阀口的大小来调节流量，当节流口一定而负载变化时，定差式减压阀通过其阀芯的自动调节，能保证节流口前后的压力差恒定，从而使调速阀的流量稳定，不受负载变化的影响。

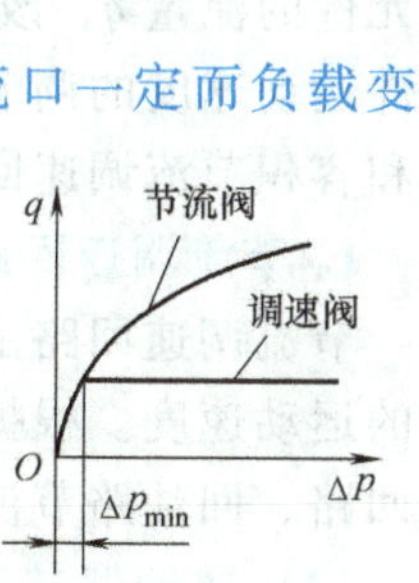

图 9-38　流量阀的特性曲线

图 9-38 所示为节流阀和调速阀的特性曲线，从中可以看出，节流阀的流量随其进、出油口压力差 Δp（即 Δp_T）的变化较大；调速阀的进、出油口压力差 Δp（即 p_1-p_3，非 Δp_T）大于一定数值后，曲线则基本保持水平状态，即 Δp 变化时，Δp_T 不变，调速阀的流量 q 基本不变。调速阀在进、出油口压力差较小的曲线区域内，因压差而产生的液压力不足以克服减压阀弹簧的预紧力，这时图 9-37a 左

图所示的减压阀始终处于下端位置，减压阀口全开，减压阀不起减压作用，此时的特性曲线与节流阀相同，所以调试设备时，应保证调速阀的进出油口压力差 Δp 不小于最小压差 Δp_{min}。

小知识：在中低压系统中，调速阀正常工作的条件是进、出油口压差 $\Delta p>0.4\sim0.5$MPa，否则减压阀将不起作用，调速阀和普通节流阀性能一样。因此，在系统调试时要保证其最小压力差。

小拓展：温度补偿式调速阀。

普通调速阀基本上解决了负载变化对流量的影响，但油温变化对其流量的影响依然存在。当油温变化时，油液黏度随之变化，从而引起流量变化。为了减小温度对流量的影响，可采用温度补偿式调速阀，如图 9-39 所示。在节流阀芯和调节螺钉之间安装一个热膨胀系数较大的聚氯乙烯推杆，当油温升高时，油液黏度降低，通过的流量增加，这时温度补偿杆伸长使节流口变小，从而补偿了温度对流量的影响，其最小稳定流量可达 0.02L/min。

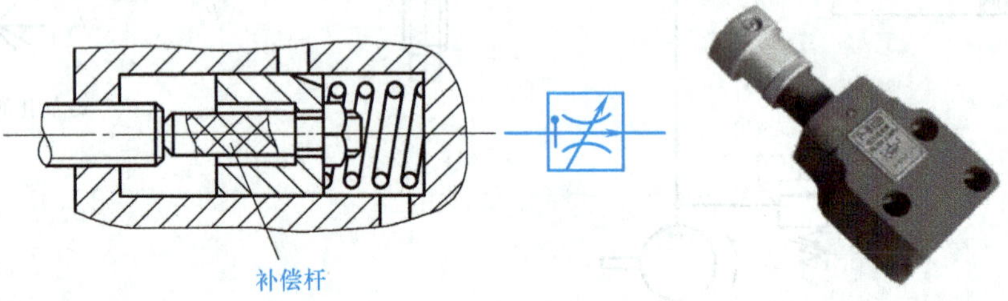

a) 工作原理　　b) 图形符号　　c) 外观

图 9-39　温度补偿式调速阀

二、速度控制回路及其用途

流量控制阀常用于速度控制回路。速度控制回路用于满足执行元件对工作速度的要求，包括调速回路、快速运动回路和速度换接回路。

（一）调速回路

调速就是调节执行元件的工作速度，使其满足工况的要求。在不考虑泄漏的情况下，液压缸的运动速度 $v=q/A$，液压马达的转速 $n=q/V$。由此可知，改变流入（或流出）液压执行元件的流量 q，改变液压缸的有效作用面积 A 或液压马达的排量 V，均可实现对液压执行元件运动速度的调节。根据调速方法不同，通常将调速回路分为节流调速回路、容积调速回路和容积节流调速回路三种。

1. 节流调速回路

节流调速回路由定量泵供油，用流量阀控制进入或流出执行元件的流量，以调节执行元件的运动速度。根据流量阀在回路中安装位置的不同，可将节流调速回路分为进油路节流调速回路、回油路节流调速回路和旁油路节流调速回路三种。

（1）进油路节流调速回路　进油路节流调速回路如图 9-40a 所示，节流阀串联在液压泵和液压缸之间，定量泵多余的油液经溢流阀流回油箱，泵的出油口压力 p_p 为溢流阀的调定压力，工作中基本保持定值。

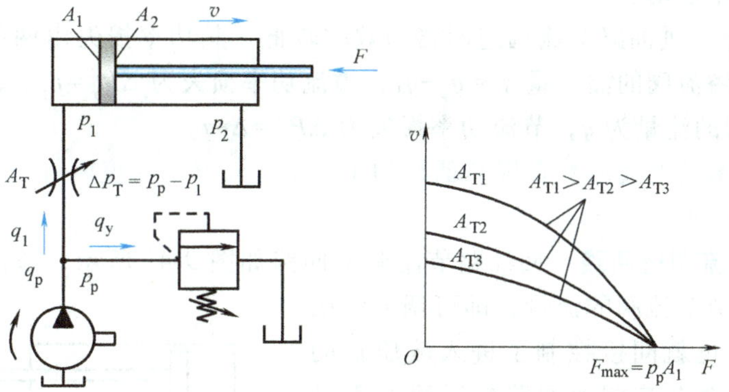

a) 进油路节流调速回路简图　　b) 速度-负载特性曲线

图 9-40　进油路节流调速回路

进油路节流调速回路

小提示：在这种调速回路中，定量泵中多余的油液经溢流阀流回油箱，节流阀必须与溢流阀联合使用才起到调速作用，调试溢流阀时，应保证其工作时处于溢流状态。

液压缸在稳定工作时，其受力平衡方程及运动速度为

$$p_1A_1=F+p_2A_2 \tag{9-2}$$

$$v=q_1/A_1 \tag{9-3}$$

式中　p_1、p_2——液压缸进油腔和回油腔的压力；

A_1、A_2——液压缸无杆腔和有杆腔的有效面积；

F——液压缸的负载；

q_1——液压缸进油腔流量；

v——液压缸的运动速度。

如果液压缸回油直接回油箱，忽略管路的压力损失，有 $p_2\approx 0$，则 $p_1=F/A_1$。因为液压泵的供油压力 p_p 为定值，节流口前后压力差 $\Delta p_T=p_p-p_1=p_p-F/A_1$，其大小随负载变化而变化，所以结合式（9-1）可知，当节流口的通流截面积 A_T 一定、负载 F 增大时，$q_1=q_T$ 减小，液压缸的运动速度 v 就减小。

1）速度-负载特性。由图 9-40a 所示的回路可知，进入液压缸的流量 q_1 由节流阀的流量 q_T 调节，而 $q_T=KA_T\Delta p_T^m$，负载不变时，Δp_T 不变，若节流口的通流截面积 A_T 越大，液压缸的速度就越快。由此可知，改变节流口的通流截面积 A_T 可实现无级调速，这种回路的调速范围较大。当 p_p、A_T 调定后，液压缸的速度 v 仅与负载 F 有关。图 9-40b 所示为节流阀选用不同的 A_T 值时对应的速度随负载变化的特性曲线。

由节流阀的速度-负载特性曲线可知，当节流口的通流截面积 A_T 不变时，液压缸的运动速度 v 随负载 F 增大而减慢，因此说这种回路速度受负载变化的影响较大、速度负载特性较差，即速度刚度较小；当 A_T 一定时，负载较小的区段曲线较平缓，因此说轻载区域比重载区域的速度刚性好；当负载 F 一定时，A_T 越小，速度刚性越好，即低速时的速度刚性较好。

2）最大承载能力。由图 9-40b 所示曲线可知，在泵的供油压力已调定的情况下，无论节流口的通流截面积怎样变化，回路能承受的最大负载与速度调节无关，最大承载能力的值是不变的，即 $F_{max}=p_pA_1$。最大负载时液压泵的流量全部经溢流阀流回油箱，节流阀两端压

差为零，液压缸停止运动。

3）回路的效率。进油路节流调速回路的效率较低，其功率损失由两部分组成，即溢流损失和节流损失。溢流阀的溢流量 $q_y=q_p-q_1$，溢流功率损失为 $\Delta P_y=p_p q_y$；节流阀两端的压力差为 Δp，节流阀的流量为 q，节流功率损失为 $\Delta P_T=\Delta pq$。

小结论：进油节流调速回路在轻载低速的工况下有较好的速度刚性，但在这种情况下功率损失较大，效率较低。

（2）回油路节流调速回路 回油路节流调速回路如图 9-41 所示，节流阀串联在执行元件的回油路上，调节节流阀的流量，即可调节液压缸的回油流量 q_2，也就间接控制了进入液压缸的流量 q_1。进、回油路节流调速回路的溢流阀都是起溢流作用的，定量泵中多余的油液经溢流阀流回油箱，泵出油口压力 p_p 为溢流阀的调定压力并基本保持稳定。

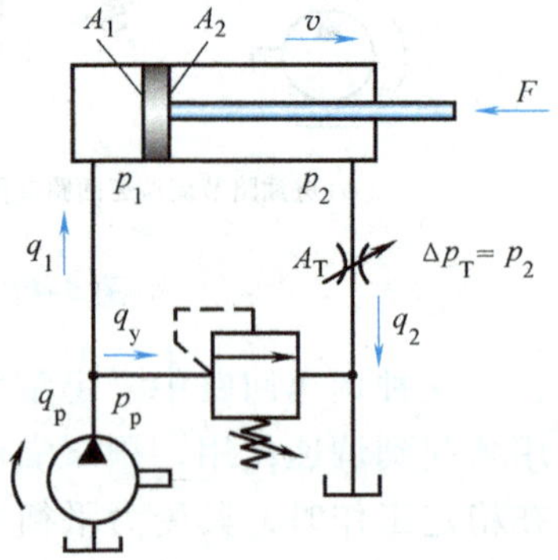

图 9-41 回油路节流调速回路

回油路节流调速回路

回油路节流调速回路节流阀前后的压力差 Δp_T 等于液压缸的背压 p_2，液压缸的工作压力 p_1 等于泵的压力 p_p，回油路节流调速回路与进油路节流调速回路有相同的速度—负载特性、最大承载能力和功率损失。两种回路有下列不同之处：

1）回油路节流调速回路中的节流阀能使液压缸回油腔形成背压 p_2，因背压的存在，故能承受一定的负值负载，负值负载就是负载作用力的方向与液压缸运动方向相同的负载。

2）在回油路节流调速回路中，液压缸回油腔的背压会产生一种阻尼力，阻尼力不但有限速作用，而且对运动部件的振动有抑制作用，有利于提高执行元件的运动平稳性。因此，就低速平稳性而言，回油路节流调速优于进油路节流调速。

3）在回油路节流调速回路中，流经节流阀的油液发热后直接流回油箱冷却，对液压缸泄漏影响较小；进油路节流调速回路中流经节流阀发热后，油液进入液压缸，不利于减少液压缸的内泄漏和对热变形有严格要求的精密设备。

4）对同一节流阀，因其能够调节的最小稳定流量是一定的，故当无杆腔进油时，单杆活塞缸的进油路节流调速回路比回油路节流调速回路能得到更低的稳定速度。

5）回油路节流调速回路有起动冲击，这是因为在停机后，液压缸回油腔因泄漏导致油液处于不充满状态，重新起动的瞬间，进油路无节流阀控制流量，液压泵的流量会使液压缸活塞产生前冲现象。

6）回油路节流调速的回油腔压力在负载 F 很小时较大，当 $F=0$，$A_1=2A_2$ 时，回油压力是进油压力的两倍，这将增加密封摩擦力，缩短密封件寿命，且可能引起较多泄漏。

小结论：为了提高回路的综合性能，实际应用中多采用进油路节流调速加背压阀的形式来提高运动的平稳性。

（3）旁油路节流调速回路 旁油路节流调速回路如图 9-42a 所示，节流阀并联安装在定量泵至液压缸进油路的分支油路上。改变节流口通流截面积、调节排回油箱的流量 Δq_T，也就控制了进入液压缸的流量 q_1，从而可实现对液压缸速度的调节。旁油路节流调速回路的溢流阀起安全阀作用，液压泵进入液压缸的流量靠支路上的节流阀分流。

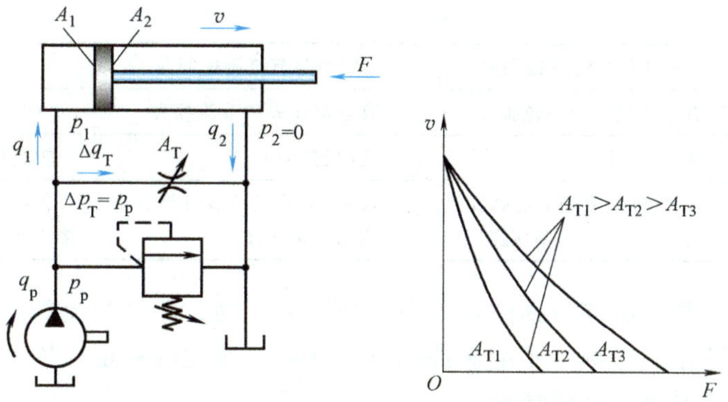

a) 旁油路节流调速回路简图　　b) 速度-负载特性曲线

图 9-42　旁油路节流调速回路

1）速度-负载特性。旁油路节流调速回路速度-负载特性曲线如图 9-42b 所示。根据曲线可知：

① 开大节流口，活塞运动速度减小；关小节流口，活塞运动速度增大。

② 当节流口通流截面积 A_T 调定后，负载 F 较小的区段，速度刚性不如进、回油路节流调速回路，负载增加时液压缸的运动速度显著下降，速度稳定性差；负载增加，速度刚性增加。

③ 当负载 F 一定时，节流口通流截面积 A_T 越小，速度刚度越大。

④ 因液压缸回油腔无背压，运动平稳性较差，故不能承受负值负载。

2）最大承载能力。旁油路节流调速回路节流阀开度越大，液压泵的压力越低。也就是说，液压泵的承载能力随节流口通流截面积的增加而减小。当通流截面积 A_T 增加到一定值时，泵建立的压力不足以克服负载，液压缸停止运动，泵的全部流量经节流阀流回油箱。因此，这种回路低速时承载能力差，调速范围受到限制。

3）回路的效率。旁油路节流调速回路中溢流阀是安全阀，工作时液压泵的供油压力 p_p 取决于外负载 F，负载变化时泵的供油压力变化。因回路中只有节流功率损失，无溢流功率损失，故这种回路效率较高，发热少。

小结论：旁路节流调速回路速度负载特性差，低速时稳定性差且承载能力小，调速范围也小，应用比前两种回路少，只用于高速、重载并对运动平稳性要求低的较大功率的场合。

三种节流调速回路的主要性能比较见表 9-5。

表 9-5　三种节流调速回路的主要性能比较

特性	进油路节流调速回路	回油路节流调速回路	旁油路节流调速回路
运动平稳性	较差	较好	较差
承受负值负载能力	不能	能	不能
调速范围	较大	较大	较小（低速时稳定性差、承载能力差）
溢流阀作用	溢流阀（溢流稳压）	溢流阀（溢流稳压）	安全阀（过载保护）
承载能力	由溢流阀调定的压力决定	由溢流阀调定的压力决定	受速度影响（最大承载能力随节流阀开度增大而减小、低速时承载能力差，通常在重载高速工况下应用）

（续）

特性	进油路节流调速回路	回油路节流调速回路	旁油路节流调速回路
功率损耗	有溢流损失和节流损失	有溢流损失和节流损失	有节流损失、无溢流损失
回路效率	低(发热大)	低(发热大)	较高(发热小)
发热的影响	较大(油液流经节流阀发热,热的油液直接进入液压缸)	较小(油液流经节流阀后直接流回油箱冷却)	较小(油液流经节流阀后直接流回油箱冷却)

小结论：上述三种节流调速回路都存在着相同的问题，即当节流阀开度调定后，通过它的流量受工作负载变化的影响，不能保持执行元件运动速度的稳定，因此只适用于负载变化不大和对速度稳定性要求不高的场合。

（4）采用调速阀的节流调速回路　在负载变化较大，对速度稳定性要求较高的场合，如果用调速阀代替节流阀，工作性能则会大大改善。虽然采用调速阀的节流调速回路比采用节流阀的节流调速回路功率损失要大些，但这种回路在机床液压系统中的应用却是非常广泛的。

2. 容积调速回路

前面所讲的节流调速回路主要缺点是效率低、发热大，故只适用于机床等小功率液压系统中。因容积调速回路无溢流损失和节流损失，故效率高、发热小，适用于大功率的机床及工程机械等液压系统。

容积调速回路是通过改变变量泵或变量马达的工作容积，即改变泵或马达的排量进行调速的。泵的输出流量全部进入液压缸（或液压马达），在不考虑泄漏和机械损失的影响时，有

液压缸的运动速度为
$$v=\frac{q_p}{A_1}=\frac{V_p n_p}{A_1} \tag{9-4}$$

液压马达的转速为
$$n_M=\frac{q_p}{V_M}=\frac{V_p n_p}{V_M} \tag{9-5}$$

液压马达的输出转矩
$$T_M=\frac{p_p V_M}{2\pi} \tag{9-6}$$

液压缸的输出推力
$$F=p_p A_1 \tag{9-7}$$

式中　q_p——液压泵的流量；
p_p——液压泵的工作压力；
V_p、V_M——液压泵和液压马达的排量；
n_p、n_M——液压泵和液压马达的转速；
A_1——液压缸的有效面积；
T_M——液压马达的输出转矩。

根据油路的循环方式不同，可将容积调速回路分为开式回路和闭式回路两种，其中开式回路中，泵从油箱吸油，执行元件的回油返回油箱，这种回路的油箱容积大，便于杂质沉淀，利于油液冷却，但空气和污物易进入；闭式回路中，泵一边将压力油输送到执行元件的进油腔，一边从执行元件的回油腔吸油，整个回路结构紧凑，油气隔绝性好，但是油液冷却条件差。

根据液压泵和液压马达组合方式的不同，容积调速回路主要有变量泵和定量马达（或液压缸）组成的容积调速回路、定量泵和变量马达组成的容积调速回路、变量泵和变量马

达组成的容积调速回路三种形式。

（1）变量泵和定量马达（或液压缸）组成的容积调速回路　图 9-43a 所示为变量泵和液压缸组成的开式容积调速回路，改变变量泵的排量即可调节活塞的运动速度。工作时，溢流阀关闭，作为安全阀使用，用来限制回路的最大压力。图 9-43b 所示为变量泵和定量马达组成的闭式容积调速回路。变量泵 1 为主泵，2 为安全阀，补油泵 5 的流量为变量泵最大输出流量的 10%~15%，它可补充主油路因泄漏缺失的油液，溢流阀 4 调定的补油压力使变量泵的吸油口始终存在一较低的压力，这样可以避免产生空穴，防止空气侵入，改善泵的吸油性能。此外，溢流阀还起到交换补油泵的冷油与主油路热油的作用，减小了系统发热的影响。

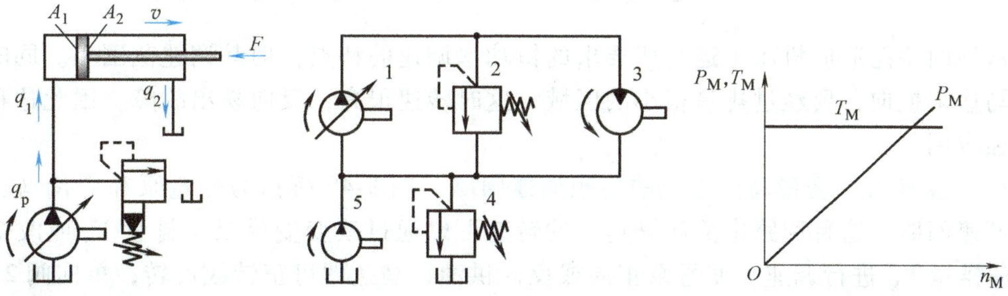

a) 变量泵-液压缸的容积调速回路　b) 变量泵-定量马达的容积调速回路　c) 调速特性曲线

图 9-43　变量泵和定量执行元件的容积调速回路

1—变量泵　2—安全阀　3—液压马达　4—溢流阀　5—补油泵

回路输出特性包括以下几点：

1）调节液压泵的排量 V_p 便可控制液压缸（或液压马达）的速度，由于 V_p 可调得很小，故可获得较低的工作速度，因此调速范围较大。

2）若不计系统损失，液压马达（或液压缸）的输出功率等于液压泵的输出功率。图 9-43c 所示为变量泵和定量执行元件容积调速回路的调速特性曲线。

3）马达的输出转矩 T_M 和回路的工作压力 p_p 取决于负载转矩，负载一定时，T_M 不会因调速的改变而发生变化，因此这种回路常称为恒转矩调速回路。

（2）定量泵和变量马达组成的容积调速回路　如图 9-44a 所示，溢流阀 2 起安全阀作用，泵 5 和溢流阀 4 组成补油的油路，定量泵 1 输出的流量不变，调节液压马达 3 的排量便可改变其转速。

回路输出特性包括以下几点：

1）根据式（9-5）可知，调节液压马达的排量 V_M 即可改变液压马达的转速 n_M，n_M 与 V_M 成反比，但 V_M 不能调得过小，否则液压马达输出转矩 T_M 将减小，甚至不能带动负载，因此这种调速回路的调速范围小。

2）由式（9-6）可知，若减小 V_M，则液压马达的输出转矩 T_M 将减小，由于 n_M 与 V_M 成反比，当 n_M 增大时，转矩 T_M 将逐渐减小，因此这种回路输出转矩为变值。

3）定量泵输出流量 q_p 是不变的，泵的供油压力 p_p 由安全阀限定，若不计系统损失，则液压马达的最大输出功率不变，因此这种调速称为恒功率调速。图 9-44b 为定量泵和变量马达容积调速回路的调速特性曲线。

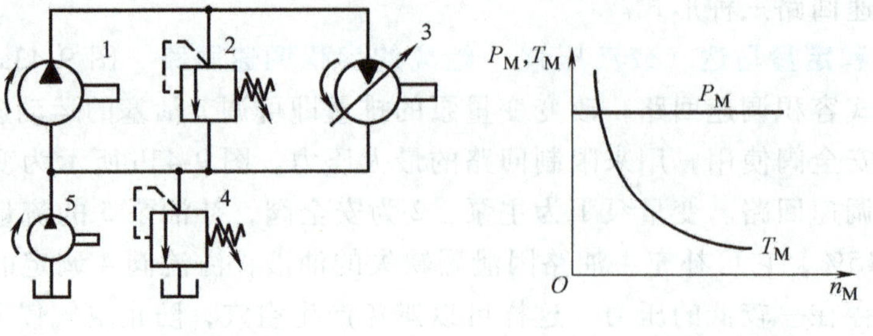

a) 调速回路　　　　b) 调速特性曲线

图 9-44　定量泵和变量马达的容积调速回路

1—定量泵　2、4—溢流阀　3—液压马达　5—泵

这种回路能适应机床主运动所要求的恒功率调速的特点，但其调速范围小。同时，若用液压马达来换向，要经过排量很小的区域，这时转速很高，反向易出故障，因此这种回路较少单独应用。

(3) 变量泵和变量马达组成的容积调速回路　图 9-45 所示为变量泵和变量马达组成的容积调速回路，这种回路中液压马达 4 的转速可以通过改变变量泵 1 排量 V_p 或改变液压马达 4 的排量 V_M 进行调速。变量泵正向或反向供油，马达即可正转或反转，单向阀 2、7 用于使辅助泵 8 双向补油，单向阀 3、6 使安全阀 5 在双向均可起过载保护作用。这种回路是上述两种调速回路的组合，例如，一般机械设备低速时要求有大转矩以便顺利起动；高速时则要求有恒功率输出，以不同的转矩和转速组合进行工作，这时应分两段来调节转速 n_M。

1）低速段：先将液压马达排量 V_M 固定在最大值上（相当于定量马达），然后自小到大调节泵的排量 V_p，使液压马达转速逐渐增大，该段属于恒转矩调速。

2）高速段：先将泵的排量 V_p 固定在最大值上（相当于定量泵），然后从大到小调节马达的排量 V_M，进一步增大马达转速，该段属于恒功率调速。

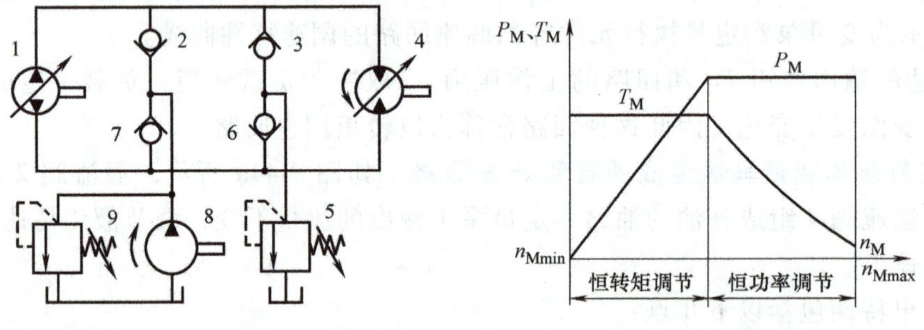

a) 调速回路　　　　b) 调速特性曲线

图 9-45　变量泵和变量马达的容积调速回路

1—变量泵　2、3、6、7—单向阀　4—液压马达　5、9—安全阀　8—辅助泵

3. 容积节流调速回路

容积调速回路虽然具有效率高、发热小的优点，但随着负载增加，泵和马达的泄漏增加，使容积效率有所下降，从而使速度发生变化。与采用调速阀的节流调速回路相比，容积调速回路低速时的稳定性较差。如果系统既要求效率高、发热少，又要求有较好的低速稳定性，这时常采用容积节流调速回路。容积节流调速回路是用流量阀调节进入或流出液压缸的

流量，从而调节液压缸的运动速度。工作时，变量泵的输出流量自动地与液压缸所需的流量相适应。这种回路没有溢流损失，效率较高，常用在调速范围大、要求低速稳定性的中小功率场合。图 9-46a 所示为限压式变量泵和调速阀组成的容积节流调速回路，调速阀装在进油路上（也可装在回油路上）。

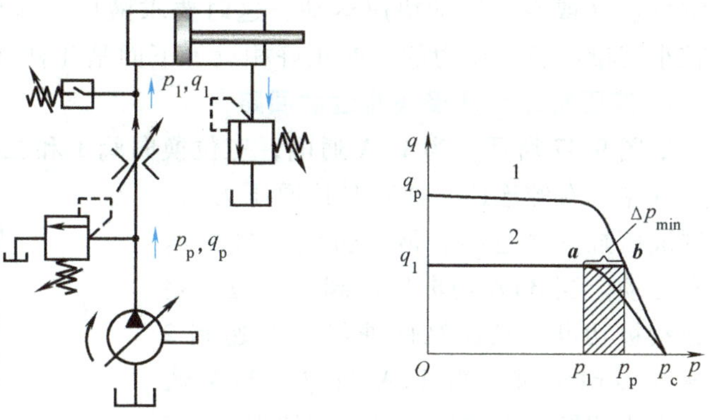

a) 调速回路　　b) 调速特性曲线

图 9-46　限压式变量泵和调速阀的容积节流调速回路

该系统由限压式变量泵供油，泵输出的流量 q_p 与通过调速阀进入缸的流量 q_1 相适应。工作时，关小调速阀口，使 $q_p>q_1$，流经节流口的阻力增大，泵的出油口压力 p_p 升高，压力的反馈作用使变量泵的流量 q_p 自动减小到与调速阀通过的流量 q_1 相一致；反之，开大调速阀口，使 $q_p<q_1$，流经节流口的阻力减小，泵的出油口压力降低，泵的输出流量自动增大到 $q_p \approx q_1$。图 9-46b 所示曲线 1 为限压式变量泵的压力流量特性曲线，曲线 2 为调速阀在某开口的压力流量特性曲线，图示液压缸的工作点为 ***a***（p_1，q_1）、液压泵的工作点为 ***b***（p_p，q_1），调节限压式变量泵的限压螺钉时，在不计管路损失的情况下，应使调速阀进、出油口的压差 Δp（$\Delta p = p_p - p_1$）不小于最小稳定压差 Δp_{min}（一般 $\Delta p_{min} = 0.5\text{MPa}$），此时不仅调速阀能正常起作用，使活塞的运动速度不随负载变化，$\Delta p = \Delta p_{min}$ 时，通过调速阀的功率损失（图中有剖面线部分的面积）为最小。如果 p_p 调得过小（$\Delta p<0.5\text{MPa}$），调速阀不能正常工作，只起普通节流阀的作用，输出的流量随液压缸压力的增加而下降，使活塞的运动速度不稳定。

三种调速回路的比较见表 9-6。

表 9-6　三种调速回路的比较

特性	节流调速回路		容积调速回路	容积节流调速回路
	进、回油	旁路		
主要组成元件	定量泵+流量阀+溢流阀		变量泵或变量马达	变量泵+流量阀
溢流阀作用	溢流阀	安全阀	安全阀	安全阀
调速范围	较大	小	大	较大
速度稳定性	较差（用节流阀） 好（用调速阀）	差（用节流阀） 较好（用调速阀）	较好	好
承载能力	较好	较差	较好	好
效率	低	较高	最高	较高
发热	大	较小	最小	较小
适用场合	进回油节流调速适合于小功率、低速轻载的中低压系统；旁油路节流调速适合于较小功率、高速重载、对运动平稳性要求低的场合		适用于大功率、重载高速的中高压系统、对低速稳定性要求较低的场合	适用于中小功率的中压系统、对低速稳定性要求较高的场合

（二）快速运动回路

快速运动回路又称增速回路。生产实践中，为了提高生产率，机床工作部件常被要求实现空行程（或空载）的快速运动，这时要求液压系统流量大而压力低，这与工作进给时需要较小流量和较高压力的情况正好相反，下面是几种常用的机床液压系统快速运动回路。

1. 液压缸差动连接快速运动回路

如图 9-47 所示，当 1YA 通电，三位换向阀 1 和二位换向阀 3 均在左位工作时，阀 3 将液压缸左、右腔连通，并同时接通压力油，实现液压缸差动连接，液压缸活塞杆快速向右运动。当 3YA 通电后，阀 3 右位、差动连接被切断，液压缸回油经过调速阀 2 调速，实现工进。当 1YA 断电、2YA 通电，阀 1 切换至右位后，液压缸快退。

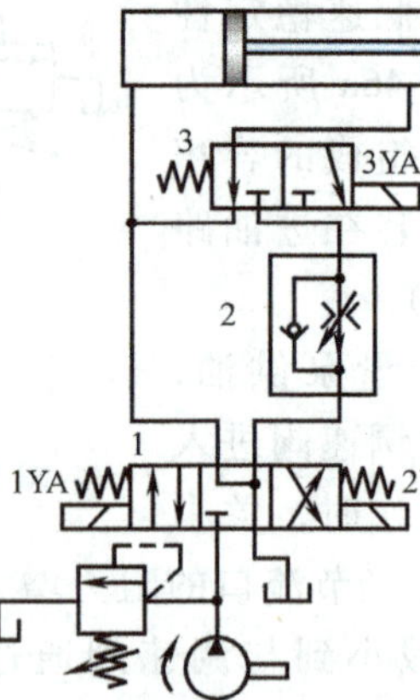

图 9-47　液压缸差动连接快速运动回路

1—三位换向阀　2—调速阀　3—二位换向阀

差动快进与慢进的速度换接回路的工作原理

差动连接时，流经某一阀或某一管路的流量是液压泵和液压缸回油腔流量之和，例如图 9-47 所示回路直接连接液压缸大腔的一段管路，应按合成流量来选择阀和管路的规格，否则压力损失过大，严重时会使溢流阀在快进时也开启，从而达不到差动快进的目的。

2. 双泵供油快速运动回路

如图 9-29 所示，快速时两泵同时供油，工进时小泵供油、大泵卸荷。解决了单泵供油工进时的功率损耗过大和系统发热过高的问题，系统效率高，功率利用合理；其缺点是回路比较复杂，在执行元件快进和工进速度相差较大的场合比较适用。

3. 采用蓄能器的快速运动回路

如图 9-48 所示，采用蓄能器目的是利用小流量泵使执行元件获得快速运动。当系统短时间停止工作时，换向阀 5 处在中间位置，泵经单向阀 3 向蓄能器 4 充液，蓄能器压力升高，达到液控顺序阀 2（卸荷阀）调定压力后，液控顺序阀开启，使泵卸荷。当换向阀处于左位或右位，系统短期需要大流量时，因系统压力低于卸荷阀的调定压力，卸荷阀关闭，由泵和蓄能器共同向液压缸 6 供油，使液压缸实现快速运动。

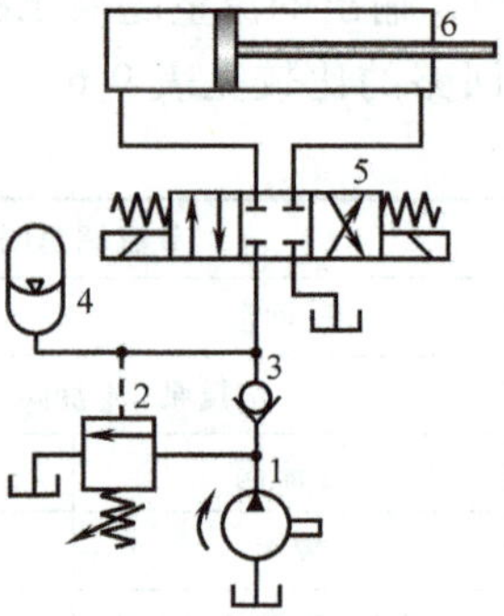

图 9-48　采用蓄能器的快速运动回路

1—泵　2—液控顺序阀　3—单向阀
4—蓄能器　5—换向阀　6—液压缸

采用蓄能器的快速运动回路的工作原理

（三）速度换接回路

速度换接回路的功能是使液压元件在一个工作循环中从一种运动速度变换到另一种运动速度，实现这种功能的回路应具有较高的速度换接平稳性，下面是几种速度换接回路的方法及特点：

1. 快速与慢速的换接回路

图 9-49 所示为采用机动阀的快慢速度换接回路，当电磁换向阀 2 通电换向时，定量泵 1 输出的油液全部进入液压缸 7，液压缸快进；当运动部件运动到位、挡块压下机动阀 6 时，机动阀关闭，液压缸的右腔油液只能通过调速阀 5 流回油箱，液压缸由快进转变为工进，此

时溢流阀3溢流；在图示状态下，电磁换向阀2断电时，压力油经单向阀4进入液压缸右腔，活塞向左快速返回。该回路工作时，因使用机动阀切换速度，换接过程比较平稳，切换点位置比较准确，但机动阀安装位置不能任意布置，管路连接较复杂。

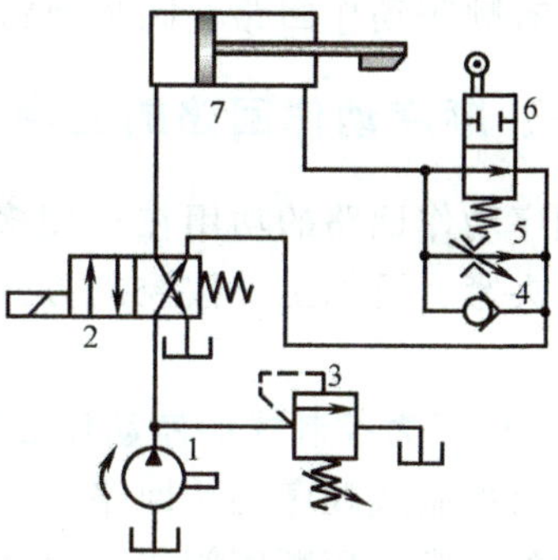

图9-49　采用机动阀的快慢速度换接回路

1—定量泵　2—电磁换向阀　3—溢流阀　4—单向阀　5—调速阀　6—机动阀　7—液压缸

如图9-47所示，采用电磁阀并通过电气行程开关控制电磁阀来进行快慢速度换接，可以灵活布置电磁阀的安装位置，切换灵敏、速度快，容易实现自动程序控制，但切换的平稳性和位置精度要比采用机动阀差。

2. 两种工进速度的换接回路

某些机床要求工作行程有两种进给速度，第一工进速度较大，多用于粗加工；第二工进速度较小，多用于半精加工或精加工。为实现两次工进速度的调节，常将两个调速阀串联或并联在油路中，用换向阀进行切换。

图9-50a所示为采用两个调速阀串联来实现两次进给速度的换接回路。调速阀B的开口小于调速阀A的开口。当电磁阀断电时，实现第一次工进，进给速度由调速阀A控制；当电磁阀通电时，压力油经调速阀A，再经调速阀B进入液压缸左腔，速度由调速阀B控制，实现第二次工进。这种回路只能用于第二工进速度小于第一工进速度的场合，其速度换接平稳性较好。图9-50b所示为采用两个调速阀并联实现两次进给速度的换接回路，此回路两种进给速度可以分别调节，两个调速阀的开口谁大谁小不受限制。此回路在两种进给速度的切换过程中，容易使运动部件产生突然前冲，这是因为当其中一个调速阀工作时另一个调速阀无油液通过，调速阀的进、出油口压力相等，则调速阀中的定差减压阀处于非工作状态，其复位弹簧使减压阀口全开，当将该调速阀换接至工作状态时，调速阀的出油口压力突然下降，阀中的减压阀的阀口还未关小前，节流阀前后压力差很大，使速度换接瞬间流量增大，造成前冲现象。

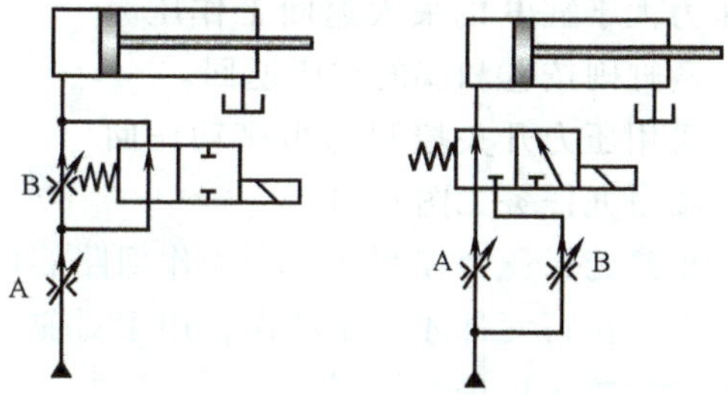

a) 调速阀串联的速度转换回路　　b) 调速阀并联的速度转换回路

图9-50　调速阀串联和并联速度换接回路

小任务：速度控制回路的构建（任务工单见表B-20）。

任务四　多缸工作控制回路的构建

在液压系统中，由一个油源向多个执行元件供油，因工况要求各执行元件在动作上可能有先后顺序或同步动作的要求，还可能会因回路中压力、流量的彼此影响使执行元件在动作上受到牵制，此时必须使用多缸动作控制回路才能实现预定的动作要求。常见的多缸动作控制回路有顺序动作回路、同步回路和互不干扰回路。

一、顺序动作回路的应用

顺序动作回路的功用在于使多个执行元件严格按照预定顺序依次动作，比如工件先定位，后夹紧，再加工。按控制方式不同，可将顺序动作回路分为压力控制式和行程控制式两种。

（一）压力控制式顺序动作回路

压力控制式顺序动作回路是利用液压系统工作过程中执行元件工作压力的变化来控制顺序动作的，常采用顺序阀或压力开关来实现。

图 9-51 所示为单向顺序阀控制的顺序动作回路，当换向阀左位工作，压力油先进入 A 缸左腔，实现动作①；当缸 A 行至压力增大到顺序阀 D 的调定压力时，顺序阀 D 打开，压力油同时进入 B 缸左腔，实现动作②；当换向阀右位工作，且顺序阀 C 的调定压力大于缸 B 的最大返回工作压力时，两缸则按③和④的顺序返回。

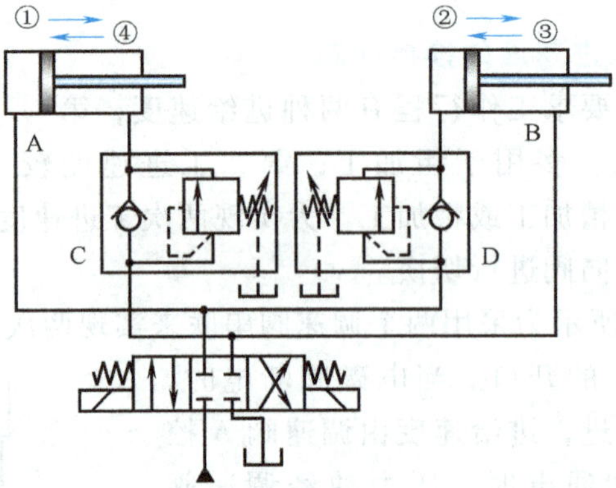

图 9-51　用单向顺序阀控制的顺序动作回路

压力控制式顺序动作回路

采用压力开关控制的顺序动作回路见项目九任务二图 9-31。

小结论：压力控制式顺序动作回路的作用是保证先动作的执行元件工作压力达到预定值后，下一执行元件才开始动作，用于对前一动作的工作压力有要求的顺序动作场合，比如工件夹紧后机床再进给切削。

显然，以上两种顺序动作回路的可靠性取决于顺序阀和压力开关的性能及其调定值，即它们的调定压力应比先动作缸的最大压力高 10%~15%，以免管路中的压力冲击或波动造成误动作。这种回路只适用于系统中执行元件数目不多，负载变化不大的场合，否则容易出现误动作。

（二）行程控制式顺序动作回路

行程控制式顺序动作回路是利用前一执行元件运动到一定位置（或一定行程）时发出的控制信号，使下一执行元件开始动作，主要有采用行程阀控制的顺序动作回路及采用行程开关和电磁换向阀控制的顺序动作回路。

图 9-52a 所示为用行程阀（机动阀）控制的顺序动作回路。在图示状态下，A、B 两液压缸活塞均在左端，当扳动手柄使阀 C 右位工作，缸 A 的活塞右行，实现动作①；当运动部件的挡块压下行程阀 D 后，缸 B 的活塞右行，实现动作②；手动换向阀复位后，缸 A 的活塞先复位，实现动作③；随着挡块移开，阀 D 复位，缸 B 的活塞退回，实现动作④。这种回路工作可靠，一般不会产生误动作，但要改变动作顺序较困难。

图 9-52b 所示为用行程开关和电磁换向阀控制的顺序动作回路。当 1YA 通电时，缸 A 的活塞右行完成动作①后触动行程开关 1SQ，使 2YA 通电换向，缸 B 的活塞右行完成动作②；当缸 B 的活塞右行至触动行程开关 2SQ 时，1YA 断电，缸 A 的活塞返回，实现动作③

后触动 3SQ，使 2YA 断电，缸 B 的活塞返回，完成动作④，最后触动 4SQ 时，完成一个工作循环。这种回路调整行程长短和改变顺序方便灵活，应用较广，其工作可靠性取决于电器元件的质量。

采用行程阀控制的顺序动作回路

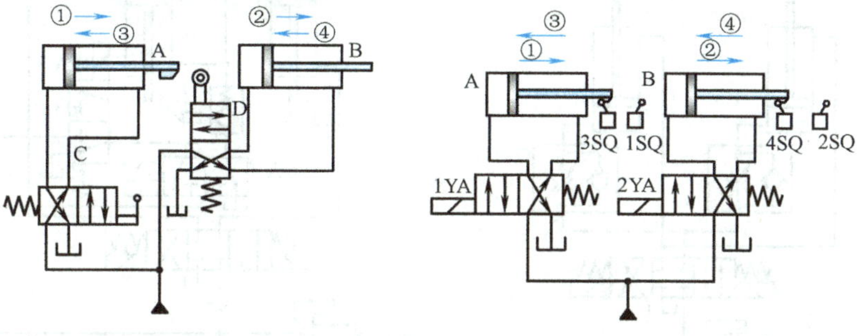

a) 用行程阀控制的顺序动作回路　　b) 用行程开关控制的顺序动作回路

图 9-52　行程控制顺序动作回路

采用行程开关控制的顺序动作回路

小问题： 对比图 9-52a 与图 9-52b，思考动作②开始后，动作①是否必须始终保持压下行程阀或压下电气行程开关的状态？若要求动作①运动至中途时动作②就开始动作，应采取什么措施保证动作①持续动作时动作②不会中断？

小提示： 挡块一旦离开机动阀，机动阀就复位，无法继续动作②，而电气行程开关信号不涉及这个问题。所以对于图 9-52a，若使动作②得以持续不会被中断，必须使动作①运动至终端或加长图 9-52a 中所用的挡块长度，使接下来的运动过程中，挡块始终压住机动阀滚轮。

小结论： 行程控制式顺序动作回路的作用是保证先动作的执行元件行进到预定的位置后，下一执行元件才开始动作。

上述两种顺序动作回路都是要求液压缸按照规定的顺序动作，动作表象一致，但功能完全不同，一个是基于满足压力的要求，另一个是基于满足行程的要求。由此可见，我们看问题不要停留于表面，要在实践中掌握透过现象看本质的方法。

小任务： 顺序动作回路的构建（任务工单见表 B-21）。

二、同步回路

同步回路的功用是保证两个或多个液压缸在运动中有相同的位移或速度。

最常用的是采用调速阀控制的同步回路。图 9-53a 所示的同步回路是在两个液压缸的进油路（或回油路）上分别接入调速阀，两个调速阀分别调节两个并联液压缸的运动速度。因为调速阀具有当负载变化时能保持流量稳定的特点，所以只要仔细调整两个调速阀开口的大小，就能使两个液压缸保持同步。这种回路结构简单，但调整比较麻烦，同步精度不高，不宜用于偏载或负载变化频繁的场合。

图 9-53b 所示为带补偿装置的串联液压缸同步回路，其中补偿装置可以在液压缸每次下行终端将误差清除。液压缸活塞下行时，当同步出现误差时，如果液压缸 4 先运动至端点，行程开关 2 接通 2YA，液压油经电磁换向阀 6 右位和液控单向阀继续给液压缸 3 的 A 腔供油，使其继续下行至端点，清除误差；反之，如果液压缸 3 先下行至端点，行程开关 1 接通 1YA，液压

油经电磁换向阀 5 上位打开液控单向阀，使液压缸 4 的 B 腔通过液控单向阀和换向阀 6 回油箱，液压缸 4 可以继续下行至端点，清除误差。此回路也能实现液压缸反向同步。

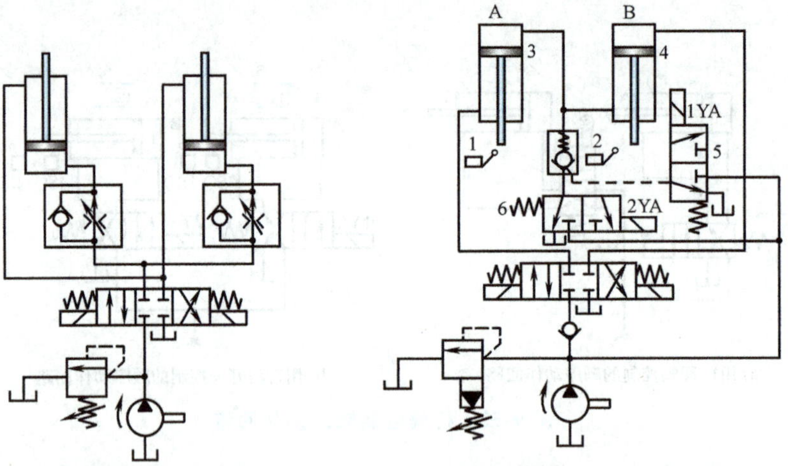

a) 用调速阀控制的同步回路　　b) 带补偿装置的串联液压缸同步回路

图 9-53　同步回路

1、2—行程开关　3、4—液压缸　5、6—电磁换向阀

三、多缸快、慢速互不干扰回路

在一泵多缸的液压系统中，往往会由于其中一个液压缸快速运动造成系统压力下降，影响其他液压缸工作进给的稳定性。因此，在要求有稳定工作进给的多缸液压系统中，通常使用快、慢速互不干扰的液压回路，图 9-54 所示为一种双泵供油的快、慢速互不干扰回路。液压缸 A 和 B 要分别完成“快进—工进—快退”的工作循环，当 3YA 和 4YA 通电时，两缸由低压、大流量泵 2 供油，实现差动连接的快进。若其中一个液压缸先完成快进，这里假定缸 A 先完成快进，挡块压下行程开关 1SQ，使电磁铁 1YA 通电，3YA 断电，此时缸 A 由高压、小流量泵 1 供油，用调速阀 3 调节液压缸 A 的工进速度，两个液压泵的输出油路由二位

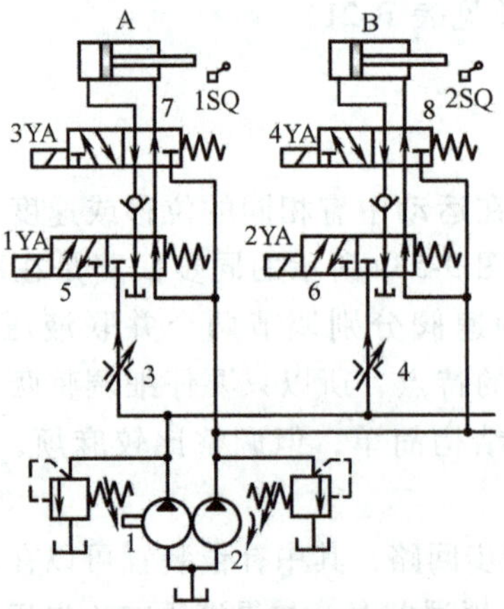

电磁铁 / 动作	1YA，2YA	3YA，4YA
快进	−	+
工进	+	−
快退	+	+
停止	−	−

a) 双泵供油的快、慢速互不干扰回路　　b) 电磁铁动作顺序

图 9-54　双泵供油的快、慢速互不干扰回路

1、2—泵　3、4—调速阀　5、6、7、8—电磁换向阀

五通换向阀隔离，互不相混，缸 B 快进的低压不会影响缸 A 工进的高压。这样，就避免了因工作压力不同引起的运动干扰。如果两缸都转为工进，则两缸都由泵 1 供油。此后，当一个液压缸先完成工进转为快退，比如缸 A 转为快退、缸 B 仍然工进时，则 1YA 和 3YA 通电，缸 A 由泵 2 供油，而 2YA 保持通电、4YA 保持断电，缸 B 仍由泵 1 供油。两缸均快退时各电磁铁均通电，此时由大流量泵 2 供油。当各电磁铁均断电时，各缸停止运动。由此可见，快速和慢速分别由泵 2 和泵 1 供油，因此能够防止多缸的快、慢速运动互相干扰。

小结

- 常见的液压基本回路
  - 压力控制回路
    - 方向控制回路
      - 换向回路
      - 锁紧回路
    - 调压回路
      - 单级调压回路
      - 多级调压回路
    - 减压回路
      - 单级减压回路
      - 多级减压回路
    - 卸荷回路
      - 用换向阀的卸荷回路
        - 用二位阀卸荷
        - 用三位阀卸荷
      - 用先导式溢流阀的卸荷回路
      - 用液控顺序阀的卸荷回路
    - 平衡回路
      - 用单向顺序阀
      - 用液控单向阀
    - 增压回路
    - 保压回路
      - 用液压泵保压
      - 用蓄能器保压
      - 用液控单向阀保压
    - 释压回路
  - 速度控制回路
    - 调速回路
      - 节流调速回路
        - 进油路节流调速回路
        - 回油路节流调速回路
        - 旁油路节流调速回路
      - 容积调速回路
        - 用变量泵和定量马达
        - 用变量马达和定量马达
        - 用变量泵和变量马达联合
      - 容积节流调速回路(联合调速)：用变量泵和流量阀
    - 快速运动回路
      - 液压缸差动连接快速运动回路
      - 采用双泵供油的快速运动回路
      - 采用蓄能器的快速运动回路
    - 速度换接回路
      - 快速与慢速的换接
      - 两种工进速度的换接
  - 多缸工作控制回路
    - 顺序动作回路
      - 行程控制式
        - 用机动阀(行程阀)
        - 用行程开关和电磁换向阀
      - 压力控制式
        - 用单向顺序阀
        - 用压力开关
    - 同步回路
    - 多缸快、慢速互不干扰回路

思考题和习题

一、填空题

1. 电磁换向阀的电磁铁按所接电源不同，可分为________和________两种。

2. 三位换向阀处于中间位置时，其P、A、B、T口间的通路有各种不同的连接形式，以适应各种不同的工作要求，将这种位置时的内部通路形式称为三位换向阀的________。

3. 直动式溢流阀一般用作________阀，先导式溢流阀一般用作________阀。

4. 溢流阀调定的是________口压力，减压阀调定的是________口压力，溢流阀采用________泄，减压阀采用________泄。

5. 调速阀能在负载变化时使通过它的流量________。

6. 在定量泵供油的系统中，用________对执行元件进行速度控制，这种回路称为节流调速回路。

7. 节流调速回路按节流阀的位置不同可分为________节流调速、________节流调速和________节流调速回路三种。

8. 容积节流调速是采用________供油，用________调速的回路。

9. 顺序动作回路的功用在于使几个执行元件严格按预定顺序动作，按控制方式不同，分为________和________控制。

二、判断题

1. 与单向导通作用的单向阀比较，作为背压阀使用的单向阀，其弹簧刚度要大一些。(　　)

2. 液控单向阀有良好的反向截止密封性能，常用于系统短时保压。(　　)

3. 机动换向阀在控制快慢速切换时，有切换平稳，换接位置精度高的优点。(　　)

4. 电液动换向阀换向平稳，换向时间可调，常用大流量场合。(　　)

5. 先导式溢流阀工作时，先导阀的作用是调压，主阀的作用是溢流。(　　)

6. 在先导式减压阀工作时，先导阀的作用减压，主阀的作用是调压。(　　)

7. 通过节流阀的流量与节流阀的通流截面积成正比，与阀两端的压力差大小无关。(　　)

8. 节流阀和调速阀都可以调节流量，因而在负载变化时都能稳定速度。(　　)

9. 采用顺序阀的顺序动作回路中，顺序阀的调定压力应比先动作液压缸的最大工作压力低。(　　)

10. 容积调速回路，主油路中的溢流阀起安全保护作用(　　)。

11. 同步回路可以使两个以上液压缸在运动中保持位置同步或速度同步。(　　)

三、选择题

1. 为使三位四通换向阀在中位工作时泵能卸荷，应采用____。

A. P型阀　　B. Y型阀　　C. M型阀　　D. O型阀

2. 为使三位四通阀在中位工作时能使液压缸闭锁，应采用____阀。

A. O型阀　　B. P型阀　　C. Y型阀　　D. H型阀

3. 三位四通电液换向阀的液动滑阀为液压对中型，其先导电磁换向阀中位是____机能。

A. H型　　B. M型　　C. Y型　　D. P型

4. 减压阀____。

A. 常态下的阀口是常闭的

B. 工作时出油口压力小于进油口压力并保持近于恒定

C. 采用内泄

D. 并联在需要减压的支路上

5. 溢流阀____。

A. 常态下的阀口是开启的　　　　B. 进油压力达到调定压力时溢流

C. 须有单独的外泄油口　　　　　D. 串联在主油路上

6. 对顺序阀，下列说法错误的是____。

A. 常态下的阀口是关闭的

B. 工作时出油压力不会高于其调定压力

C. 有内泄和外泄两种

D. 常串联于油路中，当进油（或控制油路）压力达其调定压力时打开油路

7. 对压力开关，压力达到限定的压力时，下列说法错误的是____。

A. 可发出电信号，用于安全保护

B. 可发出电信号，用于控制顺序动作

C. 可发出电信号，用于控制动作循环

D. 压力油直接打开压力开关通油，是压力控制的油路开关

四、思考题

1. 若先导式溢流阀主阀芯上的阻尼小孔被污物堵塞，溢流阀会出现什么样的故障？如果溢流阀先导阀锥阀座上的进油小孔堵塞，又会出现什么故障？

2. 若把先导式溢流阀的远程控制口当成泄油口接油箱，液压系统会产生什么问题？

3. 试比较溢流阀、减压阀、顺序阀（内控外泄式）三者之间的异同点。

4. 如图 9-55 所示，溢流阀的调定压力为 5MPa，若阀芯阻尼小孔造成的损失不计，试判断下列情况下压力表的读数为多少？

1）电磁铁 YA 断电，负载为无限大时。

2）电磁铁 YA 断电，负载压力为 3MPa 时。

3）电磁铁 YA 通电，负载压力为 3MPa 时。

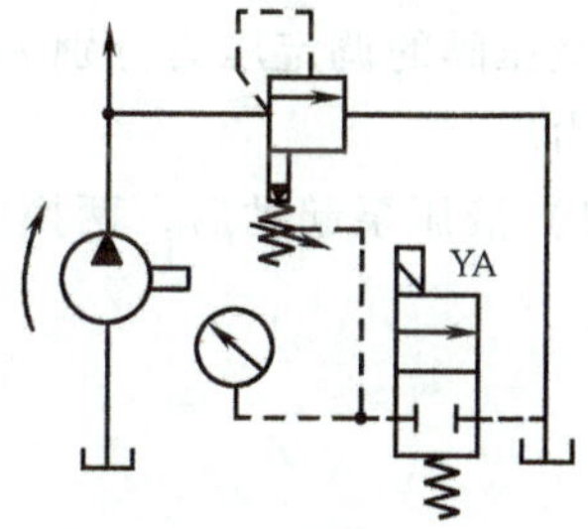

图 9-55　液压回路 1

5. 如图 9-56 所示，溢流阀调定压力 $p_y = 5\text{MPa}$，减压阀调定压力 $p_j = 3\text{MPa}$，液压缸负载 F 形成的压力为 2MPa。不考虑管道及减压阀全开时的压力损失，当“至系统”的油路不通时，试问：

1）液压缸推动负载运动过程中，点 A、B 的压力各为多少？这时溢流阀和减压阀是否工作？溢流阀和减压阀的先导阀、主阀处于什么状态？

2）液压缸运动到终端停止后，点 A、B 的压力各为多少？这时溢流阀和减压阀是否工作？溢流阀和减压阀的先导阀、主阀处于什么状态？

6. 试确定图 9-57 所示的回路在下列情况下的系统调定压力 p_j、p_y。

1）全部电磁铁断电。

2）电磁铁 2YA 通电。

3）电磁铁 2YA 断电、电磁铁 1YA 通电。

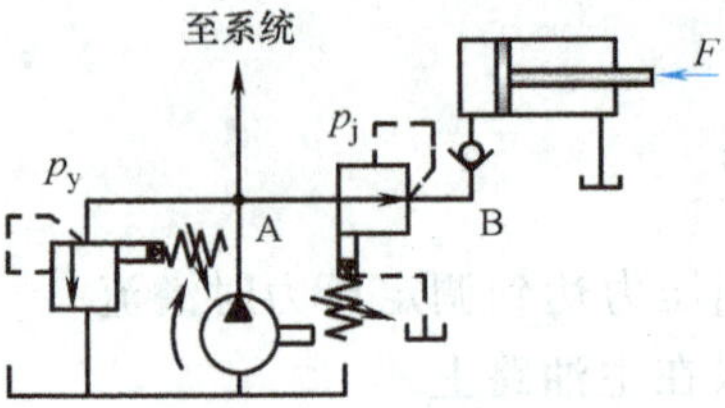

图 9-56　液压回路 2

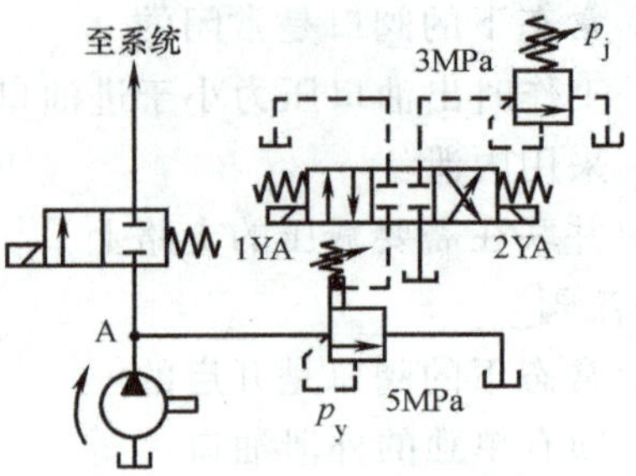

图 9-57　液压回路 3

7. 在图 9-58 所示的液压回路中，各溢流阀的调定压力分为$p_A=4$MPa、$p_B=3$MPa、$p_C=2$MPa。试求在系统的负载趋于无限大时，液压泵的工作压力是多少。

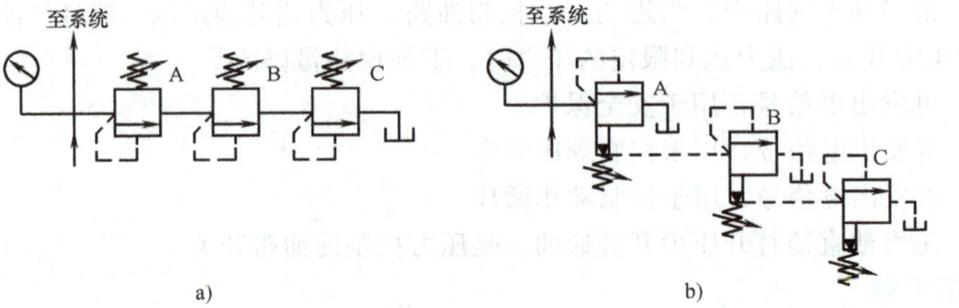

a)　　b)

图 9-58　液压回路 4

8. 在图 9-59 所示的两阀组中，设两减压阀调定压力一大一小（$p_A>p_B$），并且所在支路有足够的负载。说明该支路的出油口压力取决于哪个减压阀？为什么？

9. 在图 9-60 所示的液压回路中，两液压缸的有效面积相同，$A_1=A_2=100\text{cm}^2$，缸Ⅰ负载 $F_1=35000$N，缸Ⅱ运动时负载为零。不计摩擦阻力、惯性力和管路损失，溢流阀、顺序阀和减压阀的调定压力分别为 4MPa、3MPa 和 2MPa。试求在下列三种情况下，A、B、C 处的压力。

1）液压泵起动后，两换向阀处于中位时。

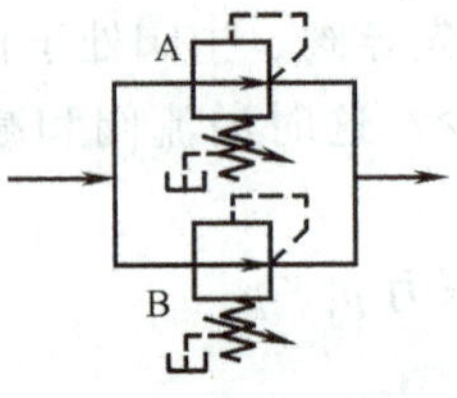

图 9-59　减压阀组

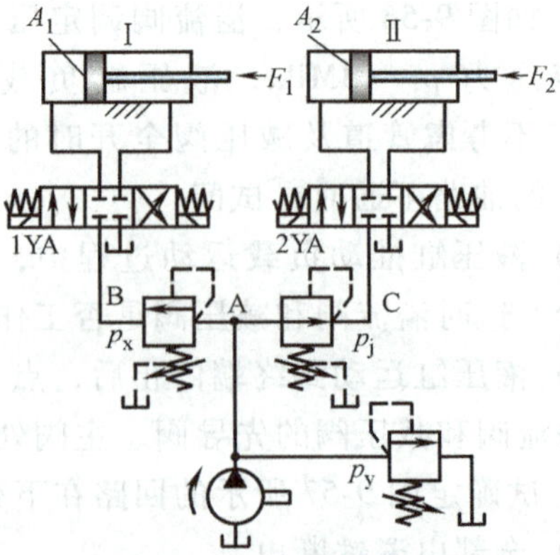

图 9-60　液压回路 5

2）电磁铁 1YA 通电，液压缸Ⅰ活塞移动时及活塞运动到终点时。

3）电磁铁 1YA 断电、电磁铁 2YA 通电，液压缸Ⅱ活塞运动时及活塞碰到固定挡块时。

五、简答题

1. 单向阀有哪些用途？

2. 溢流阀有哪些用途？

3. 顺序阀有哪些用途？

六、油路分析题

1. 请列表说明图 9-61 所示的压力开关顺序动作回路是怎样实现①—②—③—④顺序动作的。在元件数目不增加、安装位置容许变更的条件下如何实现①—②—④—③的顺序动作？画出改变顺序后的液压回路图。

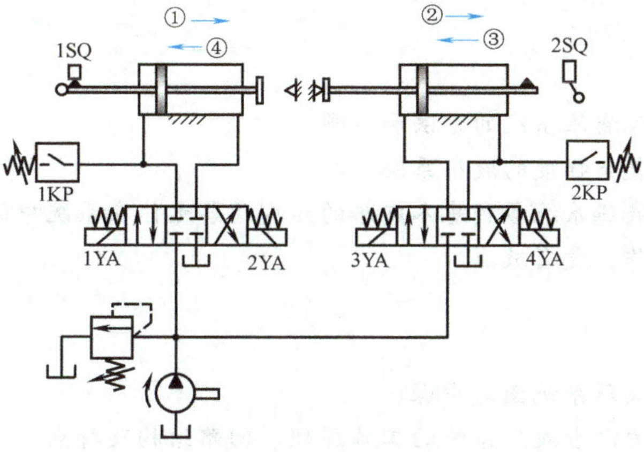

图 9-61　液压回路 6

2. 图 9-62 所示为实现“快进—工进 1—工进 2—快退—停止”动作的回路，工进 1 的速度比工进 2 的速度快，试列出电磁铁动作的顺序表。

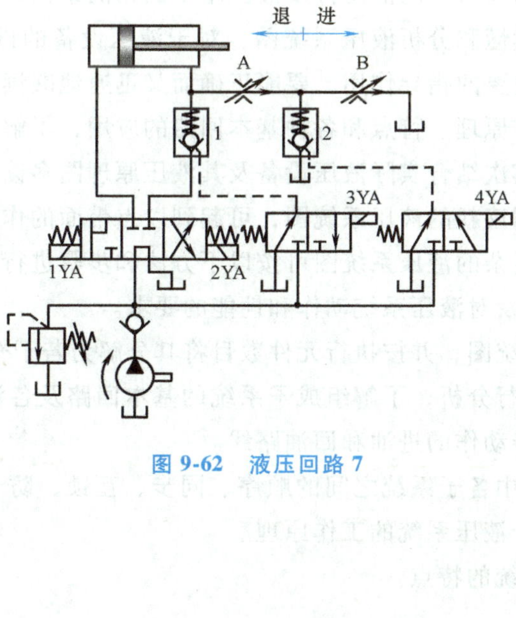

图 9-62　液压回路 7

项目十

典型液压系统的分析

技能及素养目标

1）能够了解识读液压系统的方法和步骤。

2）能识读一般复杂程度的液压系统。

3）能正确分析液压系统各种基本回路的组成及各元件在系统中的作用。

4）能够规范操作，爱岗敬业。

重点知识

1）阅读、分析液压系统图的步骤。

2）组合机床动力滑台液压系统的工作原理、回路结构及特点。

3）工业机械手液压系统的工作原理、回路结构及特点。

4）汽车起重机液压系统的工作过程、回路结构及特点。

液压系统分析是对以前所学的液压件及液压基本回路的结构、工作原理、性能特点的综合应用。正确、快速地读懂和分析液压系统图，对于液压设备的设计、分析、调整、使用、维护和故障排除均具有重要的指导作用。要能正确而又迅速地阅读液压系统图，首先必须掌握液压元件的结构、工作原理、特点和各种基本回路的应用，了解液压系统的控制方式、图形符号及其相关标准。其次结合实际液压设备及其液压原理图多读多练，掌握各种典型液压系统的特点，对于今后阅读新的液压系统图，可起到以点带面的作用。

阅读和分析一个较复杂的液压系统图可按以下方法和步骤进行：

1）了解设备的功用及对液压系统动作和性能的要求。

2）初步分析液压系统图，并按执行元件数目将其分解为若干个子系统。

3）对每个子系统进行分析，了解组成子系统的基本回路及各液压元件的作用，按执行元件的工作循环分析每步动作的进油和回油路线。

4）根据设备对系统中各子系统之间的顺序、同步、互锁、防干扰等要求，分析各子系统之间的联系，读懂整个液压系统的工作原理。

5）归纳总结液压系统的特点。

任务一　组合机床动力滑台的液压系统分析

一、概述

组合机床是按系列化、标准化、通用化原则设计的通用部件以及按工件形状和加工工艺要求而设计的专用部件所构成的高效专用机床。液压动力滑台是组合机床上用以实现进给运动的一种通用部件，其运动是靠液压驱动的，滑台台面上可安装动力箱、多轴箱及各种专用主轴头，可实现钻、扩、铰、镗、铣、刮端面等加工工艺。它对液压系统性能的主要要求是：速度换接平稳，进给速度稳定，功率利用合理，效率高，发热少。

YT4543 型动力滑台是组合机床常用的液压动力滑台，对其系统有如下要求：

1）在电气和机械装置的配合下，可以根据不同的加工要求，实现多种工作循环，例如“快进——工进—二工进—快退—原位停止”等。

2）能实现快进和快退，可提高生产率。YT4543 型动力滑台的快速运动速度为 6.5m/min。

3）有较大的工进调速范围，以适应不同工序的工艺要求，YT4543 型动力滑台的进给速度为 6.6~660mm/min；在变负载或断续负载下，能保证动力滑台进给速度的稳定。

4）进给行程终点的重复位置精度要求较高。根据不同的工艺要求，可选择相应的行程终点控制方法。

5）合理解决快进和工进速度相差悬殊的问题，提高系统效率，减少发热。

6）有足够的承载能力。YT4543 型动力滑台的最大进给力为 45kN。

二、YT4543 型动力滑台液压系统的工作原理分析

图 10-1 所示为 YT4543 型动力滑台液压系统的工作原理。

1. 快进

按下起动按钮，电磁铁 1YA 通电，电液换向阀的先导阀 4 左位工作，由泵输出的压力油经先导阀进入液动换向阀 3 的左侧使其左位工作。

进油路：泵 1→单向阀 2→换向阀 3（左位）→行程阀 11（下位）→液压缸左腔。

回油路：液压缸右腔→换向阀 3（左位）→单向阀 7→行程阀 11（下位）→液压缸左腔（形成差动连接）。

2. 第一次工作进给

在快进终了时，挡块压下行程阀 11，切断了该通路，使压力油必须经调速阀 8 进入液压缸左腔，系统压力增大，打开液控顺序阀 6，此时单向阀 7 关闭，切断了液压缸的差动连接回路。

进油路：泵 1→单向阀 2→换向阀 3（左位）→调速阀 8→换向阀 10→液压缸左腔。

回油路：液压缸右腔→换向阀 3（左位）→顺序阀 6→背压阀 5→油箱。

因为工作进给时系统压力增大，所以变量泵的输油量便自动减小，以适应工作进给的需要，进给速度大小由调速阀 8 调节。

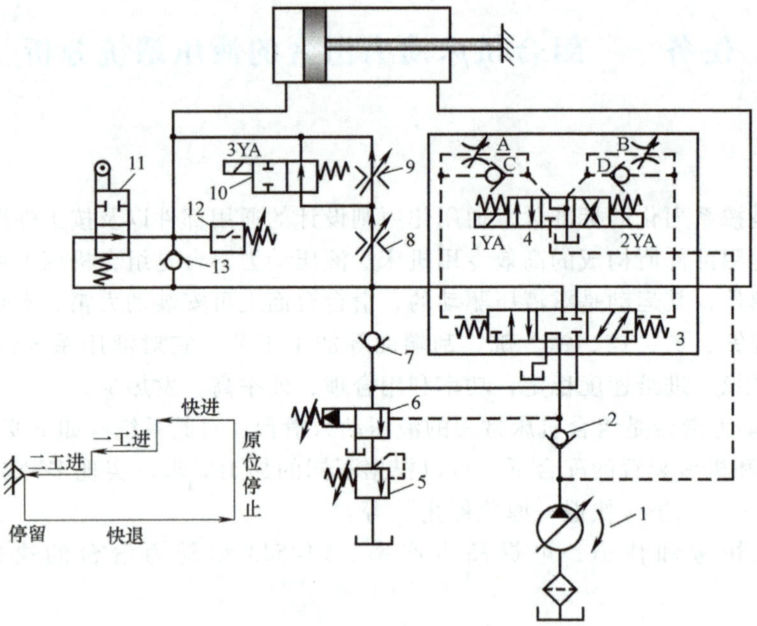

动力滑台液压系统的工作原理

图 10-1　YT4543 型动力滑台液压系统的工作原理

1—变量泵　2、7、13—单向阀　3、4、10—换向阀　5—背压阀

6—液控顺序阀　8、9—调速阀　11—行程阀　12—压力开关

3. 第二次工作进给

第一次工作进给终了时，挡块压下行程开关使 3YA 通电，二位二通换向阀通路切断，进油路中油液必须经调速阀 8、9 才能进入液压缸，所以滑台做第二次工作进给，进给速度大小由调速阀 9 调节。

进油路：泵 1→单向阀 2→换向阀 3（左位）→调速阀 8→调速阀 9→液压缸左腔。

回油路：液压缸右腔→换向阀 3（左位）→顺序阀 6→背压阀 5→油箱。

4. 死挡块（固定挡铁）停留

当滑台工作进给完毕、挡块碰到死挡块后，液压系统的压力进一步增大，使压力开关 12 发出信号给时间继电器或 PLC 定时器，在未到达延时时间前，滑台停留在此位置。这时的油路与第二次工作进给的油路相同。

5. 快退

滑台停留时间结束时，时间继电器或 PLC 经延时发出信号，1YA、3YA 断电，2YA 通电，电液换向阀的先导阀 4 和液动换向阀 3 均处于右位工作状态。

进油路：泵 1→单向阀 2→换向阀 3（右位）→液压缸右腔。

回油路：液压缸左腔→单向阀 13→换向阀 3（右位）→油箱。

6. 原位停止

当滑台退回到原位时，挡块压下行程开关，发出信号，使 2YA 断电，电液换向阀 4 处于中位，滑台停止运动。变量泵输出的油液经换向阀 3 直接流回油箱，泵卸荷。

表 10-1 给出该系统的电磁铁、行程阀和压力开关的动作顺序。表中“+”号表示电磁铁通电或行程阀压下；“-”号表示电磁铁断电或行程阀复位。

表 10-1　元件动作顺序表

工况	发讯装置	1YA	2YA	3YA	行程阀	压力开关
快进	起动按钮	+	−	−	−	−
一工进	挡块压下行程阀	+	−	−	+	−
二工进	挡块压下行程开关或接近开关	+	−	+	+	−
死挡块停留	死挡块、压力开关	+	−	+	+	+
快退	时间继电器或定时器	−	+	−	±	−
原位停止	挡块压下原位行程开关或接近开关	−	−	−	−	−

小问题：想一想液压系统采取了怎样的油路结构来保证液压动力滑台快进？分析其工作过程。

小提示：采用液压缸差动连接的快速回路，使空载时得以快速。

三、YT4543 型动力滑台液压系统的特点

1）采用容积节流调速回路，系统效率较高。该系统采用了“限压式变量叶片泵+调速阀+背压阀”式容积节流调速回路。

2）采用电液换向阀的换向回路，换向平稳。采用反应灵敏的小规格电磁换向阀作为先导阀，控制能通过大流量的液动换向阀，实现主油路的换向，即发挥了电液联合控制的优势，又运用了液动换向阀使换向平稳。

3）采用行程控制的快、慢速的速度换接回路，速度切换平稳。系统采用行程阀和液控顺序阀配合动作，实现快进与工进速度的转换，使速度转换平稳、可靠、位置准确。

4）采用压力开关发出快退的信号，保证了工进的终点位置精度。滑台工进结束，用死挡块限位，液压缸碰到死挡块时，缸内工作压力增大，压力开关发信号控制快退。在实际应用中常用压力开关和行程开关配合，行程和压力双信号保证了液压缸的终点位置精度，且滑台反向退回方便可靠。

5）采用调速阀串联的二次进给速度换接方式，速度转换时前冲较小。

小知识：液压动力滑台由多个基本回路组成，包括容积节流调速回路、电液换向阀的换向回路、差动快速回路、行程阀快慢速换接回路、调速阀串联二次工进的换接回路等，各基本回路不是简单独立于系统之中的，而是相对独立又彼此融合的。在分析液压系统时，要理解各回路之间的相互关联，从中简化出每个基本回路的结构组成在本系统中的功能。

正如上述基本回路既各司其职又协同作用一样，我们在岗位中也很难分出独立于彼此的工作任务，每个人的工作都是至关重要且需要与他人密切配合的，因此我们要充分发挥团队协作的集体意识，树立大局观，超越个体局限，弘扬工匠精神，助推民族品牌发展。

小任务：机床液压系统的分析及构建（任务工单见表 B-22）。

任务二　工业机械手的液压系统分析

一、概述

机械手是模仿人的手部动作，按给定程序、轨迹和要求实现自动抓取、搬运和操作的自

动装置。机械手一般由执行机构、驱动系统、控制系统以及检测装置四部分组成，驱动系统多数采用电、液（气）、机联合传动。

JS01工业机械手属于圆柱坐标式全液压驱动机械手，具有手臂升降、伸缩、回转和手腕回转四个自由度。执行机构相应由手部、手腕、手臂伸缩机构、手臂升降机构等装置组成，每一部分均由液压缸驱动与控制。机械手完成的动作循环为：插定位销→手臂前伸→手指张开→手指抓料→手臂上升→手臂缩回→手腕回转180°→拔定位销→手臂回转95°→插定位销→手臂前伸→手臂中停（主机夹头下降夹料）→手指张开（主机夹头夹料上升）→手指闭合→手臂缩回→手臂下降→手腕反转复位→拔定位销→手臂反转复位→待料卸荷。

二、JS01工业机械手液压系统的工作原理分析

图10-2所示为JS01工业机械手液压系统的工作原理，系统采用双联叶片泵1、2一起供油，泵的额定压力为6.3MPa，大泵1的流量为35L/min，小泵2的流量为18L/min，其压力分别由电磁溢流阀3和电磁溢流阀4控制。减压阀8用于设定定位缸及控制油路所需要的较低压力，单向阀5、6分别用于保护泵1、2以防止油液倒流，系统的具体工作过程如下：

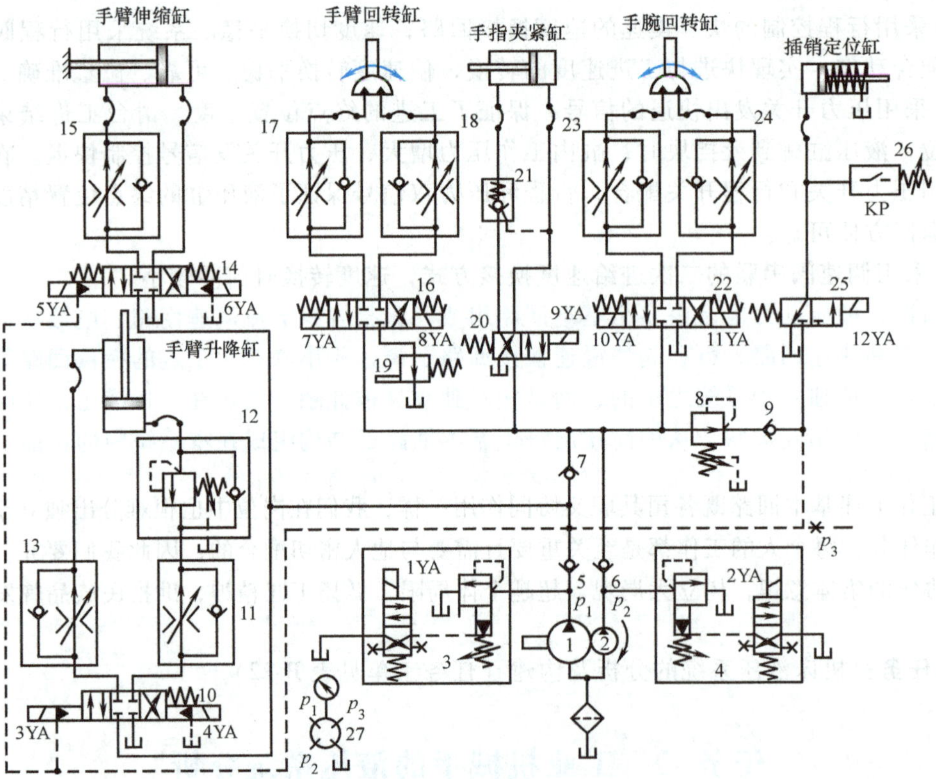

图10-2 JS01工业机械手液压系统的工作原理

1、2—双联叶片泵 3、4—电磁溢流阀 5、6、7、9—单向阀 8—减压阀 10、14—电液换向阀 11、13、15、17、18、23、24—单向调速阀 12—单向顺序阀 16、20、22、25—电磁换向阀 19—行程节流阀 21—液控单向阀 26—压力开关 27—多点压力表开关

1. 插定位销

起动双联叶片泵，电磁铁 1YA、2YA 通电，双联叶片泵 1、2 输出的液压油经电磁溢流阀 3、4 回油箱，系统处于卸荷，机械手处于待料状态。当棒料到达待上料的位置时起动程序动作，电磁铁 2YA 断电，则泵 2 停止卸荷，同时，电磁铁 12YA 通电，定位缸接入油路。

进油路：泵 2→单向阀 6→减压阀 8→单向阀 9→电磁换向阀 25（右位）→定位缸左腔。

回油路：定位缸无回油路。

2. 手臂前伸

插销定位后，这个支路油压增大，使压力开关 26 发出信号，电磁铁 1YA 断电、6YA 通电，双联叶片泵 1、2 输出的压力油经单向阀 5、6 和 7 汇流到电液换向阀 14（右位），再进入手臂伸缩缸的右腔。

进油路：泵 1→单向阀 5 } →电液换向阀 14（右位）→手臂伸缩缸的右腔。
泵 2→单向阀 6→单向阀 7 }

回油路：手臂伸缩缸的左腔→单向调速阀 15→电液换向阀 14（右位）→油箱。

3. 手指张开

手臂前伸至适当的位置后，行程开关发出信号，使电磁铁 1YA、9YA 通电，泵 1 卸荷；泵 2 输出的压力油经单向阀 6、电磁换向阀 20（右位）进入手指夹紧缸，使机械手的手指张开。

进油路：泵 2→单向阀 6→电磁换向阀 20（右位）→手指夹紧缸的右腔。

回油路：手指夹紧缸的左腔→液控单向阀 21→电磁换向阀 20（右位）→油箱。

4. 手指抓料

手指张开后，时间继电器延时，待棒料由送料机构送到手指区域时，时间继电器发出信号使电磁铁 9YA 断电，泵 2 的压力油通过电磁换向阀 20 的左位进入到手指夹紧缸的左腔，使手指夹紧棒料。

进油路：泵 2→单向阀 6→电磁换向阀 20（左位）→液控单向阀 21→手指夹紧缸的左腔。

回油路：手指夹紧缸的右腔→电磁换向阀 20（左位）→油箱。

5. 手臂上升

当手指抓料后，电磁铁 1YA 断电，4YA 通电，泵 1、2 同时供油到手臂升降缸，手臂上升。

进油路：泵 1→单向阀 5 } →电液换向阀 10（右位）→单向调速阀 11→单向顺序阀 12→手臂升降缸的下腔。
泵 2→单向阀 6→单向阀 7 }

回油路：手臂升降缸的上腔→单向调速阀 13→电液换向阀 10（右位）→油箱。

6. 手臂缩回

手臂上升到预定位置，触及行程开关，使电磁铁 4YA 断电、5YA 通电，泵 1、2 输出的压力油经电液换向阀 14（左位）、单向调速阀 15 进入手臂伸缩缸的左腔，右腔的回油经电液换向阀 14（左位）回油箱，手臂快速缩回。

进油路：泵 1→单向阀 5 } →电液换向阀 14（左位）→单向调速阀 15→手臂伸缩缸左腔。
泵 2→单向阀 6→单向阀 7 }

回油路：手臂伸缩缸右腔→电液换向阀 14（左位）→油箱。

7. 手腕回转 180°

当手臂上的挡块碰到行程开关后，电磁铁 5YA 断电，电液换向阀 14 复位，同时电磁铁 1YA、11YA 通电。这时泵 2 单独给手腕回转缸供油，使手腕回转 180°。

进油路：泵 2→单向阀 6→电磁换向阀 22（右位）→单向调速阀 24→手腕回转缸的右腔。

回油路：手腕回转缸的左腔→单向调速阀 23→电磁换向阀 22（右位）→油箱。

8. 拔定位销

当手腕上的挡块碰到行程开关后，电磁铁 11YA 断电，电磁换向阀 22 复位，同时电磁铁 12YA 断电，定位缸在复位弹簧的作用下，其左腔的压力油经电磁换向阀 25（左位）回油箱，同时活塞杆缩回拔出定位销。

9. 手臂回转 95°

定位缸支路无油压后，压力开关 26 失压，常闭触点接通手臂回转的电气线路，行程开关使电磁铁 8YA 通电，泵 2 的压力油经电磁换向阀 16（右位）、单向调速阀 18 进入手臂回转缸，使手臂回转 95°。

进油路：泵 2→单向阀 6→电液换向阀 16（右位）→单向调速阀 18→手臂回转缸右腔。

回油路：手臂回转缸左腔→单向调速阀 17→电液换向阀 16（右位）→行程节流阀 19→油箱。

10. 插定位销

当手臂回转碰到行程开关时，电磁铁 8YA 断电、12YA 重新通电，插定位销的动作同过程 1。

11. 手臂前伸

这个动作的顺序及各电磁铁的通、断状态同过程 2。

12. 手臂中停

当手臂前伸碰到行程开关后，电磁铁 6YA 断电，手臂伸缩缸停止动作，确保手臂将棒料送到准确的位置处，“手臂中停”等待主机夹头夹紧棒料。

13. 手指张开

夹头夹紧棒料后，时间继电器发出信号，使电磁铁 1YA、9YA 通电，手指夹紧缸的右腔进油，张开手指。进、回油路同过程 3。

14. 手指闭合

主机夹头夹料上升、移走棒料后，时间继电器发出信号，电磁铁 9YA 断电，手指闭合。进、回油路同过程 4。

15. 手臂缩回

这个动作的顺序及各电磁铁的通、断状态同过程 6。

16. 手臂下降

手臂缩回碰到行程开关，电磁铁 5YA 断电、3YA 通电，电液换向阀 10（左位）接入油路，手臂升降缸下降。

进油路：泵 1→单向阀 5
泵 2→单向阀 6→单向阀 7 } →电液换向阀 10（左位）→单向调速阀 13→手臂升降缸的上腔。

回油路：手臂升降缸的下腔→单向顺序阀 12→单向调速阀 11→电液换向阀 10（左位）→油箱。

17. 手腕反转复位

当升降导套上的挡块碰到行程开关时，电磁铁 3YA 断电，电磁铁 1YA、10YA 通电。泵 2 供油，经电磁换向阀 22（左位）、单向调速阀 23 进入手腕回转缸的左腔，使手腕反转 180°。

18. 拔定位销

这个动作的顺序及各电磁铁的通、断状态同过程 8。

19. 手臂反转复位

拔出定位销后，压力开关 26 失压，手臂回转的电气线路重新接通，行程开关使电磁铁 7YA 通电，泵 2 的压力油经电磁换向阀 16（左位）、单向调速阀 17 进入手臂回转缸的左腔，手臂反转 95°，机械手复位。

进油路：泵 2→单向阀 6→电磁换向阀 16（左位）→单向调速阀 17→手臂回转缸左腔。

回油路：手臂回转缸右腔→单向调速阀 18→电磁换向阀 16（左位）→行程节流阀 19→油箱。

20. 待料卸荷

手臂反转到位后，起动行程开关，使电磁铁 7YA 断电、2YA 通电，这时，两个液压泵同时卸荷，机械手的动作循环结束，等待下一次循环。

电磁铁、压力开关动作见表 10-2。

表 10-2　电磁铁、压力开关动作

动作循环	工况	1YA	2YA	3YA	4YA	5YA	6YA	7YA	8YA	9YA	10YA	11YA	12YA	KP
1	插定位销	+	−	−	−	−	−	−	−	−	−	−	+	∓
2	手臂前伸	−	−	−	−	−	+	−	−	−	−	−	+	+
3	手指张开	+	−	−	−	−	−	−	−	+	−	−	+	+
4	手指抓料	+	−	−	−	−	−	−	−	−	−	−	+	+
5	手臂上升	−	−	−	+	−	−	−	−	−	−	−	+	+
6	手臂缩回	−	−	−	−	+	−	−	−	−	−	−	+	+
7	手腕回转 180°	+	−	−	−	−	−	−	−	−	−	+	+	+
8	拔定位销	+	−	−	−	−	−	−	−	−	−	−	−	−
9	手臂回转 95°	+	−	−	−	−	−	−	+	−	−	−	−	−
10	插定位销	+	−	−	−	−	−	−	−	−	−	−	+	∓
11	手臂前伸	−	−	−	−	−	+	−	−	−	−	−	+	+
12	手臂中停	−	−	−	−	−	−	−	−	−	−	−	+	+
13	手指张开	+	−	−	−	−	−	−	−	+	−	−	+	+
14	手指闭合	+	−	−	−	−	−	−	−	−	−	−	+	+
15	手臂缩回	−	−	−	−	+	−	−	−	−	−	−	+	+
16	手臂下降	−	−	+	−	−	−	−	−	−	−	−	+	+
17	手腕反转复位	+	−	−	−	−	−	−	−	−	+	−	+	+
18	拔定位销	+	−	−	−	−	−	−	−	−	−	−	−	−
19	手臂反转复位	+	−	−	−	−	−	+	−	−	−	−	−	−
20	待料卸荷	+	+	−	−	−	−	−	−	−	−	−	−	−

三、JS01 工业机械手液压系统的特点

1）手臂伸出、手腕回转到达端点前由行程开关切断油路，滑行缓冲，由固定挡块定位保证精度。由于手臂回转部分的质量较大，转速较高，运动惯性矩较大，手臂回转缸除了采用单向调速阀回油节流调速外，还在回油路上安装行程节流阀 19 进行减速缓冲，最后由定位缸插销定位，满足定位精度要求。

2）手臂升降缸为立式液压缸，为支承（平衡）手臂运动部件的自重，采用了单向顺序阀 12 的平衡回路。

3）为使手指夹紧工件后不受系统压力波动的影响，保证牢固地夹紧工件，采用了液控单向阀 21 的锁紧回路。

4）手臂的伸出和升降、手臂和手腕的回转分别采用了单向调速阀实现回油节流调速，各执行机构的速度可调，运动平稳。

5）系统采用了双联叶片泵供油的方式，手臂升降及伸缩时由两台泵同时供油，手臂及手腕回转、手指张开和闭合及定位缸工作时，仅由小流量泵 2 供油，大流量泵 1 自动卸荷，系统功率的利用比较合理。

小任务：工业机械手液压系统分析及构建（任务工单见表 B-23）。

任务三　汽车起重机的液压系统分析

一、概述

汽车起重机是一种行走设备，机动性好，自备动力，不需要配备电源，操作简便灵活，因此在起重作业上得到广泛应用。在汽车起重机上采用液压起重技术，承载能力大，可在有冲击和振动等环境较差的条件下工作。由于系统执行元件需要完成的动作较为简单，位置精度要求较低，因此系统一般采用手动操纵。

Q2-8 型汽车起重机由载重汽车、回转机构、支腿、吊臂变幅机构、基本臂等组成，其最大起重质量为 8t，最大起重高度为 11.5m，起重装置可连续回转。整个液压系统由支腿收放、转台回转、吊臂伸缩、吊臂变幅和吊重起升五个支路组成。

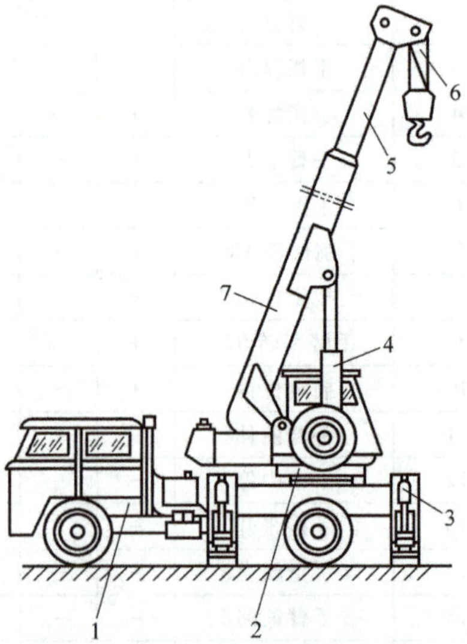

图 10-3　Q2-8 型汽车起重机的结构

1—载重汽车　2—回转机构（转台）　3—支腿　4—吊臂变幅机构（缸）　5—吊臂伸缩机构（缸）　6—吊钩起升机构　7—基本臂

图 10-3 所示为 Q2-8 型汽车起重机的结构，它主要由如下五个部分构成：

1）支腿的功用是在起重机进行起重作业时，使载重汽车轮胎离开地面，架起整车，不使载荷压在轮胎上，并可调节整车的水平度，一般为四腿结构。

2）吊臂回转机构使吊臂实现360°回转，在任何位置能够锁定停止。

3）吊臂伸缩机构使吊臂在一定尺寸范围内可调，并能够定位，用以改变吊臂的工作长度。一般为3节或4节套筒伸缩结构。

4）吊臂变幅机构使吊臂在15°~80°范围内可调，用以改变吊臂的倾角。

5）吊钩起升机构使重物在起吊范围内任意升降，并在任意位置负重停止，起吊和下降在一定范围内可无级变速。

二、Q2-8型汽车起重机的工作原理分析

图10-4所示为Q2-8型汽车起重机的液压系统工作原理图。该系统的液压泵由汽车发动机通过装在汽车底盘变速箱上的传动装置（取力箱）驱动。通过改变发动机的转速，一定范围内可以调节泵的流量，实现无级调速。泵从油箱吸油，输出的压力油经手动双联多路换向阀和手动四联多路换向阀串联油路输送给各个执行元件。其中，前、后支腿收放支路的换向阀A、B组成一个阀组（双联多路换向阀，图10-4所示阀1），另外四个支路的换向阀C、D、E、F组成其他阀组（四联多路换向阀，图10-4所示阀2）。各换向阀均为M型中位机能三位四通手动阀，相互串联组合，可实现多缸卸荷。当起重机不工作时，液压系统处于卸荷状态。安全阀用以防止系统过载。整个系统由支腿收放、转台回转、吊臂伸缩、吊臂变幅和吊重起升五个工作回路组成。

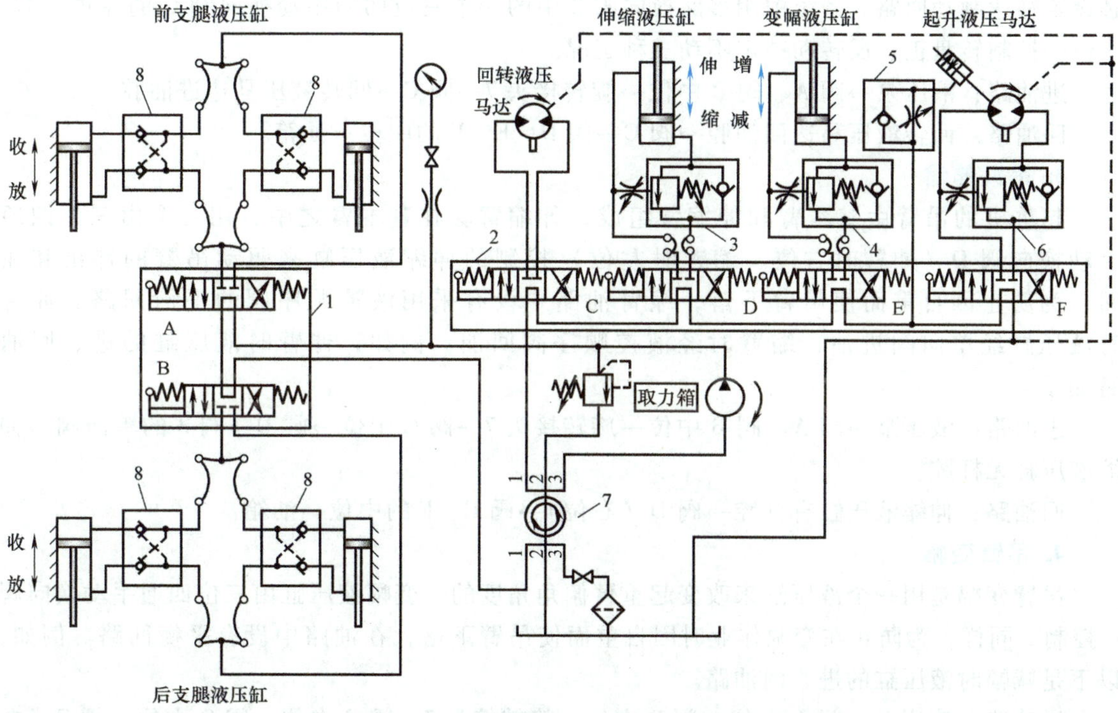

图10-4　Q2-8型汽车起重机的液压系统的工作原理

1—双联多路换向阀　2—四联多路换向阀　3、4、6—平衡阀　5—单向节流阀　7—旋转接头　8—双液控单向阀

1. 支腿收放

由于汽车轮胎的支承能力有限，在进行起重作业时必须放下前、后支腿，使汽车轮胎架

空，用支腿承重，汽车行驶时则须收起支腿，轮胎着地。Q2-8 型汽车起重机前后各有两条支腿，每一支腿配有一个液压缸。两条前支腿和两条后支腿分别由多路换向阀 1 中的三位四通手动换向阀 A 和 B 控制其伸出或缩回，放下支腿时换向阀左位，收起支腿时换向阀右位。每个液压缸均设有双向锁紧回路，以保证支腿被可靠地锁住，防止在起重作业时发生“软腿”现象（液压缸上腔油路泄漏引起）或行车过程中支腿自行滑落（液压缸下腔油路泄漏引起）。

(1) 前支腿收放

进油路：液压泵→阀 A→双向液压锁→两个前支腿液压缸进油腔。

回油路：两个前支腿液压缸回油腔→双向液压锁→阀 A→阀 B 中位→旋转接头 7→阀 C、D、E、F 的中位→油箱。

(2) 后支腿收放

进油路：液压泵→阀 A 的中位→阀 B→双向液压锁→两个后支腿液压缸进油腔。

回油路：两个后支腿液压缸回油腔→双向液压锁→阀 B→旋转接头 7→阀 C、D、E、F 的中位→油箱。

2. 转台回转

回转机构的执行元件是一个大转矩双向液压马达。通过齿轮和涡轮机构减速，驱动转台以 1~3r/min 的转速低速回转，驱动转台的液压马达转速也不高，且有蜗轮蜗杆机构，故不必设置马达制动回路。系统中用多路换向阀 2 中的一个三位四通手动换向阀 C 的左位、右、中位来控制转盘正、反转和锁定不动三种工况。

进油路：液压泵→阀 A、阀 B 中位→旋转接头 7→阀 C→回转液压马达进油腔。

回油路：回转液压马达回油腔→阀 C→阀 D、E、F 的中位→油箱。

3. 吊臂伸缩

起重机的吊臂由基本臂和伸缩臂组成，伸缩臂套在基本臂之中，用一个由三位四通手动换向阀 D（伸臂时右位、缩臂时左位）控制的伸缩液压缸来驱动吊臂的伸出和缩回。为防止因自重而使吊臂下落，缩臂油路中设有采用液控顺序阀的平衡回路。伸臂时液压缸经单向阀进油，缩臂时经液控顺序阀回油。例如，伸臂时液压缸的进、回油路如下。

进油路：液压泵→阀 A、阀 B 中位→旋转接头 7→阀 C 中位→阀 D→阀 3 的单向阀→伸缩液压缸无杆腔。

回油路：伸缩液压缸有杆腔→阀 D（右位）→阀 E、F 的中位→油箱。

4. 吊臂变幅

吊臂变幅是用一个液压缸来改变起重臂俯角角度的。变幅液压缸由三位四通手动换向阀 E 控制。同样，为防止在变幅作业时因自重而使吊臂下落，在油路中设有平衡回路。例如，以下是减幅时液压缸的进、回油路。

进油路：液压泵→阀 A 中位→阀 B 中位→旋转接头 7→阀 C 中位→阀 D 中位→阀 E（左位）→平衡阀 4 的液控顺序阀→变幅液压缸有杆腔。

回油路：变幅液压缸无杆腔→阀 E（左位）→阀 F 中位→油箱。

5. 吊重起升

起升机构是起重机的主要执行机构，吊重的升降由一个大转矩液压马达带动卷扬机来完成。马达的正、反转由阀 F 控制，马达的转速，即起吊速度可通过改变发动机的转速来调节。回路上设有单向平衡阀 6，用以防止吊重自由下落。由于液压马达的泄漏较液压缸大得多，当重物悬吊在空中时，尽管油路设有平衡阀，仍有可能产生“溜车”现象。为此，在大起重量的液压马达上设有液压机械式制动器，以便在马达停转时，用制动器锁住起升液压马达。单向节流阀的作用是使制动器抱闸快、松闸慢。前者是为使马达迅速制动，吊重迅速停止下降；后者则是避免当吊重在空中再次起升时，将液压马达拖动反转而产生滑降现象。例如，以下是起升时液压马达的进、回油路。

进油路：液压泵→阀 A 中位→阀 B 中位→旋转接头 7→阀 C 中位→阀 D 中位→阀 E 中位→{阀 F（右位）→平衡阀 6 的单向阀→起升液压马达右腔。阀 5 的单向节流阀→松闸。}

回油路：起升液压马达左腔→阀 F（右位）→油箱。

三、Q2-8 型汽车起重机液压系统的特点

1）采用安全阀来限制系统最高工作压力，防止系统过载，对起重机起到超重起吊安全保护作用。

2）采用手动多路换向阀控制各支路的换向动作，不仅操作集中、方便，且可通过手动调节换向阀口开度大小以控制流量，实现节流调速（起升液压马达的转速可通过改变发动机的转速来调节），操纵方便灵活。

3）支腿回路采用了双向液压锁，可以防止支腿在起吊过程中出现“软腿”现象和行车过程中自行下落，并可将支腿长时间锁定在工作位置。

4）在平衡回路中，采用经过改进的单向液控顺序阀作为平衡阀，以防止在起升、吊臂伸缩和变幅作业过程中因重物自重而下降，且工作稳定、可靠，但在一个方向有背压，会对系统造成一定的功率损耗。

5）在多缸卸荷回路中，采用多路换向阀结构，靠每一个三位四通手动换向阀的中位机能（M 型）将各阀在油路中串联起来，这样可使任何一个工作机构可以单独动作或在轻载时可使两个机构经任意组合后同时动作，但起重机属于特种作业，要注意工作时不允许三机构联动。采用六个换向阀串联，会使液压泵的卸荷压力加大，系统效率降低，但由于起重机不是频繁作业机械，这些损失对系统的影响不大。

6）在制动回路中，采用由单向节流阀和单作用闸缸构成的制动器，利用调整好的弹簧力进行制动，制动可靠、动作快。由于要用液压缸压缩弹簧来松开制动，因此制动松开的动作慢，可防止负重起重时发生溜车现象，确保起吊安全，并且在汽车发动机熄火或液压系统出现故障时，能够迅速实现制动，防止被起吊的重物下落。

汽车起重机液压系统换向阀动作顺序见表 10-3。

小结论：Q2-8 型汽车起重机液压系统由多个基本回路构成，主要有调压、调速、换向、锁紧、平衡、制动、多缸卸荷等。

小任务：汽车起重机液压系统分析及构建（任务工单见表 B-24）。

表 10-3 汽车起重机液压系统换向阀动作顺序

<table>
<tr><th colspan="6">手动调整位置</th><th colspan="7">系统工作情况</th></tr>
<tr><th>A</th><th>B</th><th>C</th><th>D</th><th>E</th><th>F</th><th>前支腿液压缸</th><th>后支腿液压缸</th><th>回转液压马达</th><th>伸缩液压缸</th><th>变幅液压缸</th><th>起升液压马达</th><th>制动液压缸</th></tr>
<tr><td>左</td><td rowspan="2">中</td><td rowspan="4">中</td><td rowspan="6">中</td><td rowspan="8">中</td><td rowspan="10">中</td><td>放下</td><td rowspan="2">不动</td><td rowspan="4">不动</td><td rowspan="6">不动</td><td rowspan="8">不动</td><td rowspan="10">不动</td><td rowspan="10">制动</td></tr>
<tr><td>右</td><td>收起</td></tr>
<tr><td rowspan="10">中</td><td>左</td><td rowspan="10">不动</td><td>放下</td></tr>
<tr><td>右</td><td>收起</td></tr>
<tr><td rowspan="8">中</td><td>左</td><td rowspan="8">不动</td><td>正转</td></tr>
<tr><td>右</td><td>反转</td></tr>
<tr><td rowspan="6">中</td><td>左</td><td rowspan="6">不动</td><td>缩回</td></tr>
<tr><td>右</td><td>伸出</td></tr>
<tr><td rowspan="4">中</td><td>左</td><td rowspan="4">不动</td><td>减幅</td></tr>
<tr><td>右</td><td>增幅</td></tr>
<tr><td rowspan="2">中</td><td>左</td><td rowspan="2">不动</td><td>正转</td><td rowspan="2">松开</td></tr>
<tr><td>右</td><td>反转</td></tr>
</table>

思考题和习题

一、填空题

1. YT4543 型动力滑台液压系统中快退信号是靠________发出的，因有死挡块限位，故换向位置精度________。

2. YT4543 型动力滑台液压系统快、慢速靠________阀切换，切换动作平稳，切换点位置精度________。

3. YT4543 型动力滑台液压系统为了减少辅助动作时间，快进时变量泵供出大流量的同时，采用了________回路增速。

4. JS01 工业机械手手臂升降缸运动部件的自重靠________阀平衡。

5. Q2-8 型汽车起重机为防止支腿在起吊过程中出现“软腿”现象，采用________支承车辆的自重。

二、思考题

1. YT4543 型动力滑台液压系统由哪些基本回路组成？

2. YT4543 型动力滑台液压系统是如何实现快进的？

3. 分析 YT4543 型动力滑台系统的工作原理并填画电磁铁动作表。

4. JS01 工业机械手液压系统手臂升降液压缸如何支承或平衡手臂运动部件的自重？

5. 在图 10-2 所示 JS01 工业机械手液压系统的工作原理图中，元件 21 起什么作用？

6. Q2-8 型汽车起重机液压系统中都应用了哪些液压基本回路？

7. Q2-8 型汽车起重机液压系统如何防止在起重作业时发生“软腿”现象或行车过程中支腿自行滑落？

8. 简述 JS01 工业机械手液压系统的定位精度是如何保证的。

项目十一

其他气动元件及典型气动系统的分析及构建

技能及素养目标

1）能认知特殊气缸的功能。

2）能认知延时阀和延时回路的工作原理。

3）能分析典型气动系统的工作过程。

4）能在实训中提升分析问题和解决问题的能力。

重点知识

1）特殊气缸的类型及特点。

2）延时阀和延时回路的工作原理。

3）典型气动系统的工作原理。

气动系统广泛应用于自动化作业中，只有熟知各类气动元件及气动系统的工作原理和性能特点，才能在长期的生产实践中，对具体案例进行具体分析与应用。

气动钻床的顺序动作

任务一　其他气动元件的认知及选用

一、特殊气缸的认知及选用

1. 薄膜式气缸

图 11-1 所示为薄膜式气缸，薄膜式气缸是一种利用膜片的凸凹变形来推动活塞杆做直线运动的气缸，有单作用和双作用两种。其优点是结构简单、紧凑、成本低；缺点是膜片的变形量有限，行程较短，一般不超过 50mm，且活塞上的输出力随行程（膜片的弹性变形）的加大而减小。因此，薄膜式气缸适用于气动夹具和短行程的场合。

2. 气液阻尼缸

气液阻尼缸由气缸和液压缸组成，它利用液压油的性质来弥补气体压缩性大的缺点，目的是解决气缸平稳性差、不易准确定位等“爬行”或“自走”现象。图 11-2 所示为串联式气液阻尼缸的工作原理，气缸右腔进气时同时带动液压缸内的活塞一起向左运动，此时液压

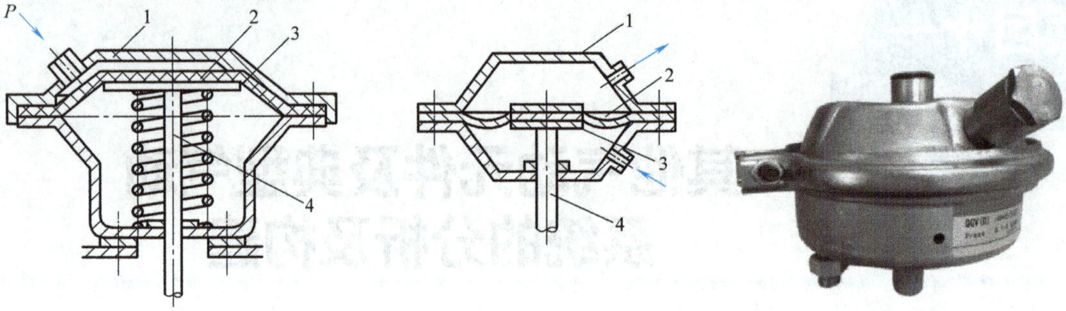

a) 工作原理(单作用式和双作用式)　　b) 外观

图 11-1　薄膜式气缸

1—缸体　2—膜片　3—膜盘　4—活塞杆

缸左腔排油，单向阀关闭，油液只能经节流阀流回右腔，调节节流阀控制排油速度可达到调节活塞运动速度的目的，这样气缸运动的平稳性大大地提高了。反向时活塞能快速返回。图中上部油箱是为了克服液压缸两腔面积差和补充泄漏用的。

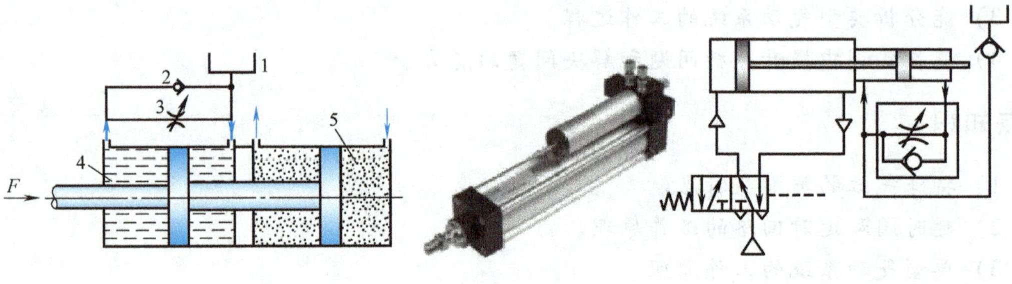

a) 工作原理　　b) 外观　　c) 气液阻尼缸速度控制回路

图 11-2　串联式气液阻尼缸的工作原理

1—油箱　2—单向阀　3—节流阀　4—液压缸　5—气缸

图 11-2c 所示为气液阻尼缸速度控制回路，其功能是实现慢进和快退，改变单向节流阀的开度，即可控制活塞的伸出速度；活塞返回时，气液阻尼缸中液压缸左腔的油液通过单向阀快速流入右腔，故返回速度较快，高位油箱起补充泄漏油液的作用。

3. 冲击气缸

冲击气缸是把压缩空气的压力能转换为活塞高速动能的一种气缸，冲击气缸最大的速度可以达到每秒十几米，多用于下料、冲孔及模锻等工作，具有结构简单可靠，价格低廉等优点。

冲击气缸由缸筒、活塞和固定在缸筒上的中盖组成，如图 11-3 所示。整个工作过程分三个阶段：

(1) 复位段　气源由孔 A 供气，孔 B 排气，活塞上升至密封垫封住喷嘴，气缸上腔成为密封的储气腔。

(2) 储能段　气源由孔 B 进气，孔 A 排气，由于上腔气压作用在喷嘴上的面积较小，而下腔气压作用面积大，故使上腔储存很高的能量。

(3) 冲击段　上腔压力继续升高，当上、下腔压力比大于活塞与喷嘴面积比时，活塞离开喷嘴，上腔气体迅速充入活塞与中盖间的空间，活塞将以极大的加速度向下运动，气体的压力能转换为活塞的动能，产生很大的冲击力。

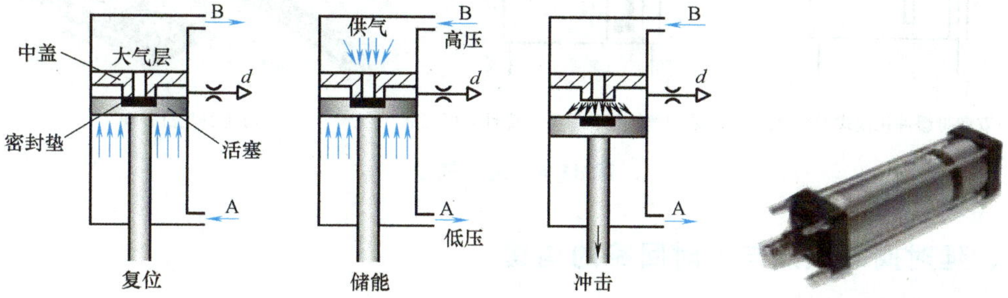

a) 工作原理　　b) 外观

图 11-3　冲击气缸

4. 摆动气缸

摆动气缸可以在小于 360°的范围内实现往复摆动，输出转矩，图 11-4 所示为单叶片式摆动气缸，它由叶片 1（输出轴）、定子 2 和挡块 3 组成。工作时左、右两腔分别进气就可以实现叶片的两个方向转动。叶片式摆动气缸体积小、重量轻，但制造精度高、密封难，输出效率低，主要用于工件转位、夹具回转等场合。

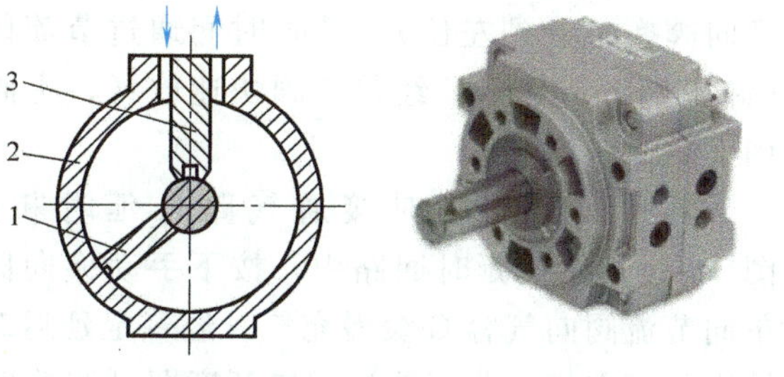

a) 工作原理　　b) 外观

图 11-4　单叶片式摆动气缸

1—叶片　2—定子　3—挡块

5. 气动手指气缸

气动手指也就是气爪，是现代机械手的重要部件，可以实现各种抓取功能。气动手指气缸的主要类型有平行手指气缸、摆动手指气缸和旋转手指气缸，如图 11-5 所示。在较高重复精度的动作中，气动手指气缸可实现自动对中和双向抓取。

a) 平行手指　　b) 摆动手指　　c) 旋转手指

图 11-5　气动手指气缸

6. 无杆气缸

无杆气缸（图 11-6）没有活塞杆，靠活塞隔成两个气腔，它利用活塞以直接或间接方式连接外界执行机构，其最大优点是节省安装空间。无杆气缸分为磁耦无杆气缸（磁性气缸）与机械式无杆气缸两种。无杆气缸特别适用于小缸径、长行程的场合，而且运动精度高，与其他气缸组合方便，在自动化系统和气动机器人中获得了大量应用。

小任务：特殊气缸的功能认知及选择（任务工单见表 B-25）。

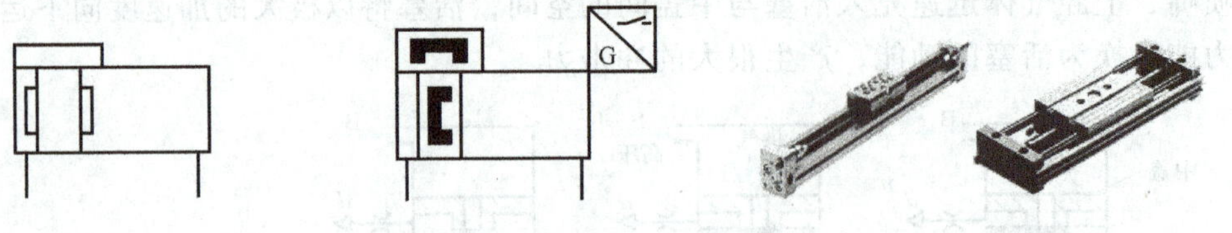

a) 双向带缓冲机械式无杆气缸　b) 右边终端带位置开关磁性无杆气缸　c) 无杆气缸外观

图 11-6　无杆气缸

二、延时阀的认知与延时回路的构建

图 11-7 所示为气动延时换向阀，作用相当于时间继电器，气容 C 和一个单向节流阀就是时间信号元件。当接通气动信号，气流通过节流阀给气容 C 充气，延时一段时间建立起推动换向阀阀芯的压力后，才控制换向阀换向（到左位），延时时间通过节流阀调节；信号消失（卸压）时，气容 C 经单向阀快速放气，主阀芯在右端弹簧作用下返回右位。

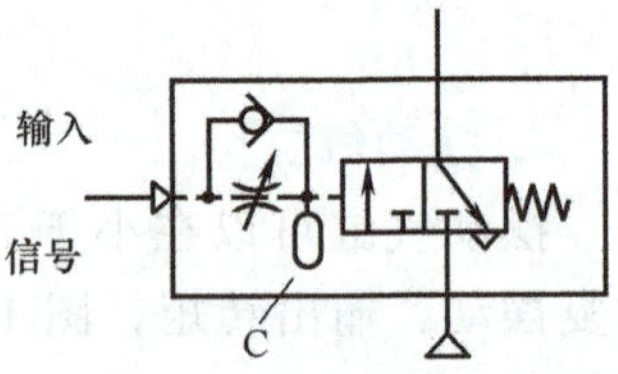

图 11-7　气动延时换向阀

延时回路有延时接通气路与延时断开气路两种。在图 11-8a 所示的延时回路中，按下手动换向阀 A，压缩空气经单向节流阀向气容 C 缓慢充气，经一定延迟时间 t 后，充气压力达到设定值，使阀 B 换向，输出压缩空气。改变节流阀口开度即可调整延时时间。在图 11-8b 所示的延时回路中，按下阀 2 后，阀 3 立即换位，活塞杆伸出，行至将行程阀 6 压下，系统经节流阀缓慢向气容 4 充气，延迟一定时间后，达到设定压力值，阀 3 才能复位使活塞杆返回。

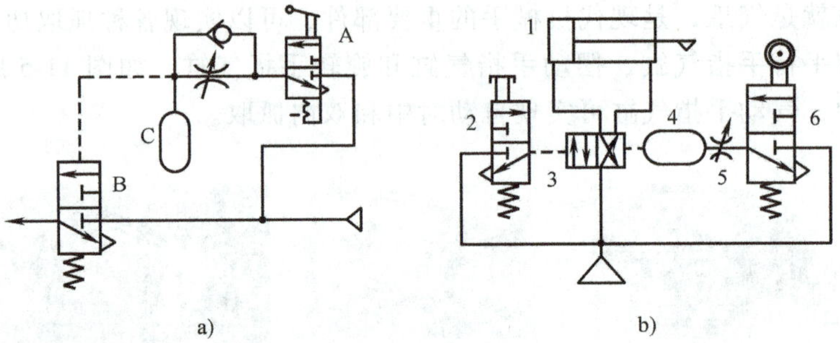

图 11-8　延时控制回路

小任务：气动延时回路的构建（任务工单见表 B-26）。

任务二　典型气动系统的动作分析及构建

一、气动机械手气动系统的分析及构建

气动机械手是机械手的一种，它具有结构简单，动作迅速、平稳、可靠等优点。图 11-9

所示为用于某专用设备上的气动机械手工作原理图，该系统有四个气缸，可在三个坐标内工作。其中缸 A 为抓取机构的夹紧缸，其活塞杆伸出时松开工件，活塞杆缩回时夹紧工件；缸 B 为手臂伸缩缸，可以实现伸出和缩回动作；缸 C 为机械手升降缸；缸 D 为立柱回转缸，该气缸为齿轮齿条缸，它可把活塞的直线往复运动转变为立柱的旋转运动，实现立柱的回转。

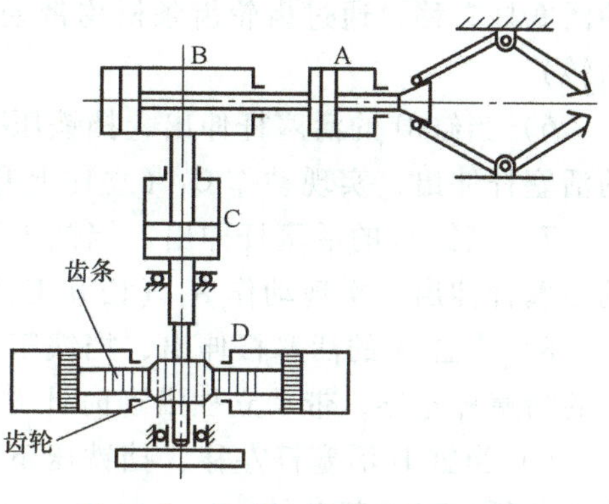

图 11-9　气动机械手工作原理图

图 11-10 所示是气动机械手气压传动系统的工作原理。该气动机械手的工作顺序为："立柱下降 C_0→伸臂 B_1→夹紧工件 A_0→缩臂 B_0→立柱顺时针回转 D_1→立柱上升 C_1→松开工件 A_1→立柱逆时针回转 D_0"。

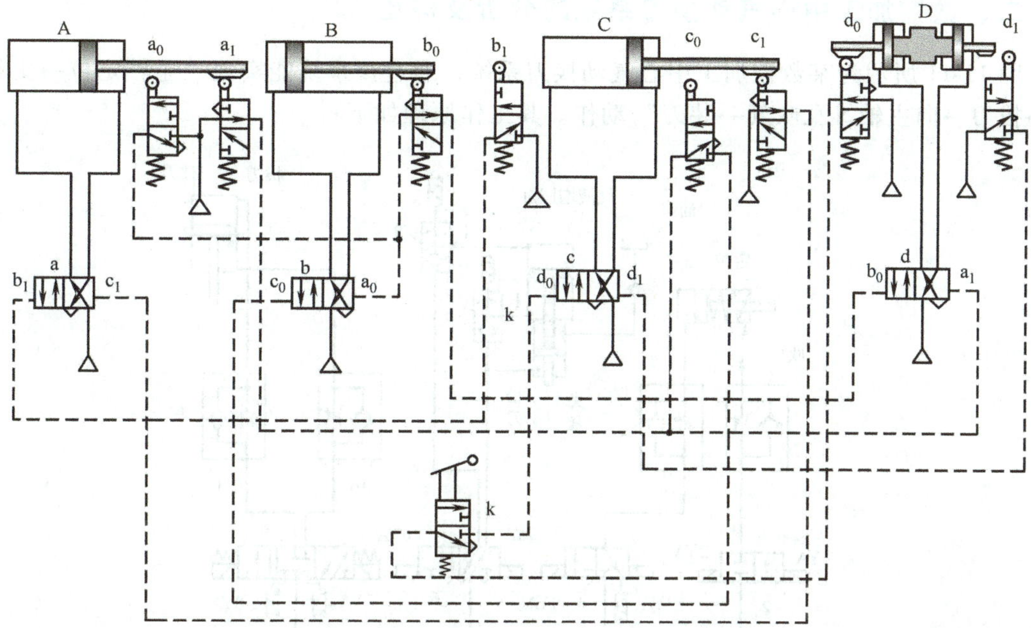

图 11-10　气动机械手气压传动系统的工作原理

气动机械手的工作原理

机械手的工作原理及循环分析如下：

1）按下起动阀 k，控制气体经起动阀使主控阀 c 处于左位，缸 C 的活塞杆退回，实现动作 C_0（立柱下降）。

2）当缸 C 的活塞杆退回，挡铁压下 c_0 时，控制气体使缸 B 的主控阀 b 处于左位，缸 B 的活塞杆伸出，实现动作 B_1（伸臂）。

3）当缸 B 的活塞杆伸出，挡铁压下 b_1 时，控制气体使缸 A 的主控阀 a 处于左位，缸 A 的活塞杆退回，实现动作 A_0（夹紧工件）。

4）当缸 A 的活塞杆退回，挡铁压下 a_0 时，控制气体使缸 B 的主控阀 b 处于右位，缸 B 的活塞杆退回，实现动作 B_0（缩臂）。

5）当缸 B 的活塞杆退回，挡铁压下 b_0 时，控制气体使缸 D 的主控阀 d 处于左位，缸 D

的活塞杆右移，通过齿轮齿条机构带动立柱沿顺时针方向转动，实现动作 D_1（立柱顺时针回转）。

6）当缸 D 的活塞杆伸出，挡铁压下 d_1 时，控制气体使缸 C 的主控阀 c 处于右位，缸 C 的活塞杆伸出，实现动作 C_1（立柱上升）。

7）当缸 C 的活塞杆伸出，挡铁压下 c_1 时，控制气体使缸 A 的主控阀 a 处于右位，缸 A 的活塞杆伸出，实现动作 A_1（松开工件）。

8）当缸 A 的活塞杆伸出，挡铁压下 a_1 时，控制气体使缸 D 的主控阀 d 处于右位，缸 D 的活塞杆左移，带动立柱沿逆时针方向回转，实现动作 D_0（立柱逆时针回转）。

9）当缸 D 活塞杆左移，挡铁压下 d_0 时，控制气体使缸 C 的主控阀 c 处于左位，下一个工作循环又重新开始。

小任务：机械手气动系统的分析及位移控制回路的构建（任务工作见表 B-27）。

二、数控加工中心气动换刀系统的分析及构建

图 11-11 所示为某数控加工中心气动换刀系统，通过该系统能实现“主轴定位→主轴松刀→拔刀→向主轴锥孔吹气→装刀”动作。其工作原理如下：

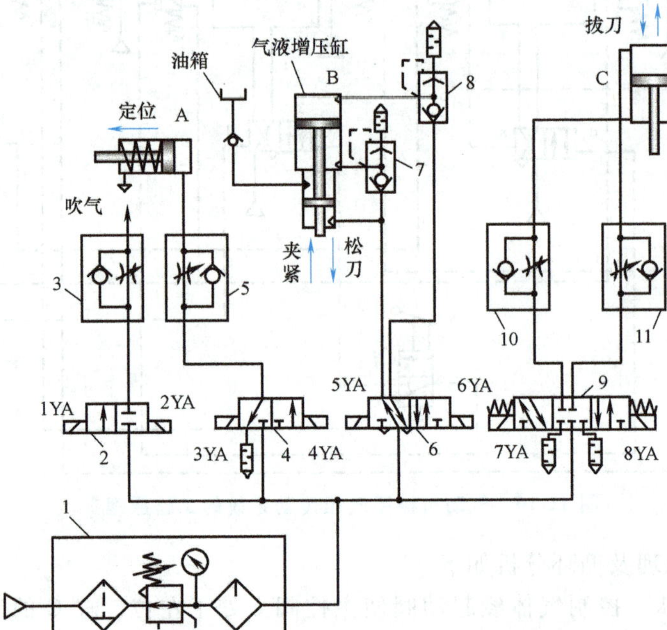

图 11-11 数控加工中心气动换刀系统

1—气动三联件 2、4、6、9—换向阀 3、5、10、11—单向节流阀 7、8—快速排气阀

当数控系统发出换刀指令后，主轴停止旋转，通过 4YA 通电，压缩空气经气动三联件 1、换向阀 4、单向节流阀 5 进入主轴定位缸 A 的右腔，从而推动缸 A 的活塞左移使主轴自动定位。定位完成后接近开关使 6YA 通电，压缩空气经换向阀 6、快速排气阀 8 进入气液增压缸 B 的上腔，增压腔的高压使活塞杆伸出，实现主轴松刀动作。此时使 8YA 通电，压

缩空气经换向阀 9、单向节流阀 11 进入缸 C 的上腔，缸 C 下腔排气，活塞下移实现拔刀动作。由回转刀库交换刀具，同时 1YA 通电，压缩空气经换向阀 2、单向节流阀 3 向主轴锥孔吹气。通过电气延时控制后 1YA 断电，2YA 通电，停止吹气，8YA 断电、7YA 通电，压缩空气经换向阀 9、单向节流阀 10 进入缸 C 的下腔，活塞上移，实现插刀动作。6YA 断电，5YA 通电，压缩空气经阀 6 进入气液增压缸 B 的下腔，活塞退回，使得主轴的机械机构把刀具夹紧。4YA 断电、3YA 通电，缸 A 的活塞靠弹簧力作用复位，系统等待下一次换刀指令，至此换刀结束。

小任务：气动系统的分析及构建（任务工单见表 B-28）。

目前，日本、美国等国家的气动机械手技术的发展处于领先地位。我国对气动技术和气动机械手的研究与应用都相对较晚，但随着投入力度和研发力度的加大，我国自主研制的气动机械手已经在汽车等许多行业为国家的发展进步发挥着重要作用。由于气动机械手结构简单，易实现无级调速、过载保护和复杂动作，在不久的将来，气动机械手将会越来越广泛地进入军事、航空、工业、医疗和生活等更多领域。

思考题和习题

一、填空题

1. 冲击气缸是把压缩空气的压力能转化为活塞________动能的一种气缸。

2. 气液阻尼缸是由气缸和________组合而成的，它利用________的性质弥补气体压缩性大的缺点。

3. 气液联动速度控制具有运动________、________准确、能耗低等特点。

4. 延时阀通过调节________阀来设定延迟时间。

二、简答题

1. 简述气液阻尼缸的特点及功能。

2. 延时回路相当于电气元件中的什么元件？它的工作原理如何？

3. 有人设计一双手控制气缸往复运动的回路，如图 11-12 所示，实际调试时发现此回路不能正常工作；请说明错误原因并加以改正。

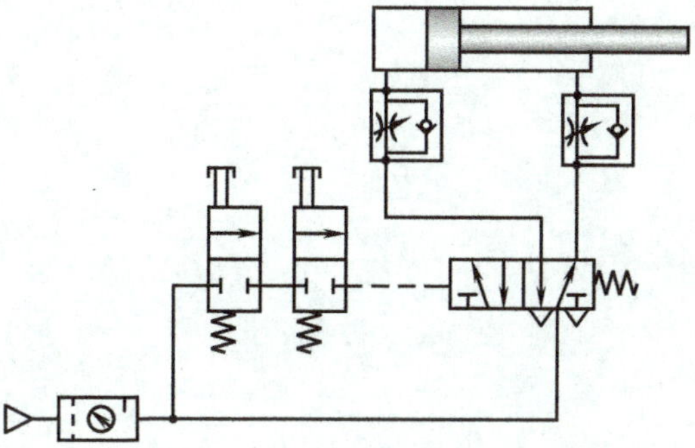

图 11-12　气缸往复运动的回路

高级篇

液压与气动系统的技能拓展

项目十二

其他液压控制阀和其他液压系统的分析应用

技能及素养目标

1）能认知新型液压控制阀的功用及特点。
2）能根据用途选用合适的新型液压控制阀。
3）能分析复杂液压系统的工作原理及特点。
4）能根据液压系统的工作原理解决一般工程实际问题。

重点知识

1）新型液压控制阀的类型、功用及特点。
2）注射机、压力机液压系统的工作原理及特点分析。

新型液压控制阀是为解决工程上的连接、性能及控制等具体问题而发展起来的。叠加阀最大的特点在于不必使用配管和专门的油路即可达到系统安装的目的，集成度高，并且非常方便更改液压系统的功能，适用于各种工业系统；插装阀泄漏少，液阻小，在大流量、高压系统中具有明显的优势；比例阀可以减少液压系统的控制阀个数，控制精度高，自动化程度高。

任务一　新型液压控制阀的功能认知

在中级篇项目九任务一中，我们知道，传统的液压控制阀有管式连接和板式连接两种，其中板式连接在很多场合被广泛应用。板式连接的优点是结构紧凑，管路少，常见功能的集成块已标准化，通用性好，油路压力损失小，且装拆时不会影响系统管路，因而操作和维修方便，应用十分广泛。但是，板式连接有一个缺点，就是每一个集成块都是一个油路系统，必须按油路连接关系设计集成块内的油道，并经过钻孔而成，一旦用户想更改设计，改变布置在连接板上的阀的尺寸或改变油路连接关系，就不太方便了。

一、新型连接方式的控制阀

1. 叠加阀

（1）叠加阀的工作原理　叠加阀是在板式阀集成块的基础上发展起来的新型液压元件，

它与一般液压阀一样，也分为压力控制阀、流量控制阀和方向控制阀三大类，其中方向控制阀仅有单向阀类，系统主换向阀不属于叠加阀。图 12-1 所示为叠加阀。它在配置形式上和板式阀截然不同。如图 12-2 所示，叠加阀安装在主换向阀（通常为板式换向阀）和底板块之间，阀的上、下面为安装面，各阀体本身是兼具共同油路的油路板，即每个叠加阀除了具有液压阀功能外，还起油路通道的作用。阀体内部的通道连接各阀的油口，阀体的进、出油口在阀的上、下两个面上，叠加阀组成回路时，对外与泵及油箱连接的所有进、出油口均在最下边的底板块上引出。同一通径的各种叠加阀的油口和螺栓孔的大小、位置、数量都与相匹配的板式电磁换向阀或电液换向阀一致。使用时，通径相同但功能各异的控制阀不需要另外的连接块，只需按一定次序用规定的标准长螺栓直接将各叠加阀串联叠加安装在底板块上，再将板式换向阀安装在最上方，即可组成各种典型液压系统。

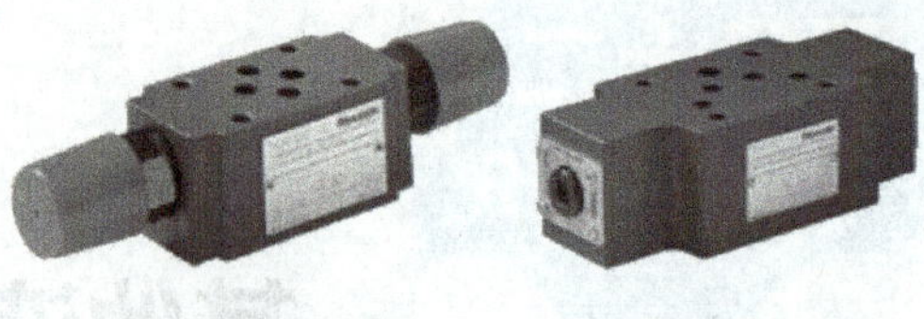
a) 四油道的叠加阀　　b) 五油道的叠加阀

图 12-1　叠加阀

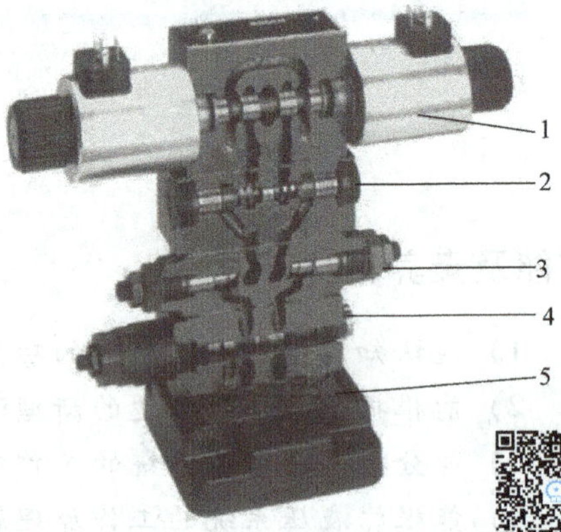

图 12-2　叠加阀的连接

1—主换向阀　2、3、4—叠加阀　5—底板块

叠加阀的连接

通常一组叠加阀（图 12-2）构成的基本单元只控制一个执行元件，称为单组叠加阀。再把另一基本单元所需的叠加阀横向堆叠在底板块上，排成一列，就构成了由几个基本单元构成的叠加阀组，如图 12-3 所示，这样就可组成整个液压系统。

（2）叠加阀的特点　与传统控制回路相比较，这种连接形式的优点是结构紧凑，管路少，体积小，重量轻，减少了由于配管引起的外部漏油、振动和噪声等事故，因而提高了可靠性，且配置灵活，安装简便，装配周期短，当系统有变化需要增减元件时，更改设计容易。目前叠加阀已标准化和通用化。

叠加阀的缺点是回路形式较少，通径较小，不能满足较复杂和大功率液压系统的需要。

图 12-3　叠加阀组

小知识：叠加阀内部构造及工作原理都和前面所述的传统控制阀相似，不同的仅是油路连接方式。

叠加阀组

（3）叠加阀的回路　由于叠加阀的工作原理与传统的控制阀相似，因此在识读叠加阀的符号时，更多的是油路的识读。图 12-4 和图 12-5 所示的叠加式溢流阀和双单向节流阀符号与传统阀基本一致。

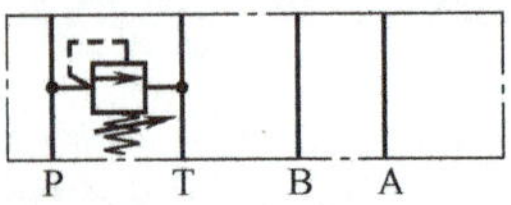

图 12-4　叠加式溢流阀

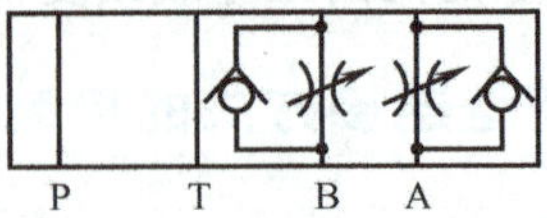

图 12-5　叠加式双单向节流阀

底板块的符号如图 12-6 所示，在底板块的左、右两侧，有通往油箱和泵的接口（T 口及 P 口），每一联各有其专用通往叠加阀的配管口（P、T、A、B 口），还有固定叠加阀用的螺栓孔。若将几个安装底板块（都具有相互连通的进、回油通道）横向叠加在一起形成多联底板块，或采用一个整体的底板块，就可控制多个执行元件。

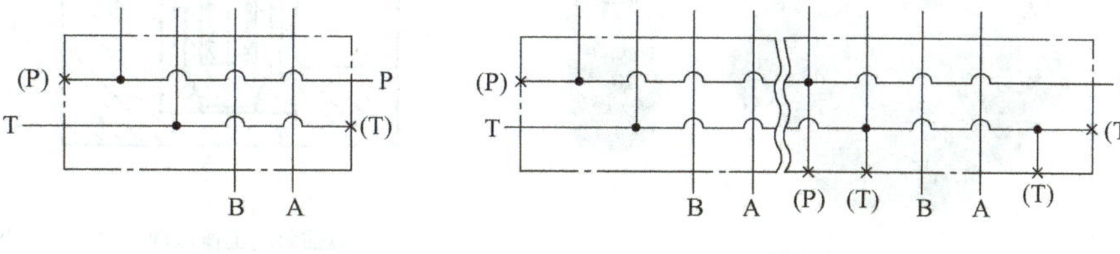

图 12-6　底板块符号

除非特别熟练，否则直接绘出叠加阀回路往往是比较困难的。通常是先绘出传统回路，然后将传统的回路变成叠加阀回路，如图 12-7 所示。

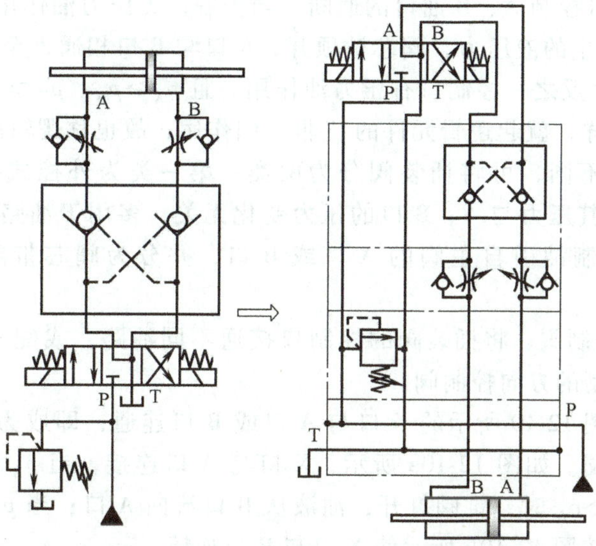

图 12-7　叠加阀构成的回路

2. 插装阀

插装阀是根据不同功能将阀芯和阀套单独做成组件（插入件），插入专门设计的插装块体，用连接螺纹或盖板固定，块内通道将阀与阀的相应油口连通组成回路。这类阀无单独的阀体，是一种新型的集成化连接方式。

(1) 插装阀的工作原理　图 12-8 和图 12-9 所示分别为插装阀集成块及二通插装阀。插装阀由控制盖板 1、插装单元（由阀套 2、复位弹簧 3、阀芯 4 及密封件组成）、插装块体 5 和先导元件（置于控制盖板上，图中没有画出）组成。图中的插装元件是主体元件，又称主阀，通过主阀阀芯的启闭，可对主油路的通断起控制作用，其工作原理相当于液控单向阀。二通插装阀通过不同的盖板和不同的先导阀组合，便可构成方向控制阀、压力控制阀和流量控制阀，还可组成复合控制。将若干个不同控制功能的二通插装阀组装在一个或多个插装块体内便组成了液压回路。

插装阀集成块及插件

图 12-8　插装阀集成块及插件外观

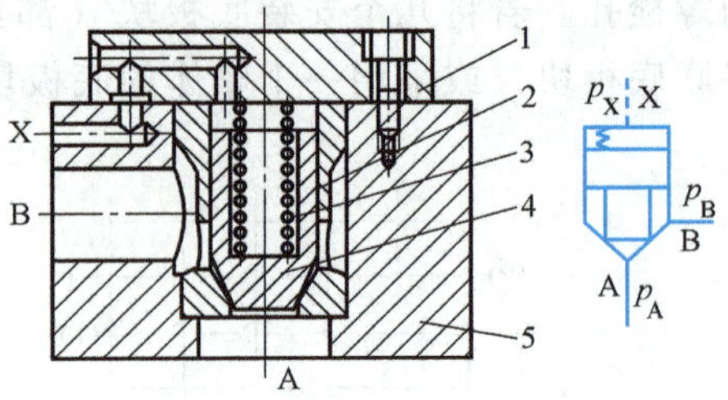

a) 插装阀工作原理　　b) 插装阀符号

图 12-9　二通插装阀

1—控制盖板　2—阀套　3—复位弹簧　4—阀芯　5—插装块体

图 12-9 中，A 和 B 为主油路仅有的两个工作油口（称为二通阀），X 为控制油口。改变控制油口的压力，即可控制 A、B 油口的通断。当控制口无压力油作用时，阀芯下部的液压力超过弹簧力和 p_X 产生的液压力，阀芯被顶开，A 口与 B 口相通，至于液流的方向则视 A、B 口的压力大小而定。反之，控制口有压力油作用，且 $p_X \geqslant p_A$、$p_X \geqslant p_B$ 时，才能保证 A 口与 B 口之间关闭。这样，就起逻辑元件的“非”门作用，故也称逻辑阀。

按控制油来源的不同，可将插装阀分为两类：第一类为外控式插装阀，这时控制油由单独动力源供给，其压力与 A、B 口的压力变化无关，多用于油路的方向控制；第二类为内控式插装阀，控制油引自主阀的 A 口或 B 口，并分为阀芯带阻尼孔与不带阻尼孔两种。

1）插装式方向控制阀。将插装阀的控制口接通不同油路，或配上不同的先导换向阀，便可得到各种不同类型的方向控制阀。

用于单向阀：将图 12-10 所示的 X 口与 A 口或 B 口连通，即成为单向阀。连通方法不同，其导通方向也不同。如图 12-10a 所示，X 口与 A 口连接，当 $p_A > p_B$ 时，锥阀关闭，A 口与 B 口不通；当 $p_B > p_A$ 时，锥阀打开，油液从 B 口流向 A 口；当 $p_A > p_B$ 时，油液若要从 A 口流向 B 口，则须按图 12-10b 所示使 X 口与 B 口连接。

用于液控单向阀：如果在控制盖板上接一个二位三通液动换向阀来变换 X 口的压力，即成为液控单向阀。如图 12-10c 所示，X 为控制口。若二位三通液动换向阀控制口无控制油，则处于图示位置；当 $p_A > p_B$ 时，A、B 口导通，油液从 A 口流向 B 口；当 $p_B > p_A$ 时，A、B 口不通。若二位三通液动换向阀控制口有控制油作用，则二位三通液控阀换向，使 X 口接油箱，A 口与 B 口相通，油的流向视 A、B 点的压力大小而定。

下面介绍几种等效的换向阀形式。

① 用于二位三通换向阀：如图 12-11a 所示，通过先导阀通、断电的控制，使两个锥阀的控制口分别接油箱。在图示状态下，左面的锥阀打开，右面的锥阀关闭，A、T 口相通，P、A 口不通；若电磁换向阀通电换向后，左面的锥阀关闭，右面的锥阀打开，则 P、A 口相通，T 口关闭，即等效于二位三通换向阀。

② 用于二位四通换向阀：如图 12-11b 所示，用一个二位四通换向阀控制四个插装式锥

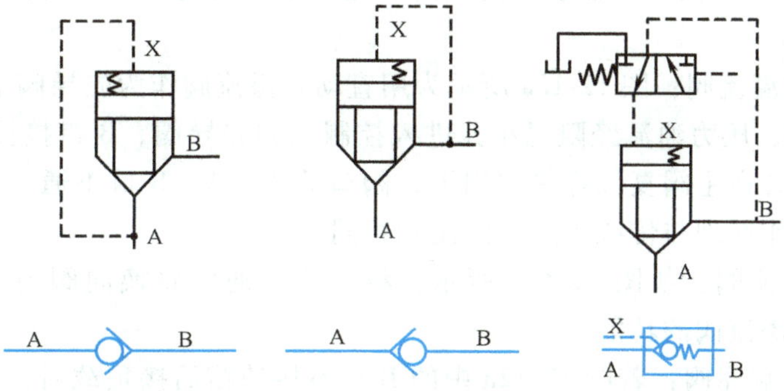

a) B口流向A口　b) A口流向B口　c) 液控单向阀

图 12-10　插装式单向阀

阀，先导阀断电时，P、B 口通，A、T 口通；先导阀通电时，P、A 口通，B、T 口通，即等效于二位四通换向阀。

③ 用于三位四通换向阀：如图 12-11c 所示，在图示状态时，四个锥阀全关闭，A、B、P、T 口不通；当左边电磁铁通电时，P、A 口通，B、T 口通；当右边电磁铁通电时，A、T 口通，P、B 口通，即等效于三位四通换向阀。

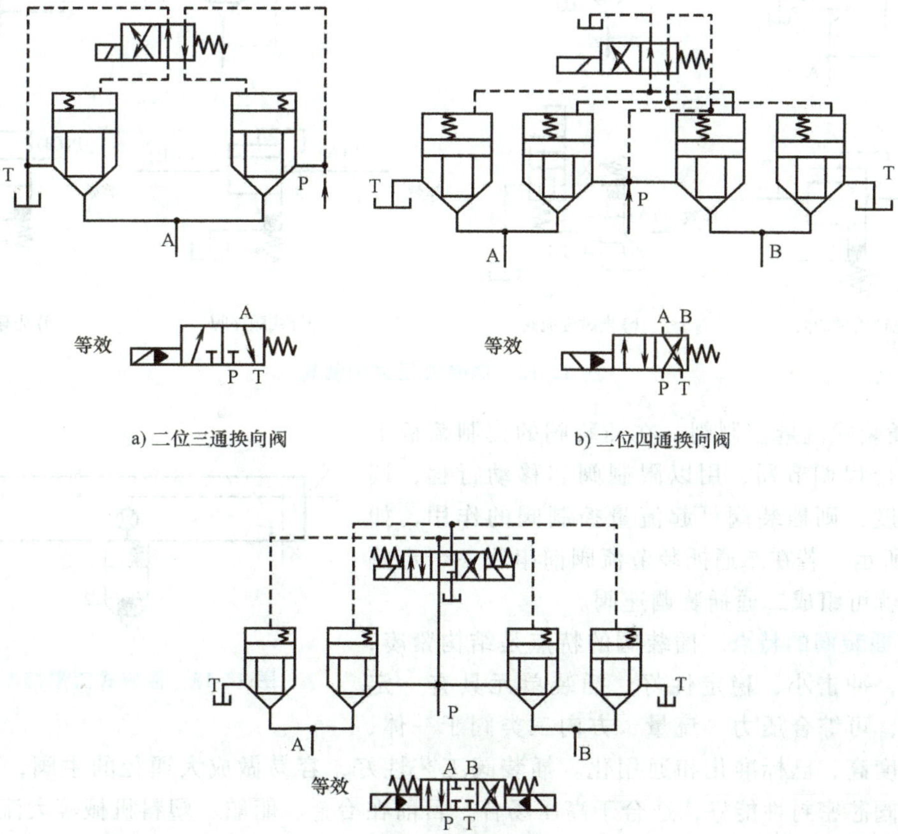

a) 二位三通换向阀　b) 二位四通换向阀

c) 三位四通换向阀

图 12-11　插装式换向阀

2）插装式压力控制阀。在插装阀的控制口配上不同的先导压力阀，便可得到各种不同类型的压力控制阀。

① 用于先导式溢流阀：图 12-12a 所示为用直动式溢流阀作为先导阀来控制插装式主阀，图中 A 口为进油口，压力油流经阻尼小孔进入控制腔和先导阀，B 口接油箱。初始状态时，插装阀的主阀锥阀芯在主阀复位弹簧作用下，阀口关闭，A、B 口不通，先导阀用来调节主阀的开启压力，工作原理与传统先导式溢流阀相同。

② 用于电磁溢流阀：如图 12-12b 所示，将二位二通电磁换向阀与插装阀的控制口相连，即可起到电磁溢流阀的功能。

③ 用于先导式顺序阀：若图 12-12a 中的 B 口不接油箱而接负载时，即构成先导式顺序阀的功能，如图 12-12c 所示。

④ 用于先导式减压阀：如图 12-12d 所示，若主阀采用阀口常开的圆柱滑阀，并设 B 口为进油口、A 口为出油口，则可构成减压阀，其工作原理与传统先导式减压阀相同。

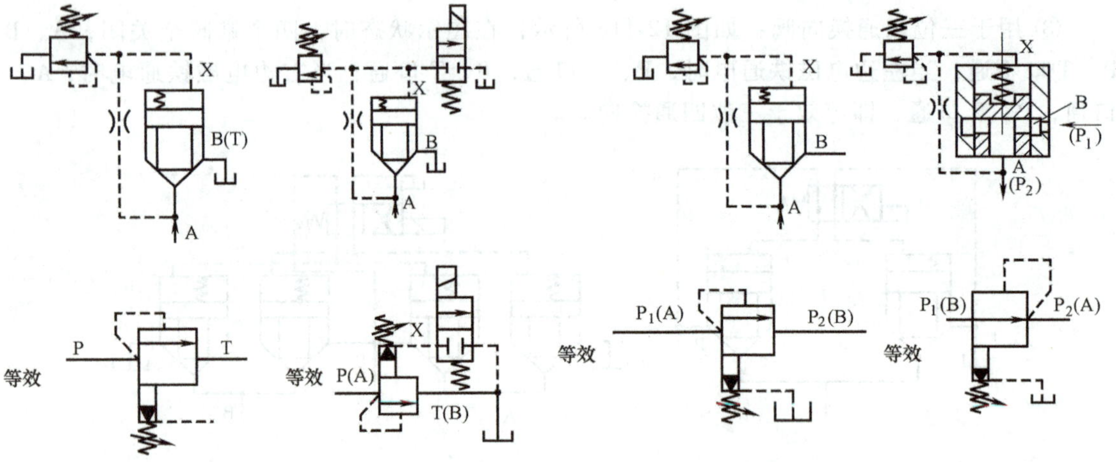

a) 先导式溢流阀　b) 电磁溢流阀　c) 先导式顺序阀　d) 先导式减压阀

图 12-12　插装式压力控制阀

3）插装式流量控制阀。在插装阀的控制盖板上增加阀芯行程调节器，用以限制阀芯移动行程，调节阀口开度，则插装阀可起流量控制阀的作用，如图 12-13 所示。若在二通插装节流阀前串联一个定差减压阀，就可组成二通插装调速阀。

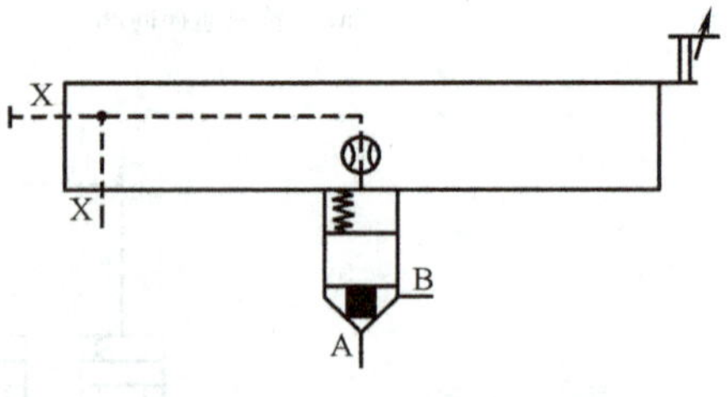

图 12-13　插装式流量控制阀

（2）插装阀的特点　插装阀的特点是结构紧凑，动作灵敏，冲击小，稳定性好，插装单元具有一定的互换性，可综合压力、流量、方向三类阀于一体，模块化程度高，已标准化和通用化。插装阀工艺性好，容易做成大通径的主阀，通流能力大，且锥阀芯密封性能好，适合于高压场合，目前在冶金、船舶、塑料机械等大流量系统中应用广泛。

小知识：若以比例控制阀作为插装阀的先导阀，则可构成二通插装电液比例阀。

二、新型控制方式的控制阀

1. 电液比例控制阀

(1) 电液比例控制阀的工作原理　传统的控制阀属于开关阀，是定值控制，电磁阀的电磁铁通电后产生的力及位移是固定不变的。电磁换向阀只能改变方向，不能改变阀口大小，且压力和流量都是手动调节的，在设备调试时调节好，工作过程中是不允许调节的。在不同工况需要不同的调节参数时只能由多个控制阀分别控制，系统结构较复杂。随着自动化技术的发展，一种新型控制方式的液压控制阀——电液比例控制阀越来越普及。电液比例阀简称比例阀，比例阀的结构由直流比例电磁铁与液压阀两部分组成，如图 12-14 所示。液压阀部分的工作原理与普通液压阀基本相同，而比例电磁铁不同于开关阀控制的普通电磁铁，比例电磁铁是一个电-机械比例转换装置，它把输入的电信号按比例地转换成力或位移，用以代替原有的手动调节部分，对液压阀的压力和流量等参数进行调节，以及代替原有的普通电磁铁控制换向阀的方向，即比例阀不仅能实现方向控制，还可进行速度和压力的多级调控。比例阀按其控制的参数可分为比例压力阀、比例流量阀和比例方向阀三类。

图 12-14　比例阀

比例阀的结构

比例阀分类方式与普通控制阀类似，例如，比例压力阀有比例溢流阀、比例减压阀和比例顺序阀之分；根据工作原理不同，比例压力阀又有直动式和先导式之分。先导式比例压力阀的先导阀是直动式比例压力阀，而主阀与普通压力阀的主阀相似。比例压力阀的压力可根据设备工作过程的需要，通过改变比例阀输入的电信号来加以改变。当电流输入比例电磁铁时，其衔铁产生的推力大小与输入电流大小成正比，随着输入电信号强度的变化，比例电磁铁的电磁力将随之变化，从而改变调压弹簧的压缩量，使锥阀的开启压力随输入信号的变化而变化，就能得到压力阀不同的调定压力。图 12-15 所示为采用比例溢流阀的多级调压回路。

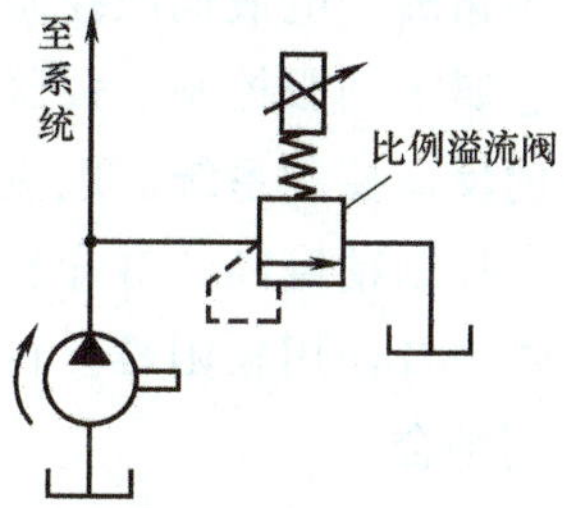

图 12-15　比例溢流阀的多级调压回路

小知识：常用的比例压力阀，其工作原理与其普通压力阀比较，因采用比例电磁铁替代了手动调节机构，故使用一个阀就可以实现多级压力控制。

用比例电磁铁取代普通节流阀或调速阀的手动调节装置，就形成了比例节流阀或比例调速阀。当电流输入电磁铁时，比例电磁铁驱动节流阀芯产生位移，输入不同的信号电流时，便有不同的节流口开度。按工作原理不同，也可将这种阀分为直动式和先导式两种。先导式比例流量阀常用于压力较高的大流量系统。

小知识：改变比例调速阀的输入电流即可使液压缸获得所需要的运动速度。若输入信号电流是连续地、按比例地改变，则比例调速阀所控制的流量也就连续地或按比例地改变，从而可实现执行部件速度的连续调节，故速度切换平稳、冲击小。与普通流量阀控制相比，它用电气信号控制油液流量，速度与压力和温度的变化无关，因此速度稳定性好。

用比例电磁铁代替电磁换向阀中的普通电磁铁，就形成了比例换向阀。由于使用了比例电磁铁，不仅可以使阀芯换位，而且换位时的行程可以连续地或按比例地变化，从而阀口也可以连续地或按比例地变化，因此在控制液流方向的同时控制流量的大小，即兼具了流量阀的作用。

小知识： 比例换向阀不仅能控制执行元件的运动方向，而且能控制其速度。

小拓展： 比例电磁铁有不带传感器、带力或位移传感器之分。比例阀输入的电压或电流信号很小，经比例放大板转换成电流信号，放大后输入给比例电磁铁，比例电磁铁输出力或位移。液压阀部分将力或位移作为输入信号，控制油液的压力、流量或阀芯的位移，当被控量与理想值产生误差时，传感器能精确测量该误差，并向电放大器发出电反馈信号，电放大器将输入信号和反馈信号加以比较后，再向电磁铁发出补偿信号以补偿误差，这样形成的闭环控制，使比例阀的控制精度得到进一步提高。

（2）电液比例控制阀的特点 电液比例控制阀具有很多优点，它可通过电信号实现远距离控制，并能简化液压系统的油路，减少液压元件的数量，对液压系统参数及控制的适应性好，方便实现复杂程序的控制，自动化程度高，其成本、结构复杂程度、抗污染能力、通用性、维护和保养、控制精度、响应指标等介于普通液压阀和电液伺服阀之间。比例阀技术已很成熟，由于采用各种更加完善的反馈装置和优化设计，价格更为低廉的比例阀的静态性能已与电液伺服阀大致相同。目前，电液比例控制阀较多应用于机床自动线、液压机、注射机等装备中，实现速度控制、远距离控制或程序控制的液压系统中。

小拓展： 电液伺服控制阀也是由电磁部分和液压部分组成，与电液比例控制阀不同的是，它属于伺服控制。伺服系统是闭环控制，又称随动系统，是用来精确地跟随或复现某个过程的反馈控制系统。电液伺服阀具有结构紧凑，动态性能好，响应速度快，死区小，灵敏度高，控制精度高，寿命长等优点；主要缺点是价格昂贵，控制系统复杂，对油液污染较敏感，维护及使用较困难。目前电液伺服阀多用于航空、航天、舰船、冶金、化工等领域的精密控制场合。

2. 电液数字控制阀简介

目前，很多设备要用到计算机控制。但因电液比例阀或伺服阀能接受的是模拟量信号（连续变化的电流或电压），而计算机的指令是“0”或“1”的数字信号，所以要用计算机控制必须进行“数-模”转换，因而使设备复杂，成本增加，日常使用维护困难。针对计算机数字控制，出现了电液数字控制阀，它可与计算机直接连接，无须“数-模”转换器。这种阀具有结构简单、工艺性好、可靠性高、重复精度高、抗干扰能力强、价格低廉等优点。目前已有数字流量阀、数字压力阀、数字方向阀等系列产品。

较常用的数字阀，用步进电动机驱动液压阀，步进电动机能接收计算机发出的经驱动电源放大的脉冲信号，每接收一个脉冲信号便转动一定的角度。步进电动机的转动又通过凸轮或丝杠等机构转换成直线位移量，从而推动阀芯移动（对于方向阀、流量阀）或压缩弹簧改变调定压力（对于压力阀），控制脉冲信号的脉冲数，即可实现液压阀对方向、流量或压力的控制。常用的增量式数字流量阀无反馈功能，但装有零位移传感器，因此在每个控制周期终了时，阀芯都可回到零位，使阀有较高的重复精度。

杨世祥，男，1938 年 3 月 17 日出生于重庆，汉族。国家发明奖三等奖、1992 年国务院政府特殊津贴获得者，对于液压传动及自动化控制有突出贡献。20 世纪 70 年代，他发明的自调式分流集流阀至今保持国际领先水平，随后在 20 世纪 80 年代初，他又从事数字液压传动控制的研究，先后发明了数字液压阀、数字液压缸等一系列先进的数字传动控制器件，为我国的液压技术发展做出了突出的贡献。

任务二　YB32-200 型压力机的液压系统分析

一、概述

压力机是锻压、冲压、冷挤、校直、弯曲、粉末冶金、成型、打包等工艺中广泛应用的压力加工机械。以四柱式液压机最为典型，它可以进行冲剪、弯曲、翻边、拉深等多种加工。

对压力机液压系统的基本要求包含以下内容：

1）主缸驱动上滑块实现“快速下行→慢速加压→保压延时→泄压换向→快速退回→原位停止”循环。顶出缸驱动下滑块实现“向上顶出→停留→向下退回→原位停止”循环。在薄板件拉伸压边时，下滑块能实现“上位停留→浮动压边→返回上位停留”工作循环。

2）为了产生较大的压制力以满足工作要求，系统的压力较高，一般工作压力范围为 10~40MPa，且压力要经常变换和调节，以满足不同工艺需要。

3）由于液压系统功率大，空行程和加压行程的速度差异大，因此要求功率利用合理。

4）压力机为高压、大流量系统，对工作平稳性和安全性要求较高。

二、压力机液压系统的工作原理分析

图 12-16 所示为 YB32-200 型压力机液压系统的工作原理。该系统采用变量泵-液压缸式容积调速回路，其主油路的最高压力由安全阀 19 限定，实际工作可由远程调压阀 16 调整。控制油路的压力由减压阀 15 调整。液压泵的卸荷压力可由顺序阀 14 调整。具体工作过程如下：

1. 主缸快速下行

按下起动按钮，1YA 通电，主缸电磁换向阀 3 左位接入系统，控制油进入主缸主换向阀 11 的左端，阀右端回油，故阀 11 左位接入系统。主油路中液压油经顺序阀 14、主缸主换向阀 11 及单向阀 9 进入主缸上腔，并将液控单向阀 8 打开，使主缸下腔回油。这时上滑块在自重作用下快速下行，主缸上腔所需流量较大，液压泵的流量不足部分由油箱 7 经液控单向阀 6 向液压缸上腔补油。

2. 主缸慢速加压

当主缸上滑块接触到被压制的工件时，主缸上腔压力升高，液压泵流量自动减小，液控单向阀 6 关闭。滑块下移速度降低，慢速压制工件。这时除油箱 7 不再向液压缸上腔供油外，其余油路与快速下行油路完全相同。

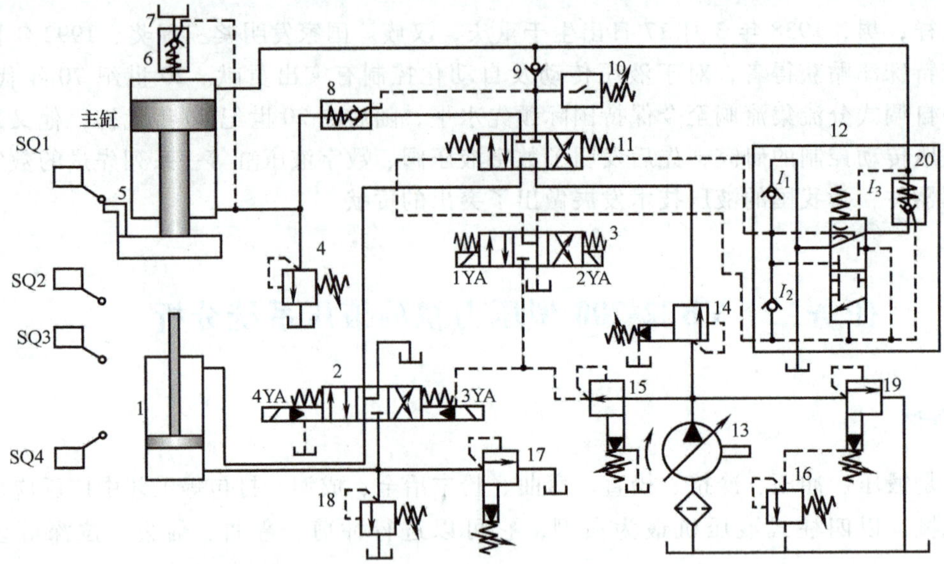

压力机液压系统的工作原理

图 12-16　YB32-200 型压力机液压系统的工作原理

1—顶出缸　2—顶出缸电液换向阀　3—主缸电磁换向阀　4—主缸安全阀　5—主缸　6、8、20—液控单向阀　7—油箱　9—单向阀　10—压力开关　11—主缸主换向阀　12—预泄换向阀组　13—变量泵　14—顺序阀　15—减压阀　16—远程调压阀　17—背压阀　18—下缸安全阀　19—安全阀

3. 主缸保压延时

当主缸上腔油压增大到压力开关 10 的动作压力时，压力开关发出信号，使 1YA 断电，缸电磁换向阀 3 换为中位。这时主换向阀 11 两端油路均通油箱，因而阀 11 在两端弹簧力作用下换为中位，主缸上、下腔油路均被封闭保压；液压泵则经阀 11 中位、顶出缸电液换向阀 2 中位卸荷。同时，压力开关向电气设备（如时间继电器或 PLC）发出信号开始延时。该系统利用行程开关发信号与压力开关共同控制延时，即当慢速加压时，滑块下移到预定位置，由与滑块相连的运动件上的挡块压下行程开关 SQ2 后发出信号，这样可以提高主缸工作的可靠性。

4. 主缸泄压换向

保压延时结束后，电气设备输出信号使 2YA 通电，阀 3 换为右位。控制油经阀 3 进入带卸荷阀芯的液控单向阀 20 的控制油腔，顶开其卸荷阀芯，使主缸上腔油路的高压油经阀 20 卸荷阀芯上的通道及预泄换向阀组 12 上位（图示位置）与油箱连通，从而使主缸上腔泄压。

小提示：

泄压时控制油路：泵 13→阀 15→阀 3（右位）→阀 20（顶开阀 20 卸荷阀芯）。

泄压时主缸上腔的泄压油路：主缸 5（上腔）→阀 20（卸荷阀芯通道）→阀 12（预泄换向阀上位）→油箱（主缸上腔泄压）。

5. 主缸快速退回

主缸上腔泄压后，预泄换向阀组 12 阀芯的上端压力小于下端压力，在控制油压作用下，预泄换向阀组 12 换为下位，控制油经预泄换向阀进入主缸主换向阀 11 右端，阀 11 左端经阀 3 回油箱，因此阀 11 右位接入系统。主油路中，液压油经阀 11（右位）、阀 8 进入主缸下腔，同时将液控单向阀 6 打开，使主缸上腔油返回油箱 7，主缸活塞带动上滑块快速上升，退回至原位。

6. 主缸原位停止

当主缸活塞带动上滑块至原始位置而压下行程开关 SQ1 时，2YA 断电，阀 3 和阀 11 均换为中位（阀 12 复位），主缸上、下腔封闭，上滑块停止运动。主缸安全阀 4 起平衡重量作用，可防止与上滑块相连的运动部件在上位时因自重而下滑。

7. 顶出缸向上顶出

当主缸返回原位，压下行程开关 SQ1 时，除 2YA 断电、主缸停止外，还使 3YA 通电，顶出缸电液换向阀 2 换为右位。液压油经阀 2 进入顶出缸下腔，其上腔回油，下滑块上移，将压制好的工件从模具中顶出。这时系统的最高工作压力可由顶出缸安全阀 18 调整。

8. 顶出缸停留

当下滑块上移到其活塞碰到缸盖时，便可停留在这个位置上。同时碰到上位行程开关 SQ3，给电气设备发出延时信号，延时停留。

9. 顶出缸向下退回

当延时停留结束时，电气设备发出信号，使 3YA 断电 4YA 通电，顶出缸电液换向阀 2 换为左位。液压油进入顶出缸上腔，其下腔回油，下滑块下移。

10. 顶出缸原位停止

当下滑块退到原位时，挡铁压下行程开关 SQ4，使 4YA 断电，阀 2 换为中位，运动停止，顶出缸上腔和泵输出的液压油均经阀 2 中位回油箱。

11. 浮动压边

薄板拉伸压边时，要求顶出缸在下腔保持一定压力下能随主缸滑块的下压而下降。

(1) 上位停留　先使 3YA 通电，阀 2 换为右位，顶出缸下滑块上升到顶出位置，由行程开关或按钮发出信号使 3YA 再断电，阀 2 换为中位，使下滑块停在顶出位置上。这时顶出缸下腔封闭，上腔通油箱。

(2) 浮动压边　浮动压边时 1YA 通电，主缸上腔进压力油（主缸油路同慢速加压油路），主缸推着顶出缸下行。主缸下腔油进入顶出缸上腔，多余压力油经阀 2 中位回油箱。顶出缸下腔油经背压阀 17 流回油箱，阀 17 能保证顶出缸下腔有足够的背压力。

三、压力机液压系统的特点

1）采用高压、大流量恒功率式变量泵供油，既符合工艺要求，又节省能量，这是压力机液压系统的一个特点。

2）压力机是典型的以压力控制为主的液压系统，本机具有多种压力控制回路。远程调压阀控制的调压回路，方便不同压力的调节；使控制油路获得稳定低压（约为 2MPa）的减压回路，提高主油路的换向性能；设置卸荷回路，两缸主换向阀均中位时泵卸荷，卸荷压力由顺序阀 14 调定，这使卸荷时泵的出油口保持一定的低压（一般约 2.5MPa），以便电液动换向阀能快速起动换向；利用单向阀的反向截止密封实现保压的回路；采用液控单向阀对立式缸的平衡回路。此外，系统中还采用了专用的泄压回路。

3）本压力机利用上滑块的自重作用实现快速下行，并用充液阀对主缸上腔充液。这一系统结构简单，液压元件少，在中、小型压力机中常被采用。

4）采用电液换向阀，适合高压、大流量液压系统的要求。

5）系统中的两个液压缸各有一个安全阀进行过载保护。

6）两缸换向阀采用串联互锁，避免两缸因操作不当同时工作而造成事故，确保安全生产。

任务三 SZ-250A 型塑料注射成型机的液压系统分析

塑料注射成型机简称注塑机，它将颗粒状的塑料加热熔化至流动状态，用注塑装置高压快速注入模腔，保压一定时间，冷却后成型为塑料制品。

注射机主要生产手机、计算机、生活日用品、汽车用品和其他工业用品塑料产品等。

SZ-250A 型塑料注射成型机液压系统分析如下。

一、概述

注塑机主要由以下三部分组成：

1. 合模部件

它是安装模具用的成型部件，主要由定模板、动模板、合模机构、合模液压缸、顶出装置等组成。

2. 注射部件

它是注塑机的塑化部件，主要由加料装置、料筒、螺杆、喷嘴、顶塑装置、注塑液压缸、注射座及其移动液压缸等组成。

3. 液压传动及电气控制系统

它安装在机身内外腔上，是注塑机的动力和操纵控制部件，主要由液压泵、液压阀、电动机、电气元件及控制仪表等组成。

图 12-17 所示为注塑机的结构外观，该机每次最大注射量（硬胶）为250g，属于中小型注塑机。注塑机液压系统完成的具体工作过程为：合模→注射座整体前移→注射→保压→预塑→防流涎→注射座整体后退→开模→顶出→顶出缸退回→螺杆后退。

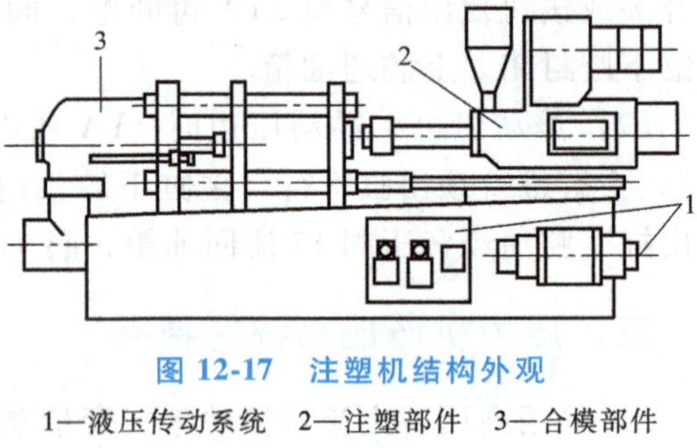

图 12-17 注塑机结构外观

1—液压传动系统 2—注塑部件 3—合模部件

注塑机对液压系统的主要要求有：严格按照工艺循环完成周期动作；对各工艺过程提供足够的动力（开合模力、注射力、保压力、螺杆旋转及制品顶出、注射座前后移动）；提供所需的运动速度；系统稳定可靠，噪声小，能量损失小，有较高的重复精度及灵敏度。

二、注塑机液压系统工作原理分析

图 12-18 所示为注塑机液压系统，具体工作过程如下：

1. 合模

合模液压缸 4 经机械连杆机构推动模板实现合模。合模运动分为慢速合模、快速合模、

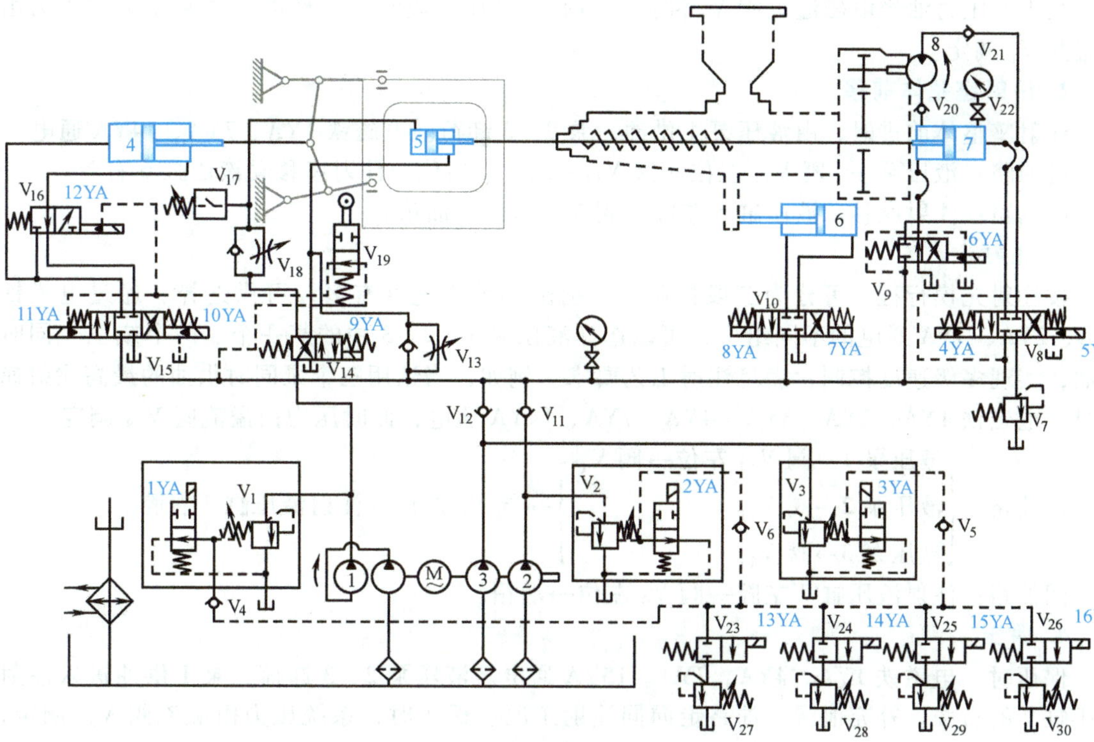

图 12-18　注塑机液压系统

1、2、3—液压泵　4—合模液压缸　5—顶出缸　6—注射座移动液压缸　7—注射液压缸　8—预塑液马达

低压合模等工况。工作前，需将安全门关闭，机动阀 V_{19} 复位，接通电液换向阀 V_{15}、V_{16} 的控制油路，才能起动合模。

(1) 慢速合模　慢速合模时由液压泵 1 供油，液压泵 2、3 卸荷。电磁铁 1YA、11YA 通电。

进油路：液压泵 1→阀 V_{14} 左位→阀 V_{13}→阀 V_{15} 左位→合模液压缸 4 左腔。

回油路：合模液压缸 4 右腔→阀 V_{16} 左位→阀 V_{15} 左位→油箱。

(2) 快速合模　快速合模时，由液压泵 1、2、3 同时供油，合模液压缸差动连接。电磁铁 1YA、2YA、3YA、11YA、12YA 通电。

进油路：$\left\{\begin{array}{l}\text{液压泵 1→阀 } V_{14} \text{ 左位→阀 } V_{13}\\ \text{液压泵 2→阀 } V_{11}\\ \text{液压泵 3→阀 } V_{12}\end{array}\right\}$→阀 V_{15} 左位→合模液压缸 4 左腔。

回油路：合模液压缸 4 右腔→阀 V_{16} 右位→合模液压缸 4 左腔。

(3) 低压慢速合模　低压慢速合模时，由液压泵 2 供油，泵 1、3 卸荷。电磁铁 2YA、11YA、13YA 通电。

进油路：液压泵 2→阀 V_{11}→阀 V_{15} 左位→合模液压缸 4 左腔。

回油路：合模液压缸 4 右腔→阀 V_{16} 左位→阀 V_{15} 左位→油箱。

(4) 高压合模　高压合模时，由液压泵 1 供油，泵 2、3 卸荷。电磁铁 1YA、11YA 通电。油路走向与慢速合模相同。当模具闭合后，连杆产生弹性变形，将模具牢固闭锁。此时，泵 1 的压力油经电磁溢流阀 V_1 溢流。因此，高压合模时，合模液压缸 4 左腔的压力由溢流阀 V_1 调定。

2. 注射座整体前移

注射座整体前进时，由液压泵 1 供油，泵 2、3 卸荷。电磁铁 1YA、7YA、14YA 通电。

进油路：液压泵 1→阀 V_{14} 左位→阀 V_{13}→阀 V_{10} 右位→注射座移动液压缸 6 右腔。

回油路：注射座移动液压缸 6 左腔→阀 V_{10} 右位→油箱。

3. 注射

按注射充模行程，可分为三段控制。注射缸的前进速度有多级可供选择。通过电磁铁 1YA、2YA、3YA 通电的不同组合，可以选择液压泵 1、2、3 中的某一个、两个或三个同时供油，实现多级速度控制，满足注射工艺要求。例如，当选用三个泵同时供油的最高注射速度时，电磁铁 1YA、2YA、3YA、4YA、7YA、14YA 通电，此时压力由溢流阀 V_{28} 调定。

进油路：
液压泵 1→阀 V_{14} 左位→阀 V_{13}
液压泵 2→阀 V_{11}
液压泵 3→阀 V_{12}
→阀 V_8 左位→注射液压缸 7 右腔。

回油路：注射液压缸 7 左腔→阀 V_9 左位→油箱。

4. 保压

保压时，电磁铁 1YA、4YA、7YA、15YA 通电。液压泵 2、3 卸荷，泵 1 供油进入注射液压缸 7 的右腔，补充泄漏。油路走向同注射工况。保压时，系统压力由溢流阀 V_{29} 调定，泵 1 输出的大部分油液经溢流阀 V_1 溢流回油箱。

5. 预塑

预塑时，预塑液压马达 8 旋转，经齿轮副使螺杆转动，将料斗中的颗粒状塑料推向喷嘴方向。同时，螺杆在反推力作用下，连同注射缸的活塞一起右移。预塑液压马达有多级转速，通过对液压泵 1、2、3 中某一个、两个或三个的不同组合供油的选择，实现多级调速。例如选择三个泵同时供油的最高转速时，电磁铁 1YA、2YA、3YA、5YA、7YA、16YA 通电，压力由溢流阀 V_{30} 调定。

进油路：
液压泵 1→阀 V_{14} 左位→阀 V_{13}
液压泵 2→阀 V_{11}
液压泵 3→阀 V_{12}
→阀 V_8 右位→阀 V_{21}→预塑液压马达 8 进油腔。

回油路：预塑液压马达 8 回油腔→阀 V_{20}→注射液压缸 7 左腔→阀 V_9 左位→油箱。

6. 防流涎

为了防止液态塑料从喷嘴端部流涎，由三个泵同时供油，使注射液压缸 7 的活塞带动螺杆强制快速后退（右行），后退距离由行程开关控制。为此，电磁铁 1YA、2YA、3YA、6YA、7YA、14YA 通电，此时注射座移动缸始终使喷嘴与模具保持接触防止流延。

进油路：
液压泵 1→阀 V_{14} 左位→阀 V_{13}
液压泵 2→阀 V_{11}
液压泵 3→阀 V_{12}
→阀 V_9 右位→注射液压缸 7 左腔。

回油路：注射液压缸 7 右腔→阀 V_9 右位→油箱。

7. 注射座整体后退

注射座后退时，由液压泵 1 供油，泵 2、3 卸荷。电磁铁 1YA、8YA、14YA 通电。

进油路：液压泵 1→阀 V_{14} 左位→阀 V_{13}→阀 V_{10} 左位→注射座移动液压缸 6 左腔。

回油路：注射座移动液压缸 6 右腔→阀 V_{10} 左位→油箱。

8. 开模

(1) 慢速开模　慢速开模时，由液压泵 1 供油，泵 2、3 卸荷。电磁铁 1YA、10YA 通电。

进油路：液压泵 1→阀 V_{14} 左位→阀 V_{13}→阀 V_{15} 右位→阀 V_{16} 左位→合模液压缸 4 右腔。

回油路：合模液压缸 4 左腔→阀 V_{15} 右位→油箱。

(2) 快速开模　快速开模时，三台液压泵同时供油。电磁铁 1YA、2YA、3YA、10YA 通电。

进油路：{ 液压泵 1→阀 V_{14} 左位→阀 V_{13}；液压泵 2→阀 V_{11}；液压泵 3→阀 V_{12} } →阀 V_{15} 右位→阀 V_{16} 左位→合模液压缸 4 右腔。

回油路：合模液压缸 4 左腔→阀 V_{15} 右位→油箱。

(3) 慢速起模　电磁铁 2YA、10YA 通电，液压泵 2 供油，液压泵 1 和 3 卸荷，其进回油路同慢速开模，只是液压泵 2 替代了液压泵 1。

9. 顶出

制品的顶出由顶出缸 5 实现，液压泵 1 供油，泵 2、3 卸荷。电磁铁 1YA、9YA 通电，顶出速度由阀 V_{18} 中的节流阀调节，系统压力由溢流阀 V_1 调定。

进油路：液压泵 1→阀 V_{14} 右位→阀 V_{18}→顶出缸 5 左腔。

回油路：顶出缸 5 右腔→阀 V_{14} 右位→油箱。

10. 顶出缸退回

顶出缸退回动作由液压泵 1 供油，电磁铁 1YA、14YA 通电。

进油路：液压泵 1→阀 V_{14} 左位→顶出缸 5 右腔。

回油路：顶出缸 5 左腔→阀 V_{18} 中的单向阀→阀 V_{14} 左位→油箱。

11. 螺杆后退

当拆卸螺杆或清除螺杆包料时，需要使螺杆后退。这时液压泵 1 供油，液压泵 2 和 3 卸荷。电磁铁 1YA、6YA、14YA 通电。

进油路：液压泵 1→阀 V_{14} 左位→阀 V_{13}→阀 V_9 右位→注射液压缸 7 左腔。

回油路：注射液压缸 7 右腔→阀 V_9 右位→油箱。

三、注塑机液压系统的特点

1）电磁溢流阀 V_1、V_2 和 V_3 用于调节系统压力，同时分别作为三台液压泵的安全阀和卸荷阀。通过远程控制口，用调压阀 V_{27}、V_{28}、V_{29} 和 V_{30} 可分别控制模具低压慢速合模压力、注射座整体移动压力、保压压力以及预塑时液压马达的工作压力。溢流阀 V_7 用于调节预塑时的背压力，从而控制塑料的熔融和混合程度，使卷入的空气及其他气体从料斗中排出。压力开关 V_{17} 用来限定顶出液压缸的最高压力，并在顶出结束时发出信号。

2）速度控制系统采用三台定量液压泵供油，液压泵 1 为双级叶片泵，可提供更高的压力，液压泵 2 和 3 为双联叶片泵。三台泵可同时或按不同的组合向各执行机构供油，满足各自运动速度要求。

3）除顶出缸的顶出速度由节流阀调节外，其余的执行机构速度均由液压泵的流量决定。因此，无溢流和节流功率损失，系统效率高。

思考题和习题

一、填空题

1. 叠加阀因采用无（或少）管连接，故外部漏油________，更改设计________，装配周期________。

2. 插装阀由控制盖板、________、插装块体和________组成。

3. 电液比例控制阀的优点有适合________距离控制、可________油路、减少液压元件的数量、控制精度较高、自动化程度________。

二、简答题

1. 为什么比例换向阀不仅能控制执行元件的运动方向，而且能控制其速度？

2. 分析图 9-53a（项目九任务四）所示的同步回路，思考用比例调速阀替换普通调速阀的设计，是否可以提高此回路的同步精度？说明什么工况适合用比例调速阀。

3. 图 12-18 所示注塑机液压系统工作时，利用大量的溢流阀实现多级压力控制，试分析，采用哪一种新型控制阀替换普通溢流阀可以简化该回路？为什么？

4. 注塑机对液压系统的主要要求有哪些？

项目十三

液压系统的安装、调试及维护

技能及素养目标

1）能根据用途选用合适的液压泵站。

2）能对液压泵站进行简单的故障排除。

3）能对液压系统进行正确的安装、调试及现场维护。

4）能够掌握分析现场一般故障的方法。

重点知识

1）液压泵站的安装及维护。

2）液压系统的安装、调试及维护。

无论是新设备还是大修后的设备，都必须严格按规范对液压系统进行安装、调试与正确的维护保养，使其各项指标和工作性能满足要求。

任务一　液压泵站的安装及维护

液压泵站就是指液压泵吗？液压泵站又称液压站。液压站与液压泵既有联系，又不同于单个液压泵，它是独立于液压驱动设备之外的、包含液压泵及其他相关元件的一整套供油装置，它能对液压系统提供合适的液压油液，以满足液压系统对压力和流量的要求。液压站适用于执行机构与液压站分离的各种机械。

一、液压站的结构及类型

1. 液压站的结构组成及作用

如图 13-1 所示，液压站是由原动机（比如驱动电动机）、液压泵、油箱（有的液压站不带油箱）、溢流阀及过滤器等辅助元件构成的液压装置总成。其工作原理是：电动机带动液压泵旋转，泵从油箱中吸油，将机械能转化为油液的压力能后供油，液压油液通过集成块（或控制阀的组合）的液压控制阀实现方向、压力和流量调节后，经外接管路传输到液压机械的液压缸或液压马达中，从而推动各种液压装置做功。

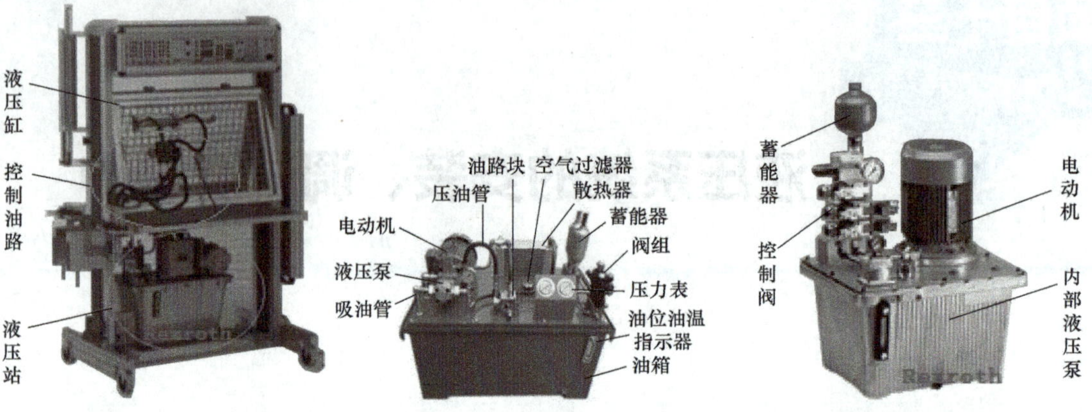

a) 液压实验台　　b) 卧式液压站　　c) 立式液压站

图 13-1　液压站外观

液压站中，油位油温指示器用于检查油位（油位计）和温度（温度计），简称液温指示器，油箱注油时应使用过滤器，注油高度一般在油标的三分之二位置以上，不能过满也不能过少。另外，现在很多油箱都使用带有监控油温和液位的数字传感器；液压站中在泵的出油口通常并联溢流阀，用于控制和调节液压系统的供油压力；压力表用于调试时测量及工作时监控泵压；液压站还要装有吸油过滤器和回油过滤器，回油过滤器通常带有旁通阀（安全阀）、堵塞指示器及发讯开关，可匹配堵塞报警装置；空气过滤器用于油箱液面浮动时空气的自由进出，并能过滤空气中的尘埃；热交换器的安装视情况而定，如果需要的话还要安装用于存储压力能的蓄能器。图 13-2 所示为某液压泵站的油路，图中的 3 为带有旁路单向阀、光学阻塞指示器和压力开关的过滤器。

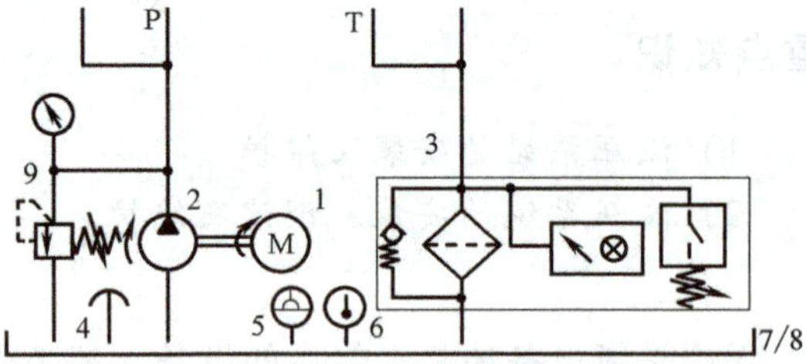

图 13-2　某液压泵站的油路

1—电动机　2—液压泵　3—回油过滤器　4—空气过滤器　5—液位指示器（油标）　6—温度计　7—放油旋塞　8—油箱　9—压力控制单元（带溢流阀和压力表）　P—压力油路　T—回油路

2. 液压站的类型

(1) 按液压泵-电动机组装置的安装形式分

1）上置卧式：如图 13-1b 所示，液压泵-电动机组装置卧式安装在油箱盖板上，这种形式便于安装及维护，在变量泵系统中还方便泵的流量调节，比较常用。

2）上置立式：液压泵-电动机组的电动机立式安装在油箱盖板上，如图 13-1c 所示。液压泵浸入油箱液面以下，主要用于定量泵系统。这种装置大大改善了液压泵的吸油性能。

3）旁置式：液压泵-电动机组装置卧式安装在油箱旁单独的基础上，旁置式可装配备用泵，主要用于油箱容量大于 250L、电动机功率为 7.5kW 以上的系统。

(2) 按冷却方式分

1) 自然冷却：靠油箱本身与空气热交换冷却，一般用于油箱容量小于250L的系统。

2) 强制冷却：采取冷却器进行强制冷却，一般用于油箱容量大于250L的系统。

(3) 按油箱规格分 液压站以油箱的有效储油量及电动机功率为主要技术参数。油箱容量有多种规格（单位为L），液压站根据用户要求并依据工况使用条件，可以做到以下几点：

1) 按系统要求配置集成块（也可不带集成块）。

2) 可设置热交换器、蓄能器。

3) 可设置电气控制装置，也可不带电气控制装置。

小知识：用户根据所需规格等要求购买液压站后，安装时将液压站与被驱动装置（液压缸或液压马达）及位于主机上的系统控制阀等用油管相连，液压站供出的液压油即可用于液压系统各种规定的动作。

二、液压站的安装

1. 液压泵的安装

1) 液压泵与电动机之间的联轴器形式必须符合制造厂的规定，一般采用弹性联轴器；泵轴与电动机轴同轴度偏差应不大于0.1mm，两轴中心线夹角应不大于1°；电动机支座和泵的安装法兰必须有足够的刚性，以保证运转时始终同轴。

2) 外露的旋转轴和联轴器必须安装防护罩；安装时不要对泵轴施加冲击，用锤子等硬物敲打可能会造成产品损坏。泵轴连接部位应固定好，防止在运转过程中脱落或飞出。各液压件应使用规定的螺栓并用规定的转矩加以紧固，如果违反安装规定，可能会造成产品动作不良、损坏或漏油。

3) 确认泵上的箭头标牌或钢印等方向标记，与电动机、发动机等独立运转时的转向相同之后，再安装泵。

4) 给液压泵电动机及电磁阀等布线时，不能带电作业，应确保断电再安装；电磁阀标牌所示的控制电压：国产交流电磁铁一般为220V、直流电磁铁为24V，所接控制电压必须与电磁铁标牌所示的控制电压相一致。

5) 泵的进、出油口不得接反。拆卸时，要进行泄压操作，确认液压回路中无残留压力再操作。

6) 注意泵安装面和安装孔的清洁，否则可能会因螺栓固定不良或密封垫损坏而造成损坏或漏油等。

7) 液压泵吸油管路密封必须可靠，不能出现液压泵吸空现象，吸油口连接处可涂密封胶来提高吸油管的密封性。高压液压泵应在吸油口设置橡胶弹性补偿接管，在压油口设置高压软管，并在泵装置底座下设置弹性减振垫。

8) 带泄油管的泵，其泄油管用来将泵内的泄油排回油箱，同时起冷却和排污的作用，通常泵的壳体内回油压力不得大于0.05MPa。因此，泵的泄漏回油管不宜与液压系统其他回油管连在一起，以免系统压力冲击波传入泵的壳体内，破坏泵的正常工作或使泵的壳体内缺少润滑油，形成干摩擦烧坏元件。应将泵的泄油管单独通入油箱，并插入油箱液面以下，以防止空气进入液压系统，保证泵的壳体内不留空气并使运转过程中壳体内总是充满工作油。

9）尽量将限制泵压的溢流阀设置在靠近泵的出油口处。

2. 液压站上其他元件的安装

（1）油箱 油箱必须有足够的支承面积，以便在装配和安装时用垫片或楔块等进行水平调整。油箱应仔细清洗，并用压缩空气干燥后用煤油检查质量，未及时注油则应做好涂油保护。油箱底面应高出安装面 150 mm 以上，以便搬运、放油和散热。

（2）空气过滤器 核准空气滤清器的过滤精度，必须与安装在液压系统中最高过滤精度的滤油器的过滤精度相匹配。对于一些较小的油箱来讲，可以通过空气滤清器往油箱里加油。但是，只要有可能的话，就要尽可能避免这样使用。建议在油箱上设一个单独的油口进行加油或者在回油过滤器的上游进行加油。

（3）过滤器 液压站一般要安装有吸油过滤器和回油过滤器。吸油过滤器安装于液压泵吸油管路上，为保证液压泵吸油充分，吸油过滤器精度应选粗过滤器。回油过滤器用来过滤液压系统流回油箱的液压油，其过滤精度和规格必须要考虑到整个的回油量。需要注意的是，当使用单活塞杆式的液压缸或使用蓄能器时，流经过滤器的流量可能比所安装的泵的流量大很多，此时过滤器的流量规格也应加大。

（4）蓄能器 蓄能器是压力容器，安装时应注意垂直安装并固定可靠，具体注意事项可参见液压辅助元件任务的相关内容。拆卸蓄能器之前，必须充分卸压。使用充气式蓄能器时，充气用的气体种类和蓄能器的安装必须符合制造厂的规定，并远离热源。

（5）加油口 加注液压油时，首先要核对液压油的类型及牌号，然后使用注油泵通过过滤器，再将油液从加油口加注到油箱中。

（6）吸油管路和回油管路 吸油管路在布置和确定尺寸时，要有足够的通流能力，一般应该使吸油速度不超过 0.5m/s。吸油管路和回油管路彼此之间应尽可能远地安装，以避免热油直接被吸走，确保循环油液能够彻底进行交换，回油管应插入油面以下足够的深度，以防产生泡沫，但距离油箱底部的距离也要符合要求，以免底部污油被卷起。

（7）油位计和温度计 观察液位，如果太低表明有外部泄漏损失，应及时维修并补油；液位太高可能是由于长时间停机过程中，空气通过安装在较高位置的元件进入到系统中造成的。因此，必须定期检查油位计和温度计。有时在液压站中，两者可能合二为一。

（8）油箱盖、放油旋塞和压力控制单元 如果安装定量泵，油箱盖则是被用于安装液压泵-电动机组、回油管路、过滤器以及溢流阀和压力显示装置等。如果安装变量泵，可不需要溢流阀，因为当达到一定的系统压力时，泵可以自动地减少排量。

三、液压站的维护保养注意事项

液压系统工作性能的保持，在很大程度上取决于正确的使用与及时的维护，因此必须建立有关使用和维护方面的制度，以保证液压系统正常工作。液压系统使用时应注意下列问题：

1）液压泵站应使用推荐液压油，同时对油液污染度和过滤器进行定期检查，并及时更换液压油。液压油一般使用六个月就应更换一次，更换液压油时应清洗油箱，去除污垢和尘埃。对于新投入使用的设备，使用三个月左右应清洗油箱、更换新油，之后再按每六个月更换一次执行。

2）工作中应随时注意油位高度和温升。一般油液的工作温度为 30～50℃ 最适合，当油温低于 15℃或大于 60℃时禁止运行，为调节油温可事先加热或冷却。

3）发现油箱液面泡沫过多，应立即停机检查。液压传动最忌讳油液变脏和变质，这时油泥糊在吸油过滤器上，会使噪声加剧，缩短泵的寿命，因此要保持油液洁净。

4）养成良好的职业素养，起动液压泵前，应进行必要的检查。例如，检查泵的旋转方向应与标牌上的方向一致；检查泵的进、出油口位置有没有接反；检查密封装置是否可靠；检查泵进、出油口管接头的螺钉是否拧紧，密封不严或未拧紧就会引起吸空和漏油，影响泵的工作性能；检查各处防护装置是否可靠完好，防止切屑、切削液、磨粒及灰尘等杂质落入油箱；检查泵的吸油高度是否合理，过高时不容易吸油或根本吸不上油，比较合适的吸油高度一般不大于 0.5m。

5）液压泵应空载起动和空载停机。为避免泵带负载起动和带负载停机，须检查泵安全阀或泵出油口的溢流阀是否旋松或是否调定在许可的压力范围内。实际生产中，经常采用的空载起动和空载停机手段是使液压泵卸荷，换向阀中位等卸荷方法简单易行。

6）尽量不要拆卸液压泵，对泵进行搬运和保管时，要注意周围的温度、湿度等环境条件，并做好防尘和防锈。必须拆卸和装配泵时，要严格按出厂使用说明书进行，不得沾染杂质。新泵或检修后以及经拆洗重新安装的泵，在使用前要检查轴的旋转方向和排油管的连接是否正确可靠、用手盘转泵轴检查是否有卡滞或异响。液压泵在起动后、工作前，应进行空负载运行和短时间的超负载运行，检查泵的工作情况，不允许有渗漏和冲击声。当泵在运转中有不正常的噪声或温升过高时，应立即停机检查。

7）如果泵站长时间不用，则应将各调节旋钮全部放松，以防止弹簧产生永久变形而失灵，导致液压故障的发生。液压泵重新启用时，因密封圈老化需要更换密封件，起动时应进行空载运行检验，不得立即使用最大负载。

8）带泄油管的泵起动前，一般从高处的泄油口往泵体内注满工作油，先用手盘转三或四周再起动，可防止空气进入液压系统，保证泵的壳体内不留空气并使运转过程中壳体内总是充满工作油，以免把泵烧坏。

任务二　液压系统的安装、调试与维护

一、液压系统的安装

液压系统的安装是用管路系统将固定于液压设备各处的液压装置、辅助元件等有机地连接起来，组成一个完整的液压系统。正确安装液压系统，是保证液压设备的工作性能及可靠性的前提。

1. 安装前的准备

安装前要对液压系统工作原理图、管路图、液压元件说明书等技术资料进行仔细分析，熟悉其内容与要求，然后实施安装作业。

1）按照技术资料领取并核对液压件型号及数量。

2）了解是否库存时间过长，以防止液压元件内的密封件老化而丧失密封性。

3）打开阀口的塑料阀堵检查内部是否清洁，于外部驱动阀芯观察是否因储存或运输不当而使阀被锈住或被污物卡住，如果需要进行拆洗，则要进行功能测试。

4）检查压力表、传感器等测量仪表是否经过校验，并核对校验时间是否过期，这对以后的调整工作极为重要，以避免因测量不准确而造成事故。

5）检查板式连接各连接平面是否有缺陷，连接面密封圈沟槽深度及密封圈截面尺寸是否满足密封要求，管式连接元件的连接螺纹孔是否有破损和拧不紧的情况，阀用电磁铁及发光二极管指示灯是否正常等。

6）检查系统中各液压部件、油管及管接头的位置是否有足够的维护空间，便于安装、调节和检修，检查压力表是否安装在便于观察的位置。

2. 液压控制阀的安装

液压系统的布置形式有集中式和分散式两种。

集中式布置如图 13-1c 所示，它是将液压系统的液压泵-电动机组和控制阀等，集中且独立地安装在主机外的液压站上，液压站的控制油路与主机上的执行机构用管路连接，这样的结构具有元件集中，安装与维修方便，并且液压系统的振动和油温变化对主机精度的影响小的优点。

分散式布置的液压元件与液压站是分开布置的，液压控制阀分散布置在被驱动的主机的某些部位，比如装在机床床身立柱的侧面，如图 13-3 和图 13-4 所示。这种安装形式在集中供油的自动化生产线上应用比较广泛，一条自动线采用一个大型泵站，各工位的控制阀则分别安装于自动生产线上各工位的主机上，其优点是结构紧凑，控制阀组成的油路与各主机上的液压缸之间连接管路短，缺点是控制阀与液压站的距离远，管路连接复杂，并且液压系统的振动和油温的变化都会对主机的精度产生影响。

图 13-3　独立的液压站

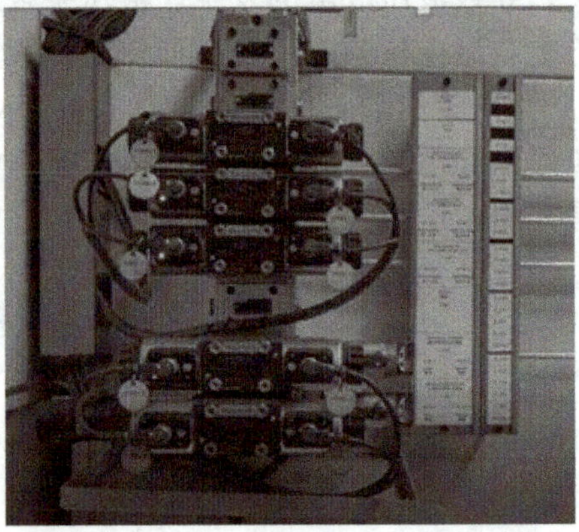

图 13-4　布置于床身侧面的液压控制阀

液压系统的控制阀采用哪种布置形式，与阀本身与其他阀之间的连接形式有关。现有的液压控制阀，连接形式有管式、板式、叠加式和插装式等。为使结构紧凑、便于调试与管理，目前，阀类元件广泛采用板式阀集成块式安装和叠加阀组式安装，这两种系统都可以采用集中式和分散式两种布置形式。小型液压系统控制阀采用集中式布置在液压站上的较多，多台设备的自动线采用分散式布置的较多。板式阀集成块式连接与叠加阀式连接的具体内容请参考项目十二任务一。

3. 液压控制阀安装时的注意事项

1）安装液压控制阀时，必须注意各油口的连接位置，各油口标识与油路图标识代号要对应，不得接反或接错，各接口要紧固，密封要可靠，不得漏油或漏气。

2）方向控制阀一般应水平安装，以保证弹簧能使阀芯可靠复位。

3）图 13-5 所示是板式阀连接面。板式阀各油口处的密封圈应突出安装平面，保证安装后密封圈在油路板上有一定的压缩量，否则将达不到密封的效果。

图 13-5　板式阀连接面

4）在油路板或集成块上固定液压控制阀时，各连接螺钉应拧紧，且受力要均匀，保证元件安装平面与底板平面全部接触。

5）安装机动控制阀和电磁阀的电气行程开关时，要注意凸轮或挡块的行程以及和阀之间的接近距离，以免试车时撞坏或压下行程不到位，有泄油口的机动阀应将泄油管引回油箱，插入油箱上盖并置于液面以上。

小提示：液压控制阀连接螺栓的性能等级必须符合制造厂的规定，不能随意用不合格的螺栓替换。为防止泄漏或空气渗入，必须保证阀安装面的密封良好。

4. 液压缸安装时的注意事项

1）应使液压缸受力尽量处于受拉状态。行程较大的液压缸尽量采取一端固定，另一端浮动的安装方式，以防止热胀冷缩现象对其产生影响。

2）液压缸的安装要严格保证活塞的轴线与运动部件导轨面平行度的要求，以防活塞杆受到径向力作用而破坏，或因运动阻力过大导致推力不足或速度下降。

3）尽量使液压缸进、出油口朝上布置，以利于排除空气。

4）液压缸配管不能太松弛，防止被运动部件夹住或磨损软管。

5）液压缸活塞杆伸出端防尘密封要可靠，周围环境应清洁。

6）拆装时不允许划伤液压缸内部的密封圈，严防磕碰和损伤活塞杆端部的螺纹。

5. 管路及密封件安装注意事项

1）管路安装一般在所连接的设备及元件安装完毕后进行。布管设计和现场配管时都应先根据液压原理图，对所需连接的组件、液压元件、管接头和法兰进行整体考量。油管的选择应考虑耐压和压力冲击问题。

2）管道的敷设排列和走向应整齐一致，层次分明，长度应尽量短，尽量少转弯，采用硬管时，弯管半径一般应大于管道外径的三倍。

3）硬管尽量采用水平或垂直布管，平行或交叉的管系之间，应有 10mm 以上的空隙，以防止管路中油液流动时产生共振现象。软管应避免急弯，管子弯曲半径应符合要求，与管接头的连接处应有一段直管过渡部分。必要时，管路最高处应设置排气装置。

4）管道的配置必须使管道、控制阀和其他元件装卸、维修方便。系统中任何一段管道或元件应尽量能自由拆装而不影响其他元件。

5）密封件必须保持洁净，不能沾染污物，并应检查密封件与工作介质的相容性，以防止密封件迅速失效造成事故并污染介质。

6）安装密封件时，不得碰伤唇边，密封圈唇口安装方向应朝向高压腔，方向不得装反。

7）密封件的使用压力、温度及安装方式应符合有关标准的规定，不得随意替换密封件。随机附带的密封件也有保存时限问题，在规定的存储条件下，密封件的存储时间不应超过一年。

8）安装管路时各接头必须拧紧，以免漏油和泵的吸油管吸气，接头上密封垫的厚度应符合要求，应保证接头拧紧时有一定的压缩量，也可在接头处涂以密封胶，提高油管的密封性，穿过油箱的油管应加密封垫。

9）系统泄漏油路不应有背压，应单独设置回油管且出油口端部在油面之上。

10）吸油管上应设置粗过滤器，以保证过滤的同时有足够的通流能力。

二、液压系统的清洗

一个液压系统的好坏不仅取决于系统设计的合理性和系统元件性能的优劣，还取决于系统的污染防护和处理。系统的污染直接影响液压系统工作的可靠性和元件的使用寿命。

液压系统组装前后，必须对零件进行严格的清洗。液压系统在制造、试验、使用和存储中都会受到污染，而清洗是使液压油、液压元件和管道等保持清洁的重要手段。

1. 液压系统清洗的注意事项

1）一般在清洗液压系统时，多采用工作用的液压油或试车油。不能用煤油、汽油、酒精、蒸汽、金属清洗剂或肥皂水，以防液压元件、管路、油箱和密封件受二次污染或油液泡沫大及油压不稳定等。清洗用油液的黏度应与使用液压油液的黏度相同或略低，黏度较低能保证有良好的溶解作用。清洗时间视脏污程度而定，短则2~4h，长可达72h，清洗效果以回路滤网上无杂质为标准。

2）清洗过程中，液压泵运转和清洗介质加热同时进行。加热温度因所用清洗液不同而不同，用液压油作为清洗油液时，温度不宜超过50℃。

3）清洗过程中，可用非金属锤棒（比如橡胶锤）敲击油管，可连续地或不连续地敲击，以利清除管路内的附着物。

4）液压泵间歇运转有利于提高清洗效果，间歇时间一般为10~30min。

5）在清洗油液的回路上，应装过滤器或滤网。刚开始清洗时，因杂质较多，可采用80目滤网，清洗后期改用150目以上的滤网。

6）为了防止因外界空气湿度过大而引起锈蚀，清洗结束时，液压泵还要连续运转，直到温度恢复正常为止。

7）清洗后要将回路内的清洗油液排除干净，用专用的擦布（可用绸布，不能用易掉毛的棉质纤维布）将油箱擦干净，再注入新的实际工作所用的液压油液，必要时可以用新的工作用油再精洗一遍，精洗后的液压油液，如果性能指标仍在要求的范围之内时，可以留用。

2. 液压系统清洗的操作规范

1）液压系统全部组装完成后，必须对管路系统进行严格的冲洗。冲洗时，以冲洗主系统的油路为主，管路复杂时，适当分区段对各部分进行冲洗。

2）组成冲洗回路时，必须将液压缸、液压马达以及蓄能器与冲洗回路分开；伺服阀和比例阀等精密阀必须用冲洗板代替；还应将溢流阀等通油箱的液压阀入口遮蔽，关闭其通油箱的排油通道；冲洗回路中有节流阀和减压阀时，应将其阀口开到最大。

3）冲洗过程中，每隔1~2h要检查一下过滤器，以防被污染物堵塞，此时旁路不要打开，若是发现过滤器开始堵塞应马上更换。

4）液压系统的油箱必须经过彻底的清洗才能加油。冲洗油加入油箱时应过滤，过滤精度不应低于系统的过滤精度。

5）利用冲洗泵组成回路进行冲洗，冲洗泵及其他液压件应适应所用的冲洗油，有时也可使用系统的液压泵进行冲洗。

6）钢管最重要的是施工质量，如果配管太脏，只靠冲洗很难清洁，在安装前可以对钢管进行酸洗来除锈等。软管总成是标准成品件，应注意运输和保管，避免污染，一般使用前用干净压缩空气吹扫即可。

7）系统冲洗合格后，必须将冲洗油排除干净，但采用液压系统工作时实际使用的液压油液进行冲洗时，冲洗后如果液压油液的各项指标仍能满足液压系统使用要求，则可以留用不换油。冲洗油推荐尽量使用系统工作用油，避免混合变质。

三、液压系统的调试运行

液压系统安装完成后，要经过一系列检查调试才能开始运行。

1. 起动之前的准备工作

（1）进行起动前的各项检查

1）检查各紧固螺栓是否紧固，泵体与出入管线连接处是否连接正确且无松动。

2）检查供电设备是否正常。

3）检查安全阀是否旋松，油箱液面高度是否符合要求。

4）检查显示是否异常。

（2）盘车检查液压泵

1）用手盘轴使液压泵转动，检查泵轴运转是否有杂声。

2）检查吸油管道，有阀门的应打开。

3）有泄油口的泵，初次使用前检查是否已向泵内注入适量介质。泄油口的位置应在泵的高处。

2. 空载起动并调试

与其他机械一样，液压泵要求空载（卸荷）起动，一方面可减小起动冲击，另一方面便于检查泵和电动机运转情况是否有异常。

（1）点动观察

1）点动几次电动机起动按钮，观察液压泵转向与噪声等，短暂运行一切正常后再正常起动。

2）低温起动时，反复起动待温度升高至20℃左右再进入正常运转。一般情况下，工作过程中不宜频繁起、闭电动机。

（2）压力调节　空载调试首先应按回路图标示的各测压点压力值或设备使用说明书规定的压力值来调节各压力控制阀。

1）首先应调节系统溢流阀，使泵的输出压力达到所需压力。调节溢流阀时，应先使设备执行机构处于停止状态或低速工况，然后调节调压手柄，将溢流阀的弹簧按照由松至紧的过程来调节，一边调节一边观察压力表显示及设备各处情况。

2）对于设置了泵卸荷的回路，调节溢流阀前应将卸荷通道关闭。否则，系统压力表显示的是卸荷压力，调节溢流阀时压力表不会显示压力变化，无法通过压力表观察溢流阀调节的压力大小。当设备投入使用后，一旦溢流阀调定压力过高，就容易导致出现过载事故。

3）在调节好溢流阀后，依次按设定压力由高到低的顺序调节各压力阀，调好后锁紧各调节螺母，有钥匙的可以拔下钥匙，以避免人为因素改变其设定值。

（3）单回路调试

1）压力调节之后，可在各电磁阀不上电的情况下，采用手动方式逐一起动各换向阀，逐个进行单个回路的运行，检验各控制阀及各回路的功能。

2）在单回路运行时，需要注意的是，起动前应先将流量控制阀的阀口开度调小。不宜在较高的速度下调试，应适当调节流量控制阀控制执行元件的运动速度，以免发生碰撞事故。

（4）液压缸运行排气

1）将各液压缸往复运行至终端位置，观察液压缸运动过程中有无卡滞和泄漏。

2）观察液压缸起步、换向或运行是否平稳，有无较大冲击，压力是否稳定，有无异常。

3）液压缸往复多次满行程快速运动，排除液压缸内积存的空气。一般液压缸的进出油口处于液压缸两端的最高位置时，靠油液流回油箱的过程带走液压缸内积存的空气，就可以达到排气的目的。有的要求比较高的液压系统，则在液压缸端部最高处设置专门的排气阀，排气时应打开排气阀，在经过“嘘嘘”的排气声并喷出白浊的泡沫状油液后，喷出的油液变得洁净透明就可以关闭排气阀了。

（5）液压系统联合调试

1）速度调节：液压缸排气后，按速度由慢至快的顺序将执行元件的运动速度调至系统所需的速度。这一过程可以在通电的情况下进行。

2）位移调节：进行机电一体化联合调试，包括调整机动阀、电气行程开关或微动开关等位移信号发讯装置的挡块位置，以检验系统的单个动作程序及电气设备的配合是否正常。

3）多回路调试：进行循环起动，检查液压系统与电气系统的配合，以满足自动工作循环动作的要求。

4）往复多次运行液压系统，进一步观察液压缸起动、换向及停止时是否平稳，在规定速度下运行是否有爬行现象。

小提示：溢流阀调定压力应根据要求来调节，其值应低于泵的额定压力，保证工作时不会因为设定压力的波动而超出额定压力。

正常运行时，一般将压力表开关打到与油箱接通的状态，使压力表卸压，以免长时间工作时因压力冲击的作用而损坏压力表。

液压系统的调试过程是一个综合调试的过程，各调试过程无法简单分割开来，各执行元件的运动常按一定程序反复进行调试，以便对压力、速度及位移进行反复且仔细的测试和调整。

3. 负载试车运行

在空载运转正常的前提下进行液压系统的加载调试。

1）在低于最大负载和速度的情况下试机，往复运动一段时间，观察各液压元件的工作情况，是否有泄漏，油液的温升是否符合要求，工作部件的运行是否正常等。

2）系统运转一段时间后，如一切正常，再逐渐将负载加至实际工作所对应的负载，并在此负载下精调速度至规定值。

3）按要求检查各处的工作情况，若系统工作正常，再将油箱中的全部油液放出，清洗油箱，调试使用过的液压油经精密过滤后可重新注入使用，或重新注入规定的新液压油。

四、液压系统的维护和保养

1. 日常维护注意事项

日常点检是保证系统正常工作的前提。

1）应检查系统上的各调节手轮和手柄是否被无关人员动过，电气开关和行程开关的位置是否正常，各机械的安装是否牢固，各接头处是否外漏等。

2）应检查液压泵及电动机运转是否平稳无异响，液压缸运动是否平稳，液压系统是否无高频振动，压力及速度是否有异常。

3）开机前应对导轨和活塞杆的外露部分进行擦拭，保持设备清洁，保持设备周围环境整洁。

4）熟知液压站的维护保养注意事项。

5）若设备长期不使用，应将各调节手柄全部放松，防止弹簧产生永久变形。

2. 计划性检修周期和检修内容

(1) 小修

1）对连接件、转动件、销轴、电气开关等外部进行检查，如有损坏则进行更换。

2）对液压缸进行外部检查，发生泄漏的液压缸应更换密封件。

3）对各控制阀的功能进行检查，更换性能不好的元件。

4）对各液压件外部进行检查和清洗，处理漏油，更换损坏零件。

5）对油箱、管件、各阀口处的漏油现象进行处理。

6）对过滤器进行检查清洗，及时更换。

(2) 中修

1）包括全部小修内容。

2）对油箱及管路进行冲洗，过滤并检验液压油液，满足使用要求后才可继续使用。

(3) 大修

1）包括全部中修内容。

2）检查蓄能器，更换损坏元件。

3）对所有的或大部分的液压件进行拆卸清洗。

4）修复和调整液压系统精度。

5）彻底清洗油箱，更换液压油。

长期重复的设备维护保养工作，看似平常，却是对耐心和努力的考验。哪怕再小的细节，也要全情投入，只为打造极致的产品和体验。在这方面，大国工匠胡双钱是我们学习的榜样。

胡双钱是全国劳动模范、全国五一劳动奖章获得者，一个简单而又不简单的“大国工匠”，参与我国多次重大飞机的研制工作，包括 C919 飞机，加工过数十万个飞机零件，从未出现过一个次品。要做好一件事，不难；要做好一天的工作，也不难。但是，要在 30 多年间，不出差错，做好每一件事，却是难上加难。而胡双钱却淡定地表示：只要用心，就能做到。有的时候，人生的道理归纳起来就这么简单、质朴，但是，要真正领会，并身体力行，却是很艰难，很可贵。

为了增强责任担当的能力，我们在学习时，要树立为中华民族的伟大复兴而奋斗的信念，提高工程意识，向广大工程技术人员学习，不断创新思维，提高创新能力，培养善于钻研、不畏困难的工匠精神，时刻胸怀大局意识和核心意识，实现个人价值和社会价值的统一，努力将自己培养成国之栋梁！

思考题和习题

一、填空题

1. 液压控制阀的连接形式有管式、________、________、________。
2. 液压系统的检修周期分________、________、________。
3. 调试液压系统时，液压泵应起动和________停车。
4. 安装液压控制阀时，应特别注意各油口的连接位置不得________。
5. 调试液压系统时，溢流阀调定压力应根据要求来调节，不允许________泵的额定压力。

二、简答题

1. 液压站的组成有哪些？按安装形式分，液压站有哪些类型？
2. 简要说明液压控制阀的维护保养要点。

项目十四

液压与气动系统的常见故障及案例分析

技能及素养目标

1）能理论联系实际，对复杂故障机理进行分析。

2）能对液压系统故障现象进行综合分析，提升排除液压系统常见故障的能力。

3）提高职业素养，提高综合技能。

重点知识

1）液压系统典型故障的现象、原因及排除方法。

2）液压系统典型故障案例分析思路。

液压系统的故障发生部位随机性很强，发生机理很复杂。不同设备的同一故障现象可能原因完全不同，而同一设备的同一现象在不同时间发生的原因又可能完全不同，很难用文字将故障一概而论。液压系统故障诊断技术是人们在使用和维护液压设备过程中长期积累起来的经验总结，是理论与实践相结合的产物。

任务一　液压系统的常见故障与排除

不同质量的液压元件，其故障发生频率及故障原因会有很大差别，液压系统工作条件比较复杂，因此故障现象也多种多样。一般来说，发生故障的原因主要有液压元件选型错误、安装不当、使用欠妥、疲劳损坏。应该有的放矢进行故障分析，避免“头痛医头、脚痛医脚、劳而无功”的情况发生。否则将会造成短期内同一故障的反复出现，最后频繁更换元件，造成不必要的浪费。

一般来说，对于高质量的液压元件，如果使用不久便出现故障，其原因往往由于选型错误、安装不当、操作规程欠妥造成的，对于这类故障，只要针对原因予以纠正即可很快解决问题。而经过长期工作而发生的故障，一般是由于零件疲劳损坏造成的，及时发现故障，予以妥善维修，便能以较低的成本延长液压元件的寿命。实践经验中，由于合理的维护和保养，使高质量液压元件在恶劣工况下正常工作数十年的例子屡见不鲜。

如果出现“不修本来还好些，越修越坏”的现象，建议检查维修工艺与方法，以及备件应用上是否有问题。维修工艺或方法不当，会破坏零件原有的几何状态、物理状态和液压元件的正确装配状态。

一、液压系统几种故障产生的原因

1. 机械故障原因

液压阀在制造或修理时，由于尺寸精度、表面粗糙度、热处理等没有达到规定的技术要求，装配时没有保证所需的配合精度，或零件保管不善，发生锈蚀，混入污物造成运动件卡滞，或是长时间在使用中的磨损造成表面粗糙度值增大、尺寸减小等引起动作失灵等，均是引起液压阀失效的重要原因。

2. 气穴现象原因

液压油液总是含有一定量的空气，在一定温度下，当液压油液压力低于该温度时的空气分离压时，溶解在油液中的过饱和空气将会突然地迅速从油液中分离出来，产生大量气泡。如果压力继续减小，就会形成气穴现象。这样就容易形成局部高温和冲击力，一方面使局部金属疲劳，另一方面又使液压油液变黑，金属产生化学腐蚀后，组件表面出现海绵状的小洞穴，降低系统的工作性能，甚至使系统不能正常工作。

3. 液压冲击原因

液压系统由于迅速换向或开闭阀门时，管内液体压力发生急剧交替增减，这种波动过程产生的液压冲击使液体中形成瞬时高峰值压力，常使密封装置、管道或其他液压元件损坏。液压冲击还会使工作机械引起振动，产生很大噪声，并使油温较快上升，影响工作质量。有时，液压冲击使某些元件，如压力阀、压力开关产生误动作，导致设备损坏。

4. 液压卡紧原因

一般滑阀的阀孔和阀芯之间有很小的缝隙，当缝隙中有油液时，移动阀芯所需的力只需克服黏性摩擦力，数值应该是相当小的。可实际在中、高压系统中，当阀芯停止运动一段时间后，这个阻力可以大到几百牛，使阀芯移动非常费力，这就是所谓的滑阀卡紧现象。卡紧原因有的是因污物进入缝隙而使阀芯移动困难，有的是因缝隙过小在油温升高时阀芯膨胀而卡死，但主要的原因是来自滑阀副几何形状误差和同轴度变化所引起的径向不平衡液压力，即液压卡紧力。液压卡紧可导致所控制的系统元件动作滞后，破坏给定的自动循环，缩短元件的寿命。

液压系统故障机理复杂，上述只是部分故障原因，几种常见的故障原因见表 14-1。

表 14-1　液压系统常见故障分析与排除方法

故障现象	故障分析	排除方法
液压泵不出油、输油量不足、压力上不去	1. 电动机转向不对 2. 吸油管或过滤器堵塞 3. 轴向间隙或径向间隙过大 4. 连接处泄漏，混入空气 5. 油液黏度太大或油液温升太高	1. 点动检查，改正电动机转向 2. 疏通管道，清洗过滤器，更换新油 3. 检查更换有关零件 4. 紧固各连接处螺钉，避免泄漏，严防空气混入 5. 正确选用油液，消除造成温升的因素，控制温升

（续）

故障现象	故障分析	排除方法
液压泵噪声严重、压力波动大	1. 吸油管及吸油过滤器容量小或堵塞 2. 吸油管密封处漏气或油液中有气泡 3. 液压泵与电动机联轴器不同心或松动 4. 油箱油量少，油位低，或油箱不透空气 5. 油温低或油液黏度高 6. 泵内零件卡滞或损坏	1. 清洗过滤器使吸油管通畅，正确选用合适的过滤器 2. 检查连接部位或密封处，拧紧接头或更换密封圈；回油管口应在油面以下，与吸油管要有一定距离 3. 重新安装调整或紧固 4. 消除系统漏点，加注油液，检查油箱空气过滤器 5. 使用加热器或使液压泵空运行一段时间，使油温达到要求再开始工作，或更换合适牌号的液压油 6. 修复或更换液压泵
工作台爬行	1. 液压泵吸空（同上行 1、2、4、5） 2. 液压泵性能不良，流量脉动大 3. 流量阀节流口处有污物，通油量不均匀 4. 液压缸端盖密封圈压得太死 5. 液压缸中进入空气 6. 润滑油不足或选用不当 7. 系统内、外泄漏量大 8. 导轨无润滑油或润滑不充分，摩擦阻力大，或导轨的楔铁、压板调的过紧	1. 同上行 1、2、4、5 2. 将流量脉动控制在允许范围内或更换液压泵 3. 检修或清洗流量阀 4. 调整好压盖螺钉 5. 进行排气 6. 调节润滑油量或选用合适的润滑油 7. 检查泵、缸及管道等密封情况，检修或更换元件 8. 调节润滑油压力，使润滑充分，或调整楔铁、压板，使松紧合适
液压系统发热、油温过高	1. 液压泵调定压力过高 2. 运动零件磨损造成密封间隙增大 3. 工作管路连接处密封不好和损坏 4. 油液黏度过高 5. 阀类元件规格小，造成压力损失过大 6. 液压系统背压过高，系统效率过低 7. 油箱容量小、散热面积不足	1. 在保证系统工作压力下，尽量降低液压泵压力 2. 检修更换磨损件 3. 检查各连接处，更换损坏的密封件 4. 选择适当黏度的液压油 5. 重新选用符合系统要求的阀类 6. 改进或重新调整系统背压 7. 增大油箱容量，若受结构限制，可增添冷却器

二、液压系统故障诊断的方法

液压系统故障诊断的方法很多，目前主要靠经验排查来诊断。维修人员利用简单的诊断仪器和个人的理论与实践经验，对液压系统出现的故障进行分析、梳理与排查，最后判断产生故障的部位和原因。这种分析诊断方法类似于中医诊断的“望”“闻”“问”“切”，在排查故障的过程中，应遵循“由外向内”和“由简单到复杂”的原则来实施故障诊断与排除过程。可以说，液压系统的故障排除主要是故障的诊断，维修主要靠调整和更换来解决。未来，预防性维护、状态监控、远程专家诊断等故障诊断方法将会越来越普遍和丰富。

小知识：实践证明，液压系统的故障绝大部分是由于油液的污染引起的，这就是为什么很多故障是靠清洗来解决的原因。

三、减少液压系统故障的措施

1. 制定定期检修制度

定期主动检查液压装置各元件和部件的性能，对容易引起故障的部位进行重点维护和保养，及时发现并修复可能产生故障的隐患，进行预防性维修，做到防微杜渐，是减少故障发生率最有效的办法，往往能达到事半功倍的效果。

事实表明，如果在出现故障后再采取补救措施，不仅使维修成本增大了数倍、数十倍，而且对企业生产的影响也远远大于预防性维修，故障导致的意外事故或停机甚至会给企业带来不可估量的损失。如果在故障发生前的渐进损坏过程中，建立定期检修检测机制，予以定期预防性检修，及时发现并修复故障发生前的轻微损坏，则可以避免故障的形成，将故障对企业生产的影响降至最低。

2. 采用正确的维修工艺

一般来说，随着液压技术的普及与高速发展，液压产品的质量也越来越可靠，专门化的产品已经能够满足绝大部分用户的需求，因设计不当而产生故障的原因越来越少了，况且这类故障只对新设备成立，使用时间比较长的设备是不存在这种故障的。

我们大多数时候面对的是对经过长时间使用的设备进行故障诊断及排除。目前，产生这类故障的原因之一是液压件长时间的磨损等疲劳损坏，这种原因只需更换新液压件即可解决问题。还有一个更重要的原因就是未能及时进行计划性维护和保养或进行了错误的维护和保养操作，比如大修时拆卸液压件时沾染了污物，拆装时磕碰到关键的部位，装配时方向及位置错误等，导致因主观原因破坏了零件原有的装配状态，使液压件的性能不能得到保证，甚至损坏失灵。因此，避免这些现象的发生是尤为重要的。正确分析判断液压故障原因，采用正确工艺修复液压元件，避免二次污染和损伤，对于提高维护工作效率至关重要。

任务二　气动系统的常见故障与排除

气动系统安装完毕后，在对气动系统设备的使用中，如果不注意维护和保养工作，可能会频繁发生故障或过早损坏元件，寿命也会大大缩短。

一、气动系统的维护工作

要使气动设备能按设计要求正常工作，维护工作必须做到下述几点：

1）保证供给气动系统的压缩空气足够清洁和干燥。

2）保证气动系统的气密性良好。

3）保证润滑元件得到良好的润滑。

4）保证气动元件和系统的其他正常工作条件。

维护工作可以分为日常性的维护工作和定期的维护工作，前者是指每天必须进行的维护工作，后者可以是每周、每月或每季度进行的维护工作。

1. 气动系统的日常维护工作

气动系统的日常维护应注意的问题：

1）经常检查自动排水器和干燥器是否正常工作。

2）随时注意压缩空气的清洁度，定期清洗空气过滤器的滤芯和自动排水器。

3）定期给油雾器注油。

4）工作前检查各调节手柄、机动阀、电气行程开关、挡块等位置是否正确，安装是否牢固。

5）保持气缸活塞杆外露的配合表面洁净。

气动系统日常维护的主要内容是冷凝水的管理和系统润滑的管理。

(1) 冷凝水的管理　冷凝水管理主要是开机前后要放掉系统中的冷凝水，压缩空气中的冷凝水会使管道和元件锈蚀。防止冷凝水侵入压缩空气的方法是及时排除系统各处的冷凝水，冷凝水排放涉及从空气压缩机、后冷却器、气罐、管道系统直到各处空气过滤器、干燥器和自动排水器等整个气动系统。在工作结束时，应当将各处冷凝水排放掉，以防夜间温度低于0℃导致冷凝水结冰。由于夜间管道内温度下降，会进一步析出冷凝水，因此在每天设备运转前，也应先将冷凝水排出。

(2) 系统润滑的管理　气动系统中，只要有相对运动的表面都需要润滑，如果润滑不足，会使摩擦阻力增大，导致元件动作不良，密封面磨损还会引起泄漏。因此，气动元件不带自润滑功能的系统是配有油雾器的，要经常检查油雾器的油量，定期给油雾器补油，并经常检查油雾器油量是否自动减少，滴油量是否符合要求，油色是否正常，如发现油杯中的油量没有减少，应及时调整滴油量，调节无效的，须检修或更换油雾器。

2. 气动系统的定期维护工作

1）检查系统各泄漏处并消除漏点。

2）检查安全阀、紧急安全开关动作是否可靠，以确保设备和人身安全。

3）观察换向阀动作是否可靠，根据换向时声音是否异常，判定电磁阀铁心和衔铁配合处是否有杂质。检查铁心是否有磨损，密封件是否老化。

4）观察气缸动作，判断活塞上的密封是否良好。检查活塞杆外露部分，判定活塞杆伸出的配合处是否有泄漏。

5）检查方向阀排气口，观察润滑油是否合适，排出的气体中是否有冷凝水。若润滑不良，检查油雾器内的油是否正常，安装位置是否恰当。若有大量冷凝水排出，检查排除冷凝水的装置是否合适，过滤器的安装位置是否合理。

二、气缸的常见故障及排除方法

1. 气源故障

1）当空压机的压力上升缓慢并伴有串油现象时，表明空压机的活塞环已严重磨损，应及时更换；当进气阀损坏或空气过滤器堵塞时，也会使空压机的压力上升缓慢，检查时，可将手掌放到空气过滤器的进气口上，如果有热气向外顶，则说明进气阀处已损坏，须更换；如果吸力较小，一般是空气过滤器较脏所致，应清洗或更换过滤器。

2）压力调不高往往是因调压弹簧断裂或膜片破裂而造成的，必须换新；压力上升缓慢一般是因过滤网被堵塞引起的，应拆下清洗。

3）管路接头泄漏和软管破裂时，可从声音上来判断漏气的部位，应及时修补或更换；若管路中聚积有冷凝水时，应及时排掉，特别是在北方的冬季，冷凝水易结冰而堵塞气路及损坏密封装置。

2. 气缸故障

1）气缸的缓冲效果不良，一般是因缓冲密封圈磨损或调节螺钉损坏所致。此时，应更换密封圈和调节螺钉。

2）气缸的活塞杆和缸盖损坏，一般是因活塞杆安装问题或缓冲机构不起作用造成的。对此，应调整活塞杆的中心位置；更换缓冲密封圈或调节螺钉。

3. 换向阀故障

1）换向阀经长时间使用后易出现阀芯密封圈磨损、阀杆和阀座损伤的现象，导致阀内气体泄漏，阀的动作缓慢或不能正常换向等故障。此时，应更换密封圈、阀杆和阀座，或将换向阀换新。

2）换向阀不能换向或换向动作缓慢，一般是因润滑不良、弹簧被卡住或损坏、油污或杂质卡住滑动部分等原因引起的。对此，应先检查油雾器的工作是否正常；润滑油的黏度是否合适，必要时，应更换润滑油，清洗换向阀的滑动部分，或更换弹簧和换向阀。

4. 气动辅助元件故障

1）当换向阀上装的消声器太脏或被堵塞时，也会影响换向阀的灵敏度和换向时间，故要经常清洗消声器。

2）自动排污器的油污和水分有时不能自动排除，特别是在冬季温度较低的情况下。此时，应将其拆下并进行检查和清洗。

任务三　液压系统故障分析与排除案例

液压系统的故障发生部位随机性强，发生机理复杂，下面对个案的分析，旨在起到启发读者分析和解决问题的思路。

案例一　液压泵噪声故障诊断与排除

某数控机床使用的液压装置，开始工作 30~40min 就从液压泵部位发出了“咯吱、咯吱”的噪声，而且噪声分贝比较高。该液压泵的使用条件：流量为 50L/min、压力为 7MPa；运转初期油温为 20℃，运转中为 50℃；使用时间为三班倒，24h/天（两年）。

1. 故障现象

起动时发出“咯吱、咯吱”异响，噪声超过 80dB；此外，出油口侧压力表指针摆动大、振动大。当油箱内的油温为 35℃左右时，噪声稍变小；当油温升至 45℃左右时噪声进一步下降，压力表的指针摆动和装置的振动减小，运转状态恢复正常。

2. 故障诊断与排除

泵异常噪声的产生原因，可能包括泵和电动机的轴线偏差超过允许值、混进了空气、吸油过滤器堵塞、泵的吸油阻力增大等情况。

根据只是在运转初期产生噪声，经过一段时间后噪声又停止了这一事实和噪声的状态，可推断不是泵和电动机的轴线偏差引起。当检查吸油阻力异常的时候，检查泵的吸油侧配管，没有发现异常。接着将配管卸下，但管内没有异物。将浸在油箱内的滤网取出，发现上面附着灰尘和异物等，使得表面的网眼几乎看不见了。分析故障原因得知，低温时，由于滤油网的网眼阻塞，泵的吸油阻力就增大了，所以泵内产生气穴作用，大量气泡引起异常噪声及压力不稳定现象。当工作油的温度上升时，油液黏度变小了，吸油阻力减小，消除了气穴现象。至此，故障原因为吸油过滤器堵塞。

用煤油将滤油网的网眼洗净后重新安装上，起动泵，这时虽然工作油温低，可是异常噪声、压力的脉动都没有了，系统运转平稳。

小提示：设备大修时，稍不注意就会将抹布、工具等杂物遗留在油箱内，工作时泵起动吸油时，一旦将抹布吸到吸油管处，糊到吸油过滤器上，就会产生气穴现象，出现刺耳的噪声。

案例二　Z126 型组合机床液压系统爬行故障诊断与排除

1. 设备介绍

Z126 型组合机床为某汽车发动机厂支架——发动机前悬置卧式镗孔车端面组合机床。在镗孔、车端面的进给以及工件的夹紧过程中均采用液压驱动。机床液压系统工作原理如图 14-1 所示。该机床以往使用一直正常，某天运行时出现动力滑台工进时爬行现象。

爬行是机床低速运动时常见的故障，由于液压系统的密闭性及多信息模式，使得上述故障的排除过程比较复杂，下面就这一实例进行详细分析如下，以探讨进行液压系统故障分析的思维方式和方法。

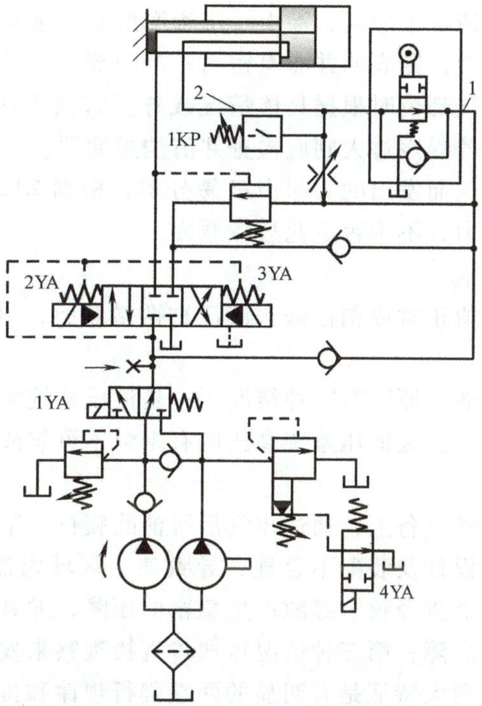

图 14-1　Z126 型组合机床滑台液压缸液压原理

1、2—油管

2. 故障现象

液压缸快速时动作正常，转为工进即开始爬行，油箱油液状况正常，液压缸工作压力无明显变化，排气后故障未消除。

3. 故障分析与排除

为了提高效率，避免大量地盲目拆卸，避免液压件的损伤及浪费，须进行必要的分析，对爬行现象的各种可能性因素进行归纳总结，找出故障原因及排除方法。产生爬行故障的原因包括如下内容：

(1) 液压系统油液中混有空气导致爬行故障 混入液压系统的空气以游离的气泡形式存在于液压油中，油液的可压缩性急剧增加，由于液压缸负载的波动使油液压力脉动，导致气体膨胀或收缩而引起液压缸的供油流量明显变化，表现出低速时忽快忽慢，甚至时断时续的爬行现象。这种原因引起的爬行是最为常见的。

液压系统混有空气可按以下两种情况分析。

1）液压泵连续进气。

故障现象：压力表显示值较低，液压缸工作无力，油面有气泡，甚至出现油液发白及尖叫声。

故障原因分析及检测排查：由于液压泵吸油侧油管接头螺母松动而吸气；密封件损坏或密封不可靠而进气；油箱内油液不足，油面过低，吸油管在吸油时因液面波浪状导致吸油管端间断性地露出液面而吸入空气；吸油过滤器堵塞使吸油管形成局部真空产生气穴现象。较大的进气部位可以通过直观观察较易找到，微小渗漏部位须经必要的检查方能查出。可将液压泵吸油侧和吸油管段部分清洗干净后，涂上一层稀润滑脂，重新起动泵，涂有润滑脂各部位没有被吸成为皱褶状或开裂，则表明并非有密封不严的部位，反之则表明形成皱褶甚至开裂处即为进气部位。找到进气部位时根据具体情况或拧紧管接头或更换密封件及液压元件。如果油面过低应及时加油，若噪声过大则应检查并清洗过滤器。

排查结果：油液混有空气而发出的尖叫声极易分辨，根据 Z126 型组合机床的噪声、油液气泡情况及液压缸工作压力，不难否定此故障原因。

2）液压系统内存有空气。

故障现象：压力表显示值正常或稍偏低，液压缸两端爬行，并伴有振动及强烈的噪声，油箱无气泡或气泡较少。

故障原因及检测排查：故障原因有三种情况，一是液压系统装配过程中存有空气；二是系统个别区域形成局部真空；三是液压系统高压区有密封不可靠或外漏处，工作时表现为漏油，不工作时则进入空气。

第一种情况往往发生在新设备上，通过排气后可消除爬行；第二种情况在新老设备上均有可能出现，或为新设备的设计及装配不合理，导致某一区域内油液阻力过大，压降过大；或为老设备的杂质堆积，油液流经狭窄缝隙产生急剧的压降，尤其在流量阀中节流孔处易出现此情况，通过清洗可消除故障；第三种情况可通过直接观察来发现。

排查结果：这类故障的两大特征是有明显的两端爬行规律和排气后故障消失或减轻，至于本案例，显然应根据设备以往使用情况及故障现象特征，对上述故障因素加以排除。

(2) 滑动副摩擦阻力不均导致爬行故障

1）导轨面润滑条件不良。

故障现象：压力表显示值正常，用手触检执行器有轻微摆振且节奏感很强。

故障原因及检测排查：液压缸低速运动时，执行机构润滑油油楔作用减弱，油膜厚度减小。这时润滑油选择不当或因油温变化导致润滑性能差、润滑油稳定器工作性能差、压力与流量调整不当及润滑系统油路堵塞等均可使油膜破裂程度加剧；导轨面刮点不合要求、过多或过少等都会造成油膜破裂形成局部或大部分的半干摩擦或干摩擦，从而出现爬行。而后一因素主要发生在新设备上。

由此看来，该案例若属润滑条件不良，应为润滑油温度变化改变润滑油性能及压力与流量的调整值，以及润滑油路的堵塞等因素。用手搓捻润滑油检查滑感，观察油槽内润滑油流速，检查压力和流量（流速过低是因为压力小和流量少，流速过高则为压力大所致），判断润滑油稳定器工作情况，如有相应问题，或更换润滑油或调整其压力与流量或清洗润滑孔道系统，从而恢复润滑性能，直至执行机构运动平稳。

排查结果：通过观察此机床并无明显的润滑条件的变化，初步否定上述因素。

2）机械别劲。

故障现象：压力表显示值较高或稍高，爬行部位及规律性较强，甚至伴有抖动。

故障原因及检测排查：运动部件尺寸精度发生变化及装配精度低均会导致摩擦阻力不均，容易引起执行机构产生爬行。例如液压缸活塞杆弯曲，液压缸与导轨不平行，导轨或滑块的压紧块（条）夹得太紧，或活塞杆两端螺母旋得太紧，密封件压盈量过大，活塞杆与活塞不同轴，液压缸内壁或活塞表面拉毛，这些情况都是引起故障的原因。有的情况表现为液压缸两端爬行逐渐加剧，如活塞与活塞杆不同轴情况；有的情况表现为局部压力升高，爬行部位明显，如液压缸内壁或活塞表面拉伤、局部磨损严重或腐蚀等情况。

这类故障常在特定情况下发生，例如在新设备调试中或设备外伤时，主要原因是制造和装配精度未能保证或外伤后精度被破坏。

排查结果：是否为液压缸内壁或活塞表面质量破坏所致，须对液压缸进行拆卸方可知晓，而这一工作量是较大的，本着“先简单后复杂，先外部后内部”的原则，暂不予以实施排查。

3）液压元件内漏或失灵。

故障现象：若液压元件磨损、堵塞、卡滞失灵也会造成低速爬行。比如若单向行程阀因磨损而造成关闭不严，低速运动时则会对液压缸回油流量有较大影响，负载波动使压力脉动时造成单向行程阀内漏量忽大忽小，引起液压缸速度忽快忽慢；若调速阀中定差式减压阀阀芯因卡住而失灵，此时调速阀所调节的流量稳定性就会无法保证，甚至出现周期性的脉动，而节流孔的堵塞现象也是典型的引起流量周期性脉动的因素。

故障检测及检测排查：将调速阀进行拆卸和清洗，直到更换仍未消除爬行现象后，又将单向行程阀出油口油管 1 拆下，观察油管 1 无漏油，说明非单向行程阀关闭不严；进而将液压缸伸出至终端位置，然后卸下回油管 2，使液压缸无杆腔进油，在有杆腔出油口处向外滴淌油液，说明液压缸有内漏。

排查结果：经过拆卸液压缸，检查并发现活塞上密封圈已失效，更换密封圈后装好液压缸及其他元件，仔细检查液压系统后重新起动液压泵，爬行现象消除。

小结论：液压故障维修通常应遵循这样的过程：认真观察→看懂液压原理图→详细、全面地分析相对应的现象→拆卸检修。为了避免因盲目地更换控制阀而造成不必要的浪费，在考虑故障原因的可能性因素时，还应对新老设备区别对待，这样才能判断准确。

不忽视日常任何一处重复性的维护保养工作，做好每一件事、做好每一天的事，是减少故障发生率最有效的措施之一；设备发生故障时，在正确分析的基础之上，本着严谨求实的职业道德和精益求精的工匠精神，采用正确的工作方法，一丝不苟、最大限度地缩小检查范围，对最有可能的故障源进行由简到繁的检测，应是我们坚持的原则。

思考题和习题

一、判断题

1. 液压系统故障诊断与排除的过程，应遵循“由外向内”的过程。(　　)

2. 液压系统故障诊断与排除的过程，应遵循“由简单到复杂”的原则来实施。(　　)

3. 液压系统故障维修时应注意避免二次污染和损伤。(　　)

4. 液压系统较少故障是由于油液的污染引起的。(　　)

5. 正确分析和判断控制阀故障原因，采用正确工艺修复控制阀，避免二次污染和损伤，对于提高维护工作效率至关重要。(　　)

二、简答题

1. 举例说明液压系统常见故障产生的原因。

2. 简述气动系统日常维护应注意哪些内容。

附　录

附录 A　常用流体传动系统及元件图形符号（摘自 GB/T 786.1—2021）

表 A-1　控制机构和控制方法

描述	图形符号	描述	图形符号
带有定位的推/拉控制机构	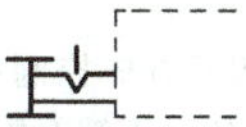	带有可调行程限位的推杆	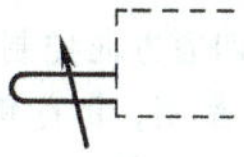
带有一个线圈的电磁铁（动作指向阀芯，连续控制）	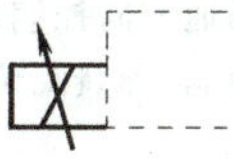	用于单向行程控制的滚轮杠杆	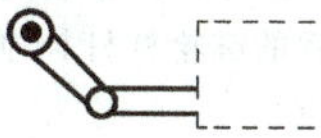
外部供油的电液先导控制机构	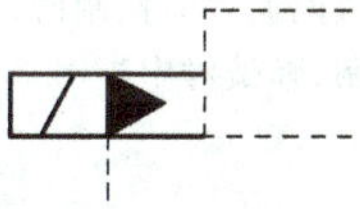	带有一个线圈的电磁铁（动作指向阀芯）	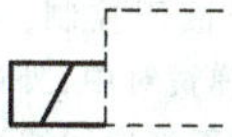

表 A-2　控制元件

方向控制阀			
描述	图形符号	描述	图形符号
单向阀（只能在一个方向自由流动）		液控单向阀（带有弹簧，先导压力控制，双向流动）	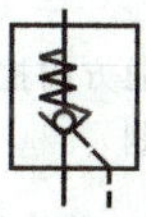

（续）

方向控制阀			
描述	图形符号	描述	图形符号
单向阀（带弹簧，只能在一个方向自由流动，常闭）		双液控单向阀	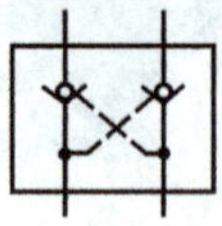
二位二通方向控制阀（电磁铁控制，弹簧复位，常开）	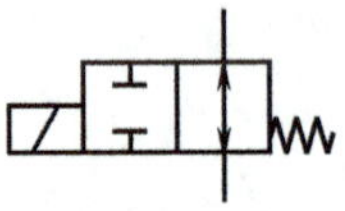	二位二通方向控制阀（双向流动，推压控制，弹簧复位，常闭）	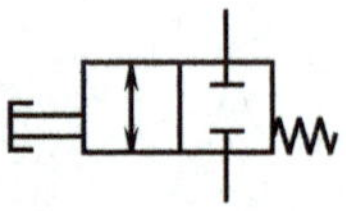
二位三通方向控制阀（单电磁铁控制，弹簧复位，手动越权锁定）	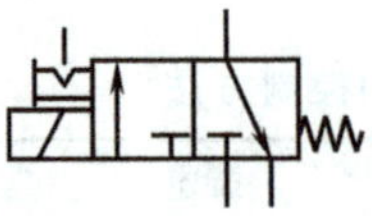	二位四通方向控制阀（电磁铁控制，弹簧复位）	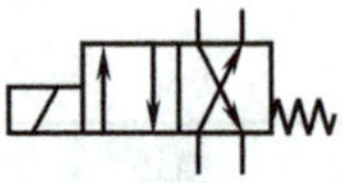
二位四通方向控制阀（双电磁铁控制，带有锁定机构，也称脉冲阀）	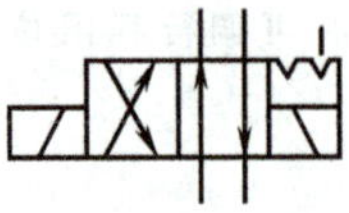	三位四通方向控制阀（双电磁铁控制，弹簧对中）	
二位三通方向控制阀（单向行程的滚轮杠杆控制，弹簧复位）	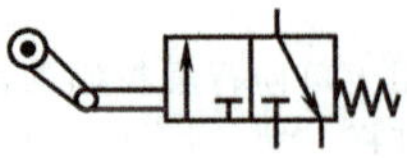	二位四通方向控制阀（电液先导控制，弹簧复位）	
三位四通方向控制阀（电液先导控制，先导级电气控制，主级液压控制，先导级和主级弹簧对中，外部先导供油，外部先导回油）	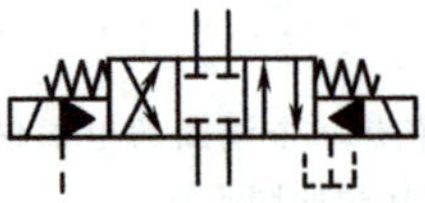	三位四通方向控制阀（液压控制，弹簧对中）	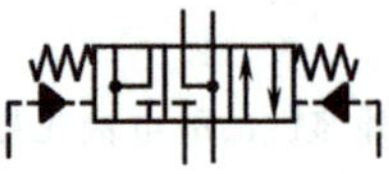
二位四通方向控制阀（液压控制，弹簧复位）	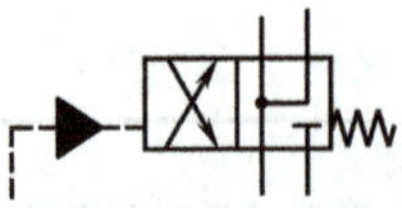	二位三通方向控制阀（电磁控制，无泄漏）	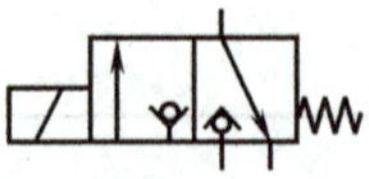
二位五通方向控制阀（双向踏板控制）	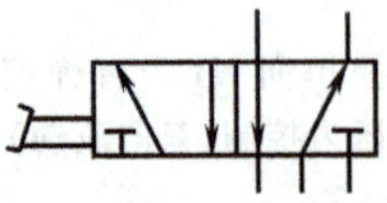	三位五通方向控制阀（手柄控制，带有定位机构）	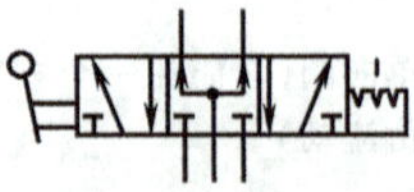

（续）

方向控制阀			
描述	图形符号	描述	图形符号
延时控制气动阀（其入口接入一个系统，使得气体低速流入直达到预设压力才使阀口全开）	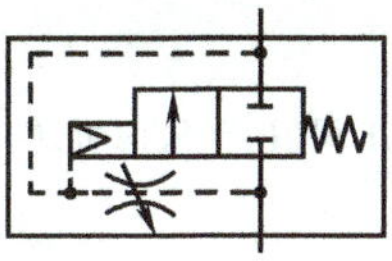	二位三通方向控制阀（差动先导控制）	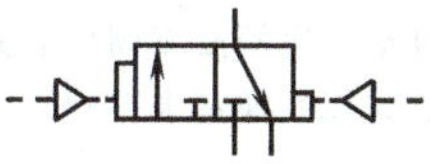
二位五通气动方向控制阀（先导式压电控制，气压复位）	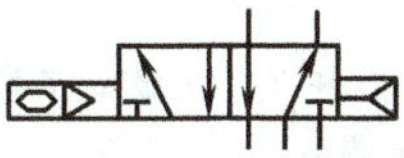	二位五通气动方向控制阀（单电磁铁控制，外部先导供气，手动辅助控制，弹簧复位）	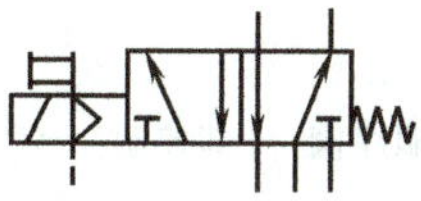
二位五通直动式气动方向控制阀（机械弹簧与气压复位）	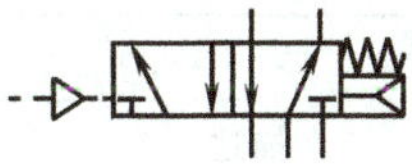	三位五通直动式气动方向控制阀（弹簧对中，中位时两出口都排气）	
双压阀（逻辑为“与”，两进气口同时有压力时，低压力输出）	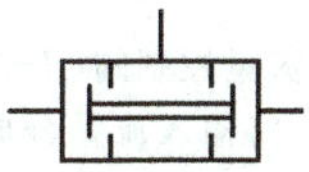	梭阀（逻辑为“或”，压力高的入口自动与出口接通）	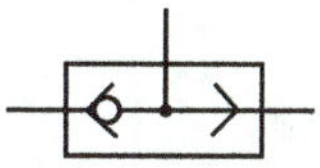
快速排气阀（带消音器）	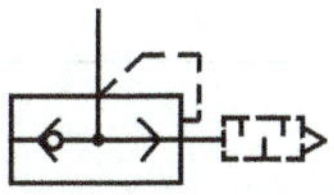	比例方向控制阀（直动式）	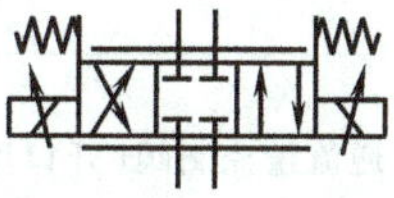

压力控制阀			
描述	图形符号	描述	图形符号
溢流阀（直动式，开启压力由弹簧调节）	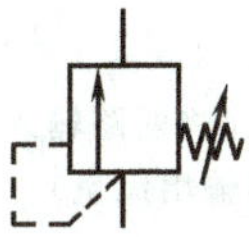	二通减压阀（直动式，外泄型）	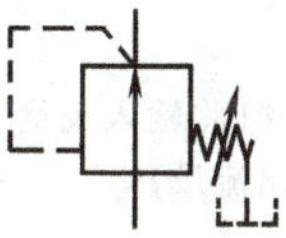
顺序阀（带有旁通单向阀）	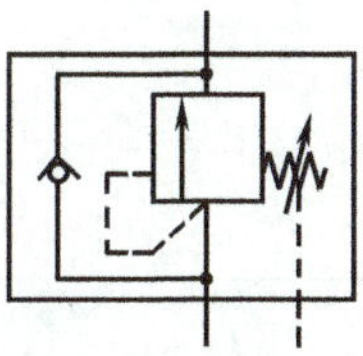	二通减压阀（先导式，外泄型）	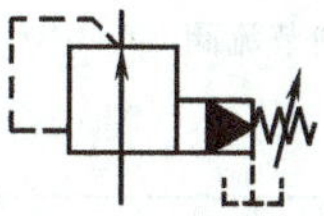
顺序阀（直动式，手动调节设定值）	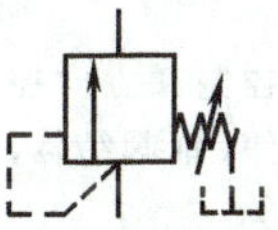	电磁溢流阀（由先导式溢流阀与电磁换向阀组成，通电建立压力，断电卸荷）	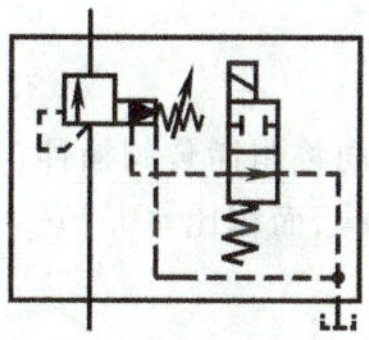

（续）

压力控制阀			
描述	图形符号	描述	图形符号
直动式比例溢流阀（通过电磁铁控制弹簧来控制）	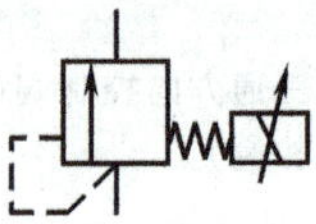	减压阀（内部流向可逆）	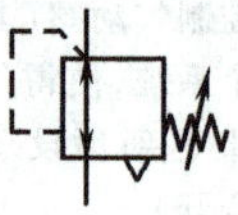
顺序阀（外部控制）	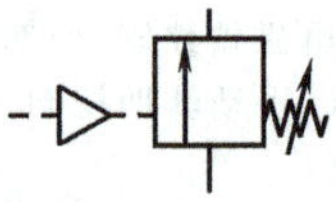	压力开关（机械电子控制，可调节）	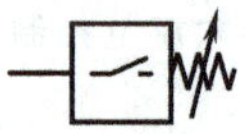
流量控制阀			
描述	图形符号	描述	图形符号
节流阀		三通流量控制阀（开口度可调节，将输入流量分成固定流量和剩余流量）	
二通流量控制阀（开口度预设置，单向流动，流量特性基本与压降和黏度无关，带有旁路单向阀）	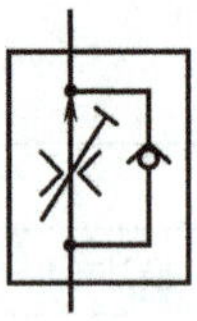	比例流量控制阀（直动式）	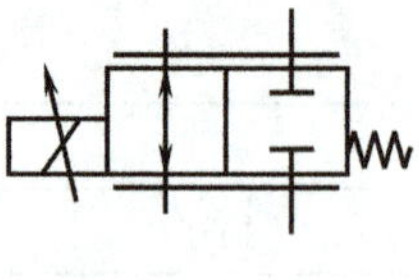
分流阀（将输入流量分成两路输出流量）	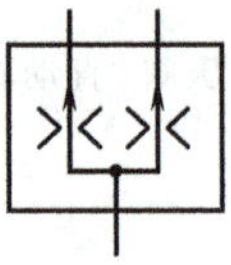	集流阀（将两路输入流量合成一路输出流量）	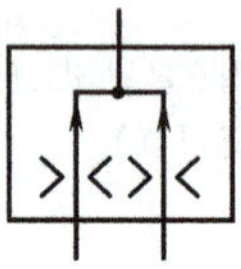
单向节流阀			
插装阀			
描述	图形符号	描述	图形符号
方向控制插装阀插件（锥阀结构，面积比≤0.7）	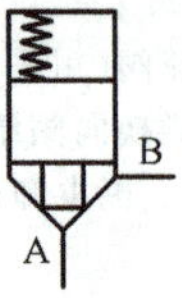	压力控制和方向控制插装阀插件（锥阀结构，面积比 1∶1）	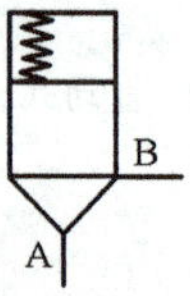

（续）

插装阀			
描述	图形符号	描述	图形符号
方向控制插装阀插件(带节流端的锥阀结构,面积比≤0.7)	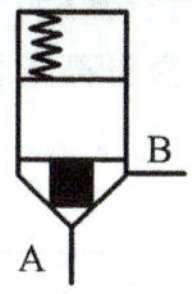	方向控制插装阀插件(单向流动,锥阀结构,内部先导供油,带有可替换的节流孔)	
溢流插装阀插件(滑阀结构,常闭)	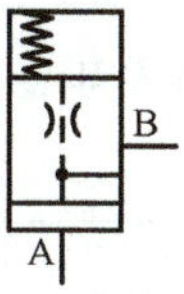	减压插装阀插件(滑阀结构,常开,带有集成的单向阀)	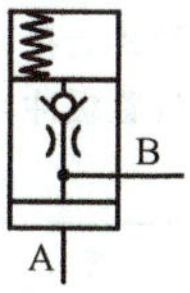
可安装附加元件的控制盖板	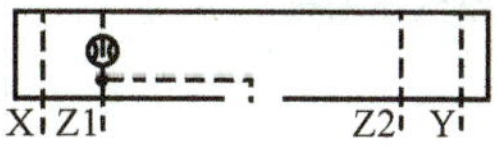	二通插装阀(带有行程限制装置)	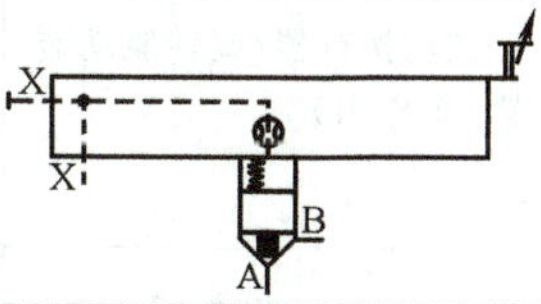
带有先导端口的控制盖板(带有可调行程限制装置和遥控端口)	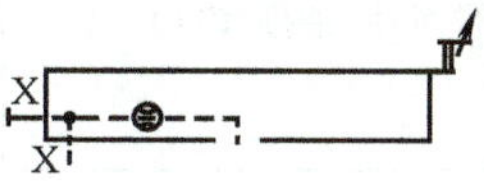	二通插装阀(带有内置方向控制阀)	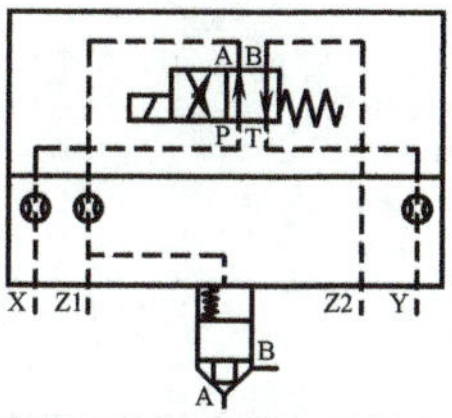

表 A-3　泵、马达和缸

描述	图形符号	描述	图形符号
变量泵(顺时针单向旋转)	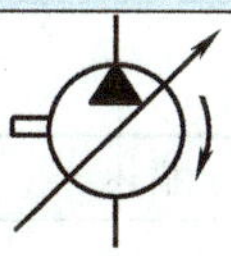	变量泵/马达(双向流动,带有外泄油路,双向旋转)	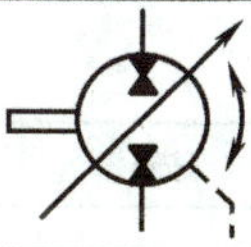
变量泵(双向流动,带有外泄油路,顺时针)单向旋转	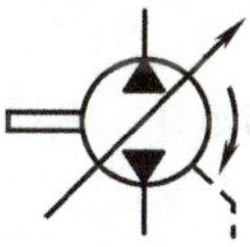	定量泵/马达(顺时针单向旋转)	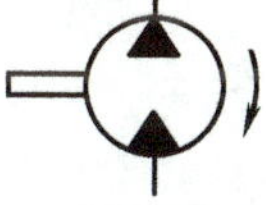
摆动执行器/旋转驱动装置(带有限制旋转角度功能,双作用)	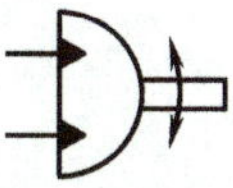	变量泵(先导控制,带压力补偿,顺时针单向旋转)	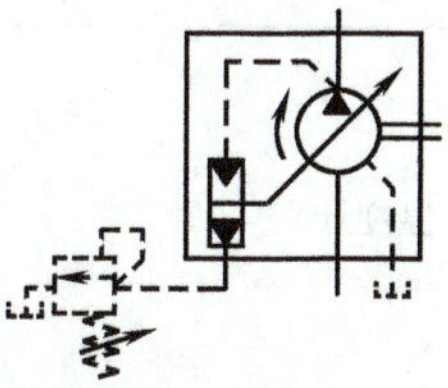
单作用单杆缸(靠弹簧力回程,弹簧腔带连接油口)	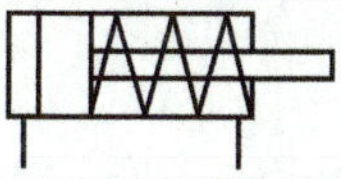	双作用单杆缸	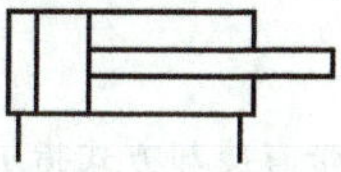
双作用双杆缸(活塞杆直径不同,双侧缓冲,右侧缓冲带调节)	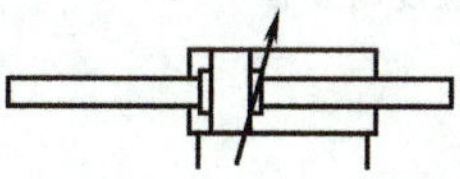	单作用柱塞缸	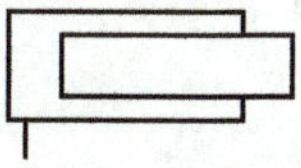

（续）

描述	图形符号	描述	图形符号
单作用多级缸	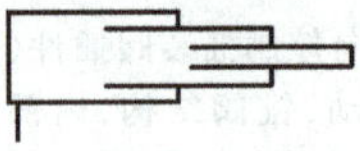	单作用增压器（将气体压力 p_1 转换为更高的液体压力 p_2）	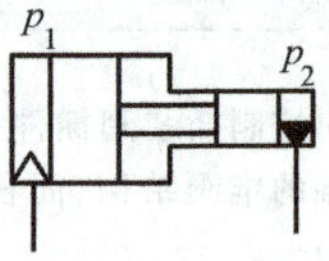
双作用带式无杆缸（活塞两端带有位置缓冲）	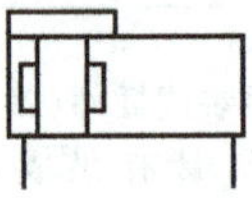	双作用多级缸	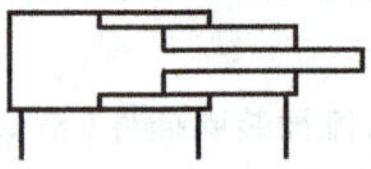
摆动执行器/旋转驱动装置（单作用）	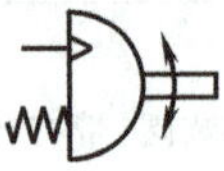	空气压缩机	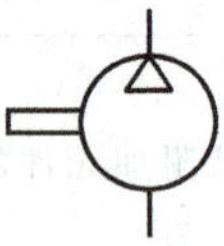
气马达	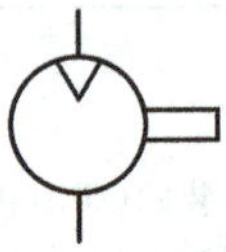	单作用膜片缸（活塞杆终端带缓冲，带排气口）	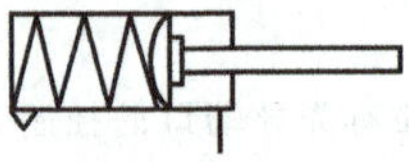
气马达（双向流通，固定排量，双向旋转）	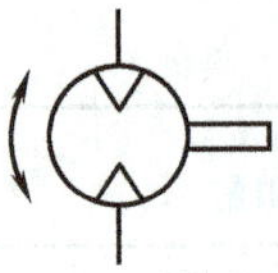	单作用气-液压力转换器（将气体压力转换为等值的液体压力）	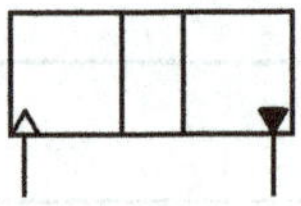

表 A-4 辅助元件

描述	图形符号	描述	图形符号
压力表		流量指示器	
温度计	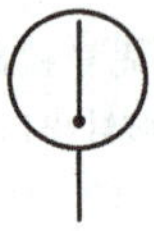	加热器	
不带有冷却方式指示的冷却器		温度调节器	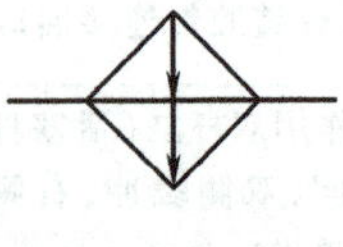

（续）

描述	图形符号	描述	图形符号
隔膜式蓄能器		空气干燥器	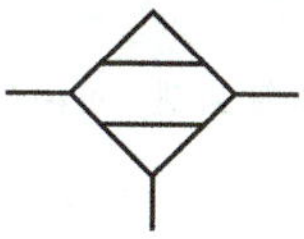
带有光学阻塞指示器的过滤器	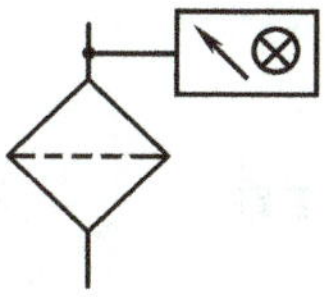	气罐	
带有磁性滤芯的过滤器		液位指示器（油标）	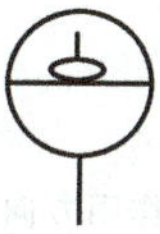
带有手动排水分离器的过滤器	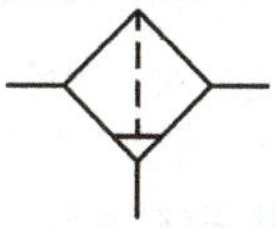	过滤器	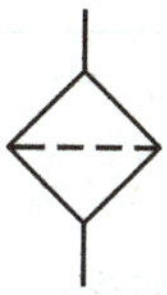
带有自动排水的聚结式过滤器	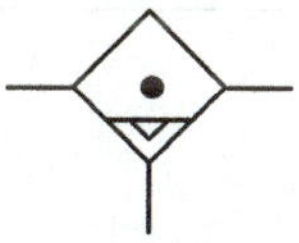	带有旁路单向阀、光学阻塞指示器和压力开关的过滤器	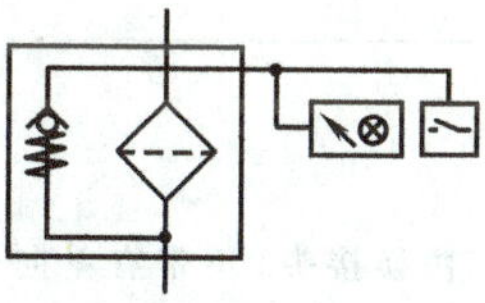
油雾器	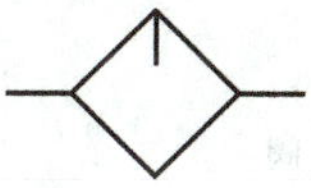	气源处理装置（气动三联件）（上图为详细符号，下图为简化符号）	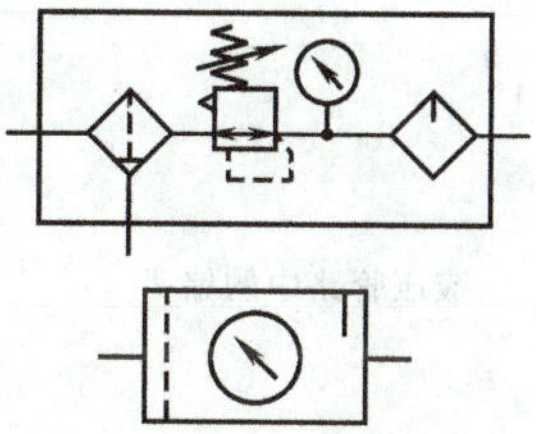

表 A-5　元件符号要素、管路及连接

描述	图形符号	描述	图形符号
工作管路进、回油(气)管路	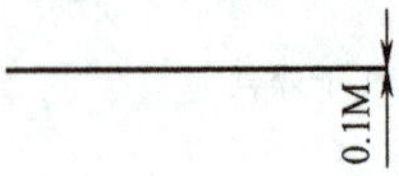	两个流体管路连接	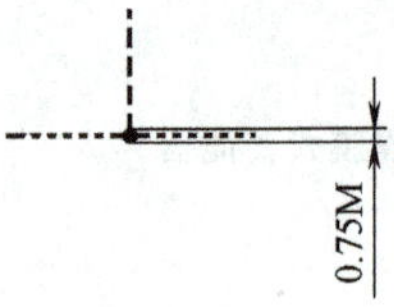
控制管路 泄油管路 放气管路		交叉管路	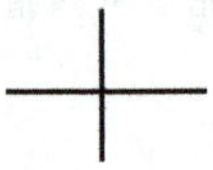
液压力作用方向		气压力作用方向	
三通旋转接头	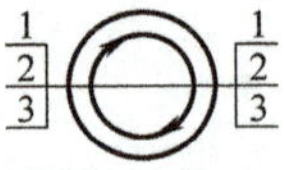	快换接头(带有两个单向阀,断开和连接状态)	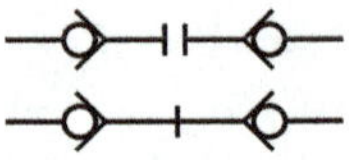
快换接头(不带有单向阀,断开和连接状态)	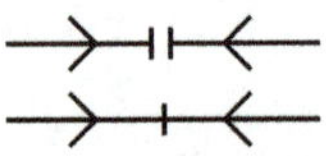	软管总成	
液压管路中的堵头		截止阀	

附录 B　任务工单

表 B-1　项目一的任务工单

<table>
<tr><td>任务编号</td><td>01
02</td><td>任务名称</td><td colspan="7">任务一　液压千斤顶的功能认知与操作
任务二　磨床工作台液压传动系统的组成及工作过程认知</td></tr>
<tr><td>学时</td><td>2</td><td>姓名</td><td></td><td>班级</td><td></td><td>学号</td><td></td><td>实训台编号</td><td></td></tr>
<tr><td>目的</td><td colspan="9">1. 掌握液压千斤顶的工作原理。
2. 能对液压千斤顶进行正确操作，培养遵守企业现场管理制度的意识，养成按岗位操作规程操作的习惯，重视安全生产。
3. 了解液压系统的工作原理、组成及作用，能描述磨床工作台液压传动系统力与速度的传递方式。
4. 能操作控制阀，对磨床工作台进行正确的起动、停止和换向操作，会调节工作台液压传动系统的工作压力与速度。
5. 提升专业自信，提升团队协作精神和沟通能力，树立正确的价值观。</td></tr>
<tr><td rowspan="2">实训器材</td><td>名称</td><td colspan="3">磨床工作台液压传动系统实训台</td><td>液压千斤顶</td><td></td><td></td><td></td><td></td></tr>
<tr><td>数量</td><td colspan="3">1 个</td><td>1 个</td><td></td><td></td><td></td><td></td></tr>
<tr><td>训练内容及要求</td><td colspan="9">任务一　液压千斤顶的功能认知与操作
1. 正确选择作用点并操作液压千斤顶顶起轿车，观察手部的用力情况和轿车重量的关系，完成后正确操作降下轿车。分析省力原因。
2. 将液压千斤顶的手柄套上加长套筒，操作时观察手部的用力情况是否有变化，写出原因。
任务二　磨床工作台液压传动系统的组成及工作过程认知
1. 教师讲解磨床工作台液压传动系统工作原理，学生复述工作原理，并写出力与速度的传递方式。
2. 请在磨床工作台液压传动系统实训台上认识其组成部分及作用，并将实训台和工作原理图中相对应的元件用实线连接，同时在实训台上及工作原理图上填写各元件名称。
3. 请正确操作实训台，完成调压、调速，对液压缸进行起动、停止以及改变运动方向的调节过程，要求以小组为单位录制操作视频及拍摄照片、制作 PPT 并进行汇报讲解。(可结合本校现有设备按实际情况操作训练)。
4. 根据操作过程，写出该液压传动系统组成及各部分元件的作用。
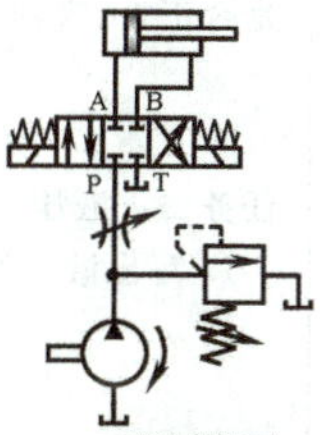
工作原理图
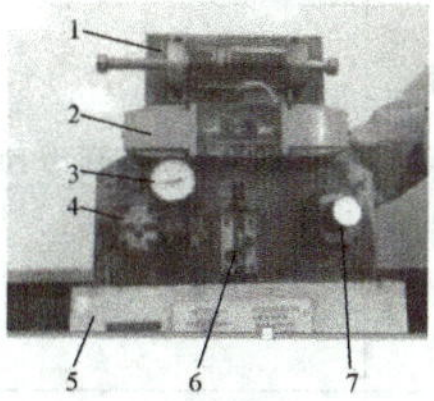
实训台</td></tr>
<tr><td rowspan="4">考核要求与标准</td><td colspan="7">液压系统的组成、作用及特点等知识点的理解能力(40 分)</td><td colspan="2">得分</td></tr>
<tr><td colspan="7">操作调节、观察现象、总结归纳能力(40 分)</td><td colspan="2">得分</td></tr>
<tr><td colspan="7">现场秩序、安全操作、团结协作、观察理解、沟通互助能力(20 分)</td><td colspan="2">得分</td></tr>
<tr><td colspan="7">总成绩</td><td colspan="2"></td></tr>
</table>

表 B-2　项目二的任务工单

<table>
<tr><td>任务
编号</td><td>03
04</td><td>任务
名称</td><td colspan="8">任务一　液压油的日常维护
任务二　液压油的选择与污染的控制</td></tr>
<tr><td>学时</td><td>1</td><td>姓名</td><td></td><td>班级</td><td></td><td>学号</td><td></td><td>实训台编号</td><td colspan="2"></td></tr>
<tr><td>目的</td><td colspan="10">1. 了解液压油牌号的含义。
2. 能叙述液压油日常维护的主要内容。
3. 能叙述液压油污染的原因与危害。
4. 建立安全生产意识，锻炼表达、思考和归纳能力。</td></tr>
<tr><td rowspan="2">实训器材</td><td>名称</td><td colspan="2">机床液压油新油</td><td colspan="2">机床液压油旧油</td><td colspan="2">液压站油箱</td><td></td><td></td><td></td></tr>
<tr><td>数量</td><td colspan="2">1 瓶</td><td colspan="2">1 瓶</td><td colspan="2">1 个</td><td></td><td></td><td></td></tr>
<tr><td>训练内容及要求</td><td colspan="10">任务一　液压油的日常维护
1. 写出液压油牌号的物理意义。

2. 写出液压油日常维护的主要内容。

3. 对液压油的日常维护内容进行现场认知（辨识液压油的污染状况、检查油箱的密封状况、油温是否正常、油位是否正常、吸油管和回油管的位置是否合理等），并写出检查结果。

任务二　液压油的选择与污染的控制
1. 写出液压油污染的原因。

2. 写出液压油污染的危害。

3. 写出控制液压油污染的措施。</td></tr>
<tr><td rowspan="5">考核要求与标准</td><td colspan="8">正确描述液压油污染的原因（30 分）</td><td colspan="2">得分</td></tr>
<tr><td colspan="8">正确描述液压油污染的危害（30 分）</td><td colspan="2">得分</td></tr>
<tr><td colspan="8">正确描述控制液压油污染的措施（20 分）</td><td colspan="2">得分</td></tr>
<tr><td colspan="8">现场秩序、语言表达、主动思考、沟通协调能力（20 分）</td><td colspan="2">得分</td></tr>
<tr><td colspan="8">总成绩</td><td colspan="2"></td></tr>
</table>

表 B-3　项目三任务一的任务工单

<table>
<tr><td>任务编号</td><td>05</td><td>任务名称</td><td colspan="7">液压泵的基本知识认知</td></tr>
<tr><td>学时</td><td>1</td><td>姓名</td><td></td><td>班级</td><td></td><td>学号</td><td></td><td>实训台编号</td><td></td></tr>
<tr><td>目的</td><td colspan="9">1. 描述液压泵的工作原理。
2. 认知液压泵类型及符号。
3. 描述液压泵工作参数的物理意义。
4. 锻炼发现问题、解决问题的能力。</td></tr>
<tr><td rowspan="2">实训器材</td><td>名称</td><td colspan="3">磨床工作台液压系统</td><td colspan="3">叶片泵</td><td></td><td></td></tr>
<tr><td>数量</td><td colspan="3">1 个</td><td colspan="3">2 个</td><td></td><td></td></tr>
<tr><td>训练内容及要求</td><td colspan="9">1. 叙述单柱塞泵的工作原理，写出常见液压泵的结构类型。

2. 写出流量及排量的物理意义，观察并对比下面两组液压泵标牌标注的参数，写出其流量和排量的含义及单位。

a) 泵1

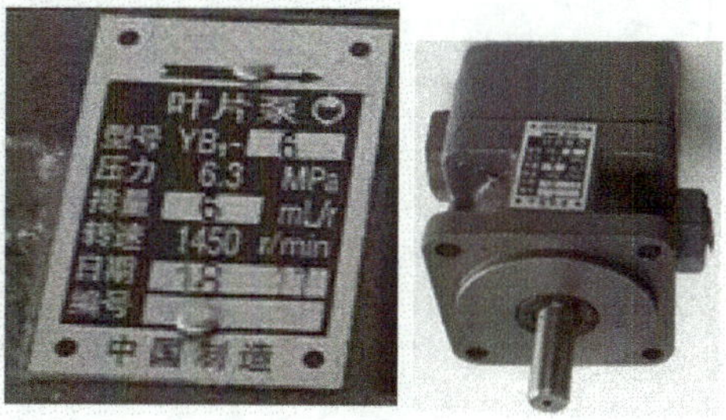

b) 泵2

3. 写出工作压力与额定压力的物理意义；写出上图泵 1 与泵 2 标牌上各压力的含义及单位。指出哪一个单位是压力的常用单位？

4. 观察标牌，在上图泵 2 的轴上画出转动方向，并在标牌上圈出该泵的图形符号，写出该符号的含义。画出定量泵和变量泵的图形符号。</td></tr>
<tr><td rowspan="5">考核要求与标准</td><td colspan="7">正确描述流量、排量及压力的物理意义(30 分)</td><td>得分</td><td></td></tr>
<tr><td colspan="7">读懂标牌所示压力的含义，理解新旧标牌的不同(30 分)</td><td>得分</td><td></td></tr>
<tr><td colspan="7">认知图形符号，确定驱动电动机转向(20 分)</td><td>得分</td><td></td></tr>
<tr><td colspan="7">现场秩序、观察描述、安全操作、团结协作、沟通协调能力(20 分)</td><td>得分</td><td></td></tr>
<tr><td colspan="7">总成绩</td><td colspan="2"></td></tr>
</table>

表 B-4 项目三任务二的任务工单

<table>
<tr><td>任务编号</td><td>06</td><td>任务名称</td><td colspan="7">常见液压泵的功能及特点认知</td></tr>
<tr><td>学时</td><td>1</td><td>姓名</td><td></td><td>班级</td><td></td><td>学号</td><td></td><td>实训台编号</td><td></td></tr>
<tr><td>目的</td><td colspan="9">1. 观察齿轮泵、叶片泵、柱塞泵外观及标牌，能叙述各泵适应的工作场合。
2. 提升查找资料、观察和归纳总结的能力。
3. 提升工程上的沟通交流能力。</td></tr>
<tr><td rowspan="2">实训器材</td><td>名称</td><td>齿轮泵</td><td>叶片泵</td><td>柱塞泵</td><td></td><td></td><td colspan="3"></td></tr>
<tr><td>数量</td><td>1 个</td><td>1 个</td><td>1 个</td><td></td><td></td><td colspan="3"></td></tr>
<tr><td>训练内容及要求</td><td colspan="9">1. 认知并写出液压泵的类型。
a)
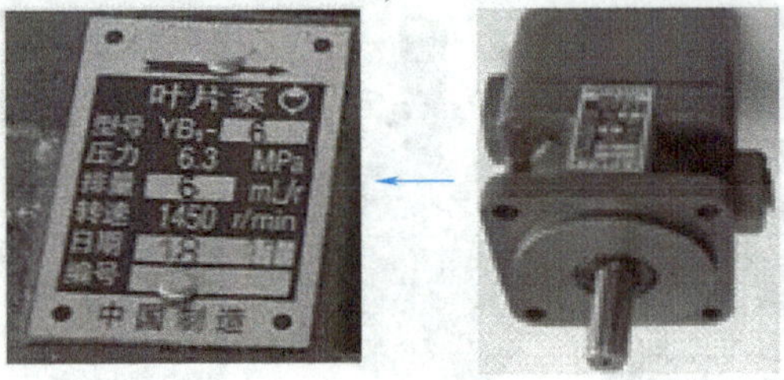b)
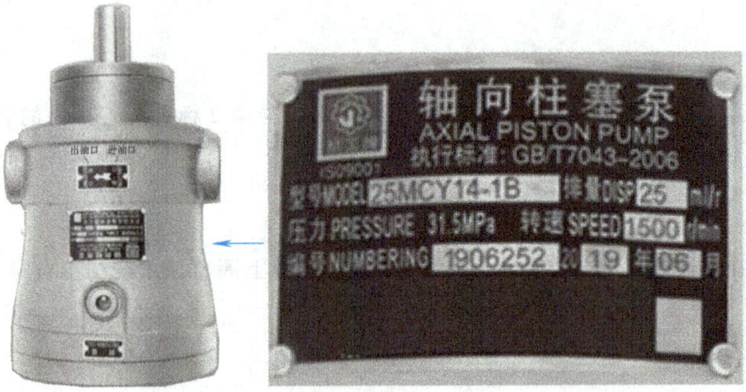c)
2. 在图 b、c 上找出并标记泵的进出油口；标记 a、b、c 各泵转向。分析驱动电动机转向和吸、压油口可否任意调换？小组讨论并叙述原因。
3. 比较上图所示三种泵的标牌中压力与流量的数值大小，小组根据各泵的流量规格、压力等级及结构特点展开讨论，简要叙述齿轮泵、叶片泵、柱塞泵的特点及应用场合。</td></tr>
<tr><td rowspan="5">考核要求与标准</td><td colspan="7">正确识读液压泵外观(20 分)</td><td colspan="2">得分</td></tr>
<tr><td colspan="7">认知定量泵和变量泵的符号，判断吸、压油口位置，确定驱动电动机转向(30 分)</td><td colspan="2">得分</td></tr>
<tr><td colspan="7">正确叙述泵的特点及应用场合(30 分)</td><td colspan="2">得分</td></tr>
<tr><td colspan="7">现场秩序、观察描述、安全意识、团结协作、表达沟通能力(20 分)</td><td colspan="2">得分</td></tr>
<tr><td colspan="7">总成绩</td><td colspan="2"></td></tr>
</table>

表 B-5　项目三任务三的任务工单

<table>
<tr><td>任务编号</td><td>07</td><td>任务名称</td><td colspan="7">常见液压马达的功能及特点认知</td></tr>
<tr><td>学时</td><td>1</td><td>姓名</td><td></td><td>班级</td><td></td><td>学号</td><td></td><td>实训台编号</td><td></td></tr>
<tr><td>目的</td><td colspan="9">1. 能认知液压马达的常见类型、特点及图形符号。
2. 能叙述各类马达适应的工作场合。
3. 提升工程上的沟通交流能力。</td></tr>
</table>

<table>
<tr><td rowspan="2">实训器材</td><td>名称</td><td>齿轮马达</td><td>叶片马达</td><td>柱塞马达</td><td></td><td></td><td></td></tr>
<tr><td>数量</td><td>1 个</td><td>1 个</td><td>1 个</td><td></td><td></td><td></td></tr>
<tr><td>训练内容及要求</td><td colspan="7">1. 写出液压马达的功能。

2. 认知并绘出液压马达的图形符号。

3. 写出常见液压马达的分类。

4. 小组展开讨论，简要叙述齿轮马达、叶片马达、柱塞马达的特点及应用场合。</td></tr>
</table>

<table>
<tr><td rowspan="4">考核要求与标准</td><td>正确叙述液压马达的功能，认识其图形符号(30 分)</td><td>得分</td></tr>
<tr><td>认知液压马达的类型及特点(30 分)</td><td>得分</td></tr>
<tr><td>正确叙述液压马达的适用场合(20 分)</td><td>得分</td></tr>
<tr><td>现场秩序、安全意识、总结归纳、表达沟通能力(20 分)</td><td>得分</td></tr>
<tr><td></td><td>总成绩</td><td></td></tr>
</table>

表 B-6 项目四的任务工单

<table>
<tr><td>任务
编号</td><td>08
09</td><td>任务
名称</td><td colspan="7">任务一 常见液压缸的功能及特点认知
任务二 液压缸的拆装</td></tr>
<tr><td>学时</td><td>1</td><td>姓名</td><td></td><td>班级</td><td></td><td>学号</td><td></td><td>实训台编号</td><td></td></tr>
<tr><td>目
的</td><td colspan="9">1. 认知液压缸类型、图形符号、功能及应用场合。
2. 认知活塞缸的工作原理、输出特性及结构组成。
3. 正确维护、保养及拆装液压缸。
4. 提升观察现象和实践操作的能力，养成严谨求实的工作作风，树立责任感。</td></tr>
<tr><td rowspan="2">实训
器材</td><td colspan="2">名称</td><td colspan="2">液压缸</td><td>拆装工具</td><td>液压实训台</td><td></td><td></td><td></td></tr>
<tr><td colspan="2">数量</td><td colspan="2">1 个</td><td>若干件</td><td>1 个</td><td></td><td></td><td></td></tr>
<tr><td>训
练
内
容
及
要
求</td><td colspan="9">任务一 常见液压缸的功能及特点认知
1. 查找资料，认知常见液压缸的类型、符号及用途，写出右图所示液压缸的名称，画出其符号，标出进、出油口。
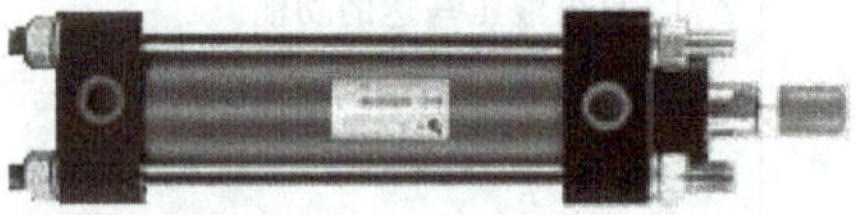
2. 在实验台操作板上，找出右图所示元件 1 并将其连接在该油路中。在老师操作控制装置、驱动该油路动作时，认真观察工作情况，叙述各工作阶段时液压缸正反向的输出特性，写出单杆活塞缸适应的工况。
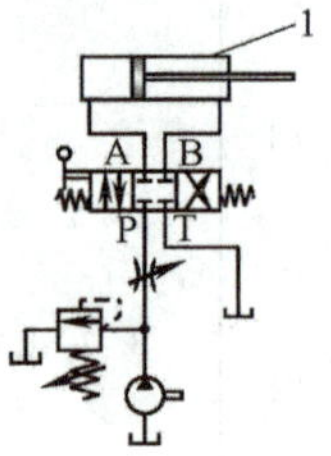

任务二 液压缸的拆装
1. 认知液压缸实物组成，列写出常用活塞缸的组成部分，写出右图中各序号部件名称。
1 ____；2 ____；3 ____；4 ____；5 ____；6 ____。
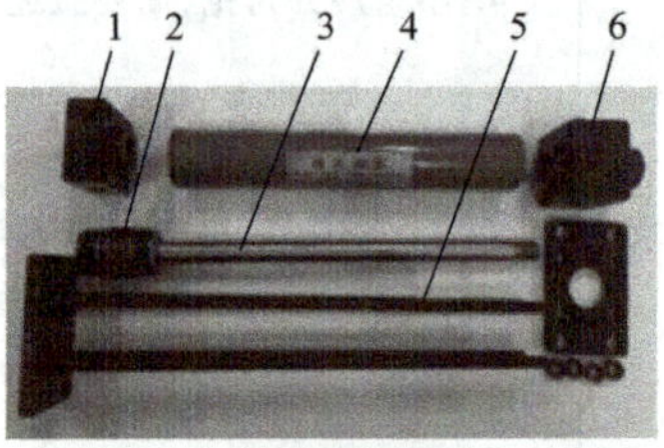

2. 拆装单杆活塞缸，讨论拆装时须注意的问题，写出具体内容。
3. 液压缸的一般维护主要是指哪些内容？</td></tr>
<tr><td rowspan="5">考核要求与标准</td><td colspan="8">认知液压缸的类型及功用（10 分）</td><td>得分</td></tr>
<tr><td colspan="8">认知活塞缸的外观及符号，能说出各部分名称（30 分）</td><td>得分</td></tr>
<tr><td colspan="8">能正确连接液压缸油口，并分析其输出特性及适用场合（40 分）</td><td>得分</td></tr>
<tr><td colspan="8">现场秩序、观察思考、团结协作、总结归纳能力（20 分）</td><td>得分</td></tr>
<tr><td colspan="8">总成绩</td><td></td></tr>
</table>

表 B-7　项目五任务二的任务工单

任务编号	10	任务名称	方向控制阀的基本功能认知与实操					
学时	2	姓名		班级		学号		实训台编号
目的	1. 认知方向控制阀的外观、名称、工作原理及功能。 2. 识别换向阀各接口的功能，认知“位”与“通”含义，能正确分析相应油路。 3. 能正确操作换向阀控制相应的油路流向，完成对执行机构预期的方向控制。 4. 提升观察思考和岗位操作能力，提升团队协作精神及发现和解决问题的能力。							

实训器材	名称	单向阀	三位四通手动换向阀	溢流阀	单杆活塞缸	液压实训台	油管	压力表
	数量	1个	1个	1个	1个	1个	若干根	1个

训练内容及要求

1. 识读下图三个阀的实物外观、认知其图形符号，用实线连接对应的符号与实物，并写出对应的符号全称。组内讨论并写出各实物接口字母的含义。

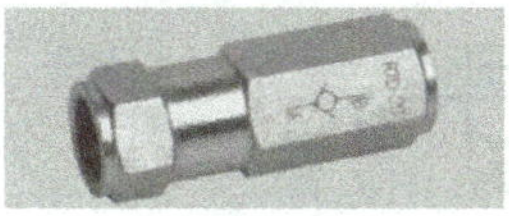

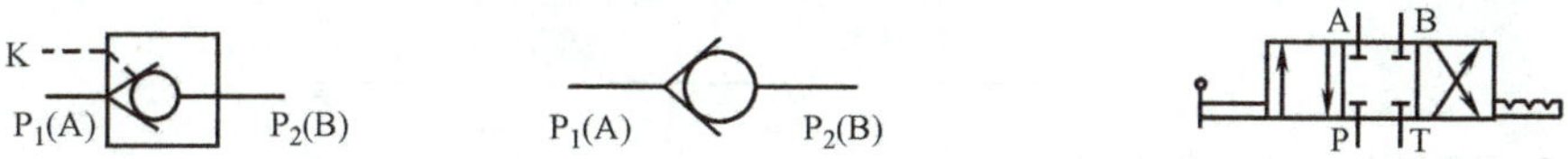

2. 某自动线需要用换向阀控制输送零件的装置。问换向阀是否可以控制输送装置的进和退？观察老师接好的油路(右图)，理解换向阀接口各字母符号对应的油口含义。操作换向阀手柄，完成活塞的伸出、中途停止、返回、原位停止的工作过程。分析并叙述换向过程，写出各动作时手柄的操作位置及换向阀油路走向。

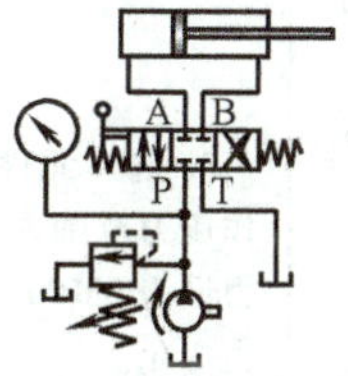

3. 将阀1连接到右图所示油路中欲增加液压缸背压，提高运动平稳性，观察液压缸动作故障现象，分析并写出故障原因，在图中修改至正确。

4. 叙述换向阀“位”与“通”的含义。

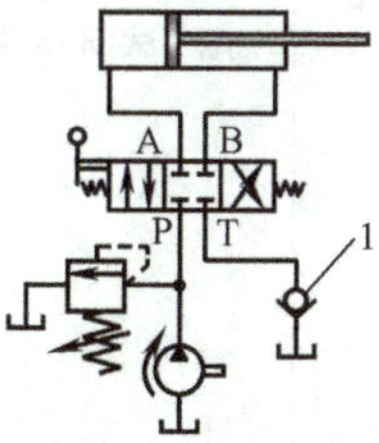

考核要求与标准		
	认知方向控制阀的图形符号(20分)	得分
	方向控制阀在油路中的作用及工作过程分析(40分)	得分
	按照项目要求选件、组装回路及故障分析与排除(20分)	得分
	现场秩序、操作安全、发现和解决问题、团结协作(20分)	得分
	总成绩	

表 B-8　项目五任务三的任务工单

任务编号	11	任务名称	压力控制阀的基本功能认知与调压实操					
学时	2	姓名		班级		学号		实训台编号	

目的	1. 认知溢流阀、减压阀和顺序阀的外观，进、出油口位置，避免接错油路。 2. 认知上述三种压力阀的符号与功能的区别。 3. 能构建溢流阀过载保护回路，并进行安全压力的调定。 4. 提升观察、思考和设备调试能力，提升安全意识、团队协作精神和沟通能力。

实训器材	名称	三位四通手动换向阀	单杆活塞缸	溢流阀	液压实训台	压力表	其他辅件		
	数量	1个	1个	1个	1个	1个	若干件		

训练内容及要求

1. 三种压力阀的认知：观察溢流阀、减压阀和顺序阀的外观，认知其图形符号，写出下图所示符号名称。组内讨论给定的各直动式压力阀实物接口符号的含义，将阀实物各油口与符号的各油口一一对应，为相关油路的识图与油路的连接奠定基础，以免在实操中接反进、出油口。

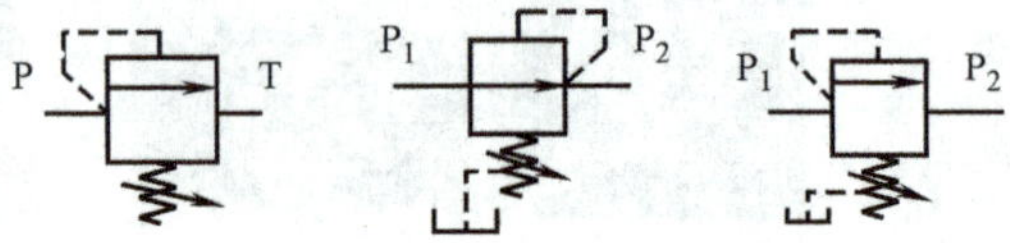

________　　________　　________

2. 简要叙述三种压力阀的功能。

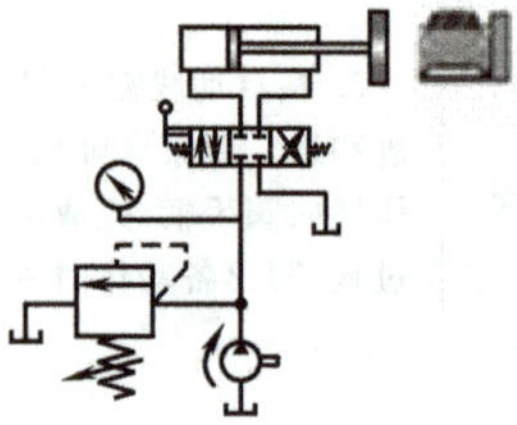

3. 选择元件，按右图所示油路构建过载保护回路，在合适的工况下、规定的工作压力范围内，往复缓慢旋转溢流阀手柄，观察压力表数值变化，依次将安全压力设为 3MPa、3.5MPa、3MPa。观察并记录液压缸运动中和到终端时液压泵的压力变化。

4. 分析上述工作过程，写出溢流阀在该油路中的作用。若将上述油路改为右图所示油路，试问存在哪些危险因素？

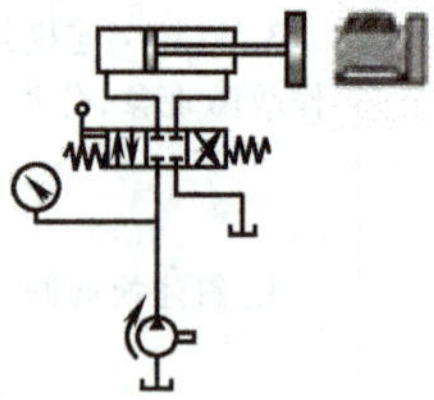

考核要求与标准			
	理解溢流阀、减压阀和顺序阀工作原理及功能，认知进、出油口位置(20分)	得分	
	认知压力阀功能及图形符号，拟订方案、选择元件并组装回路(30分)	得分	
	正确调节溢流阀，提升现象分析及准确记录数据的能力(30分)	得分	
	安全操作、观察思考、现场秩序、协作精神、沟通能力(20分)	得分	
	总成绩		

表 B-9 项目五任务四的任务工单

<table>
<tr><td>任务编号</td><td>12</td><td>任务名称</td><td colspan="7">流量控制阀的基本功能认知与调速实操</td></tr>
<tr><td>学时</td><td>2</td><td>姓名</td><td></td><td>班级</td><td></td><td>学号</td><td></td><td>实训台编号</td><td></td></tr>
<tr><td>目的</td><td colspan="9">1. 认知节流阀的外观、图形符号及进、出油口位置。
2. 能叙述节流阀的功能。
3. 能用节流阀构建调速回路，并进行工作速度的调定。
4. 提升观察、思考和设备调试能力，提升安全意识、团队协作精神和沟通能力。</td></tr>
<tr><td rowspan="2">实训器材</td><td>名称</td><td>三位四通手动换向阀</td><td>单杆活塞缸</td><td>溢流阀</td><td>单向节流阀</td><td>液压实训台</td><td>压力表</td><td>其他辅件</td><td></td></tr>
<tr><td>数量</td><td>1 个</td><td>1 个</td><td>1 个</td><td>1 个</td><td>1 个</td><td>1 个</td><td>若干件</td><td></td></tr>
<tr><td>训练内容及要求</td><td colspan="9">1. 若构建右图所示的油路，试分析液压缸动作时速度是否可调？为什么？这样的油路还存在哪些危险因素？如何解决？请在油路图中修改。
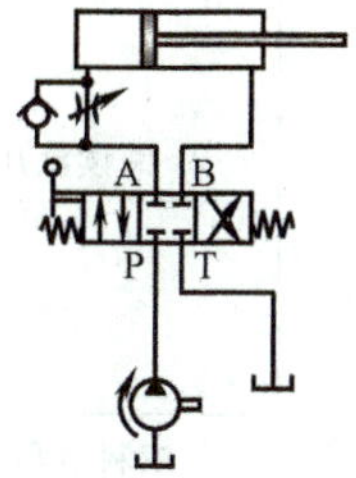

2. 阅读右图所示的原理图，标出各液压元件名称。分析液压缸速度是否可调？叙述工作原理。
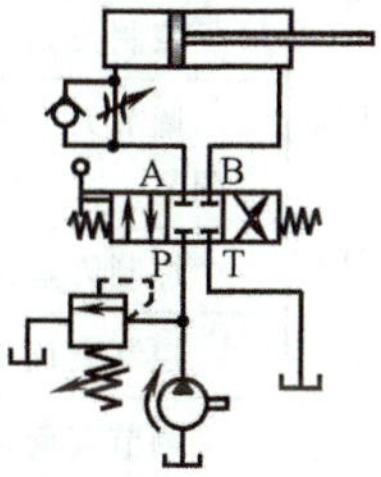

3. 按上述油路，正确选择图中所需的各控制阀，连接油路，并进行压力和速度的调节（要求压力为 4MPa，速度为 0.03m/min）。
4. 观察并记录液压缸往复运动中和到终端时速度各为多少？泵的压力又为多少？
5. 分析上述工作过程，总结节流阀在该油路中的作用。</td></tr>
<tr><td rowspan="5">考核要求与标准</td><td colspan="8">认知节流阀调速原理、图形符号及进、出油口位置（20 分）</td><td>得分</td></tr>
<tr><td colspan="8">正确分析油路，叙述危险因素（30 分）</td><td>得分</td></tr>
<tr><td colspan="8">选择元件组装油路，并进行压力和速度调节、现象分析及准确记录数据（30 分）</td><td>得分</td></tr>
<tr><td colspan="8">安全操作、观察思考、现场秩序、协作精神、沟通能力（20 分）</td><td>得分</td></tr>
<tr><td colspan="8">总成绩</td><td></td></tr>
</table>

表 B-10 项目五任务五的任务工单

<table>
<tr><td>任务编号</td><td>13</td><td>任务名称</td><td colspan="6">数控车床液压系统分析</td></tr>
<tr><td>学时</td><td>2</td><td>姓名</td><td></td><td>班级</td><td></td><td>学号</td><td></td><td>实训台编号</td></tr>
<tr><td>目的</td><td colspan="8">1. 读懂简单液压系统的工作原理,能对一般液压系统工作过程进行简要描述。
2. 能进行液压系统的一般操作,能解决现场液压元件的安装更换、维护与管理,以及一般故障的原因分析与查找等工程实际问题。
3. 提升分析问题的能力;树立全局观念,提升团队合作能力。</td></tr>
<tr><td rowspan="2">实训器材</td><td>名称</td><td>液压实训台</td><td>减压阀</td><td>换向阀</td><td>单向节流阀</td><td colspan="3">其他辅件</td></tr>
<tr><td>数量</td><td>1 个</td><td>1 个</td><td>1 个</td><td>1 个</td><td colspan="3">若干件</td></tr>
</table>

训练内容及要求

1. MJ-50 型数控车床液压系统负责完成设备的哪些动作?

2. 阅读液压系统工作原理图,填写下表。

动作	由哪个控制阀控制 (填写控制阀名称及阀的编号。电磁阀需注明各动作时电磁铁的带电状态,通电用“+”,断电用“-”)
控制卡盘的夹紧与松开	
控制卡盘的夹紧力大小	
控制刀架的转向以实现选刀	
调节刀架顺时针和逆时针回转速度,指出各由哪个阀调节	
控制刀盘的夹紧与松开	
控制套筒的伸缩	
调节套筒伸缩速度(指出哪一速度可调)	
控制套筒顶尖的最大夹紧力	

3. 组内讨论,叙述各动作时油路走向。写出卡盘低压夹紧与松开和套筒伸缩的进油路走向和回油路走向。

4. 选择元件,在实验台上连接并调试套筒缸的油路,其夹紧压力设定为 3MPa。注:如果实验台采用定量泵供油,应加溢流阀。

考核要求与标准		
	1. 正确描述数控车床液压系统的功能(10 分)	得分
	2. 能正确叙述液压系统各动作的工作原理、正确填写电磁铁状态(40 分)	得分
	3. 正确叙述各动作油路走向、正确书写油路路线(30 分)	得分
	4. 现场秩序、观察描述、安全意识、分析理解、表达沟通能力(20 分)	得分
	总成绩	

表 B-11　项目六的任务工单

<table>
<tr><td>任务编号</td><td>14</td><td>任务名称</td><td colspan="6">液压辅助元件的认知</td></tr>
<tr><td>学时</td><td>1</td><td>姓名</td><td></td><td>班级</td><td></td><td>学号</td><td></td><td>实训台编号</td><td></td></tr>
<tr><td>目的</td><td colspan="9">1. 认知液压辅助元件的功能。
2. 能够借助液压辅助元件，改善液压系统性能；对液压辅助元件进行正确的维护与保养。
3. 能进行辅助元件一般故障的排除。
4. 提升自主学习、自我归纳的能力，树立安全无小事、防患于未然的职业精神。</td></tr>
<tr><td rowspan="2">实训器材</td><td>名称</td><td>液压实训台</td><td></td><td></td><td></td><td></td><td></td></tr>
<tr><td>数量</td><td>1 个</td><td></td><td></td><td></td><td></td><td></td></tr>
<tr><td>训练内容及要求</td><td colspan="9">1. 认知下图所示实验台液压站上的辅助元件，并标出各辅助元件的名称，写出 5、6 的功用。（可参考本书主编的国家级在线课程视频）
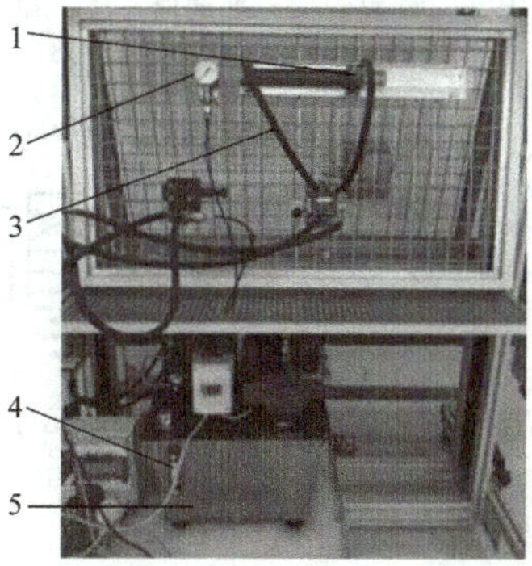

1____　2____　3____　4____　5____　6____　7____
2. 观察压力表刻度及单位，读出下图中压力表显示的工作压力。
</td></tr>
<tr><td rowspan="4">考核要求与标准</td><td colspan="8">认知液压站的组成及各辅助元件的作用（60 分）</td><td>得分</td></tr>
<tr><td colspan="8">会读取压力表数值、能观察油位及油温（20 分）</td><td>得分</td></tr>
<tr><td colspan="8">现场秩序、安全操作、团结协作、沟通协调能力（20 分）</td><td>得分</td></tr>
<tr><td colspan="8">总成绩</td><td></td></tr>
</table>

表 B-12 项目七任务一的任务工单

任务编号	15	任务名称	气源装置及气动辅助元件的认知						
学时	1	姓名		班级		学号		实训台编号	

目的	1. 识别气压传动的各个组成部分。 2. 认知气压传动各组成部分的功能。 3. 提升观察现象的能力，养成认真思考的工作态度，树立职业道德。

实训器材	名称	气动回路	辅助元件	气动实训台			
	数量	1 个	若干件	1 个			

训练内容及要求

1. 识别下图所示气压传动系统装置及元件的符号并和名称连线。

空气压缩机　减压阀　行程阀　换向阀　气缸

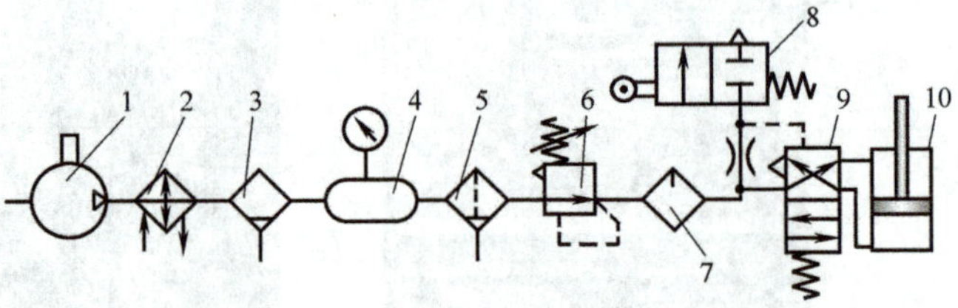

气源装置　气动执行元件　辅助元件　控制元件

2. 结合气动原理图，写出下图所示气压传动各组成部分的功能。

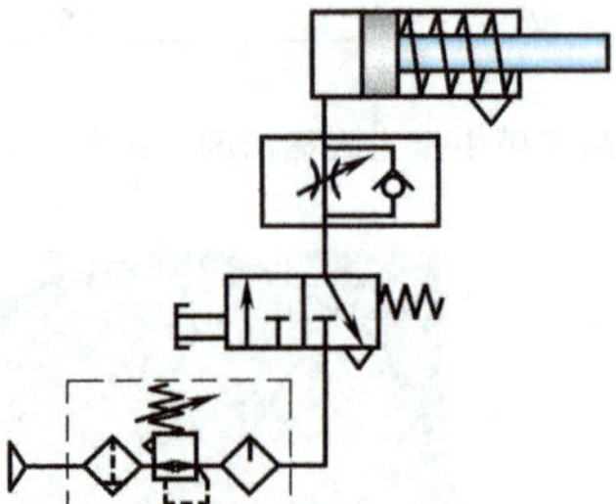

考核要求与标准		
	识别气压传动的各个组成部分(30 分)	得分
	认知气压传动各组成部分的功能(40 分)	得分
	现场秩序、观察思考、团结协作、总结归纳能力(30 分)	得分
	总成绩	

表 B-13 项目七任务二的任务工单

任务编号	16	任务名称	常见气缸及气动马达的功能认知					
学时	1	姓名		班级		学号		实训台编号

目的

1. 认知单作用气缸及双作用气缸的功能。
2. 认知气动马达的功能。
3. 提升观察现象的能力，树立严谨务实的职业素养。

实训器材	名称	气缸及气动马达	辅助工具	气动实训台			
	数量	若干个	若干件	1个			

训练内容及要求

1. 识别下图所示单作用气缸及双作用气缸并连线。

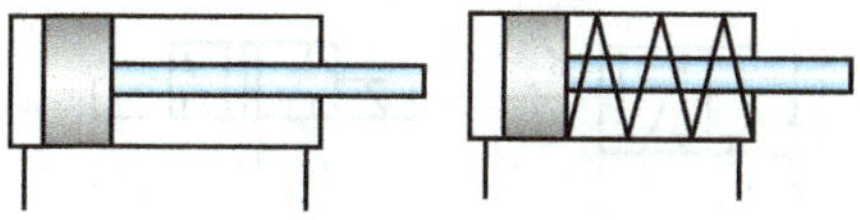

双作用气缸　　单作用气缸

2. 写出气动马达的特点。

3. 在实验台操作板上，找出下图 a 所示的气缸，在老师操作控制装置、驱动下图 b 所示的气路动作时，认真观察工作情况。简述单作用气缸和双作用气缸的工作原理。

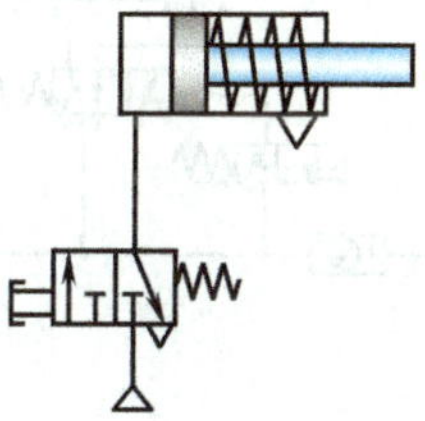

a)

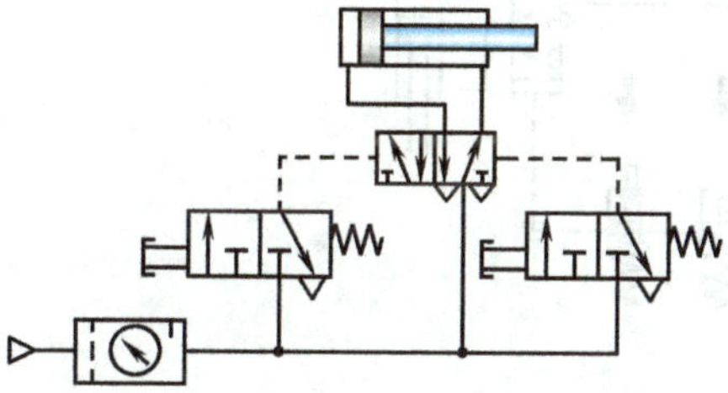

b)

考核要求与标准		
	识别单作用气缸及双作用气缸(20 分)	得分
	认知单作用气缸及双作用气缸的功能(30 分)	得分
	认知气动马达的功能(30 分)	得分
	现场秩序、观察思考、团结协作、总结归纳能力(20 分)	得分
	总成绩	

表 B-14　项目七任务三的任务工单

<table>
<tr><td>任务编号</td><td>17</td><td>任务名称</td><td colspan="7">常用气动回路的构建</td></tr>
<tr><td>学时</td><td>2</td><td>姓名</td><td></td><td>班级</td><td></td><td>学号</td><td></td><td>实训台编号</td><td></td></tr>
<tr><td>目的</td><td colspan="9">1. 识别双作用气缸、二位五通换向阀、单向节流阀、气动三联件等元件。
2. 识别换向阀各接口功能，能按气动回路图选择元件并连接，操作阀完成设备的方向控制。
3. 分析常用气动回路的工作原理。
4. 提升观察现象的能力，养成善于思考、勤于动脑的职业素养。</td></tr>
<tr><td rowspan="2">实训器材</td><td>名称</td><td>换向阀</td><td>双作用气缸</td><td>气动实训台</td><td>其他辅件</td><td></td><td></td><td></td><td></td></tr>
<tr><td>数量</td><td>10 个</td><td>4 个</td><td>2 个</td><td>若干件</td><td></td><td></td><td></td><td></td></tr>
<tr><td>训练内容及要求</td><td colspan="9">1. 写出下图所示各个元件的详细名称并写出三联件的组成部分名称。
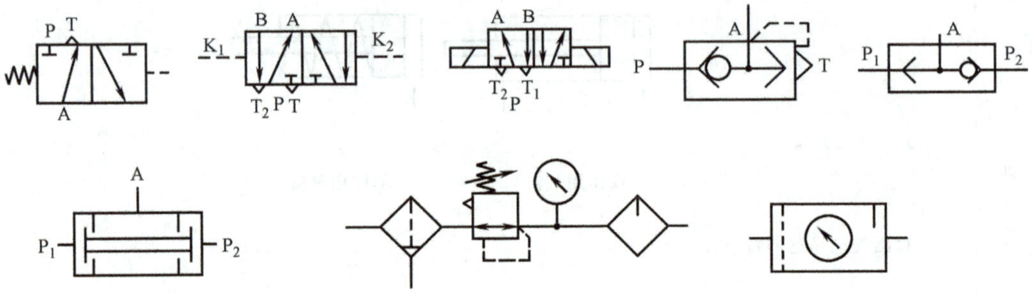

2. 分析下图所示回路，选择元件、组装回路、连接调试，完成动作，写出回路功能（回路名称、作用）。
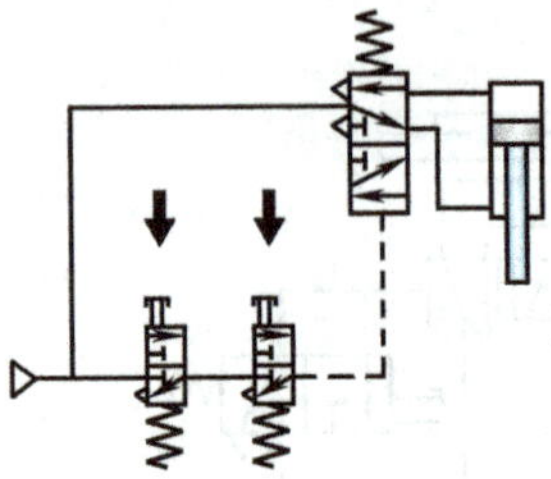
____
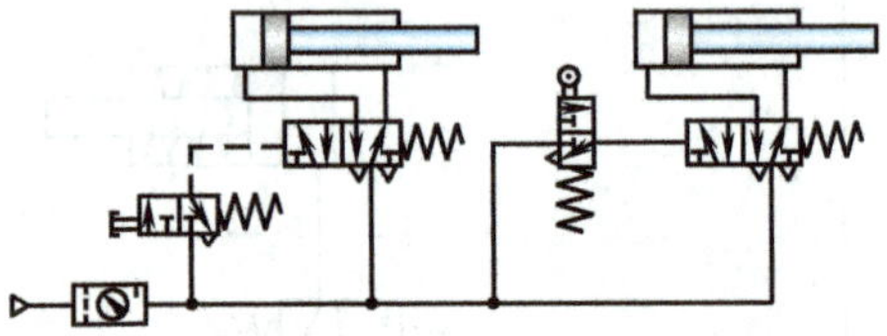
________________</td></tr>
<tr><td rowspan="4">考核要求与标准</td><td colspan="8">认知气路中各个元件的功能（30 分）</td><td>得分</td></tr>
<tr><td colspan="8">按照任务要求拟订方案、选择元件、组装回路、调试完成（50 分）</td><td>得分</td></tr>
<tr><td colspan="8">现场秩序、观察思考、团结协作、总结归纳能力（20 分）</td><td>得分</td></tr>
<tr><td colspan="8">总成绩</td><td></td></tr>
</table>

表 B-15　项目八任务一的任务工单

<table>
<tr><td>任务编号</td><td>18</td><td>任务名称</td><td colspan="9">外啮合齿轮泵的拆装</td></tr>
<tr><td>学时</td><td>1</td><td>姓名</td><td></td><td>学号</td><td></td><td>班级</td><td></td><td>实训台编号</td><td colspan="3"></td></tr>
<tr><td>目的</td><td colspan="11">1. 认知齿轮泵的工作原理。
2. 认知齿轮泵结构特点。
3. 能正确拆装、更换并保养齿轮泵。
4. 提升实践操作技能、团队协作和沟通能力。</td></tr>
<tr><td rowspan="2">实训器材</td><td>名称</td><td colspan="3">CB-B 型外啮合齿轮泵</td><td>拆装工具</td><td></td><td></td><td></td><td></td><td></td><td></td></tr>
<tr><td>数量</td><td colspan="3">1 个</td><td>若干件</td><td></td><td></td><td></td><td></td><td></td><td></td></tr>
<tr><td>训练内容及要求</td><td colspan="11">1. 认知右图所示泵的外观，组内讨论结构原理，并标出泵的转动方向。

2. 在右图中标出吸、压油口位置，以及吸油腔和排油腔区域。如果该泵的标牌丢失无法预知电动机转向，请利用该图判断并在主动轴上标出泵的转动方向。

3. 写出右图两个指示线指示位置的名称及作用。
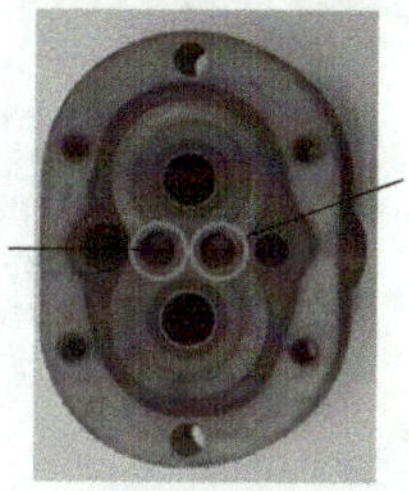
4. 观察右图，装配时应清楚可能引起内泄漏的部位，写出齿轮泵内泄漏的途径；分析该泵径向力是否平衡？该泵是否适合高压场合？为什么？
5. 正确拆装齿轮泵，分析观察各部分的作用，在右图中标出各部分名称。
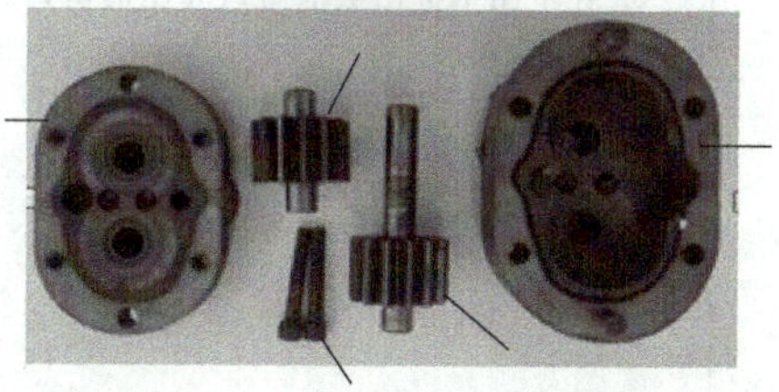</td></tr>
<tr><td rowspan="6">考核要求与标准</td><td colspan="10">认知标牌信息（10 分）</td><td>得分</td></tr>
<tr><td colspan="10">认知齿轮泵的结构，能确定驱动电动机的转向（10 分）</td><td>得分</td></tr>
<tr><td colspan="10">认知困油现象、泄漏问题和径向力不平衡问题（30 分）</td><td>得分</td></tr>
<tr><td colspan="10">能正确拆装并保养齿轮泵（30 分）</td><td>得分</td></tr>
<tr><td colspan="10">现场秩序、安全操作、团结协作、沟通协调能力（20 分）</td><td>得分</td></tr>
<tr><td colspan="10">总成绩</td><td></td></tr>
</table>

表 B-16　项目八任务二的任务工单

<table>
<tr><td>任务编号</td><td>19</td><td>任务名称</td><td colspan="7">定量叶片泵的拆装</td></tr>
<tr><td>学时</td><td>2</td><td>姓名</td><td></td><td>班级</td><td></td><td>学号</td><td></td><td>实训台编号</td><td></td></tr>
<tr><td>目的</td><td colspan="9">1. 认知叶片泵的工作原理。
2. 认知叶片泵结构特点。
3. 能正确拆装、更换并保养叶片泵。
4. 提升实践操作技能、团队协作和沟通能力。</td></tr>
<tr><td rowspan="2">实训器材</td><td>名称</td><td colspan="2">YB 型叶片泵</td><td>拆装工具</td><td></td><td></td><td></td><td></td><td></td></tr>
<tr><td>数量</td><td colspan="2">1 个</td><td>若干件</td><td></td><td></td><td></td><td></td><td></td></tr>
<tr><td>训练内容及要求</td><td colspan="9">1. 认知下图所示叶片泵外观，组内讨论结构原理，写出其标牌含义，在轴上标出转动方向。

2. 正确拆装叶片泵并观察叶片泵内部结构，识别叶片倒角及叶片槽的方向，避免装反。在下图中标出吸、压油口位置及各零件名称。注意：拆装时避免硬打硬敲，以免拉毛零件。

3. 在下图中标出吸油窗口和压油窗口，并分析该泵的径向力是否平衡？
 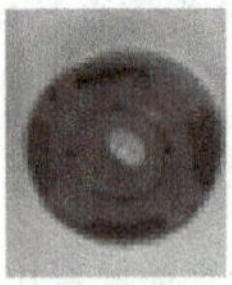</td></tr>
</table>

<table>
<tr><td rowspan="5">考核要求与标准</td><td>认知标牌信息(10 分)</td><td>得分</td></tr>
<tr><td>认知叶片泵的结构，判断吸、压油口位置及确定驱动电动机转向(20 分)</td><td>得分</td></tr>
<tr><td>能正确拆装并保养叶片泵(50)</td><td>得分</td></tr>
<tr><td>现场秩序、安全操作、团结协作、沟通协调能力(20 分)</td><td>得分</td></tr>
<tr><td>总成绩</td><td></td></tr>
</table>

表 B-17 项目八任务三的任务工单

<table>
<tr><td>任务编号</td><td>20</td><td>任务名称</td><td colspan="10">斜盘式轴向柱塞泵的拆装</td></tr>
<tr><td>学时</td><td>2</td><td>姓名</td><td colspan="2"></td><td>班级</td><td colspan="2"></td><td>学号</td><td colspan="2"></td><td>实训台编号</td><td></td></tr>
<tr><td>目的</td><td colspan="12">1. 认知柱塞泵的工作原理。
2. 认知柱塞泵的结构特点。
3. 能正确拆装、更换并保养柱塞泵。
4. 提升实践操作技能、团队协作和沟通能力。</td></tr>
<tr><td rowspan="2">实训器材（每组）</td><td>名称</td><td colspan="2">SCY14-1B 型轴向柱塞泵</td><td>拆装工具</td><td></td><td></td><td></td><td></td><td></td><td></td><td></td><td></td></tr>
<tr><td>数量</td><td colspan="2">1 个</td><td>若干件</td><td></td><td></td><td></td><td></td><td></td><td></td><td></td><td></td></tr>
<tr><td>训练内容及要求</td><td colspan="12">1. 认知柱塞泵外观，在下图中标出吸、压油口，组内讨论结构原理。
 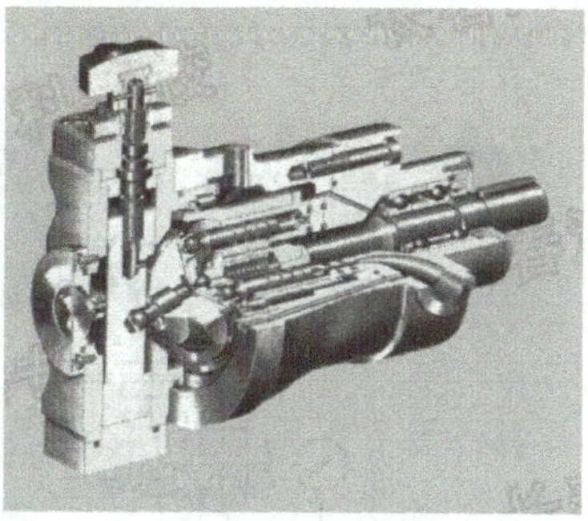
2. 正确拆装柱塞泵并观察柱塞泵内部结构，认知柱塞、滑履、压盘和缸体等部件的装配关系及工作原理。叙述滑履的作用。

3. 叙述斜盘式轴向柱塞泵的排量变化过程。
4. 简述柱塞泵的结构特点及适用场合。</td></tr>
<tr><td rowspan="5">考核要求与标准</td><td colspan="10">认知标牌信息，确定驱动电动机的转向（10 分）</td><td colspan="2">得分</td></tr>
<tr><td colspan="10">认知柱塞泵的结构，正确判断吸、压油口位置（20 分）</td><td colspan="2">得分</td></tr>
<tr><td colspan="10">能正确拆装并保养柱塞泵（50 分）</td><td colspan="2">得分</td></tr>
<tr><td colspan="10">现场秩序、安全操作、团结协作、沟通协调能力（20 分）</td><td colspan="2">得分</td></tr>
<tr><td colspan="10">总成绩</td><td colspan="2"></td></tr>
</table>

表 B-18　项目九任务一的任务工单

<table>
<tr><td>任务编号</td><td>21</td><td>任务名称</td><td colspan="7">方向控制回路的构建</td></tr>
<tr><td>学时</td><td>2</td><td>姓名</td><td></td><td>班级</td><td></td><td>学号</td><td></td><td>实训台编号</td><td></td></tr>
<tr><td>目的</td><td colspan="9">1. 认知换向阀外观及标牌，能根据油路图选择合适的换向阀，并进行油路分析。
2. 识别换向阀各接口的功能，能按油路图连接换向阀，并操作换向阀完成设备方向控制。
3. 能根据工况的需要选择换向阀的中位机能。
4. 提升岗位操作能力和油路分析能力，提升团队协作精神和沟通能力。
5. 提升自主学习能力和专业自信。</td></tr>
<tr><td rowspan="2">实训器材</td><td>名称</td><td>换向阀</td><td>单杆活塞缸</td><td>溢流阀</td><td>液压实训台</td><td>油管</td><td colspan="3">压力表</td></tr>
<tr><td>数量</td><td>4 个</td><td>1 个</td><td>1 个</td><td>1 个</td><td>若干根</td><td colspan="3">1 个</td></tr>
<tr><td>训练内容及要求</td><td colspan="9">1. 给下面的液压设备工作原理图选择合适的换向阀：将所选换向阀的实物图与油路图中的符号图用线连接起来，并写出阀的名称。组内讨论两个油路的工作原理，写出左图液压缸伸出时的油路走向。

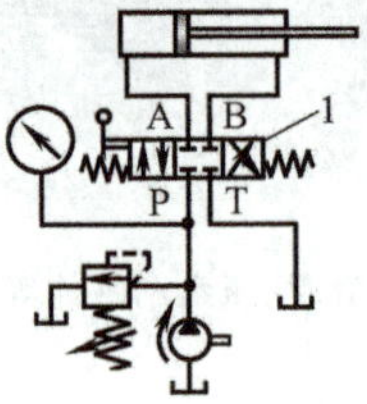

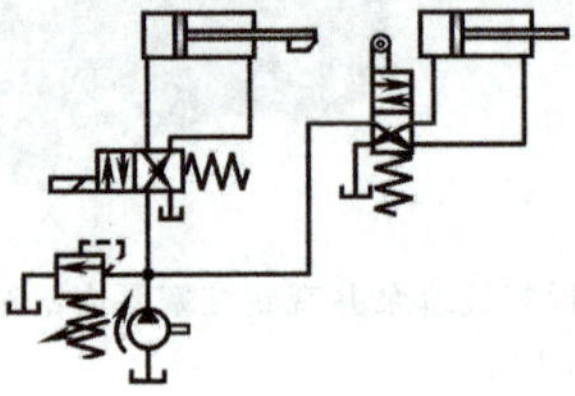
2. 老师接好任务左边的油路并演示工作过程，然后将阀 1 拆下来，其余油路保留（注意：溢流阀和压力表暂由教师在实验前连接并调试好，学生不要动），学生将自己选好的阀 1 固定在实验台上，各油口接在对应的油路中，操作并检验油路动作效果。

3. 欲使液压缸可闭锁在某个位置不动、液压泵卸荷。左图中阀 1 中位机能应选什么型？画出其中位机能，在实训设备上搭建油路，替换阀 1，验证中位机能选择的正确性。</td></tr>
<tr><td rowspan="5">考核要求与标准</td><td colspan="7">换向阀类型的选择、正确分析油路（20 分）</td><td colspan="2">得分</td></tr>
<tr><td colspan="7">按照任务要求拟订方案、选择元件、组装回路、调试完成（50 分）</td><td colspan="2">得分</td></tr>
<tr><td colspan="7">选择合适的中位机能满足系统要求（10 分）</td><td colspan="2">得分</td></tr>
<tr><td colspan="7">现场秩序、安全操作、观察分析、团结协作、沟通协调能力（20 分）</td><td colspan="2">得分</td></tr>
<tr><td colspan="7">总成绩</td><td colspan="2"></td></tr>
</table>

表 B-19　项目九任务二的任务工单

<table>
<tr><td>任务编号</td><td>22</td><td>任务名称</td><td colspan="7">压力控制回路的构建</td></tr>
<tr><td>学时</td><td>2</td><td>姓名</td><td></td><td>班级</td><td></td><td>学号</td><td></td><td>实训台编号</td><td></td></tr>
<tr><td>目的</td><td colspan="9">1. 直动式溢流阀的外观，图形符号，进、出油口位置认知。
2. 溢流阀的功能及工作原理认知。
3. 溢流阀过载保护回路的构建与安全压力的调定。
4. 提升分析和解决问题的能力，提升实践操作技能，树立安全意识。</td></tr>
<tr><td rowspan="2">实训器材</td><td>名称</td><td>三位四通手动换向阀</td><td>单杆活塞缸</td><td>溢流阀</td><td>液压实训台</td><td>压力表</td><td>其他辅件</td><td></td><td></td></tr>
<tr><td>数量</td><td>1 个</td><td>1 个</td><td>1 个</td><td>1 个</td><td>1 个</td><td>若干件</td><td></td><td></td></tr>
<tr><td>训练内容及要求</td><td colspan="9">1. 溢流阀的工作原理及作用认知：识读给定溢流阀实物外观、在右图中标出进、出油口位置，写出溢流阀的功用，按给定油路构建调压回路（液压元件实物结合本校现有实物给定也可）。
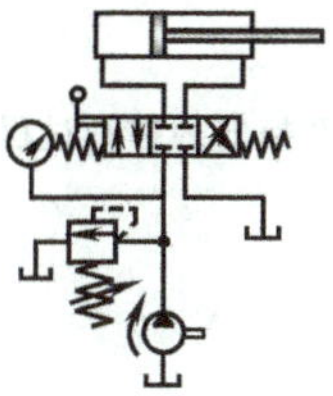

2. 溢流阀压力的调节：将溢流阀调压螺母旋松、换向阀换至中位，然后由松至紧逐步调节溢流阀调压螺母，将压力调至 5MPa 后固定，再由紧至松逐步调节溢流阀调压螺母，观察分析，写出压力表的变化过程。

3. 观察液压系统压力的变化：将系统压力调定为 5MPa，然后操作换向阀控制液压缸动作，理解液压系统压力的形成，观察并记录液压缸伸出和返回过程中及运动到终端时的压力变化，组内讨论变化原因。

4. 将上述换向阀替换为 M 型机能的换向阀构建调压回路，写出调节溢流阀的压力为 4MPa 的操作步骤。</td></tr>
<tr><td rowspan="5">考核要求与标准</td><td colspan="8">溢流阀工作原理的理解，进、出油口位置的认知（20 分）</td><td>得分</td></tr>
<tr><td colspan="8">按照项目要求拟订方案，选择元件并组装回路的能力（30 分）</td><td>得分</td></tr>
<tr><td colspan="8">正确调节、观察现象及准确记录的能力（30 分）</td><td>得分</td></tr>
<tr><td colspan="8">安全操作、现场秩序、协作精神、沟通能力（20 分）</td><td>得分</td></tr>
<tr><td colspan="8">总成绩</td><td></td></tr>
</table>

表 B-20　项目九任务三的任务工单

任务编号	23	任务名称	速度控制回路的构建							
学时	2	姓名		班级		学号		实训台编号		
目的	1. 能正确选择流量控制阀及其他控制阀。 2. 能正确设计并连接油路。 3. 能进行液压系统各功能调节及操作。 4. 提升综合分析与应用技能。 5. 提升自主学习能力和综合运用能力,提升专业自信。									
实训器材	名称	液压实训台	三位四通手动换向阀	三位四通电磁换向阀	溢流阀	节流阀	压力表	活塞缸	四通接头	油管
	数量	1个	1个	1个	1个	1个	1个	1个	若干个	若干根
训练内容及要求	工作台为手动起动,要求能随时停止并能实现往复运动,工作速度要求为0.12m/min,工作压力要求为3MPa。 1)选择控制阀等液压元件。 2)进行油路设计,画出油路图,并标出各元件名称。 3)在实训设备上连接油路。 4)正确操作以完成调压、调速、液压缸的起动停止以及换向的控制过程。									
考核要求与标准	控制阀的选择、小组讨论、油路设计绘图及能力(30分)								得分	
	油路连接、调试与操作、现象观察能力(50分)								得分	
	现场秩序、安全操作、团结协作、自主学习、沟通协调能力(20分)								得分	
	总成绩									

表 B-21　项目九任务四的任务工单

任务编号	24	任务名称	顺序动作回路的构建				
学时	2	姓名		班级		学号		实训台编号	

目的	1. 能分析顺序动作回路的工作原理。 2. 能选择合适的元件构建顺序动作回路，并能调试运行。 3. 提升油路分析能力、综合应用能力和团结协作能力。 4. 提升举一反三能力，培养主动学习的积极性和责任意识。

实训器材	名称	液压实训台	手动换向阀	溢流阀	电磁换向阀	电气行程开关	活塞缸	压力表	其他辅件
	数量	1个	1个	1个	2个	2个	2个	1个	若干件

训练内容及要求

1. 小组讨论分析，描述两个油路的类型、工作原理及特点。

2. 在油路图中标出各元件名称，选择合适的元件构建回路 1。

3. 回路 1 要求：缸 A 伸出工作压力达 3MPa 时，缸 B 再伸出。正确调试该回路，完成规定的动作顺序。若两缸缩回须先③后④，油路应如何改变？请在油路图上进行修改。

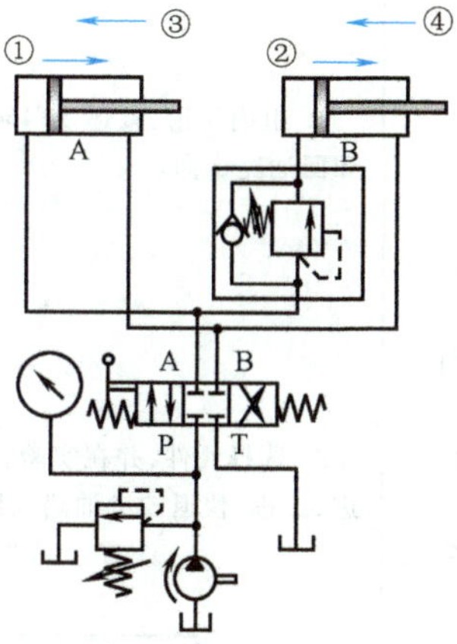

回路1

4.（拓展训练）连接并调试回路 2 行程控制式顺序动作回路，要求：

1）按下起动按钮，缸 A 先伸出到终端，缸 B 再伸出；抬起起动按钮，两缸同时返回，简要说明工作原理。

2）增设行程开关 2SQ，缸 B 运动到终端后，两缸自动返回。写出操作过程并调试运行。

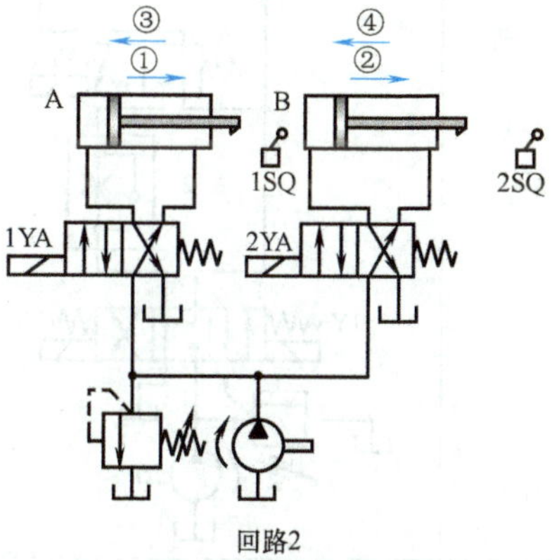

回路2

考核要求与标准		
	认知压力控制式和行程控制式顺序动作回路的工作原理（30 分）	得分
	操作调节、观察现象、综合调试、排查故障、总结归纳（50 分）	得分
	现场秩序、安全操作、团结协作、主动学习意识（20 分）	得分
	总成绩	

表 B-22　项目十任务一的任务工单

<table>
<tr><td>任务编号</td><td>25</td><td>任务名称</td><td colspan="6">机床液压系统的分析及构建</td></tr>
<tr><td>学时</td><td>2</td><td>姓名</td><td></td><td>班级</td><td></td><td>学号</td><td></td><td>实训台编号</td></tr>
<tr><td>目的</td><td colspan="8">1. 读懂简单液压系统的工作原理图，能简述一般液压系统的工作过程。
2. 能进行液压系统的一般操作，能解决现场液压元件的安装、更换、维护、管理、一般故障分析等简单问题。
3. 积累油路分析思路，提升分析问题的能力；树立全局观念，提升团队合作能力。</td></tr>
<tr><td rowspan="2">实训器材</td><td>名称</td><td>液压实训台</td><td>单向调速阀</td><td>换向阀</td><td>液压缸</td><td>溢流阀</td><td>其他辅件</td><td></td></tr>
<tr><td>数量</td><td>1 个</td><td>1 个</td><td>2 个</td><td>1 个</td><td>1 个</td><td>若干件</td><td></td></tr>
<tr><td>训练内容及要求</td><td colspan="8">1. YT4543 型动力滑台液压系统能实现什么样的动作循环？

2. 组内讨论，叙述 YT4543 型动力滑台液压系统各动作时油路走向。写出快进和二工进动作时的进油路走向和回油路走向。

3. 选择元件，并在实验台上连接并调试下图中液压缸差动连接的油路，实现差动连接快速运动。分别写出快进、工进、快退的进油路和回油路的油路走向。
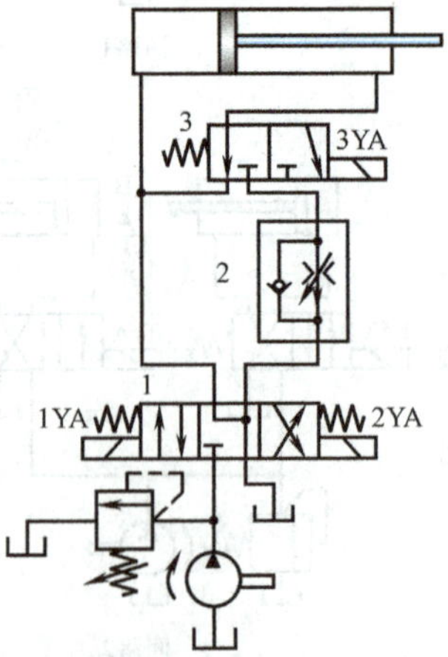</td></tr>
<tr><td rowspan="5">考核要求与标准</td><td colspan="7">正确叙述各油路走向（30 分）</td><td>得分</td></tr>
<tr><td colspan="7">读懂液压系统工作原理图，并能正确总结各个动作控制过程（20 分）</td><td>得分</td></tr>
<tr><td colspan="7">正确选件、连接并调试油路（30 分）</td><td>得分</td></tr>
<tr><td colspan="7">现场秩序、观察描述、安全意识、分析理解、表达沟通能力（20 分）</td><td>得分</td></tr>
<tr><td colspan="7">总成绩</td><td></td></tr>
</table>

表 B-23　项目十任务二的任务工单

任务编号	26	任务名称	工业机械手液压系统分析及构建						
学时	2	姓名		班级		学号		实训台编号	

目的	1. 读懂液压系统工作原理图，能简述一般液压系统的工作过程。 2. 能进行液压系统的一般操作，能解决液压元件的安装、更换、维护、管理、一般故障分析等现场问题。 3. 积累油路分析思路，提升分析问题的能力；树立全局观念，提升团队合作能力。

实训器材	名称	液压实训台	单向顺序阀	换向阀	溢流阀	液压缸	其他辅件	
	数量	1 个	1 个	1 个	1 个	1 个	若干件	

训练内容及要求

1. JS01 工业机械手液压系统实现什么样的动作循环？

2. 组内讨论，叙述上述各动作时油路走向。写出手臂的伸出和升降、手臂和手腕的回转分别采用了什么元件实现调速？

3. 选择元件，并在实验台上连接并调试下图所示油路，实现工业机械手抓取重物悬停时不下沉的任务并写出平衡原理。

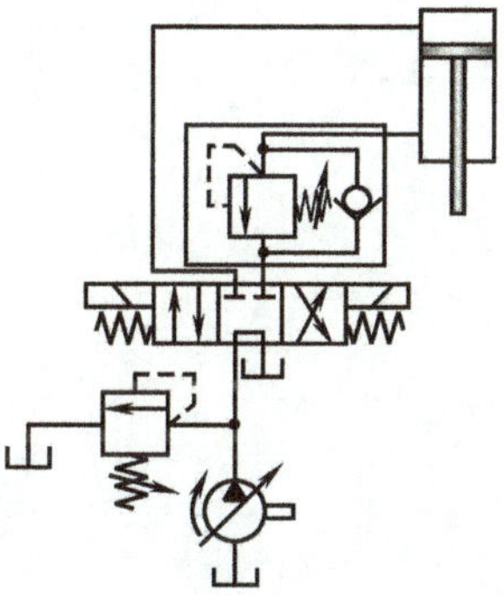

考核要求与标准		
	正确叙述各油路走向（30 分）	得分
	读懂液压系统工作原理图，并能正确总结液压系统动作循环（20 分）	得分
	正确选件、连接并调试油路（30 分）	得分
	现场秩序、观察描述、安全意识、分析理解、表达沟通能力（20 分）	得分
	总成绩	

表 B-24 项目十任务三的任务工单

<table>
<tr><td>任务编号</td><td>27</td><td>任务名称</td><td colspan="7">汽车起重机液压系统分析及构建</td></tr>
<tr><td>学时</td><td>2</td><td>姓名</td><td colspan="2"></td><td>班级</td><td></td><td>学号</td><td>实训台编号</td><td></td></tr>
<tr><td>目的</td><td colspan="9">1. 读懂简单液压系统的工作原理图，能简述一般液压系统的工作过程。
2. 能进行液压系统的一般操作，能解决现场液压元件的安装、更换、维护、管理、一般故障分析等问题。
3. 积累油路分析思路，提升分析问题的能力；树立全局观念，提升团队合作能力。</td></tr>
<tr><td rowspan="2">实训器材</td><td>名称</td><td>液压实训台</td><td>液控单向阀</td><td>换向阀</td><td>溢流阀</td><td>液压缸</td><td>其他辅件</td><td colspan="2"></td></tr>
<tr><td>数量</td><td>1 个</td><td>2 个</td><td>1 个</td><td>1 个</td><td>1 个</td><td>若干件</td><td colspan="2"></td></tr>
<tr><td>训练内容及要求</td><td colspan="9">1. Q2-8 型汽车起重机液压系统由五个工作回路组成，请写出这五个工作回路的名称。

2. 组内讨论，叙述各回路的油路走向。写出吊重起升回路的进油路走向和回油路走向。

3. 选择元件，并在实验台上连接并调试出下图所示的支腿锁紧回路的油路，使支腿液压缸在换向阀中位时实现双向锁紧。叙述此回路的工作原理。
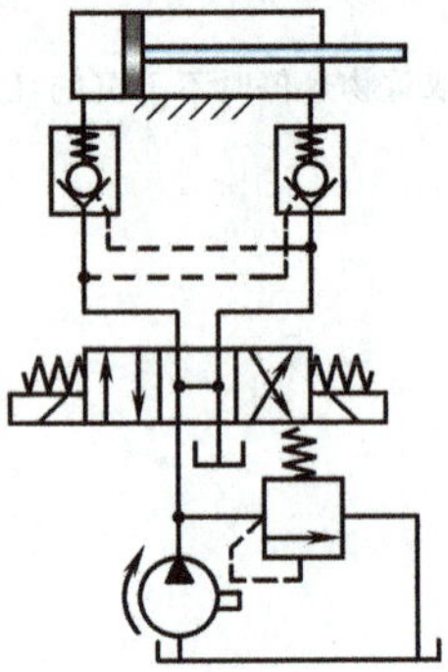</td></tr>
<tr><td rowspan="5">考核要求与标准</td><td colspan="7">正确叙述各油路的走向(30 分)</td><td>得分</td><td></td></tr>
<tr><td colspan="7">读懂液压系统工作原理图，并能正确总结工作回路的组成(20 分)</td><td>得分</td><td></td></tr>
<tr><td colspan="7">正确选件、连接并调试油路(30 分)</td><td>得分</td><td></td></tr>
<tr><td colspan="7">现场秩序、观察描述、安全意识、分析理解、表达沟通能力(20 分)</td><td>得分</td><td></td></tr>
<tr><td colspan="7">总成绩</td><td colspan="2"></td></tr>
</table>

表 B-25　项目十一任务一的任务工单（一）

<table>
<tr><td>任务编号</td><td>28</td><td>任务名称</td><td colspan="9">特殊气缸的功能认知及选择</td></tr>
<tr><td>学时</td><td>1</td><td>姓名</td><td colspan="2"></td><td>班级</td><td></td><td>学号</td><td></td><td>实训台编号</td><td colspan="2"></td></tr>
<tr><td>目的</td><td colspan="11">1. 识别各特殊气缸。
2. 认知各特殊气缸的功能。
3. 提升观察现象的能力，养成认真思考的职业习惯，树立职业道德。</td></tr>
<tr><td rowspan="2">实训器材</td><td>名称</td><td colspan="2">气缸</td><td colspan="2">气动实训台</td><td></td><td></td><td></td><td></td><td></td><td></td></tr>
<tr><td>数量</td><td colspan="2">若干个</td><td colspan="2">1 个</td><td></td><td></td><td></td><td></td><td></td><td></td></tr>
<tr><td>训练内容及要求</td><td colspan="11">1. 识别下图所示各气缸并写出名称。
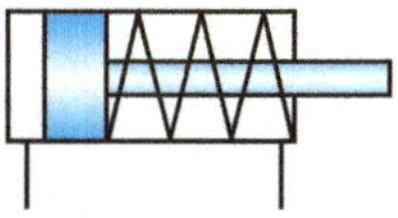
a ________
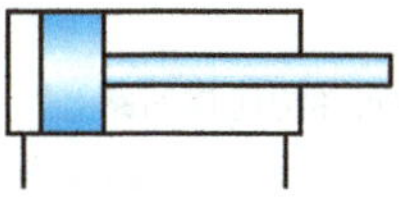
b ________
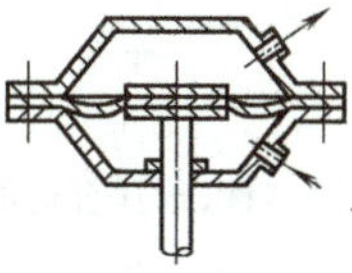
c ________
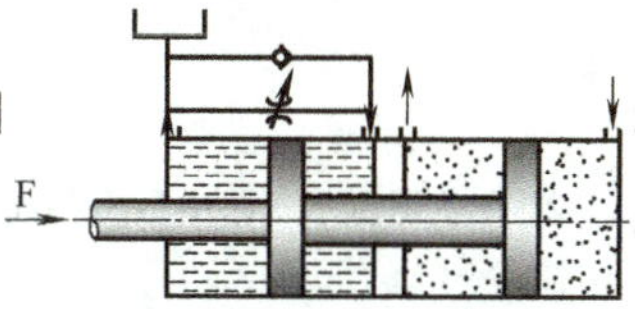

d ________
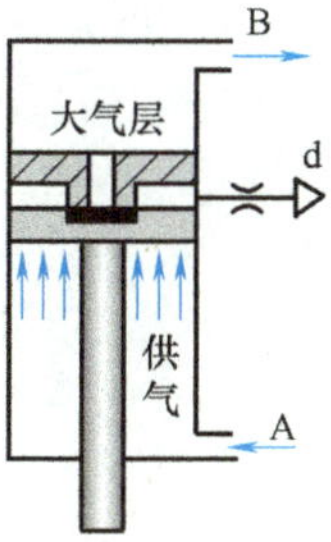

e ________
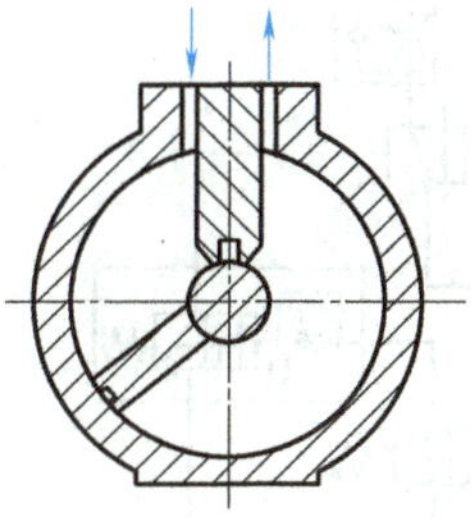
f ________
2. 写出上图 c、d、e、f 所示气缸的功能和特点。</td></tr>
<tr><td rowspan="5">考核要求与标准</td><td colspan="10">识别各特殊气缸（20 分）</td><td>得分</td></tr>
<tr><td colspan="10">认知各特殊气缸的功能（30 分）</td><td>得分</td></tr>
<tr><td colspan="10">气缸选用的注意事项（30 分）</td><td>得分</td></tr>
<tr><td colspan="10">现场秩序、观察思考、团结协作、总结归纳能力（20 分）</td><td>得分</td></tr>
<tr><td colspan="10">总成绩</td><td></td></tr>
</table>

表 B-26　项目十一任务一的任务工单（二）

<table>
<tr><td>任务编号</td><td>29</td><td>任务名称</td><td colspan="8">气动延时回路的构建</td></tr>
<tr><td>学时</td><td>2</td><td>姓名</td><td></td><td>班级</td><td></td><td>学号</td><td></td><td>实训台编号</td><td colspan="2"></td></tr>
<tr><td>目的</td><td colspan="10">1. 认知气动延时回路工作原理。
2. 选择合适的元件构建气动延时回路，并能调试运行。
3. 提升观察现象的能力，养成认真思考的职业习惯，增强团队意识。</td></tr>
<tr><td rowspan="2">实训器材</td><td>名称</td><td>换向阀</td><td colspan="2">单向节流阀</td><td>气动实训台</td><td>延时阀</td><td>其他辅件</td><td></td><td colspan="2"></td></tr>
<tr><td>数量</td><td>4 个</td><td colspan="2">2 个</td><td>1 个</td><td>1 个</td><td>若干件</td><td></td><td colspan="2"></td></tr>
<tr><td>训练内容及要求</td><td colspan="10">1. 组内讨论、分析，描述下图所示气路的工作原理。

2. 在下图所示气路中标出各元件名称，选择合适的元件构建该回路。
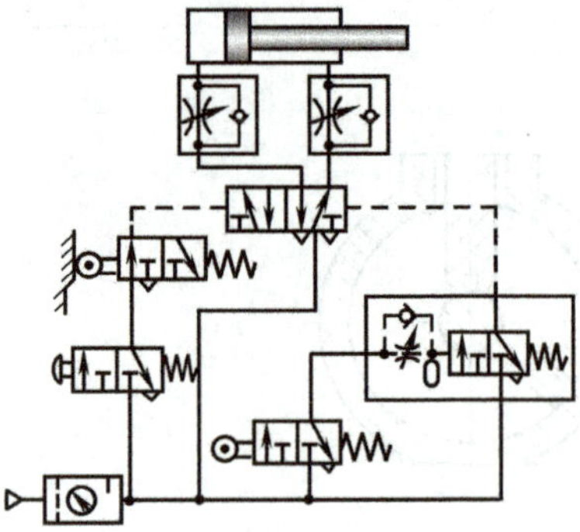
3. 正确调试上述回路，完成规定的动作，并写出工作原理。
1）按起动按钮后，气缸的活塞杆伸出并将工件加压。
2）要求气缸伸出速度可调，并通过机动阀（限位阀）检测是否到达完全伸出的位置。
3）到位之后延迟一段时间，气缸的活塞杆将自动以较快的速度返回到它的初始位置，且要求返回速度可调。
4）气缸在完全缩回的情况下才能起动下一次新的循环，否则无法起动新循环。要求起动新循环前无须等待延时。</td></tr>
<tr><td rowspan="4">考核要求与标准</td><td colspan="8">认知气动延时回路工作原理（30 分）</td><td colspan="2">得分</td></tr>
<tr><td colspan="8">能正确连接气动延时回路，完成规定的动作，说明工作原理（50 分）</td><td colspan="2">得分</td></tr>
<tr><td colspan="8">现场秩序、观察思考、团结协作、总结归纳能力（20 分）</td><td colspan="2">得分</td></tr>
<tr><td colspan="8">总成绩</td><td colspan="2"></td></tr>
</table>

表 B-27 项目十一任务二的任务工单（一）

<table>
<tr><td>任务编号</td><td>30</td><td>任务名称</td><td colspan="8">机械手气动系统的分析及位移控制回路的构建</td></tr>
<tr><td>学时</td><td>1</td><td>姓名</td><td></td><td>班级</td><td></td><td>学号</td><td></td><td>实训台编号</td><td colspan="2"></td></tr>
<tr><td>目的</td><td colspan="10">1. 读懂简单气动系统的工作原理，能简述一般气动系统的工作过程。
2. 能进行气动系统的一般操作，分析机械手气动系统的各个动作。
3. 积累气路分析思路，养成认真思考的职业习惯，培养协作精神。</td></tr>
<tr><td rowspan="2">实训器材（每组）</td><td>名称</td><td>气动实训台</td><td>换向阀</td><td>节流阀</td><td>其他辅件</td><td></td><td></td><td></td><td colspan="2"></td></tr>
<tr><td>数量</td><td>1 个</td><td>1 个</td><td>1 个</td><td>若干件</td><td></td><td></td><td></td><td colspan="2"></td></tr>
<tr><td>训练内容及要求</td><td colspan="10">1. 将下图所示各种气爪和名称正确连线，并观察机械手气动系统使用的气爪类型？

旋转气爪 平行气爪 摆动气爪
2. 组内讨论，叙述各动作时气路走向。写出“立柱上升→立柱旋转→伸臂→夹紧工件”气路的走向。
3. 选择元件，在实验上连接并调试下列回路。
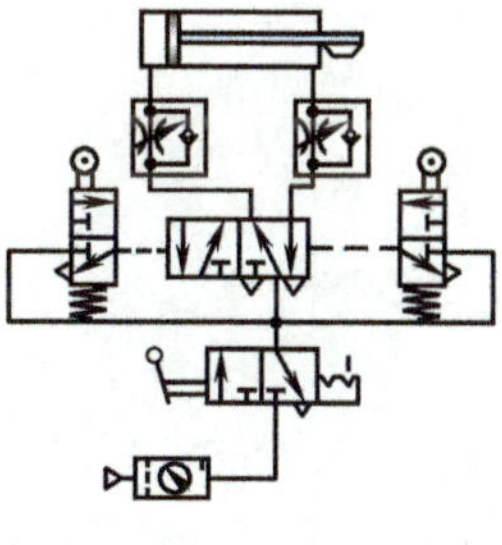 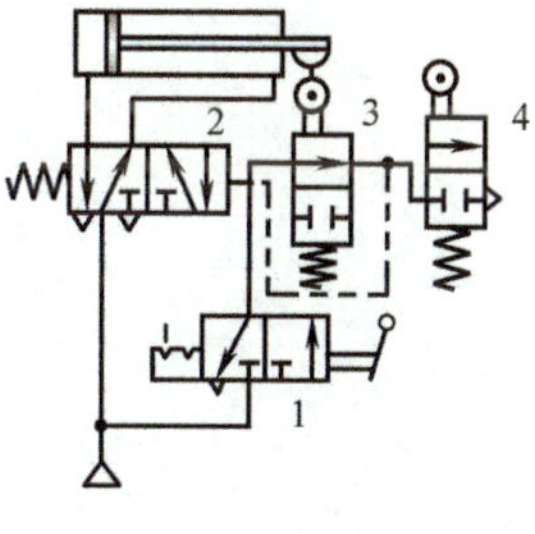</td></tr>
<tr><td rowspan="4">考核要求与标准</td><td colspan="8">认知机械手气动系统的工作原理（30 分）</td><td colspan="2">得分</td></tr>
<tr><td colspan="8">认知机械手气动系统各个动作的气路走向（50 分）</td><td colspan="2">得分</td></tr>
<tr><td colspan="8">现场秩序、观察思考、团结协作、总结归纳能力（20 分）</td><td colspan="2">得分</td></tr>
<tr><td colspan="8">总成绩</td><td colspan="2"></td></tr>
</table>

表 B-28 项目十一任务二的任务工单（二）

任务编号	31	任务名称	气动系统的分析及构建					
学时	2	姓名		班级		学号		实训台编号	

目的	
目的	1. 读懂简单气动系统的工作原理，能简述一般气动系统的工作过程。 2. 能进行气动系统的一般操作，能解决现场气动元件的安装、更换、维护、管理、一般故障分析等问题。 3. 明确气路分析思路，提升分析问题的能力；树立全局观念，提升团队合作能力。

实训器材	名称	气动实训台	双气控二位五通换向阀	二位三通手动换向阀	单向节流阀	双作用气缸	二位三通机动换向阀	其他辅件
	数量	1个	1个	1个	2个	1个	1个	若干件

训练内容及要求

1. 阅读图 11-11 所示数控加工中心气动换刀系统工作原理，简述“主轴定位→主轴松刀→拔刀→向主轴锥孔吹气→装刀”动作的工作原理。

2. 右图为一气动输送装置，要求在项目十一任务二（表 B-27）的基础上请选择元件，设计气路完成以下任务。

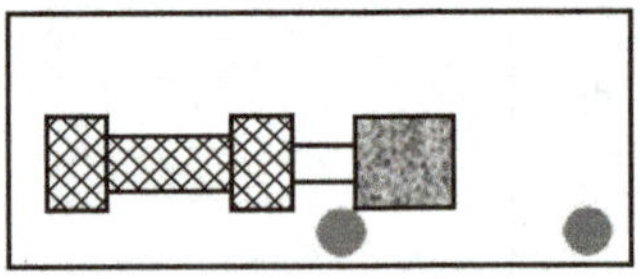

任务一：按动按钮，气缸伸出。气缸完全伸出后立即就缩回到初始位置，完成一个单循环。要求用一个机动阀来检测气缸完全伸出后才能缩回。

任务二：在上述任务要求基础之上，用另一个机动阀来检测气缸是否完全缩回。要求操作带定位的手动开关来实现自动循环，且气缸只有在完全缩回的情况下，才能起动自动循环。

任务三：在同一系统中，实现单循环和自动循环两种方式切换。

任务四：在同一系统中，实现单步、单循环和自动循环三种工作方式。

考核要求与标准		
考核要求与标准	读懂气压原理图，并能正确总结各个动作控制过程（30 分）	得分
	读懂给出气路图并正确选择元件及安装气路（20 分）	得分
	按要求调试气路，同时能够排除故障和解决气路问题（30 分）	得分
	现场秩序、观察描述、安全意识、分析理解、表达沟通能力（20 分）	得分
	总成绩	

参 考 文 献

[1] 张群生. 液压与气压传动 [M]. 5版. 北京：机械工业出版社，2024.
[2] 刘建明，何伟利. 液压与气压传动 [M]. 4版. 北京：机械工业出版社，2020.
[3] 丁问司，丁树模. 液压传动 [M]. 4版. 北京：机械工业出版社，2019.
[4] 赵波，王宏元. 液压与气动技术 [M]. 5版. 北京：机械工业出版社，2022.
[5] 左健民. 液压与气压传动 [M]. 5版. 北京：机械工业出版社，2016.
[6] 金英姬，冯海明. 液压与气动技术 [M]. 2版. 北京：高等教育出版社，2013.
[7] 崔学红，孙余一. 液压与气动系统及维护 [M]. 北京：机械工业出版社，2017.
[8] 李新德，许毅. 液压与气动系统及维护 [M]. 北京：清华大学出版社，2009.
[9] 陈克兴，李川奇. 设备状态监测与故障诊断技术 [M]. 北京：科学技术文献出版社，1991.
[10] 郭文颖，蔡群，闵亚峰. 液压与气压传动 [M]. 北京：航空工业出版社，2017.
[11] 陆望龙. 陆工谈液压维修 [M]. 北京：化学工业出版社，2012.
[12] 路甬祥. 液压气动技术手册 [M]. 北京：机械工业出版社，2002.